高等职业教育铁道供电技术专业新形态系列教材

牵引供电规程与规则
（第 2 版）

张桂林　主　编
刘光辉　郑华峰　副主编
张道俊　主　审

中国铁道出版社有限公司
2025 年·北　京

内 容 简 介

本书是根据全国铁道职业教育教学指导委员会2020年发布的《高等职业学校铁道供电技术专业建设指导标准》中的课程标准编写的。本书结合电气化铁路牵引供电设备运用、检修和事故处理中所遵循的规章制度，系统地阐述了接触网、牵引变电所、铁路电力检修的安全工作规则及铁路交通事故调查处理规则、事故抢修规则等的规定，从应用角度出发，以培养学生职业能力为主线，以项目为载体，将电气化铁路供电技术中的典型工作任务提炼为教学项目，进而使理论教学和实践操作训练融为一体，实现于实践中掌握安全知识。

本书可作为高等职业院校铁道供电技术专业的教学用书，也可作为铁路供电岗位职工的培训教材。

图书在版编目(CIP)数据

牵引供电规程与规则 / 张桂林主编. -- 2版.
北京 : 中国铁道出版社有限公司, 2025. 8. -- ISBN
978-7-113-32247-2

Ⅰ. TM922. 3-65

中国国家版本馆 CIP 数据核字第 2025H9W345 号

书　　名:牵引供电规程与规则(第2版)
作　　者:张桂林

责任编辑:尹　娜　　**编辑部电话**:(010)51873206　　**电子邮箱**:624154369@qq.com
封面设计:高博越
责任校对:刘　畅
责任印制:赵星辰

出版发行:中国铁道出版社有限公司(100054,北京市西城区右安门西街8号)
网　　址:https://www.tdpress.com
印　　刷:北京鑫益晖印刷有限公司
版　　次:2021年10月第1版　2025年8月第2版　2025年8月第1次印刷
开　　本:787 mm×1 092 mm 1/16　**印张**:22.25　**字数**:556千
书　　号:ISBN 978-7-113-32247-2
定　　价:58.00元

第2版前言

安全是铁路运输永恒的主题，确保铁路安全畅通，是铁路企业必须履行的社会责任，践行新时期铁路精神，必须把安全作为铁路人的首要职责。作为完全为电气化铁路供电安全生产服务的“牵引供电规程与规则”是高等职业教育铁道供电技术专业的核心课程，其理论性与系统性较强，同时各种规则条文也注定其内容难免抽象和驳杂。为进一步锤炼精品，提高育人质量，打造精品，我们决定对第1版进行全面改版修订。本次修订前，编写团队深入调研了铁道供电技术专业高职毕业生的就业岗位能力需求，广泛征求了企业专家与院校教师对本教材的意见和建议，确立了“教材目标体现职业能力需求导向，教材内容体现岗位工作任务导向，教材成效体现学生学习成果导向”的原则。本次修订将原本的纯理论课程融入实践操作训练，同时以落实“立德树人”根本任务为中心，全方位融入家国情怀、职业素养的提升等思政元素，以培养学生职业能力为主线，素质目标与知识目标、技能目标并举，更好地服务于中国特色职业教育人才培养。与第1版相比，主要有以下重要调整与改进：

(1)立足岗位职业能力需求，设计学习项目，注重培养应用专业知识分析问题与解决问题的能力。

(2)基于完成工作任务需要，组织教材内容，突出做中教，做中学，强化教育教学实践性和职业性，促进学以致用，用以促学、学用相长，有效培养专业能力与职业素质。

(3)以学习成果为导向，设计项目训练与评价环节、综合练习题，每完成一个项目，学生可以进行自评、互评，也可供教师考评，方便师生及时检验每项任务的学习完成情况、分享学习成果。

(4)坚持育人为本理念，融入思政教育元素，结合每项任务的具体特点，有机融入中华传统优秀文化、工匠精神、铁路安全意识、质量意识和遵章守纪意识等，增强教材的文化育人功能。

(5)基于电气化铁路行业供电新技术发展更新本书相应内容，及时将行业发展的新技术、新工艺、新规范和反映铁道供电技术专业主要岗位群及典型工作任务的职业能力要求纳入教材，并修订已不适宜的教材内容。

(6)充分融入数字资源，建设立体化教材，为教材主要知识点配备教学视频或动画，以更好地满足职业院校师生们易教易学的迫切期待，改善教学和学习体验。

本书共含有12个紧密贴合实际的工作项目，每个项目包括项目引言、知识准备、技能训练和项目拓展等环节。为拓宽学生视野，培养学生的爱国情怀和创新精神、工匠精神，相关项目后面有选择性地增加了阅读材料和知识拓展内容，作为课程思政教学参考内容，教师在教学时可结合具体情况有机融入课堂教学中。

本书由郑州铁路职业技术学院张桂林任主编，郑州铁路职业技术学院刘光辉、中国铁路郑州局集团有限公司郑州供电段郑华峰任副主编,郑州铁路职业技术学院梁晨、郑州轨道交通运营有限公司冯锐参与编写,中国铁路郑州局集团有限公司郑州供电段张道俊主审。

在本书的编写过程中,得到了中国铁道出版社有限公司的大力支持,编辑部就本书内容的修改与完善均提出了很多宝贵意见,在此一并致谢。

本书在编写过程中,参考了大量国内外相关作者的著作、论文、教材和网络资料,并在书后列出了参考文献和作者,在这里我们要特别地向这些文献的作者表达衷心的谢意。尽管如此,还可能存在遗漏,书中未能一一列出,这里对我们引用了文献却未列出的作者表示真诚的歉意,希望得到有关方面及作者的谅解。

我们真诚地希望广大师生、学员在使用本书的过程中提出宝贵意见,并将这些意见和建议及时反馈给我们,共同完成职业教育教材建设工作。

编者

2025年3月

目　录

项目1 职业安全与紧急救护

项目引言

电气化铁路接触网、变配电及电力线路等岗位作业人员的工作涉及高电压、大电流、高空作业等危险因素，同时这些岗位作业通常在铁路线路上进行，作业人员需要面对铁路行车及严寒、酷暑、雨雪、大风等恶劣天气的影响，这些环境因素会对作业人员的身体和心理造成一定的影响，增加突发事故或意外状况发生的概率；生活中，触电、高空坠落等突发意外事故也时有发生。面对这些情况，如果能够进行及时而正确的急救，将有更大的机会挽救伤员生命。对心肺复苏法、止血、创伤包扎等项目进行应急救护培训正是为了使从业人员掌握急救基本技能，具备处理紧急情况的能力和技巧；树立安全责任意识，掌握工作岗位各项规章制度，确保在遇到突发事件时能够做到"能救""敢救""及时救"，成为危急关头时的"生命守护者"。

学习目标

1. 知识目标

(1)熟悉接触网、变配电及电力线路等岗位常见的职业安全隐患和风险。

(2)掌握触电急救基础知识。

(3)掌握出血、骨折、颅脑外伤、烧伤、冻伤、动物咬伤等外伤处置知识；掌握溺水、高温中暑、有害气体中毒等其他意外事件的处置知识。

(4)熟悉与接触网、变配电及铁路电力线路等岗位相关的法律法规和规章制度。

2. 能力目标

(1)掌握接触网、变配电及电力线路等岗位常见职业安全隐患和风险的预防措施和应对方法。

(2)掌握紧急救护的基本技能，能够在紧急情况下迅速有效地进行现场救护。

3. 素养目标

(1)培养安全意识和自我保护能力，提高对危险和紧急情况的警觉性和应对能力，以保障自身和他人的安全。

(2)培养团队协作和互救能力，能够在紧急情况下有效地进行安全管理和紧急救护工作。

1.1 知识准备

1.1.1 紧急救护基础知识

在工作和生活中，也许会发生这样或那样的意外。面对意外伤害事故，要时刻保持冷静的头脑，采取正确的紧急救护措施，将伤害降低到最低程度。

典型案例 1-1

5 月 11 日傍晚，工务段片区食堂内发生起火事故，烧毁了食堂内的配电箱。工务段相关部门将配电箱的更换、维修工作承包给黄 ×，黄 × 安排员工陈 × 具体负责维修作业。5 月 12 日 9 时许，陈 × 到工务段片区食堂准备开展维修作业。14 时 10 分许，陈 × 在换配电箱的过程中发生触电。事故发生后，工务段员工吴 × 在食堂楼上的宿舍内闻到烧焦的气味，随即下楼查看，进入食堂后发现陈 × 躺在洗菜房间门口的地上，手部有一根电线，吴 × 立刻前去电源区，发现当时食堂线路电源处于接通状态，在关闭电源后，吴 × 与闻讯赶来的工务段员工朱 × 一起将陈 × 手部的电线挑开，后拨打 110 报警电话、120 医疗救护电话。120 救护人员赶到现场后确认陈 × 已经死亡。

案例分析：

经调查认定，陈 × 安全意识淡薄，在没有关闭电源的情况下进行配电箱维修作业，是导致本次触电死亡事故发生的直接原因。

其次，黄 × 违规委派电工作业资格超过有效周期的陈 × 进行电工作业；黄 × 没有保证安全生产所必需的资金投入，没有为陈 × 提供绝缘鞋、绝缘手套等电气安全防护用品；现场维修没有安排安全监护人员，导致陈 × 在维修配电箱的作业过程发生触电事故时无法及时处置，延误救援时间。

紧急救护的基本原则是在现场采取积极措施，保护伤员的生命，减轻伤情，减少痛苦，并根据伤情需要，迅速与医疗急救中心（医疗部门）联系救治。急救成功的关键是动作快，操作正确。任何拖延和操作错误都会导致伤员伤情加重或死亡。

要认真观察伤员全身情况，防止伤情恶化。发现伤员意识不清、瞳孔扩大无反应、呼吸、心跳停止时，应立即在现场就地抢救，用心肺复苏法支持呼吸和循环，对脑、心重要脏器供氧。心脏停止跳动后，只有分秒必争地迅速抢救，救活的可能才较大。

供电专业现场工作人员都应定期接受培训，学会紧急救护法，会正确解脱电源，会心肺复苏法，会止血、会包扎，会转移搬运伤员，会处理急救外伤或中毒等，如图 1-1 所示。

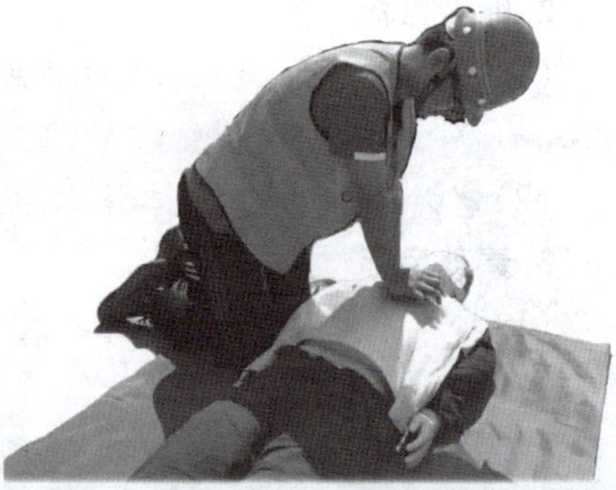

图 1-1　触电急救培训

生产现场和经常有人工作的场所应配备急救箱，存放急救用品，并应指定专人经常检查、补充或更换。

1.1.2　触电急救

触电急救与心肺复苏技能是电力员工必须掌握的技能之一,在生产和现实生活中往往会遇到一些意想不到的突发事件,掌握这项技能可以提高电力员工的自救能力和应急救援能力,为以后的铁路工作现场安全工作打下良好的基础,力争在突发事故现场第一时间挽救生命和降低伤害程度。

触电急救应分秒必争,一经明确心跳、呼吸停止的,立即就地迅速用心肺复苏法进行抢救,并坚持不断地进行,同时及早与医疗急救中心(医疗部门)联系,争取医务人员接替救治。在医务人员未接替救治前,不应放弃现场抢救,更不能只根据没有呼吸或脉搏的表现,擅自判定伤员死亡,放弃抢救。

典型案例 1-2

某年8月,王×(三级电工)在工厂锻工房对汽锤进行电气维修。王×站在一号汽锤(右边)与二号汽锤(左边)之间,二号汽锤已停电(一号汽锤未停电)。在作业过程中王×因擦拭额头汗水甩手过程中碰及一号汽锤导线导致自身触电。当时王×极力挣扎想摆脱电源,但未能成功。

此时王×浑身出汗,脸色发紫,逐步失去知觉。千钧一发之际,一名女工路过现场,见此情景判定王×已触电,受过安全培训的女工立即拉下电闸使触电者摆脱电源,立即拨打急救电话,迅速用心肺复苏法进行抢救,并向领导及有关部门报告事故情况。救护车赶到现场后,急救医生在抢救过程中继续做人工呼吸,经医院全力抢救,已触电休克的电工王×终于苏醒。

案例分析:

本次触电休克后被成功急救的案例中,这名女工熟练运用触电急救的基本规则和应急处理事项,在关键时刻能迅速拉下电闸使王×在第一时间脱离电源,及时拨打救护电话,叮嘱医院随车派遣急救医生赶往现场,在抢救过程中坚持做心肺复苏,是将触电者王×从死亡线上抢救回来的关键原因。

1.1.2.1　迅速脱离电源

触电急救首先要使触电者迅速脱离电源,越快越好。因为电流作用的时间越长,伤害越重。

脱离电源就是要把触电者接触的那一部分带电设备的所有开关(断路器)、刀闸(隔离开关)或其他断路设备断开;或设法将触电者与带电设备脱离开。在脱离电源过程中,救护人员也要注意保护自身的安全。触电者未脱离电源前,救护人员不准直接用手触及伤员,因为有触电的危险。如触电者处于高处,应采取相应措施,防止该伤员脱离电源后自高处坠落形成复合伤和再次触及其他有电线路的可能。

1. 低压触电者脱离电源的方法

(1)如果触电地点附近有电源开关或电源插座,可立即拉开开关或拔出插头,断开电源。但应注意到拉线开关或墙壁开关等只控制一根线的开关,有可能因安装问题只能切断中性线而没有断开电源的相线。

(2)如果触电地点附近没有电源开关或电源插座(头),可用有绝缘柄的电工钳或有干燥木柄的斧头切断电线,断开电源。

(3)当电线搭落在触电者身上或压在身下时,可用干燥的衣服、手套、绳索、皮带、木板、木棒等绝缘物作为工具,拉开触电者或挑开电线,使触电者脱离电源。

(4)如果触电者的衣服是干燥的,又没有紧缠在身上,可以用一只手抓住他的衣服,拉离电源。但因触电者的身体是带电的,其鞋的绝缘性能也可能遭到破坏,救护人不得接触触电者的皮肤,也不能抓他的鞋。

(5)若触电发生在低压带电的架空线路上或配电台架、进户线上,对可立即切断电源的,则应迅速断开电源,救护人员迅速登杆或登至可靠地方,并做好自身防触电、防坠落安全措施,用带有绝缘胶柄的钢丝钳、绝缘物体或干燥不导电物体等工具将触电者脱离电源。救护人员也可站在绝缘垫或干木板上,绝缘自己进行救护。

2. 高压触电者脱离电源的方法

(1)立即通知有关供电单位或用户停电。有条件时可用相应电压等级的绝缘工具(戴绝缘手套、穿绝缘靴、并用绝缘棒)按顺序拉开电源开关或熔断器。

(2)用适合该电压等级的绝缘工具(戴绝缘手套、穿绝缘靴、并用绝缘棒)解脱触电者。救护人员在抢救过程中应注意保持自身与周围带电部分必要的安全距离。

(3)抛挂截面积足够、长度适当的裸金属短路线使线路短路接地,迫使保护装置跳闸动作,断开电源。注意抛挂金属线之前,应先将金属线的一端固定、可靠接地(如将短路线一端固定在铁塔或接地引下线上),然后另一端系上重物抛掷,注意抛挂的一端不可触及触电者和其他人。另外,抛挂操作人抛出线后,要迅速离开接地的金属线8 m以外或双腿并拢站立,防止跨步电压伤人。在抛挂短路线时,应注意防止电弧伤人或断线危及人员安全。

脱离电源后救护人员应注意的事项:

(1)触电者触及断落在地上的带电高压导线,如尚未确证线路无电,救护人员在未做到安全措施(如穿绝缘靴或临时双脚并紧跳跃地接近触电者)前,不能接近断线点至8~10 m范围内,防止跨步电压伤人。救护人员不可直接用手、其他金属及潮湿的物体作为救护工具,而应使用适当的绝缘工具。救护人员最好用一只手操作,以防自己触电。触电者脱离带电导线后,应迅速带至8~10 m以外的地方立即开始触电急救。只有在确定线路已经无电,才可在触电者离开触电导线后,立即就地进行急救。

(2)防止触电者脱离电源后可能的摔伤,特别是当触电者在高处的情况下,应考虑防止坠落的措施。即使触电者在平地,也要注意触电者倒下的方向,注意防摔。救护人员也应注意救护中自身的防坠落、摔伤措施。

(3)救护人员在救护过程中特别是在杆上或高处抢救伤员时,要注意自身和被救者与附近带电体之间的安全距离,防止再次触及带电设备。电气设备、线路即使电源已断开,对未做安全措施挂上接地线的设备也应视作有电设备。救护人员登高时应随身携带必要的绝缘工具和牢固的绳索等。

(4)如事故发生在夜间,应设置临时照明灯,以便于抢救,避免意外事故,但不能因此延误切除电源和进行急救的时间。

3. 现场就地急救

触电者脱离电源以后，现场救护人员应迅速对触电者的伤情进行判断，对症抢救。同时设法联系医疗急救中心（医疗部门）的医生到现场接替救治。要根据触电伤员的不同情况，采用不同的急救方法。

（1）触电者神志清醒、有意识，心脏跳动，但呼吸急促、面色苍白，或曾一度电休克、但未失去知觉。此时不能用心肺复苏法抢救，应将触电者抬到空气新鲜，通风良好的地方躺下，安静休息 1 ~2 h，让其慢慢恢复正常。天凉时要注意保温，并随时观察呼吸、脉搏变化。条件允许，送医院进一步检查。

（2）触电者神志不清，判断意识无，有心跳，但呼吸停止或极微弱时，应立即用仰头抬颏法，使气道开放，并进行口对口人工呼吸。此时切记不能对触电者施行心脏按压。如此时不及时用人工呼吸法抢救，触电者将会因缺氧过久而引起心跳停止。

（3）触电者神志丧失，判定意识无，心跳停止，但有极微弱的呼吸时，应立即施行心肺复苏法抢救。不能认为尚有微弱呼吸，只需做胸外按压，因为这种微弱呼吸已起不到人体需要的氧交换作用，如不及时人工呼吸即会发生死亡，若能立即施行口对口人工呼吸法和胸外按压，就可能抢救成功。

（4）触电者心跳、呼吸停止时，应立即进行心肺复苏法抢救，不得延误或中断。

（5）触电者和雷击伤者心跳、呼吸停止，并伴有其他外伤时，应先迅速进行心肺复苏急救，然后再处理外伤。

（6）发现杆塔上或高处有人触电，要争取时间及早在杆塔上或高处开始抢救。触电者脱离电源后，应迅速将其扶卧在救护人员的安全带上（或在适当地方躺平），然后根据伤员的意识、呼吸及颈动脉搏动情况来进行前（1）~（5）项不同方式的急救。应提醒的是，高处抢救触电者时，迅速判断其意识和呼吸是否存在是十分重要的，若呼吸已停止，开放气道后立即口对口（鼻）吹气 2 次，再测试颈动脉，如有搏动，则每 5 s 继续吹气 1 次；若颈动脉无搏动，可用空心拳头叩击心前区 2 次，促使心脏复跳。为使抢救更为有效，应立即设法将伤员营救至地面，并继续按心肺复苏法坚持抢救。下放杆塔上或高处触电者具体操作方法如图 1-2 所示。

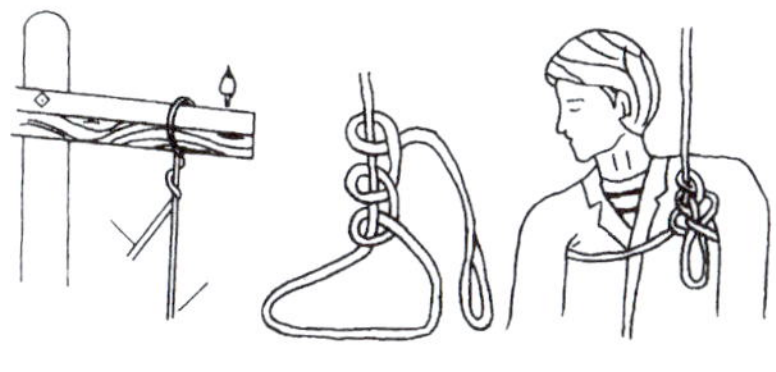
（a）单人营救法

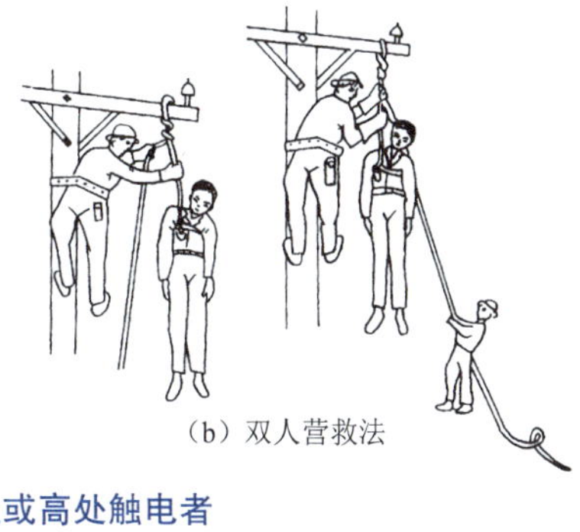
（b）双人营救法

图 1-2　下放杆塔上或高处触电者

①单人营救法［图 1-2（a）］。首先在杆上安装绳索，将绳子的一端固定在杆上，固定时绳子要绕 2 ~3 圈，绳子的另一端放在伤员的腋下，绑的方法要先用柔软的物品垫在腋下，然后用绳子绕 1 圈，打 3 个结，绳头塞进伤员腋旁的圈内并压紧，绳子的长度应为杆的 1.2 ~1.5 倍，最后将伤员的脚扣和安全带松开，再解开固定在电杆上的绳子，缓缓将伤员放下。

②双人营救法[图1-2(b)]。该方法基本与单人营救方法相同,只是绳子的另一端由杆下人员握住缓缓下放,此时的绳子要长一些,应为杆高的2.2~2.5倍,营救人员要协调一致,防止杆上人员突然松手,杆下人员没有准备而发生意外。

(7)触电者衣服被电弧光引燃时,应迅速扑灭其身上的火源,着火者切忌跑动,方法可利用衣服、被子、湿毛巾等扑火,必要时可就地躺下翻滚,使火扑灭。

(8)现场触电抢救,对采用强心针(肾上腺素或去甲基肾上腺素等药物)应持慎重态度。如没有必要的诊断设备条件和足够的把握,不得乱用。在医院内抢救触电者时,由医务人员经医疗仪器设备诊断,根据诊断结果决定是否采用。

1.1.2.2 伤员脱离电源后的处理

伤员脱离电源后,首先需要判断伤员意识、呼救和伤员体位放置;然后判断伤员呼吸情况,判断伤员无呼吸时处以通畅气道与人工呼吸;判断伤员脉搏情况,判断伤员无脉搏时处以胸外心脏按压。现场心肺复苏术应进行的抢救步骤如图1-3所示。

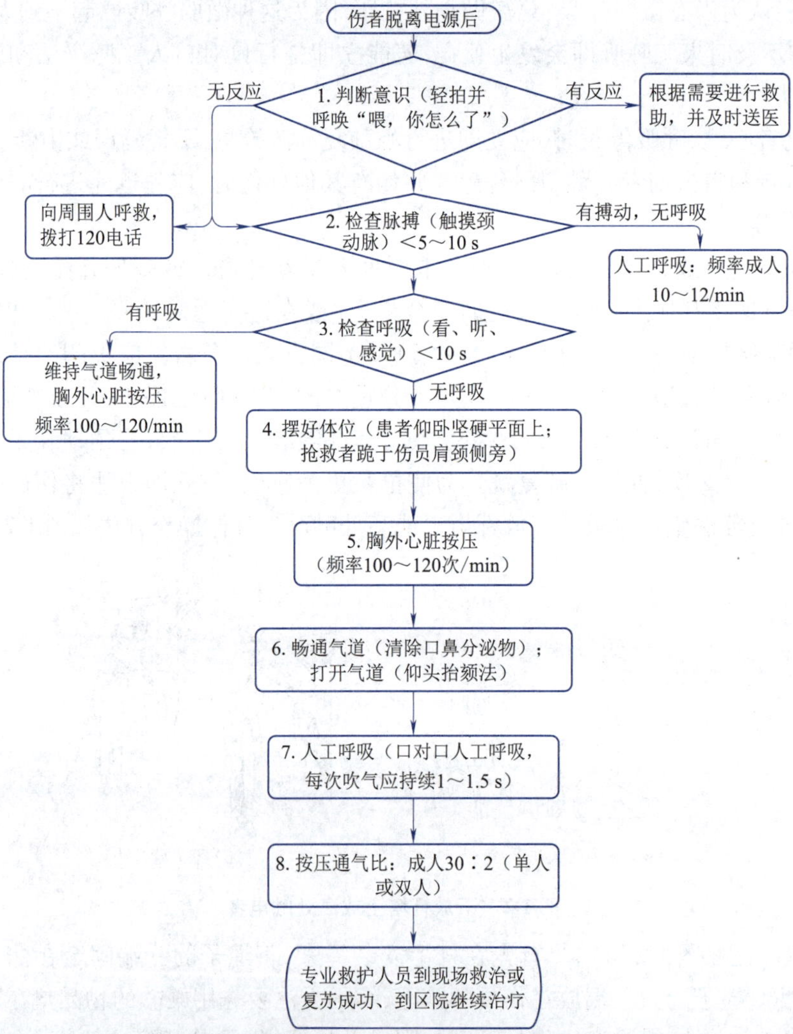

图1-3 现场心肺复苏的抢救步骤

1. 判断伤员有无意识的方法

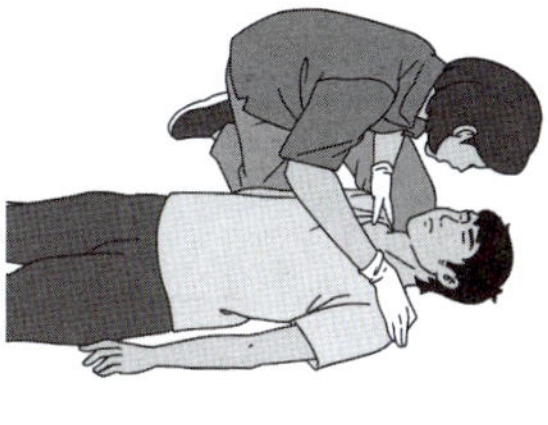

图1-4　判断伤员有无意识

(1)轻轻拍打伤员肩部,高声喊叫:“喂! 你怎么啦?”,如图1-4所示。

(2)如认识,可直呼喊其姓名。有意识,立即送医院。

(3)眼球固定、瞳孔散大,无反应时,立即用手指甲掐压人中穴、合谷穴约5 s。

注意事项:

以上3步动作应在10 s以内完成,不可太长,伤员如出现眼球活动、四肢活动及疼痛感后,应即停止掐压穴位,拍打肩部不可用力太重,以防加重可能存在的骨折等损伤。

2. 呼救

一旦初步确定伤员意识丧失,应立即招呼周围的人前来协助抢救,哪怕暂时周围无人,也应该大叫“来人啊! 救命啊!”如图1-5所示。

注意事项:

一定要呼叫其他人来帮忙,因为一个人作心肺复苏术不可能坚持较长时间,而且劳累后动作易走样。叫来的人除协助作心肺复苏外,还应立即打电话给救护站或呼叫受过救护训练的人前来帮忙。

3. 放置体位

正确的抢救体位是仰卧位。伤员头、颈、躯干平卧无扭曲,双手放于两侧躯干旁。如伤员摔倒时面部向下,应在呼救同时小心将其转动,使伤员全身各部成一个整体。尤其要注意保护伤员颈部,可以一手托住伤员颈部,另一手扶住其肩部,以脊柱为轴心,使伤员头、颈、胸平稳地直线转至仰卧,在坚实的平面上,四肢平放,如图1-6所示。

注意事项:

抢救人员跪于伤员肩颈侧旁,将其手臂举过头,拉直双腿,注意保护颈部。解开伤员上衣,暴露胸部(或仅留内衣),冷天要注意使其保暖。

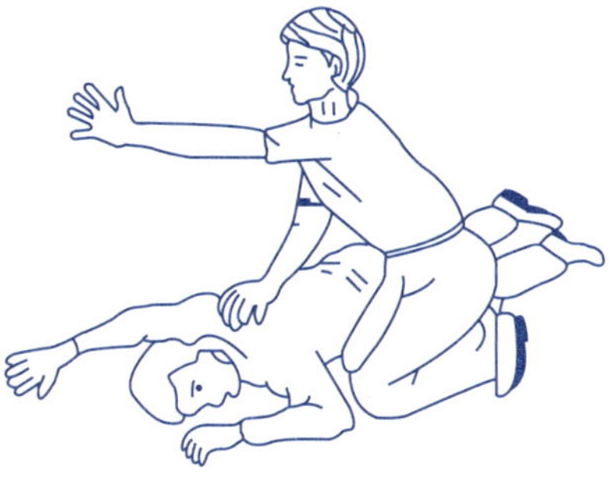

图1-5　呼救

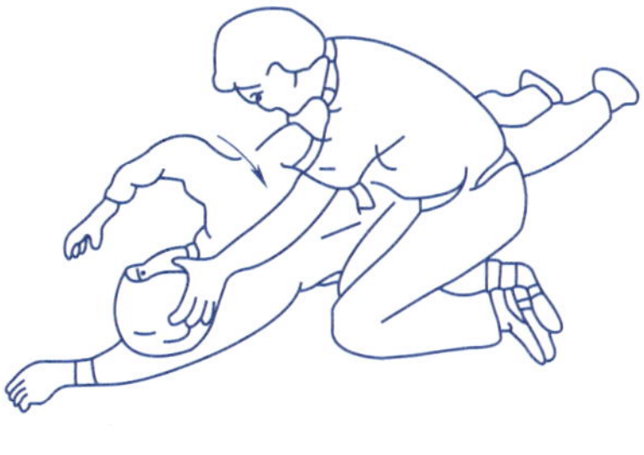

图1-6　放置伤员

4. 呼吸、心跳情况的判定

触电者如意识丧失,应在10 s内用看、听、试的方法判定伤员呼吸、心跳情况,如图1-7所示。

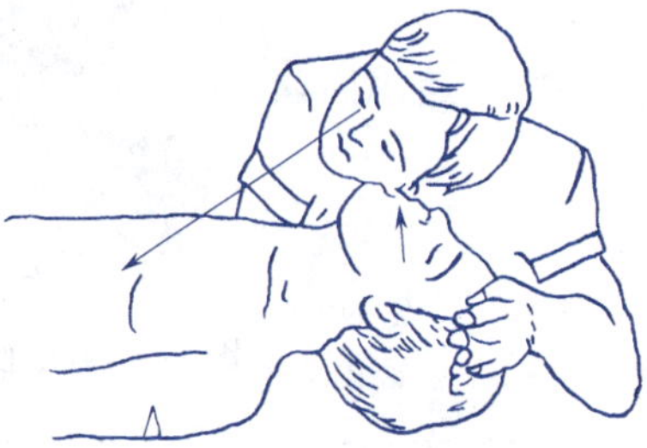

(a) 看与听

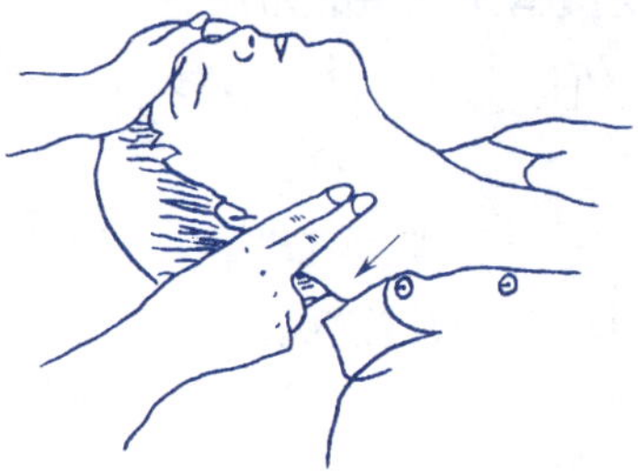

(b) 试

图1-7 看、听、试

(1)看:看伤员的胸部、腹部有无起伏动作。

(2)听:用耳贴近伤员的口鼻处,听有无呼气声音。

(3)试:试测口鼻有无呼气的气流。再用两手指轻试一侧(左或右)喉结旁凹陷处的颈动脉有无搏动。

若看、听、试的结果为既无呼吸又无颈动脉搏动,可判定呼吸、心跳停止。触电者呼吸和心跳均停止时,应立即按心肺复苏法支持生命的三项基本措施,正确进行就地抢救:通畅气道;口对口(鼻)人工呼吸;胸外按压(人工循环)。

5. 通畅气道

触电者呼吸停止,重要的是始终确保气道通畅。如发现伤员口内有异物,可将其身体及头部同时侧转,迅速用一个手指或用两手指交叉从口角处插入,取出异物;操作中要注意防止将异物推到咽喉深部。

通畅气道可采用仰头抬颏法[图1-8(a)]。用一只手放在触电者前额,另一只手的手指将其下颌骨向上抬起,两手协同将头部推向后仰,舌根随之抬起,气道即可通畅。仰头抬颏法及判断气道是否通畅如图1-8(b)、(c)所示。

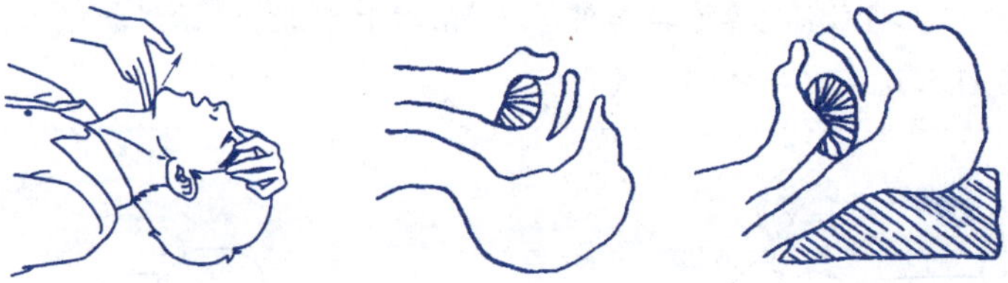

(a) 仰头抬颏　　(b) 气道通畅　　(c) 气道阻塞

图1-8 仰头抬颏法及气道状况

注意事项:

严禁用枕头等物垫在伤员头下,头部抬高前倾,会更加重气道阻塞,且使胸外按压时流向脑部的血流减少,甚至消失;手指不要压迫伤员颈前部、颏下软组织,以防压迫气道,颈部上抬时不要过度伸展,有假牙托者应取出。儿童颈部易弯曲,过度抬颈反而使气道闭塞,因此不要抬颈牵拉过甚。

6. 口对口(鼻)人工呼吸

当判断伤员呼吸极微弱或不存在呼吸时,应即进行口对口(鼻)的人工呼吸,其具体方法如下:

(1)在保持伤员气道通畅的同时,救护人员用放在伤员额上的手的手指捏住伤员鼻翼,救护人员深吸气后,与伤员口对口紧合,在不漏气的情况下,先连续大口吹气两次,每次1 ~ 1.5 s,如图1-9所示。如两次吹气后试测颈动脉仍无搏动,可判断心跳已经停止,要立即同时进行胸外按压。

(2)除开始时大口吹气两次外,正常口对口(鼻)呼吸的吹气量不需过大,以免引起胃膨胀。吹气和放松时,要注意伤员胸部应有起伏的呼吸动作。吹气时如有较大阻力,可能是头部后仰不够,应及时纠正。

(3)触电者如牙关紧闭,可口对鼻人工呼吸。口对鼻人工呼吸吹气时,要将伤员嘴唇紧闭,防止漏气。

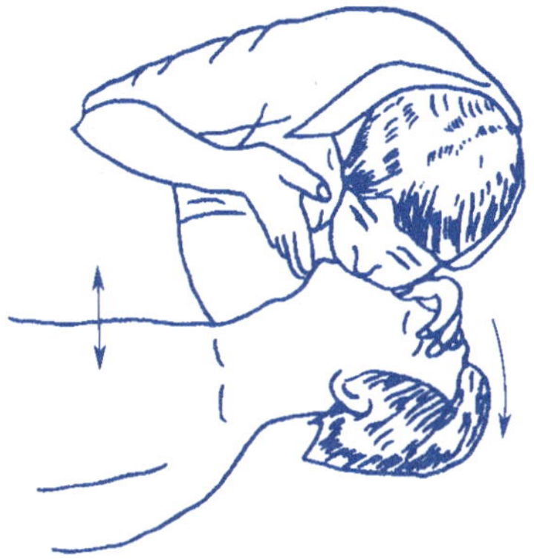

图1-9　口对口吹气

7. 胸外按压

(1)正确的按压位置是保证胸外按压效果的重要前提。确定正确按压位置的步骤如下:

①右手的食指和中指沿触电者的右侧肋弓下缘向上,找到肋骨和胸骨接合处的中点;

②两手指并齐,中指放在切迹中点(剑突底部),食指平放在胸骨下部;

③另一只手的掌根紧挨食指上缘,置于胸骨上,即为正确按压位置,如图1-10所示。

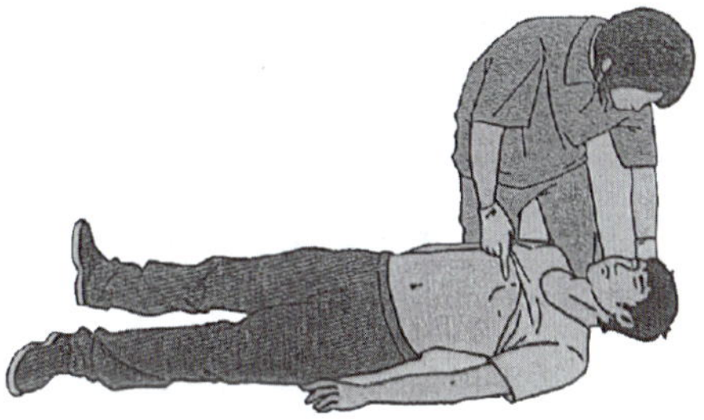

(a)胸部正中、两乳头连线水平

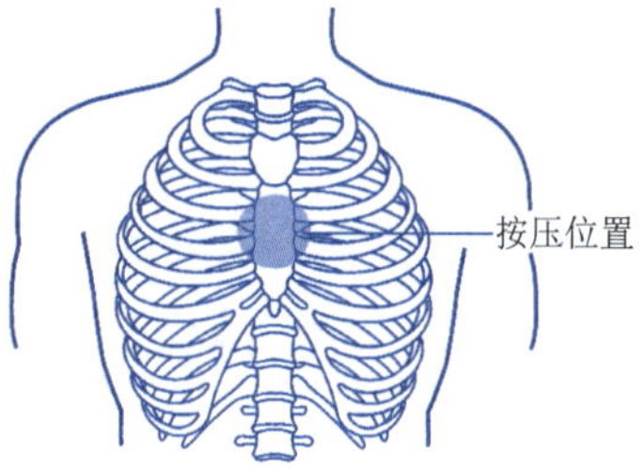

(b)胸外按压位置

图1-10　正确的按压位置

(2)正确的按压姿势是达到胸外按压效果的基本保证。正确的按压姿势如下:

①使触电者仰面躺在平硬的地方,救护人员立或跪在伤员一侧肩旁,救护人员的两肩位于伤员胸骨正上方,两臂伸直,肘关节固定不屈,两手掌根相叠,手指翘起,不接触伤员胸壁;

②以髋关节为支点,利用上身的重力,垂直将正常成人胸骨压陷3 ~ 5 cm(儿童和瘦弱者酌减);

③压至要求程度后,立即全部放松,但放松时救护人员的掌根不得离开胸壁,如图1-11所示。

按压必须有效,有效的标志是按压过程中可以触及颈动脉搏动。

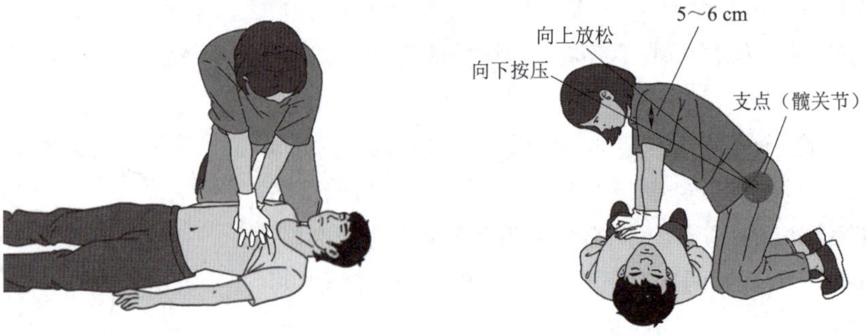

(a)　　(b)

图 1-11　按压姿势与用力方法

(3)操作频率

①胸外按压要以均匀速度进行,100 次/min 左右,每次按压和放松的时间相等;

②胸外按压与口对口(鼻)人工呼吸同时进行时节奏为:单人抢救时,每按压 30 次后吹气 2 次(30∶2),反复进行,双人抢救时,每按压 5 次后由另一人吹气 1 次(5∶1),反复进行。

8. 抢救过程中的再判定

(1)按压吹气 2 min 后(相当于单人抢救时做了 5 组 30∶2压吹循环),应用看、听、试方法在 5 ~7 s 时间内完成对伤员呼吸和心跳是否恢复的再判定。

(2)若判定颈动脉已有搏动但无呼吸,则暂停胸外按压,而再进行 2 次口对口人工呼吸,接着每 5 s 吹气一次(即 12 次/min)。如脉搏和呼吸均未恢复,则继续坚持心肺复苏法抢救。

(3)在抢救过程中,要每隔数分钟再判定一次,每次判定时间均不得超过 5 ~7 s。在医务人员未接替抢救前,现场抢救人员不得放弃现场抢救。

9. 抢救过程中伤员的移动与转院

(1)心肺复苏应在现场就地坚持进行,不要为方便而随意移动伤员,如确有需要移动时,抢救中断时间不应超过 30 s。

(2)移动伤员或将伤员送医院时,除应使伤员平躺在担架上并在其背部垫以平硬阔木板外,如图 1-12 所示。在移动或送医院过程中应继续抢救,心跳呼吸停止者要继续用心肺复苏法抢救,在医务人员未接替救治前不能中止。

(a) 正常担架　　(b) 临时担架及木板　　(c) 错误搬运

图 1-12　搬运伤员

(3)应创造条件,用塑料袋装入砸碎冰屑做成帽状包绕在伤员头部,露出眼睛,使脑部温度降低,争取心肺脑完全复苏。

10. 伤员好转后的处理

如伤员的心跳和呼吸经抢救后均已恢复,可暂停心肺复苏法操作。但心跳呼吸恢复的早期有可能再次骤停,应严密监护,不能麻痹,要随时准备再次抢救。

初期恢复后,神志不清或精神恍惚、躁动,应设法使伤员安静。

11. 电击伤伤员的心脏监护

被电击伤并经过心肺复苏抢救成功的电击伤员,都应让其充分休息。经过心肺复苏抢救,在心跳恢复后,有的伤员还可能会出现"继发性心脏跳动停止",故应在医务人员指导下进行不少于48 h的心脏监护,以对此类伤员及时予以治疗。

12. 转移和终止

(1)转移

在现场抢救时,应力争抢救时间,切勿为了方便或让伤员舒适而去移动伤员,从而延误现场抢救的时间。

现场心肺复苏应坚持不断地进行,抢救者不应频繁更换,即使送往医院途中也应继续进行。鼻导管给氧绝不能代替心肺复苏术。如需将伤员由现场移往室内,中断操作时间不得超过7 s;通道狭窄、上下楼层、送上救护车等的操作中断不得超过30 s。

将心跳、呼吸恢复的伤员用救护车送医院时,应在伤员背部放一块宽阔适当的硬板,以备随时进行心肺复苏。将伤员送到医院而专业人员尚未接手前,仍应继续进行心肺复苏。

(2)终止

何时终止心肺复苏是一个涉及医疗、社会、道德等方面的问题。不论在什么情况下,终止心肺复苏的决定权在医生(或医生组成的抢救组中的首席医生),否则不得放弃抢救。高压或超高压电击的伤员心跳、呼吸停止,更不应随意放弃抢救。

1.1.3 工作现场常见急救

工作现场急救,就是应用急救知识和最简单的急救技术进行现场初级救生,最大程度上稳定伤病员的伤、病情,减少并发症,维持伤病员的最基本的生命体征,例如呼吸、脉搏、血压等。现场急救是否及时和正确,关系到伤病员生命和伤害的结果。供电岗位常见伤情包括:高空坠落导致的出血、骨折、颅脑外伤;触电时电弧导致的烧伤;野外天气过于寒冷导致的冻伤,高温导致的中暑;动物咬伤;溺水;封闭空间内有害气体中毒等。

1.1.3.1 出血

(1)伤口渗血用较伤口稍大的消毒纱布数层覆盖伤口,然后进行包扎。若包扎后仍有较多渗血,可再加绷带适当加压止血。

(2)伤口出血呈喷射状或鲜红血液涌出时,立即用清洁手指压迫出血点上方(近心端),使血流中断,并将出血肢体抬高或举高,以减少出血量。

(3)用止血带或弹性较好的布带等止血时,应先用柔软布片或伤员的衣袖等数层垫在止血带下面,再扎紧止血带以刚使肢端动脉搏动消失为度。上肢每

视频

创伤急救——止血

60 min，下肢每 80 min 放松一次，每次放松 1～2 min。开始扎紧与每次放松的时间均应书面标明在止血带旁，如图 1-13 所示。

扎紧时间不宜超过 4 h。不要在上臂中 1/3 处和窝下使用止血带，以免损伤神经。若放松时观察已无大出血可暂停使用。

严禁用电线、铁丝、细绳等作止血带使用。

（4）高处坠落、撞击、挤压可能有胸腹内脏破裂出血。伤员外观无出血但常表现面色苍白、脉搏细弱、气促、冷汗淋漓、四肢厥冷（又称厥逆，指四肢由手足冷至肘、膝的症状）、烦躁不安，甚至神志不清等休克状态，应迅速躺平，抬高下肢（图 1-14），保持温暖，速送医院救治。若送院途中时间较长，可给伤员饮用少量糖盐水。

图 1-13　止血带

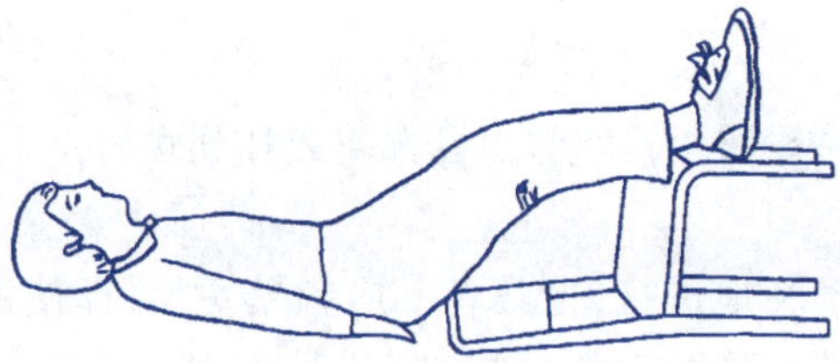

图 1-14　抬高下肢

1.1.3.2　骨折

视频

创伤急救——骨折急救

（1）肢体骨折可用夹板或木棍、竹竿等将断骨上、下方两个关节固定，如图 1-15所示，也可利用伤员身体进行固定，避免骨折部位移动，以减少疼痛，防止伤势恶化。

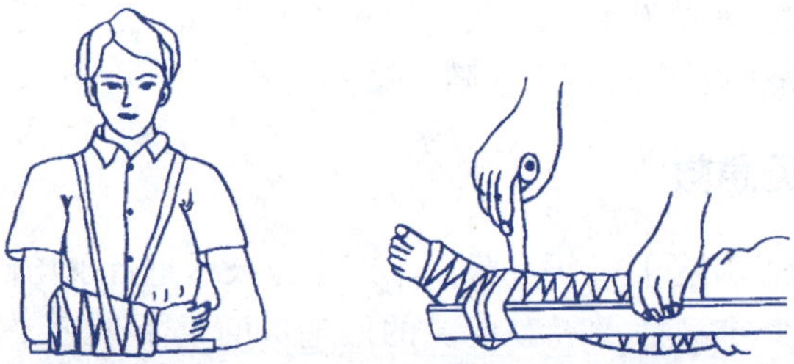

（a）上肢骨折固定　　（b）下肢骨折固定

图 1-15　骨折固定方法

开放性骨折，伴有大出血者，应先止血，再固定，并用干净布片覆盖伤口，然后速送医院救治。切勿将外露的断骨推回伤口内。

（2）怀疑有颈椎损伤时，在使伤员平卧后，用沙土袋（或其他代替物）放置头部两侧使颈部固定不动，如图 1-16 所示。必须进行口对口呼吸时，只能采用抬颏使气道通畅，不能再将头部后仰移动或转动头部，以免引起截瘫或死亡。

图 1-16　颈椎骨折固定

（3）腰椎骨折应将伤员平卧在平硬木板上，并将腰椎躯干及两侧下肢一同进行固定预防瘫痪，如图 1-17 所示。搬动时应数人合作，保持平稳，不能扭曲。

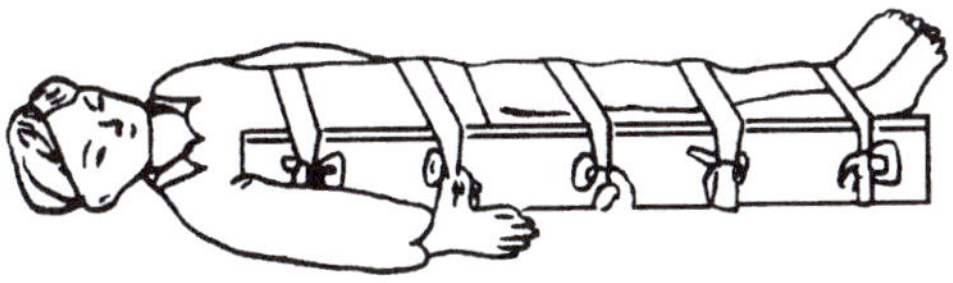

图 1-17　腰椎骨折固定

1.1.3.3　颅脑外伤

（1）颅脑外伤应使伤员采取平卧位，保持气道通畅，若有呕吐，应扶好头部和身体，使头部和身体同时侧转，防止呕吐物造成窒息。

（2）耳鼻有液体流出时，不要用棉花堵塞，只可轻轻拭去，以利降低颅内压力。也不可用力擤鼻，排出鼻内液体，或将液体再吸入鼻内。

（3）颅脑外伤时，病情可能复杂多变，禁止饮食，速送医院诊治。

视频

创伤急救——颅脑外伤急救

1.1.3.4　烧伤

（1）电灼伤、火焰烧伤或高温气、水烫伤均应保持伤口清洁。伤员的衣服鞋袜用剪刀剪开后除去。伤口全部用清洁布片覆盖，防止污染。四肢烧伤时，先用清洁冷水冲洗，然后用清洁布片或消毒纱布覆盖送医院。

（2）强酸或强碱灼伤应迅速脱去被溅染衣物，现场立即用大量清水彻底冲洗，然后用适当的药物给予中和；冲洗时间不少于 10 min；被强酸烧伤可用 5% 碳酸氢钠（小苏打）溶液中和；被强碱烧伤可用 0.5%～5% 醋酸溶液或 5% 氯化铵或 10% 枸橼酸液中和。

（3）未经医务人员同意，灼伤部位不宜敷涂任何东西和药物。

（4）送医院途中，可给伤员多次少量口服糖盐水。

视频

创伤急救——烧伤急救

1.1.3.5　冻伤

（1）冻伤使肌肉僵直，严重者深及骨骼，在救护搬运过程中动作要轻柔，不要强使其肢体弯曲活动，以免加重损伤，应使用担架，将伤员平卧并抬至温暖室内救治。

（2）将伤员身上潮湿的衣服剪去后用干燥柔软的衣服覆盖，不得烤火或搓雪。

（3）全身冻伤者呼吸和心跳有时十分微弱，不应误认为死亡，应努力抢救。

1.1.3.6　高温中暑

（1）烈日直射头部，环境温度过高，饮水过少或出汗过多等可以引起中暑现象，其症状一般为恶心、呕吐、胸闷、眩晕、嗜睡、虚脱，严重时抽搐、惊厥甚至昏迷。

（2）发现高温中暑者，应立即将病员从高温或日晒环境转移到阴凉通风处休息。用冷水擦浴，湿毛巾覆盖身体，电扇吹风，或在头部置冰袋等方法降温，并及时给病员口服盐水。严重者送医院治疗。

视频

创伤急救——高温中暑急救

1.1.3.7 动物咬伤

1. 毒蛇咬伤

(1)毒蛇咬伤后,不要惊慌、奔跑、饮酒,以免加速蛇毒在人体内扩散。

(2)咬伤大多在四肢,应迅速从伤口上端向下方反复挤出毒液,然后在伤口上方(近心端)用布带扎紧,将伤肢固定,避免活动,以减缓毒液吸收。

(3)有蛇药时可先服用,再送往医院救治。

2. 犬咬伤

(1)犬咬伤后应立即用浓肥皂水冲洗伤口至少15 min,同时用挤压法自上而下将残留伤口内唾液挤出,然后再用碘酒涂搽伤口。

(2)少量出血时,不要急于止血,也不要包扎或缝合伤口。

(3)尽早接种狂犬疫苗;尽量设法查明该犬是否为"疯狗",对医院制订治疗计划有较大帮助。

1.1.3.8 溺水

(1)发现有人溺水应设法迅速将其从水中救出,呼吸心跳停止者用心肺复苏法坚持抢救。曾受水中抢救训练者在水中即可抢救。

(2)口对口人工呼吸因异物阻塞发生困难,而又无法用手指除去时,可用两手相叠,置于脐部稍上正中线上(远离剑突)迅速向上猛压数次,使异物吐出,但也不用力太大。

(3)溺水死亡的主要原因是窒息缺氧。由于淡水在人体内能很快经循环吸收,而气管能容纳的水量很少,因此在抢救溺水者时不应因"倒水"而延误抢救时间,更不应仅"倒水"而不用心肺复苏法进行抢救。

1.1.3.9 有害气体中毒

(1)气体中毒开始时有流泪、眼痛、呛咳、咽部干燥等症状,应引起警惕。稍重时会头痛、气促、胸闷、眩晕。严重时会引起惊厥昏迷。

(2)怀疑可能存在有害气体时,应即将人员撤离现场,转移到通风良好处休息。抢救人员进入险区应戴防毒面具。

(3)已昏迷病员应保持气道通畅,有条件时给予氧气吸入。呼吸心跳停止者,按心肺复苏法抢救,并联系医院救治。

(4)迅速查明有害气体的名称,供医院及早对症治疗。

1.2 技能训练——触电现场处置

1.2.1 训练目的

(1)通过模拟实际的触电现场情况,提高参与训练的人员的处置能力。

(2)通过训练可以加强组织部门和员工之间的沟通协作,培养团队合作意识。

(3)通过训练可以有效提高处置与逃生速度、救治速度。

(4)训练过程可以验证触电急救人员的技能水平,改进并提高技能水平。

(5)让参加训练的人员做出更好的触电现场处置与逃生决策,提高人员在实际的处置与逃生中的应对能力。

1.2.2 人员组织和训练用工具、材料

1. 人员组织

触电急救技能训练人员1人。

2. 工具、材料准备

训练环境模拟低压触电现场。训练中需要的工具、材料、设备等见表1-1。

表1-1 训练中需要的工具、材料、设备

序号	名　称	单位	数量	备注
1	秒表	只	1	数字式
2	酒精卫生球(签)	只	若干	
3	一次性CPR屏障消毒面膜	个	若干	
4	干燥木棒	根	1	
5	金属杆	根	1	
6	电线	根	1	2 m及以上无卷曲
7	计算机心肺复苏模拟人	台位	1	

1.2.3 训练内容及操作步骤

某变电所进行214馈线避雷器试验时,工作领导人及作业人员盲目拆除接地封线,导致作业人员被感应电电击昏迷。正在现场操作试验设备的你曾接受过触电急救理论和技能培训,关键时刻你必须挺身而出,在医护人员到来之前负责对该触电人员的救护。

(1)立刻切断电源。

(2)判断触电者有无意识和呼吸。

如果确认触电者已经没有意识呼吸,则立刻将触电者在地上放平,并马上开始进行胸外心脏按压。对于电灼伤、出血、骨折等,也应进行止血、包扎、骨折固定等处理。

(3)拨打“120”医疗急救电话。

可充分利用手机的免提功能,可以边打电话边做胸外心脏按压。

(4)持续进行胸外心脏按压,直到急救人员到达现场。

1.2.4 项目考评

(1)触电急救技能考核说明:

①出现下列任意一种情况考核成绩记为不合格:“脱离电源”项目得分为0分;“人工循环(体外按压)”项目中,按压错误次数超过30次。

②一人单独操作，在规定时间内完成脱离电源、现场心肺复苏前的处理、人工心肺复苏、抢救中再判定等步骤；须按工作程序操作，工序错误扣除应做项目得分；不建议做的项目，操作不规范按原标准在总分中扣分并说明扣分原因。

③心肺复苏模拟人工作程序设定，操作时间为 120 s，操作频率为 100 次/min，操作模式为单人训练模式，语音提示为关闭，考生不得观看计算机显示。

④心肺复苏模拟人操作时间 75 s 包括：吹气两次 6 s、胸前捶击 4 s、CPR 50 s、抢救中再判定及口述 15 s；考核时限到以后的操作不记分。

⑤评分依据中华人民共和国电力行业标准《电力行业紧急救护技术规范》《国际心肺复苏(CPR)与心血管急救指南》制定。

(2)经过项目训练后，熟练掌握触电急救操作要领，并限时进行训练考核评定。考核评分标准见表1-2。

表 1-2　触电急救技能考核评分参考

项目	配分	评分标准	减分标准	存在问题	减分	得分
迅速脱离电源	4	1. 立即拉开电源开关或拔除电源插头，或用有绝缘柄的电工钳或有干燥木柄的斧头切断电线，断开电源； 2. 用带有绝缘胶柄的钢丝钳、绝缘物体或干燥不导电物体等工具将触电者迅速脱离电源（可任选一种操作）	任何使救护人员或触电者处于不安全状况的行为不得分，操作时间超过 10 s 不得分			
脱离电源后的处理						
判断伤员意识及呼叫（10 s）	4	意识判断： 1. 轻拍伤员肩部，高声呼叫伤员 5 s 完成； 2. 无反应时，立即用手指掐压人中穴 5 s 完成	未操作一项扣 2 分，操作不规范一项扣 1 分，操作时间超过 10 s 扣 2 分，扣完为止			
	2	呼救：大叫“来人哪！救命哪！有人触电啦！”	未呼救不得分，呼救声音小或不规范扣 1 分，操作时间超过 2 s 扣 1 分			
摆好伤员体位（5 s）	2	1. 使伤员仰卧于硬板床或地上，头、颈、躯干平卧无扭曲，双手放于两侧躯干旁； 2. 解开上衣，暴露胸部	操作少一项扣 1 分，操作不规范扣 1 分，操作时间每超过 5 s 扣 1 分，扣完为止			
通畅气道（5 s）	4	采用仰头抬颏法通畅气道：用一只手置于伤员前额，另一只手的食指与中指置于下颌骨近下颏处，两手协同使头部后仰 90°	未操作或气道未开放扣 4 分，操作不规范扣 1～2 分，操作时间过长扣 1～2 分			
	2	迅速清除口腔异物，2 s 内完成	未操作扣 2 分，操作不规范或超时扣 1 分			
判断伤员呼吸（10 s）	2	看：看伤员的胸部、腹部有无起伏动作，3～5 s 完成	未操作扣 2 分，操作不规范或操作时间不符合要求扣 1 分			

续上表

项目	配分	评分标准	减分标准	存在问题	减分	得分
判断伤员呼吸（10 s）	2	听：用耳贴近伤员的口鼻处，听有无呼气声音。可与“看”同时进行	未操作扣 2 分；操作不规范扣 1 分			
	2	试：用颜面部的感觉测试口鼻有无呼气气流，也可用毛发等物放在口鼻处测试，3 ~ 5 s 完成	未操作扣 2 分；操作不规范或操作时间不符合要求扣 1 分			
	2	在观察过程中要求气道始终保持开放位置	气道未保持开放扣 2 分			
口对口人工呼吸 2 次	8	保持气道通畅，用手指捏住伤员鼻翼，连续吹气两次，每次 1 s 以上，5 s 内完成	未吹进气 1 次扣 4 分，吹气量不足或过大 1 次扣 2 分；操作不规范 1 项扣 1 分。扣完为止	未吹进： 正确： 错误：		
胸前捶击	2	手握空心拳，快速垂直击打伤员胸前区胸骨中下段 2 次，每次 1 ~ 2 s，力量中等	操作不规范一项扣 1 分；操作时间不符合要求扣 1 分。扣完为止			
现场心肺复苏 CPR						
CPR 操作频率	14	1. 按压频率为 100 次/min，每按压 30 次时间为 16 ~ 20 s； 2. 按压与人工呼吸比例：每按压 30 次后吹气 2 次（30∶2）； 3. 要求 50 s 内完成 2 个 30∶2压吹循环	按压频率不符合要求 1 个循环扣 2 分；1 个压吹循环比例不正确扣 2 分；完成 2 个压吹循环后继续操作扣 2 分。扣完为止			
人工循环（体外按压）	30	按压位置： 1. 食指及中指沿伤员肋弓下缘向中间移滑，找到肋骨和胸骨接合处的中点，两手指并齐，中指放在切迹中点（剑突底部），食指平放在胸骨干部，另一只手的掌根紧挨食指上缘，置于胸骨上，即为正确按压位置； 2. 胸部正中，双乳头之间，胸骨的下半部即为正确的按压位置	按压错误 1 次扣 1 分；1 个循环内按压次数少于 30 次少 1 次扣 1 分；操作不规范 1 个循环 1 项扣 1 分（最多不超过 4 分）。扣完为止	按压记录 未按压： 正确： 错误：		
		按压姿势： 1. 将定位之手取下，重叠将掌根放于另一手背上，两手手指交叉抬起，使手指脱离胸壁； 2. 两臂绷直，双肩在伤员胸骨上方正中，靠自身重量垂直向下按压				
		按压用力方式： 1. 平稳，有节律，不能间断； 2. 不能冲击式的猛压； 3. 下压及向上放松时间相等，下压至按压深度（成人伤员为 3.8 ~ 5 cm），停顿后全部放松； 4. 垂直用力向下； 5. 放松时手掌根部不得离开胸壁				

续上表

项目	配分	评分标准	减分标准	存在问题	减分	得分
口对口人工呼吸	16	1. 保持气道通畅; 2. 用按于前额一手的拇指与食指捏住伤员鼻翼下端; 3. 吸一口气后,用自己的嘴唇包住伤员微张的嘴; 4. 向伤员口中吹气,换气的同时侧头仔细观察伤员胸部有无起伏; 5. 一次吹气完毕后,脱离伤员口部,吸入新鲜空气,同时使伤员的口张开,并放松捏鼻的手; 6. 每个吹气循环需连续吹气两次,5 s 内完成; 7. 每次吹气 1 s 以上	未吹进气一次扣 4 分;吹气量不足或过量一次扣 2 分;操作不规范 1 个循环一项扣 1 分(最多不超过 4 分)。扣完为止	吹气记录 未吹进: 正确: 错误:		
抢救过程中的再判定	4	1. 用看、听、试方法在 5 s 时间内完成对伤员呼吸和心跳是否恢复的再判定; 2. 口述瞳孔、脉搏和呼吸情况	未按规范操作一项扣 1 ~ 2 分			

注:在实际进行人工心肺复苏时,应按压吹气 2 min 后(相当于抢救时做了 5 组 30∶2按压吹气循环以上),再进行再判断。

1.3 项目拓展

随着我国国民经济的不断发展,电气化铁路也得到了迅速的发展,电气化区段逐步延伸,供电设备日渐更新,特别近年来高速电气化铁路的建设,要求加强铁路供电系统的安全工作,进一步提高科学管理水平和工作效率,更好地为运输生产服务。同时,电气化铁路的发展使得电气化设备运营管理工作面临更加严峻的“三高”(高空、高电压、高速)危险。

为保证铁路设备和员工人身安全,国家颁布了相关的法律、法规,铁路部门制定了相关的规程、规则,从事电气化铁路供电工作的人员必须严格执行有关规定。因此应加大法律、法规和规则的学习,强化安全意识,树立“安全第一”的思想,确保人身和设备的安全,把铁路电气化事业推向一个新阶段。

铁路供电系统包括牵引供电、电力等多部门,涉及通用工种(铁路电力线路工、变电设备检修工等)和铁路特有工种(接触网工、轨道作业车司机等),劳动安全培训、教育的范围广。由于涉及铁路交通供电、用电等多行业管理,劳动安全的组织环节较多、安全技术措施需不断完备,安全风险管理的任务比较突出。

从事电气化铁路供电工作的劳动者对国家颁布的相关安全生产和铁路的法律法规、铁路部门历年来所颁布的电气化铁路方面的规程规则必须有所了解,掌握国家法律法规所赋予自己的权利和相对应的义务,同时必须严格遵守工作岗位涉及的法规、规则,用法规、规则指导安全生产。

1.3.1 国家颁布的相关安全生产和铁路的法律法规

我国现行的有关安全生产的专门法律有《中华人民共和国安全生产法》《中华人民共和国消防法》《中华人民共和国道路交通安全法》《中华人民共和国海上交通安全法》《中华人民共和国矿山安全法》等;与安全生产相关的法律主要有《中华人民共和国刑法》《中华人民共和国职业病防治法》《中华人民共和国铁路法》《中华人民共和国劳动法》《中华人民共和国工会法》《中华人民共和国公路法》《中华人民共和国民用航空法》《中华人民共和国建筑法》《中华人民共和国电力法》等。

1.3.1.1 《中华人民共和国安全生产法》

《中华人民共和国安全生产法》是为了加强安全生产工作,防止和减少生产安全事故,保障人民群众生命和财产安全,促进经济社会持续健康发展而制定的。《中华人民共和国安全生产法》首版于 2002 年 6 月 29 日第九届全国人民代表大会常务委员会第二十八次会议通过,2002 年 11 月 1 日实施。经过历次修订,最新版于 2021 年 6 月 10 日修订并公布,自 2021 年 9 月 1 日起施行。

《中华人民共和国安全生产法》的调整范围涉及交通、煤矿、非煤矿山、建筑、危险化学品等多个生产经营领域。其颁布实施后,这些生产经营领域的安全生产工作逐渐走入有法可依的法制化轨道。

《中华人民共和国安全生产法》的第三章“从业人员的安全生产权利义务”中规定从业人员依法享有“生产经营单位的从业人员有权了解其作业场所和工作岗位存在的危险因素、防范措施及事故应急措施,有权对本单位的安全生产工作提出建议”“从业人员在作业过程中,应当严格落实岗位安全责任,遵守本单位的安全生产规章制度和操作规程,服从管理,正确佩戴和使用劳动防护用品”“从业人员应当接受安全生产教育和培训,掌握本职工作所需的安全生产知识,提高安全生产技能,增强事故预防和应急处理能力”“从业人员发现事故隐患或者其他不安全因素,应当立即向现场安全生产管理人员或者本单位负责人报告;接到报告的人员应当及时予以处理”等安全生产权利义务。

教育与培训是安全生产方面的一项基础性工作,是提高从业人员安全生产技能,掌握安全生产基础知识和专业技术知识的一个重要途径。安全生产重要目的之一是保护作业现场的从业人员,同时,安全生产目标的落实最终要依靠现场的从业人员。因此,从业人员的安全素质是企业安全生产及其保障程度的基础要素。

人员操作的可靠性和安全性与个人的安全意识、文化意识、思维方法、文化素质、技术水平、个性特征和心理状态等都存在着密切的关系。因此提高从业人员的安全素质是预防事故的最根本的措施。加强从业人员的安全教育与培训,提高从业人员的生产安全技能、以保证其在工作过程中提高工效,安全操作。铁路运输实现安全生产要做到“有法可依,有法必依,执法必严,违法必究”,每一名铁路职工就要认真学习、严格执行、依法实践安全生产。

从业人员安全教育和培训的主要内容应包括:安全生产的方针政策教育;安全生产法规教育;一般生产技术及安全技术知识教育;专业安全生产技术知识教育;安全生产技能训练;事故案例教育;三级安全教育;转岗、调换工种和“四新”(新工艺、新材料、新设备、新产品)安全教育;复工教育;特殊工种培训教育;全员安全教育及生产经营单位日常性教育及其他教育等。

1.3.1.2 《中华人民共和国刑法》

《中华人民共和国刑法》首版于1979年7月1日第五届全国人民代表大会第二次会议通过并实施，经过历次修订，最新版于2023年12月29日修正并公布施行。

修订后的《中华人民共和国刑法》将铁路职工违反规章制度，致使发生铁路运营安全事故，造成严重后果的行为作为单独的犯罪在危害公共安全罪一章中设专条加以规范，明确其为铁路运营安全事故罪。同时刑法规定这种行为造成严重后果的，处三年以下有期徒刑或者拘役；造成特别严重后果的，处三年以上七年以下有期徒刑。此罪名的增设对于保障铁路运营安全，保护国家利益和人民群众的生命财产，具有重要意义。

我们知道，凡是重大生产安全事故，都会给人民群众造成不应有的伤亡和财产的重大损失，在经济上、政治上和社会上都会带来恶劣的影响。对造成重大生产安全事故的责任人的过失追究刑事责任，是维护国家法律的尊严、维护人民群众根本利益的需要。依照司法解释，凡造成死亡一人或重伤三人以上或直接经济损失五万元以上的，都属于符合重大安全事故的立案条件，都有可能被依法追究刑事责任。

1.3.1.3 《中华人民共和国职业病防治法》

《中华人民共和国职业病防治法》是为了预防、控制和消除职业病危害，防治职业病，保护劳动者健康和相关权益，促进经济发展，根据宪法而制定的。首版于2001年10月27日第九届全国人民代表大会常务委员会第二十四次会议通过，2002年5月1日开始实施。经过历次修订，最新版于2018年12月29日修正并公布施行。

保护好自己，就是对工作的负责任，就是最安全的负责任。作为一名劳动者要能够积极学习、宣传职业病防治知识，能够带动本单位和身边劳动者践行健康工作方式和生活方式；能够拒绝违章作业，发现职业病危害因素及时报告，提醒身边同事纠正不健康行为方式。

根据《中华人民共和国职业病防治法》第三条中规定：“职业病防治工作坚持预防为主、防治结合的方针，建立用人单位负责、行政机关监管、行业自律、职工参与和社会监督的机制，实行分类管理、综合治理”。

《中华人民共和国职业病防治法》第三十四条中规定：“劳动者应当学习和掌握相关的职业卫生知识，增强职业病防范意识，遵守职业病防治法律、法规、规章和操作规程，正确使用、维护职业病防护设备和个人使用的职业病防护用品，发现职业病危害事故隐患应当及时报告。”

《中华人民共和国职业病防治法》第三十九条中规定：“劳动者享有下列职业卫生保护权利：（一）获得职业卫生教育、培训；（二）获得职业健康检查、职业病诊疗、康复等职业病防治服务；（三）了解工作场所产生或者可能产生的职业病危害因素、危害后果和应当采取的职业病防护措施；（四）要求用人单位提供符合防治职业病要求的职业病防护设施和个人使用的职业病防护用品，改善工作条件；（五）对违反职业病防治法律、法规以及危及生命健康的行为提出批评、检举和控告；（六）拒绝违章指挥和强令进行没有职业病防护措施的作业；（七）参与用人单位职业卫生工作的民主管理，对职业病防治工作提出意见和建议。”

依据《中华人民共和国职业病防治法》的规定，这里总结出轨道交通运营生产岗位主要存在的职业病危害因素，见表1-3。

表1-3　轨道交通运营生产岗位主要存在的职业病危害因素

序号	岗位	主要职业危害因素
1	车辆检修岗位	粉尘、噪声、化学毒物(苯系物)、射频辐射
2	车辆维修设备岗位	粉尘、噪声
3	工建维修岗位	粉尘、噪声
4	通号维修岗位	工频电磁场
5	机电维修岗位	噪声、工频电磁辐射
6	自动化维修岗位	噪声、工频电磁辐射、油漆
7	供电维修岗位	粉尘、噪声、工频电磁辐射
8	车站岗位	射频辐射、工频辐射
9	乘务岗位	粉尘、噪声、工频电磁辐射、射频辐射
10	调度中心岗位	工频电磁辐射

1.3.1.4　《中华人民共和国铁路法》

《中华人民共和国铁路法》是为了保障铁路运输和铁路建设的顺利进行,适应社会主义现代化建设和人民生活的需要而制定的法律。首版于1990年9月7日第七届全国人民代表大会常务委员会第十五次会议通过并公布,1991年5月1日实施。近年来,随着我国铁路事业的迅猛发展,铁路管理体制、运输经营、安全管理特别是高速铁路安全管理发生了深刻变化,现行铁路法有关条款规定已不能适应新时代铁路发展的需求。修改铁路法已列入全国人大常委会立法规划。

《中华人民共和国铁路法》中明确指出:“铁路职工玩忽职守、违反规章制度造成铁路运营事故的,滥用职权、利用办理运输业务之便谋取私利的,给予行政处分;情节严重、构成犯罪的,依照刑法有关规定追究刑事责任。”

1.3.1.5　《铁路交通事故应急救援和调查处理条例》

《铁路交通事故应急救援和调查处理条例》(以下简称《条例》)是为了加强铁路交通事故的应急救援工作,规范铁路交通事故调查处理,减少人员伤亡和财产损失,保障铁路运输安全和畅通,根据《中华人民共和国铁路法》和其他有关法律的规定制定的条例,适用范围包括铁路机车车辆在运行过程中与行人、机动车、非机动车、牲畜及其他障碍物相撞,或者铁路机车车辆发生冲突、脱轨、火灾、爆炸等影响铁路正常行车的铁路交通事故的应急救援和调查处理。该《条例》经2007年6月27日国务院第182次常务会议通过,2007年7月11日中华人民共和国国务院令第501号公布,2007年9月1日起施行的文件;根据2012年11月9日中华人民共和国国务院令第628号公布、自2013年1月1日起施行的《国务院关于修改和废止部分行政法规的决定》修正,分总则、事故等级、事故报告、事故应急救援、事故调查处理、事故赔偿、法律责任、附则等内容。

1.3.1.6　《铁路安全管理条例》和《高速铁路安全防护管理办法》

铁路是我国国民经济和社会发展的重要基础设施,国家高度重视铁路安全工作,《铁路安全管理条例》是为了加强铁路安全管理,保障铁路运输安全和畅通,保护人身安全和财产安全而制定的法规。早在1989年,国务院就制定公布了《铁路运输安全保护条例》,2004年又对该条例进行了全面修订,对于保障铁路运输安全发挥了重要作用。2013年7月24日经重新修订发布的《铁路安全管理条例》由国务院第 18 次常务会议通过,自 2014 年 1 月 1 日起施行。

为了加强高速铁路安全防护,防范铁路外部风险,保障高速铁路安全和畅通,维护人民生命财产安全,交通运输部根据《中华人民共和国铁路法》《中华人民共和国安全生产法》《中华人民共和国反恐怖主义法》《铁路安全管理条例》等法律、行政法规,制定《高速铁路安全防护管理办法》,本办法适用于设计开行时速 250 公里以上(含预留),并且初期运营时速 200 公里以上的客运列车专线铁路(以下称高速铁路)。2020 年 3 月 26 日经交通运输部第 10 次部务会议通过《高速铁路安全防护管理办法》,并经公安部、自然资源部、生态环境部、住房和城乡建设部、水利部、应急管理部同意,自 2020 年 7 月 1 日起施行。

1.3.2 电气化铁路安全规程、规则

2014 年《中国铁路总公司铁路技术规章制度管理办法》(铁总科技〔2014〕38 号)发布,规定基本技术规章称为规程、系统规章为规则。按此规定,牵引变电所安全工作规则、接触网安全工作规则、电力安全工作规则等分别是供电系统牵引变电所、接触网、电力的专业规章,因此应称为规则。例如:1982、1999、2007 版接触网安全工作规则名称均为《接触网安全工作规程》;2014 年版《高速铁路接触网安全工作规则》(铁总运〔2014〕21 号)发布时改称为规则;2017 年中国铁路总公司对 2007 版《接触网安全工作规程》进行修订,发布成《普速铁路接触网安全工作规则》。为避免歧义和误解,下文中对于因未及时修订而依然有效、名为规程的专业规章仍继续沿用旧称称为规程。

从事铁路供电的人员必须对国家铁路局和中国国家铁路集团有限公司(以下简称国铁集团)(包括铁道部、中国铁路总公司,下同)历年来所颁布的有关电气化铁路方面的规程、规则有所了解,对于重点的规程、规则必须严格掌握,用规程、规则指导电气化铁路安全生产。

现阶段执行中的有关电气化铁路的规程、规则包括《铁路技术管理规程》《牵引变电所安全工作规程》《牵引变电所运行检修规程》《高速铁路牵引变电所安全规则》《高速铁路牵引变电所运行检修规则》《铁路牵引变电所电气设备试验规则》《普速铁路接触网安全工作规则》《普速铁路接触网运行维修规则》《高速铁路接触网安全工作规则》《高速铁路接触网运行维修规则》《铁路电力安全工作规程》《铁路电力管理规则》《铁路电力安全工作规程补充规定》《电气化铁路有关人员电气安全规则》等。

1.3.2.1 《铁路技术管理规程》

《铁路技术管理规程》由普速铁路和高速铁路两部分组成,是铁路技术管理的基本技术规章,是铁路各部门、各单位从事运输生产时,必须遵守的基本原则。铁路各部门、各单位制定的规程、规范、规则、细则、标准和办法等都必须符合《铁路技术管理规程》的规定。

《铁路技术管理规程》包括技术设备、行车组织、信号显示、对工作人员的要求等四个方面的内容。其中技术设备方面的内容包括线路、桥隧、信号、通信联锁、闭塞、调度指挥设备、信息系统、站场、机车车辆,以及供电、供水设备等;行车组织方面的内容包括行车组织的基本要求、编组列车、调车工作、行车闭塞法、列车运行等。

1.3.2.2 牵引变电所相关规则

牵引变电所相关规则包括《牵引变电所安全工作规程》《牵引变电所运行检修规程》《高速铁路牵引变电所安全规则》《高速铁路牵引变电所运行检修规则》《铁路牵引变电所电气设备

试验规则》等。

为了搞好牵引变电所安全运行和检修工作，提高牵引变电所的设备质量、供电质量和管理水平，以适应现代化铁路的发展需要，铁道部于 1999 年 9 月 1 日颁布实施《牵引变电所运行检修规程、牵引变电所安全工作规程》（铁运〔1999〕101 号）。

随着路网规模的不断扩大和维修体制改革的深入推进，我国高速铁路牵引变电技术装备水平、养护维修体制、生产组织方式、技术防范手段等发生了较大变化。为适应新的形势，满足高速铁路牵引变电安全管理需要，国铁集团在总结高速铁路牵引变电安全生产管理经验的基础上，2023 年 9 月 2 日颁布实施《高速铁路牵引变电所安全规则》（铁工电〔2023〕123 号，技术规章编号 TG/GD 121—2023）、《高速铁路牵引变电所运行检修规则》（铁工电〔2023〕122 号，技术规章编号 TG/GD 122—2023）。

电气设备试验是掌握设备运行状态、发现设备隐患的有效手段，具有较高的专业性和技术性。为适应新的形势，国铁集团在总结实践经验、借鉴相关行业做法的基础上，2023 年 9 月组织制定《铁路牵引变电所电气设备试验规则》（铁工电〔2023〕124 号，技术规章编号 TG/GD 206—2023），以进一步规范铁路牵引变电电气设备试验工作，支撑牵引变电所设备状态检修。

1.3.2.3 接触网相关规则

接触网相关规则包括《普速铁路接触网安全工作规则》《普速铁路接触网运行维修规则》《高速铁路接触网安全工作规则》《高速铁路接触网运行维修规则》等。

为了接触网安全运行和检修工作的需要，提高接触网的设备质量和管理水平，以适应现代化铁路的发展需要，中国铁路总公司于 2017 年 4 月 1 日起施行《普速铁路接触网安全工作规则》（铁总运〔2017〕25 号，技术规章编号 TG/GD 115—2017）、《普速铁路接触网运行维修规则》（铁总运〔2017〕9 号，技术规章编号 TG/GD 116—2017），2014 年 8 月 9 日颁布实施《高速铁路接触网安全工作规则》（铁总运〔2014〕221 号，技术规章编号 TG/GD 108—2014），2015 年 12 月 31 日颁布实施《高速铁路接触网运行维修规则》（铁总运〔2015〕362 号，技术规章编号 TG/GD 124—2015）。

1.3.2.4 铁路电力相关规则

铁路电力相关规则包括《铁路电力安全工作规程》《铁路电力安全工作规程补充规定》《铁路电力管理规则》等。

为了搞好铁路电力的安全运行和检修工作，提高电力的设备质量、供电质量和管理水平，以适应现代化铁路的发展需要，铁道部于 1999 年 9 月 1 日颁布实施《铁路电力安全工作规程》《铁路电力管理规则》（铁运〔1999〕103 号），中国铁路总公司于 2015 年 1 月 22 日颁布实施《铁路电力安全工作规程补充规定》（铁总运〔2015〕51 号）、《高速铁路电力管理规则》（铁总运〔2015〕49 号）。

1.3.2.5 《电气化铁路有关人员电气安全规则》

为了贯彻执行国务院发布的有关安全规定精神，保证人民生命财产安全，适应电气化铁路发展，以及新建电气化线路送电通车的安全宣传要求，中国铁路总公司发布实施《电气化铁路有关人员电气安全规则》（铁运〔2013〕60 号）。《电气化铁路有关人员电气安全规则》要求对通往电气化区段的乘务人员、押运人员及电气化铁路沿线路内外职工、城乡广大人民群众组织传达学习和广为宣传，为有效地预防触电伤亡事故发生，保证铁路运输安全。《电气化铁路有关人员电气安全规则》分为总则,一般安全规定,接发列车及调车作业安全规定,货运、装卸作业安全规定,机车、动车、车辆作业安全规定,工务作业安全规定,电务作业安全规定,牵引供电、电力作业安全规定,电气化铁路附近消防安全规定,车辆行人通过道口安全规定,其他安全规定和附则,共12张52条。

1.3.2.6 供电调度规则

供电调度规则包括《普速铁路供电调度规则》《高速铁路供电调度规则》等。

为统一全国铁路供电调度管理,规范供电调度工作制度,充分发挥供电调度作用,确保供电安全,2017年中国铁路总公司工电部制定《普速铁路供电调度规则》(铁总工电〔2017〕284号,技术规章编号TG/GD 103—2017),自2017年11月24日起施行。《普速铁路供电调度规则》适用于普速铁路的供电调度管理工作,是供电调度管理的基本规则。

2017年,中国铁路总公司在铁道部规范性文件《高速铁路供电调度暂行规则》(铁运〔2012〕285号)的基础上,制定的《高速铁路供电调度规则》(铁总运〔2017〕12号,技术规章编号:TG/GD 104—2017)内容符合有关法律法规精神和铁路运输实际,体现了近年来铁路技术的发展和设备的进步,在质量和安全方面的管理规定更为全面和具体,强化了高速铁路供电调度管理工作,有利于铁路发展和保障铁路安全。

1.3.2.7 铁路交通事故相关规则

铁路系统颁布的铁路交通事故相关规则包括《铁路交通事故调查处理规则》《铁路交通事故应急救援规则》《电气化铁路接触网事故抢修规则》《高速铁路接触网故障抢修规则》等。

铁道部为及时准确调查处理铁路交通事故,严肃追究事故责任,防止和减少铁路交通事故的发生,依据国务院颁布的《铁路交通事故应急救援和调查处理条例》制定了《铁路交通事故调查处理规则》(2007年8月28日铁道部令第30号公布,自2007年9月1日起施行)。

铁道部为了规范和加强铁路交通事故的应急救援工作,最大限度地减少人员伤亡和财产损失,尽快恢复铁路运输秩序,依据《铁路交通事故应急救援和调查处理条例》及国家有关规定,制定《铁路交通事故应急救援规则》(2007年铁道部第32号),自2007年9月1日起施行。

为了保证铁路的安全运行,一旦接触网发生故障,能迅速出动,及时抢修,尽快地恢复供电和行车,最大限度地减小事故损失和对运输的干扰,铁道部自1989年10月17日发布实施《电气化铁路接触网事故抢修规则》(铁机〔1989〕126号,现场简称《抢规》),2009年对此规则修订更新后颁布实施《电气化铁路接触网故障抢修规则》(〔2009〕39号)指导普速铁路接触网故障抢修工作。2014年,中国铁路总公司又颁布实施《高速铁路接触网故障抢修规则》(〔2014〕53号,技术规章编号TG/GD 106—2014)指导高速铁路接触网故障抢修工作。

1.3.2.8 铁路电力牵引供电设计、施工和验收规则

铁路电力牵引供电设计、施工和验收规则包括《铁路电力牵引供电设计规范》《高速铁路设计规范(电力牵引供电部分)》《铁路电力牵引供电工程施工质量验收标准》《高速铁路电力牵引供电工程施工质量验收标准》等。

2016年,国家铁路局发布的《铁路电力牵引供电设计规范》(TB 10009—2016)自2016年9月1日起实施。该规范是对2005版《铁路电力牵引供电设计规范》的全面修订。该规范认真总结了我国铁路电力牵引供电工程设计和运行管理经验、充分借鉴了相关科研成果和国内外相关标准,进一步明确了铁路牵引供电方式、牵引变压器容量、牵引变电所选址、牵引供电调

度和远动系统、接触网及支持结构等设计标准，适用于单相工频、接触网标称电压为 25 kV 标准轨距铁路电力牵引供电工程设计。

2014 年，国家铁路局发布的《高速铁路设计规范》（TB 10621—2014）集成了近 20 个专业领域的技术要求，形成了速度范围为 250 ~ 350 km/h，涵盖不同速度等级、不同速度列车共线运行、适应不同自然环境（冻土、黄土等）的高速铁路设计标准，是高速铁路建设最基本、最重要的行业技术标准。其中《高速铁路设计规范（电力牵引供电部分）》的编制以科学发展观为指导，贯彻铁路建设新理念，瞄准世界一流水平，坚持原始创新、集成创新和引进消化吸收再创新，广泛收集了与高速铁路（客运专线）设计有关的技术文件资料，系统总结了京津、合宁、合武、石太等高速铁路的经验，认真吸取了武广、郑西等高速铁路的建设、施工、设计、国际咨询等成果，大力开展了有针对性的科研攻关和试验测试，结合京津、武广、合武等线的联调联试工作，对规范的有关参数进行了现场验证，为我国高速铁路建设和中国铁路“走出去”提供了强有力的技术保障和支撑。

2018 年，国家铁路局发布的《铁路电力牵引供电工程施工质量验收标准》（TB 10421—2018）和《高速铁路电力牵引供电工程施工质量验收标准》（TB 10758—2018）自 2019 年 2 月 1 日起实施。《铁路电力牵引供电工程施工质量验收标准》和《高速铁路电力牵引供电工程施工质量验收标准》分别是在《铁路电力牵引供电工程施工质量验收标准》（TB 10421—2003）、《高速铁路电力牵引供电工程施工质量验收标准》（TB 10758—2010）的基础上，总结吸纳了近年来铁路电力牵引供电工程建设、运营管理的实践经验和科研成果，借鉴了国内外相关验收标准，并广泛征求意见，经审查修订而成。两个标准都分 6 章，主要包括总则、术语、基本规定、牵引变电所、接触网、供电调度及远动系统等内容部分。《铁路电力牵引供电工程施工质量验收标准》适用于设计时速 200 km 及以下铁路电力牵引供电工程施工质量的验收，《高速铁路电力牵引供电工程施工质量验收标准》适用于高速铁路电力牵引供电工程施工质量的验收。

1.3.2.9　《铁路营业线施工安全管理办法》

为加强铁路营业线施工安全管理，确保行车、人身和施工安全，根据《中华人民共和国安全生产法》《中华人民共和国铁路法》《铁路安全管理条例》等法律、行政法规和相关规定，铁道部发布施行《铁路营业线施工安全管理办法》（铁办〔2008〕190 号）、《铁路营业线施工安全管理补充办法》（铁运〔2010〕51 号和铁运〔2011〕63 号），2012 年重新修订为《铁路营业线施工安全管理办法》（技术规章编号 TG/CW 106—2012），自 2013 年 1 月 1 日起施行。2021 年，国家铁路局重新修订了《铁路营业线施工安全管理办法》（国铁运输监〔2021〕31 号）自 2021 年 12 月 1 日起施行。《铁路营业线施工安全管理办法》共 7 章 61 条及 1 个附件（行车设备施工登记簿格式），从铁路营业线施工安全管理的基本要求、组织领导、施工方案和计划管理、组织实施、安全管理责任、监督管理等方面，进一步规范铁路营业线施工安全管理工作。

1.3.2.10　《高速铁路供电安全检测监测系统（6C 系统）总体技术规范》

为确保高速铁路供电设备运行安全，指导高速铁路供电安全检测监测体系建设，提升供电系统安全保障能力，2012 年，铁道部在学习和借鉴国内外铁路接触网检测的先进方法，广泛吸收我国铁路供电设备检测和监测的经验，并结合我国高速铁路供电系统的特点，提出《高速铁路供电安全检测监测系统（6C 系统）总体技术规范》，并公布执行。

高速铁路供电安全检测监测系统（6C 系统）包括：高速弓网综合检测装置（CPCM）、接触网安全巡检装置(CCVM)、车载接触网运行状态检测装置(CCLM)、接触网悬挂状态检测监测装置(CCHM)、受电弓滑板监测装置(CPVM)、接触网及供电设备地面监测装置(CCGM)。

高速铁路供电安全检测监测系统(6C系统)的主要功能是对高速铁路的牵引供电系统进行全方位、全覆盖的综合检测监测,主要包括对高速接触网悬挂参数和弓网运行参数的等速检测(C1装置)、在运营的动车组上对接触网的悬挂部分进行周期性图像采集和分析(C2装置)、在运营的动车组上对接触网参数及技术状态的在线检测(C3装置)、对接触网悬挂、腕臂结构、附属线索和零部件的高清图像检测(C4装置)、对动车组受电弓滑板状态的实时监测(C5装置)、对接触网运行参数和供电设备参数的实时在线检测(C6装置)。6C系统应具备的系统功能包括:检测监测功能、综合诊断功能、数据存储功能、视频显示功能、数据通信功能,可实现对牵引供电和接触网设备进行全面检测与监测,为高速铁路供电设备的安全运行、运行状态和参数的综合分析、设备的维修提供技术依据。

1.3.2.11 其他规则

除了上述规则外,铁道部、铁路总公司以文件形式下发的《铁路暴风雨雪雾等恶劣天气应急预案(暂行)》(铁运〔2008〕236号)、《高速铁路突发事件应急预案(试行)》(铁运〔2012〕33号),《铁路无线电管理规则》(工业和信息化部、交通运输部令〔2021〕56号)等规则也涉及牵引供电,需要在供电运行检修中执行。

视野拓展

电气化铁路的发展历程

铁路运输主要有三种牵引形式,即蒸汽牵引、内燃牵引和电力牵引。蒸汽牵引从20世纪60年代开始,已逐渐被淘汰。内燃牵引和电力牵引具有功率大、热效率高、过载能力强的特点,能更好地实现多拉快跑,提高铁路的运输能力,所以发展很快。特别是电力牵引,它除了具有上述优点外,还能综合利用资源且不污染环境,是今后铁路运输重点发展的牵引形式。世界上第一条电气化铁路出现于1879年。最初的电气化铁路一般修建于工矿和一些大城市近郊。到了20世纪50年代,一些工业发达的国家为了完成急剧增长的运输任务,以及出于与其他运输业竞争的需要,开始大规模地进行铁路运输业的现代化建设,其中包括牵引动力的现代化建设。此后,电气化铁路的建设速度不断加快,修建电气化铁路的国家逐渐增多。电气化铁路发展最快的时期是20世纪60年代,到了70年代末,工业发达的西欧、日本、苏联,以及东欧等国家和地区,主要铁路干线就实现了电气化,而且基本上已经成网。20世纪70年代以后,一些发展中国家,如印度、朝鲜、土耳其、巴西、智利、摩洛哥等,电气化铁路发展也很快,特别是我国的电气化铁路更有了飞速的发展。

我国铁路电气化事业始于1956年,1961年8月宝成铁路(陕西省宝鸡市至四川省成都市)宝鸡至凤州段完成电气化通车。1975年6月,宝成电气化铁路全线建成通车。20世纪90年代是我国铁路发展的重要时期。“九五”期间(1996—2000年)是我国铁路由滞后型向基本适应型转变的重要时期,在这一时期,我国建成并开通了京郑线、干武线、成昆线、南昆线、焦枝线、宝成线等十条电气化铁路,而且还建成开通了我国第一条速度为200 km/h的准高速铁路——广深电气化铁路。近年来,我国高速电气化铁路发展迅猛,2008年8月1日,京津城际高速电气化铁路开通运营;2009年4月1日,合武高速电气化铁路开通运营;2009年12月

26日，武广高速电气化铁路开通运营；2010年2月6日，郑西高速电气化铁路开通运营；2012年12月1日，哈大高速电气化铁路正式开通运营；2014年12月26日，贵广高速电气化铁路全线通车运营；2017年12月6日，西成高速铁路开通；2019年12月16日，成贵高速铁路全线建成通车；2020年12月26日，银西高速电气化铁路开通运营；2021年2月8日，徐连高速电气化铁路开通运营，标志着我国“八纵八横”最长的一横连云港至乌鲁木齐通道全线开通。截至2024年底，我国铁路营业里程达到16.2万km，电气化率达到78%以上，其中高速铁路营业里程4.8万km，铁路建设成效显示目前我国电气化铁路已进入了高速电气化时代。

中国电气化铁路发展进展迅猛，使我国的经济社会得到了显著的发展，展现出“世上无难事，只要肯登攀”的良好发展态势。这一发展趋势必将给中国带来更多发展机遇，也必将对持续稳定的中国经济社会发展做出重要贡献。

1. 提问思考

宝成铁路作为中国第一条电气化铁路，建设者们从零研发电力牵引供电系统，其中遇到了哪些难题？又是如何解决的？请查阅相关资料。

“绿色牵引”对可持续发展意义重大，你认为电气化铁路还可向哪些方向创新以服务国家“双碳”目标？

2. 分享讨论

当1958年宝成线电气化改造时，我国的电气化铁路发展与同时期的国外铁路发展水平差距有多大，我们又是如何实现从技术跟随到技术引领的？

综合练习

练习

项目1
综合练习

答案

项目1
综合练习答案

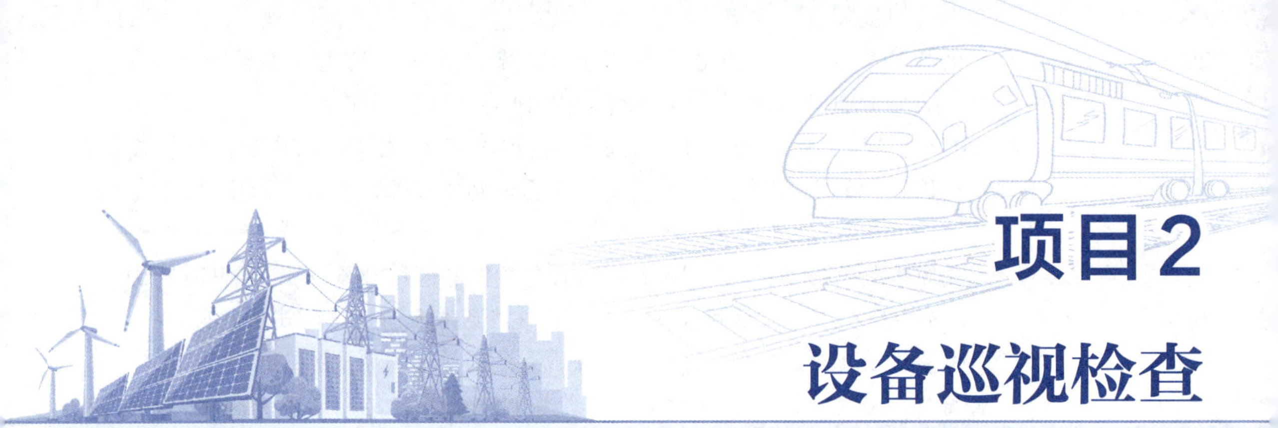

项目2

设备巡视检查

项目引言

设备巡视检查是电气化铁路供电设备运行的常规工作之一。设备巡视检查的目的是防患于未然，通过对设备进行预防性的巡视和检查，掌握设备运行状况及周围环境的变化，发现设施缺陷和危及安全的隐患，及时采取有效措施，减少突发设备故障的机会，使设备处于良好的运行状态，保证供电设备运行的可靠稳定。否则，一个微小的设备故障就极有可能由于发现不及时或处理不当而演变成恶性事故，直接关系到电气化铁路企业的生存、稳定和发展，因此，供电设备的巡视检查至关重要。

铁路供电系统的稳定运行关系着铁路运输的正常进行、关乎人民生活和生产活动乃至国家和社会的稳定。电力系统的每一次故障都有可能给铁路运输乃至整个社会造成无法估量的损失。所以保证电力系统安全运行是供电段等铁路电力部门的首要任务。设备巡视检查是有效保证铁路供电系统安全的一项基础工作，其目的是掌握设备运行状况及周围环境的变化，发现设备缺陷和危及设备安全的隐患，保证设备的安全运行和电力系统稳定。

学习目标

1. 知识目标

(1)熟悉电气设备的运行监视、巡视检查、异常分析与故障处理的概念。

(2)掌握牵引变电所、接触网和电力设备巡视、检查的安全要求。

(3)掌握牵引变电所、接触网和电力设备巡视检查内容和周期。

2. 能力目标

(1)掌握牵引变电所、接触网和电力设备巡视检查的方法和流程。

(2)熟悉牵引变电所、接触网和电力设备的常见故障和异常情况，具备判断设备的运行状态的能力。

(3)具备参加牵引变电所、接触网和电力设备巡视、检查的能力。

(4)能够正确记录设备巡视检查结果，并根据发现设备隐患的等级采取正确的处置方案。

3. 素养目标

(1)培养一丝不苟的安全工作作风，践行安全第一理念。

(2)养成与人合作的团队精神和良好的职业道德。

2.1 知识准备

2.1.1 牵引变电所设备巡视和检查

1. 牵引变电所设备巡视的安全要求

视 频

牵引变电所巡视

(1)除有权单独巡视的人员外,其他人员无权单独巡视。

有权单独巡视的人员是:牵引变电所值班员和工长;安全等级不低于四级的检修人员、技术人员和主管的领导干部。

(2)值班员巡视时,要事先通知供电调度或助理值班员;其他人巡视时要经值班员同意。巡视时不得进行其他工作。

典型案例 2-1

车间技术员在进行牵引变电所设备巡视作业时,违规打开322高压柜五防门锁,锁闭时发现锁闭不严,叫值守人员去拿平口螺丝刀。值守人员返回主控室时,听见高压室内跳闸声,返回高压室查看,发现技术员倒在高压柜内母排上触电,经抢救无效死亡。构成电击伤害一般B类事故。

案例分析:

车间技术员违反"其他人员巡视时要经值守人员同意,在巡视时不得进行其他工作,禁止移开、越过高压设备的防护栅,并与带电部分保持足够的安全距离"的安全规定,未经值守人员的同意、未采取安全措施,强行打开322高压柜门,违章蛮干。

技术员打开322高压柜门前,未按照安全工作规则办理高压设备停电作业手续后,再进行作业。

牵引变电所值守人员未随时巡视作业地点,了解作业情况,未及时发现并制止技术员危险操作,在技术员意图违章作业时,未能及时采取有效的制止措施。

当一人单独巡视时,禁止移开、越过高压设备的防护栅或进入高压分间,如图2-1所示。如必须移开高压设备的防护栅或进入高压分间时,要与带电部分保持足够的安全距离,并要有安全等级不低于三级的人员在场监护。

图2-1 巡视牵引变电所高压室

(3)在有雷、雨的情况下必须巡视室外高压设备时,要穿绝缘靴、戴安全帽,并不得靠近避雷针和避雷器。

2. 设备巡视周期和巡视要求

(1)值班人员应按规定对变配电设备进行巡视检查。设备巡视中,各种设备的一般项目和要求、特别项目和要求均应正常。发现设备缺陷时,设备缺陷记录由巡视人员、发现缺陷的人员和处理缺陷负责人填写日常运行中发现的缺陷及其处理情况。

(2)值班人员每班至少巡视1次(不包括交接班巡视);每周至少进行1次夜间熄灯巡视;每次断路器跳闸后对有关设备要进行巡视;遇有下列情况,要适当增加巡视次数(图2-2):

①设备过负荷,或负荷有显著增加时;

②设备经过大修、改造或长期停用后重新投入系统运行;新安装的设备加入系统运行;

③遇有雾、雪、大风、雷雨等恶劣天气、事故跳闸和设备运行中有异常和非正常运行时。

图2-2 牵引变电所值班人员巡视

典型案例 2-2

7月5日某变电所101、201A、201B跳闸、掉牌,交流母线电压低下,A、B相低压过流,高压室有异响。值班员巡视时因高压室有浓烟雾未发现故障点。8时10分电调远动合1001GK后,102、202A、202B再次跳闸。8时20分,经巡视检查发现2号高压分间屋顶严重漏水造成27.5 kV母线支持绝缘子大部分击穿、烧损,271小车LH烧损、32 m 27.5 kV母线铝排烧损。后经检查1号高压分间无异常现象,采取27.5 kV母线分段运行方案。9时01分,212、215开关送电。临时处理将271、272、214母线甩开。9时53分,4号馈线备用22B开关送电成功。后在13时55分至15时13分申请停电作业进行彻底处理,才恢复设备正常运行状态。

案例分析:

高压室2号分间屋顶严重漏雨致使27.5 kV母线支持绝缘子击穿造成对地、相间短路而发生故障。在8时01分第一次跳闸后,因变电所值班员巡视未发现故障点,电调在低压过流的情况下强送电,扩大了故障范围和对设备的损坏程度。值班员未认真落实特殊巡视检查制度,未及时发现隐患采取临时处理措施。

(3)其他的巡视频次要求。

值班人员对新装或大修后的变压器投入运行和24 h内巡视1次。无人值班的变电所,由维修班组负责每周至少巡视一次。变电所工长值日勤期间,要参加交接班巡视。

2.1.2 接触网设备巡视和检查

对运行中的接触网设备定期进行巡视和检查的目的是对接触网的工作状态及其电力机车的取流状态进行外观检查，及时发现缺陷，以便安排检修，确保供电安全。设备检查有全面检查、单项设备检查及非常规检查之分。

全面检查、单项设备检查具有检查、测量和试验等多重职能。针对无法或不易通过静态和动态检测、监测手段掌握设备及零部件运行状态的所有项目，利用天窗在接触网作业车作业平台、车梯或支柱上进行近距离检查，并进行必要的测量和试验等。全面检查是对所有设备进行检查；单项设备检查是对个别设备进行专项检查，并兼有维护保养职能。

非常规检查通常在特殊情况下或根据需要进行。

1. 接触网设备巡视检查的分类

接触网设备的巡视检查是对接触网外观、绝缘部件状态、外部环境及电力机车、动车组取流情况进行目视检查，分为步行巡视检查（图2-3）和登乘巡视检查等。

2. 接触网步行巡视工作要求

(1) 巡视不少于两人，其中一人的安全等级不低于三级。

(2) 巡视人员应携带望远镜和通信工具，一般情况下应面向来车方向。

(3) 任何情况下巡视，对接触网都必须以有电对待，巡视人员不得攀登支柱并时刻注意避让列车。

(4) 必须上道查看设备时，两人必须一人防护，一人上道检查。

图 2-3 接触网设备步行巡视

典型案例 2-3

8月26日21时30分，供电段辖内A站与B站间接触网设备故障。接触网工区出动16人巡查处理故障。巡至48号支柱处，发现牵引×××××次货物列车的SS4-0350机车后弓损坏，工长翟×将人员分成两组，翟×等9人在48号支柱检查处理受电弓等故障，副工长赵×等7人，向B站方向扩大巡查。经继续检查发现114号支柱反定位管被打弯、108号支柱定位管被打脱落，赵×安排人员分别继续巡查和在故障处所留守待命，其中接触网工罗×在114号支柱待命。约23时07分罗×通过对讲机断续听到工长翟×说："两端地线已接好，可以上去（后经调查是通知机车停车位置地线已接好，可以上车顶作业）"，便自己攀登支柱处理故障，被高压感应电电击后吊在114号支柱上。刚刚向北行走的赵×听到身后有放电声，返身发现此时间后立即报告工长，并组织人员将罗×急送医院抢救，因伤势过重抢救无效，罗×于次日1时55分死亡。

案例分析：

接触网工罗×未联系、未确认已停电，在无人监护情况下，擅自攀登支柱，违章上网作业，触及虽已停电但未采取任何安全措施的接触网设备，被感应电电击，是造成这起事故的主要原因，严重违反了《普速铁路接触网安全工作规则》中"任何情况下巡视，对接触网都必须以有电对待"这一条规定。

3. 步行巡视检查周期和内容

(1)巡视检查周期

对接触网安全巡检装置不易到达的专用线、联络线、支线、车站侧线、远离线路的供电线等处所，巡视周期 1 个月；对接触网安全巡检装置能够到达的线路，巡视周期 3 个月。

(2)巡视检查主要内容

①有无侵入限界、妨碍列车运行的障碍。

②各种线索（包括供电线、正馈线、加强线、回流线、保护线、架空地线、吸上线和软横跨线索等）、零部件、各种供电附属设施等有无烧损、松脱、偏移等情况。

③补偿装置有无损坏，动作是否灵活。

④绝缘部件（包括避雷器、电缆终端）有无破损和闪络。

⑤吸上线及各部地线的连接是否良好。

⑥支柱、拉线与基础有无破损、下陷、变形等异常。

⑦限界门、安全挡板或网栅、各种标识是否齐全、完整。

⑧自动过分相地面磁感应器有无缺损、破裂或丢失。

⑨有无因塌方、落石、山洪水害、施工作业及其他周边环境等危及接触网供电和行车安全的现象。

巡视发现的接触网设备缺陷案例如图 2-4 所示。

（a）支柱异常

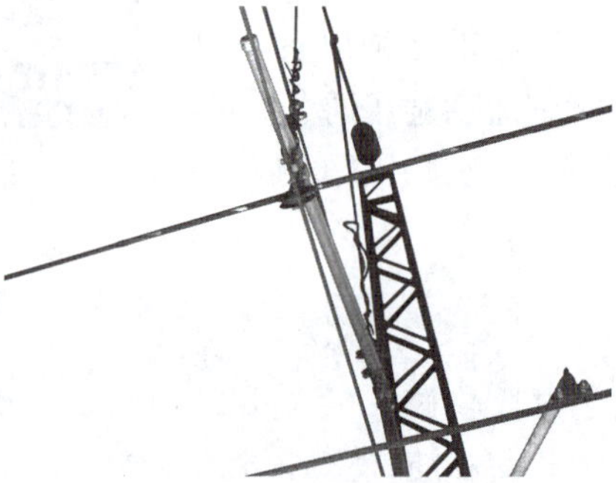

（b）定位器偏移大

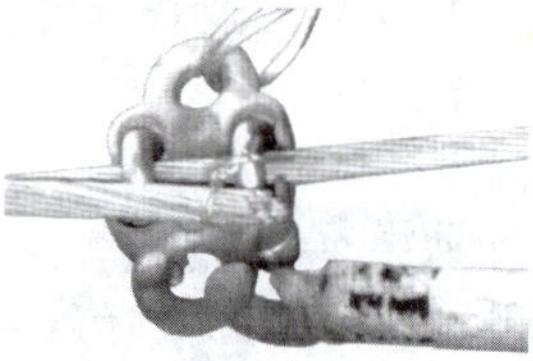

（c）定位器烧伤

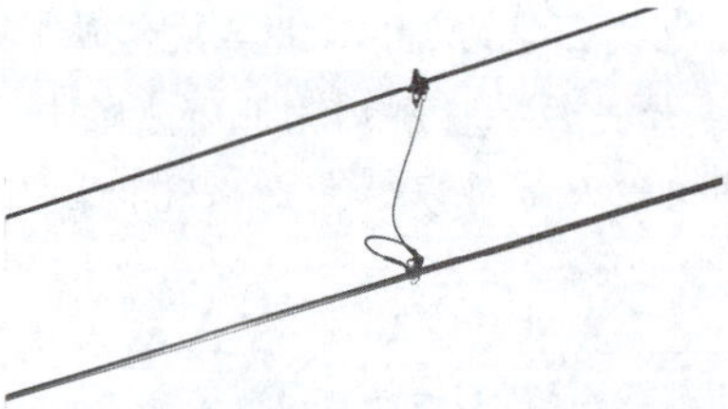

（d）吊弦不受力

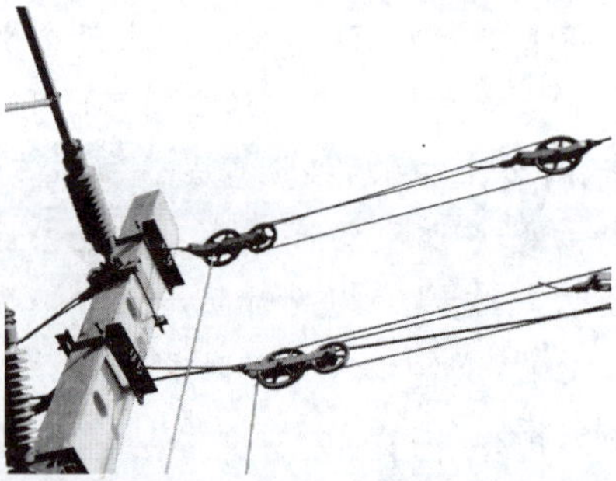

（e）补偿绳脱槽

图 2-4　巡视发现的接触网设备缺陷

4. 登乘巡视检查

所谓接触网登乘巡视检查，就是让接触网工作人员凭有效证件，在正常开行的列车上执行接触网巡视检查任务，如图 2-5(a)所示；也可以申请在列车运行间隙开行专用车(或车列，如接触网检修作业车、接触网检测车等)执行接触网巡视检查任务，如图 2-5(b)所示。通过登程巡视，在司机室能够更加清楚地查看设备是否运行正常，是否有侵入限界的风险等。

(1)登乘巡视检查周期：需要时。

(2)登乘巡视检查主要内容：接触网状态及外部环境，有无侵入限界、妨碍列车运行的障碍，有无因异物、落石、山洪水害、施工作业及其他周边环境等危及接触网供电和行车安全的现象。绝缘部件有无闪络放电现象，以及电力机车、动车组受电弓取流情况。

(a) 添乘列车巡视

(b) 接触网作业车巡视

图 2-5　登乘巡视检查

5. 接触网设备巡视检查的其他要求

(1)下列维修作业可在天窗点外进行，但严禁利用速度 160 km/h 及以上的列车与前一趟列车之间的间隔时间作业。

①对接触网步行巡视、静态测量、测温等设备检查作业。

②接触网打冰，处理鸟窝、异物。

③在道床坡脚以外栅栏以内的标志安装及整修、基础整修、接地装置整修、支柱基坑开挖等不影响设备正常运行的作业。

上述作业必须制定天窗点外维修作业计划，天窗点外维修作业计划由供电车间或供电段一级批准，具体审批程序由各铁路局集团公司规定。

(2)对接触网巡视、较简单的地面作业(如支柱培土、清扫基础帽等)可以不开工作票，由工区负责人向工作领导人布置任务和安全防护措施，说明作业的时间、地点、内容，并记入值班日志中。

停电天窗时间内，使用接触网作业车或专用车辆进行接触网巡视或检测作业，可不装设接地线。未装设接地线时，禁止攀登平台、车顶和支柱。

(3)供电车间主任每半年对管内设备至少巡视检查 1 次，供电段段长每年对管内关键设备至少巡视检查 1 次。

2.1.3 铁路电力设备巡视和检查

1. 铁路电力设备巡视的安全要求

(1)发、变、配电所的配电值班人员及其他有关人员可以单独巡视高压设备,清扫通道,但不得移开或进入常设遮栏内,如图2-6(a)所示。如需进入时,应有人监护,并与高压带电体之间保持不小于表7-8中规定的安全距离。

雷、雨天气巡视室外高压设备时,应穿绝缘靴,但不得靠近避雷器和避雷针。

(2)当所内高压设备发生接地故障时,工作人员不得接近故障点4 m以内,在室外不得接近故障点8 m以内。如需进入上述范围或操作开关时,必须有绝缘通道(绝缘台)或穿绝缘靴,接触设备的外壳和构架时,应戴绝缘手套。

巡线人员如发现导线断线,应设置防护物,并悬挂"止步! 高压危险"的警告牌,防止行人接近断线地点8 m以内,并迅速报告电力调度和有关领导,等候处理。

(3)巡视电线路时,可由有实际工作经验的电力工单独进行。对未经技术安全考试合格的人员不得单独巡线,如图2-6(b)所示。

昼间巡线可以登杆更换灯泡和插入式熔断器,拧紧最下部低压横担螺帽等,但与高压带电部分必须保持表7-7中规定的安全距离,不得与低压导线接触。巡线时应始终认为线路上有电。

(a) 所内设备巡视　　(b) 巡视电线路

图2-6　铁路电力设备巡视

夜间巡线和登杆更换灯泡、熔丝,必须两人进行。巡线时应沿着线路的外侧进行,以免触及断落的导线。夜间不应攀登灯塔(桥)进行作业,如图2-7所示。

图2-7　灯塔(桥)作业

典型案例 2-4

1月31日21时56分，某供电段电力车间下属的接触网工区作业人员，前往处理A车站21号接触网支柱倾斜故障。该工区作业人员乘接触网作业车到达A车站，其中4名接触网工下车，携带照明灯具和检修工具前往故障现场。途中，4人违章沿上行线路道心行走，当行至A站北端上行道岔区K1442+310处时，其中1人发现后方驶来旅客列车后及时跳下线路，其他3人被来车以110 km/h速度碰撞，当场死亡，构成责任铁路交通较大事故。

案例分析：

在线路路肩具备行走条件的情况下，接触网工在前往处理设备故障途中，盲目行走道心，没有沿着线路的外侧进行，违反"严禁在道心、轨枕木上行走"的规定，是造成事故的主要原因。

事故调查中了解到该工区工长布置完抢修任务分工后，便随驻站联络员乘汽车先行前往故障抢修现场，导致施工作业负责人与作业人员分离失控；9名作业人员于车站先后两批前往故障抢修现场，当途中没有指定专人负责和防护，是造成事故的重要原因。

遇有雷雨、大风、冰雪、洪水及事故后的特殊巡视，应由两个人一同进行。

2. 铁路电力设备巡视检查周期

铁路变配电所、贯通线路、箱式变电站、车站综合变电所、信号（通信）变电所等巡视工作分为白天（列车开行时间内）、夜间（"天窗 "时间内）、综合视频、特殊巡视。

(1)白天巡视

①列车开行时间内的设备巡视属于带电巡视，只允许目视观测，不允许任何作业。

②铁路安全防护栏内的设备巡视可通过添乘列车进行。每月不少于2次。

③铁路安全防护栏外的设备巡视可进入房间，打开门锁，读取仪表数据、非接触式检测等，但不允许任何作业。每月不少于1次。

(2)夜间巡视

"天窗"时间内巡视应为停电巡视，可与接触式检测、日常保养等同时进行。每半年不少于1次。夜间巡视应采用步行巡视。

(3)综合视频巡视

综合视频巡视每月不少于1次。

(4)特殊巡视

特殊巡视指遇有各种自然灾害或电力设备发生故障时安排的巡视。

2.2 技能训练——接触网巡视

2.2.1 训练目的

(1)掌握巡视中应采取的安全防护措施。

(2)发现影响接触网安全运行的隐患,并能采取正确的处置措施。

(3)培养巡视中的团队协作精神。

2.2.2 人员组织和训练用工具、材料

1. 人员准备

接触网设备巡视(缺陷查找)技能训练人员准备见表 2-1。

表 2-1 人员准备

序号	岗 位	人数	备 注
1	工作领导人	1 人	负责全面安全工作
2	地线监护人	2 人	兼行车防护人
3	地线操作人	2 人	
4	要令人	1 人	
5	驻站联络员	1 人	驻站联络员可由要令人兼任
6	设备巡视人员	2 人	每组两人,一人检查设备,一人防护
7	推扶车梯人员	4 人	

2. 工具、材料准备

技能训练参与人员穿戴好个人劳动保护用品,按照表 2-2 准备好需要的安全工具、材料。

表 2-2 训练用安全工具、材料

序号	名 称	规格或型号	单位	数量	备 注
1	验电接地工具	27.5 kV	套	2	包括:接地杆、接地线、验电器、绝缘手套、绝缘靴、防护旗、信号灯等
2	安全带	—	条	2	攀登支柱才能完成接挂地线时使用
3	对讲机	—	台	≥5	工作领导人、要令人、驻站联络员、验电接地监护人等每人 1 台
4	安全帽	—	顶	若干	现场实训人员每人 1 顶
5	照明用具	—	套	若干	夜间训练使用
6	影像设备	—	套	若干	记录或存储缺陷影像资料
7	训练用接触网线路		条	1	设置有训练用接触网故障
8	接触网图纸	—	套	1	包括接触网平面布置图、接触网供电示意图等,供结合签发接触网停电工作票训练使用
9	接触网缺陷记录表	—	张	若干	每个巡视小组一张
10	笔	—	支	若干	每个巡视小组一支
11	望远镜	—	台	若干	每个巡视小组一个

3. 接触网巡视技能训练基本条件说明

推荐训练用接触网线路为 500 m 双线铁路高速接触网,其中 1 条股道的接触悬挂推荐为 JTMH120 + CTS150,张力为 20 kN + 25 kN,支柱外侧悬挂回流线(直供 + 回流线供电方式);另 1 道接触悬挂推荐 JTMH120 + CTMH150,张力为 21 kN + 30 kN,支柱外侧悬挂 AF 线与 PW 线(AT 供电方式);导高均为 5 300 mm,结构高度均为 1 600 mm。在接触网线路上可设置训练用接触网故障。亦可选择其他符合接触网运行维修规则要求的已停用普速接触网线路,同样需

要可设置训练用接触网故障。选择其中150 m左右接触网线路作为巡视检查的指定设备。

2.2.3 训练内容与操作步骤

本训练任务要求你和同事两人作为接触网巡视人员完成接触网设备巡视作业。在巡视过程中你如果需要登车梯检查网上设备,应及时向工作领导人(或监护人)说明,由工作领导人予以安排人员配合。

1. 步行巡视接触网上检查项目及标准

(1)接触悬挂、附加悬挂各部线索弛度正常。无烧伤、断股、散股等。

(2)接触网支持装置、定位装置状态良好。

(3)各部绝缘部件无破损、烧伤、闪络放电痕迹。

(4)补偿装置状态,a、b值符合安装曲线。

(5)接地装置连接良好。

(6)支柱下锚装置各部地脚螺栓完好,无抽脱迹象等。

(7)隔离开关状态良好,无放电现象;开关操作机构良好,无弯曲变形;操作箱锁闭良好。

(8)支柱、硬横跨等状态良好,无弯曲变形。

(9)分相处各种标志牌齐全完好、地磁感应装置状态良好。

2. 步行巡视地面检查项目

接触网线下设备、鸟巢、危树、异物、污染源、上跨线、桥、厂房、广告牌等构筑物,周边环境,以及临近铁路线路的施工等。

3. 登车梯巡视检查项目及标准

(1)观察各线索的状态,无烧伤、损伤、松散断股等现象。

(2)观察各零部件无损伤、损坏。

(3)各部螺栓无松脱现象。

(4)各部绝缘部件无破损、瓷釉剥落、闪络放电痕迹。

(5)定位坡度、线岔交叉点位置符合要求。

(6)隔离开关、避雷器、分段绝缘器等部件的运行状态正常。

(7)电气连接部分有无烧伤、变色,压接线夹无变形、裂纹等缺陷。

4. 缺陷及时记录

巡视发现缺陷及时记录于设备缺陷记录表2-3,记录填写工整、清晰。

表2-3 设备缺陷记录表(样表)

编号	日期	缺陷地点及内容	缺陷类别	发现人	清除人	日期	验收人

5. 清理训练场地

训练结束后工具材料及时入库,并清理训练场地。

6. 巡视结果的处理

（1）能够按所查缺陷的严重性不同给予不同的处理，以巡视记录表中所填写的缺陷为准。

（2）接触网设备巡视可结合接触网工作票签发来进行，例如对巡视所发现的缺陷依照影响供电安全的程度进行分类，挑选你和同事认为最需要立即处理的缺陷签发工作票，且考虑最大程度减少对铁路运输的影响来签发。

工作票的签发应符合《普速铁路接触网安全工作规则》和《高速铁路接触网安全工作规则》中关于接触网工作票签发的相关要求。

注意事项：

（1）个人着装规范，个人工具配带齐全。

（2）步行巡视与登车梯巡视工具配带齐全。

（3）仪器工具材料无损伤、无丢失遗漏。

（4）巡视过程中所有人员要遵守《普速铁路接触网安全工作规则》《普速铁路接触网运行维修规则》《高速铁路接触网安全工作规则》《高速铁路接触网运行维修规则》中的相关规定。

（5）本次技能训练项目可以和项目三中的技能训练项目签发工作票结合进行。

2.2.4 项目考评

经过项目训练后，熟练掌握接触网设备巡视要领，并限时进行训练考核评定。考核评分标准见表2-4。

表2-4 接触网设备巡视考核评分参考

项目	配分	评分标准	减分标准	存在问题	减分	得分
工具材料	10	人员着装整齐，标志佩戴齐全	个人着装，安全劳保用品一项不合格扣2分			
		材料、工具选择正确，并进行检查	材料、工具选错一项扣2分，未进行检查扣5分			
时间	10	巡视时长10 min	每超1 min扣2分，超过5 min判定失格			
质量	50	如实记录，巡视记录字迹清晰、措辞准确、情况详细	未做到扣5分			
		巡视中通过列车时观察弓网工作情况	未做到扣2分			
		发现危及行车和供电安全的紧急情况，及时报告供电调度和工长	未做到扣5分			
		发现危及行车和供电安全的紧急情况，采取相应的应急措施	未做到扣20分			
		能发现明显缺陷	有明显缺陷不能发现的一处扣10分			
安全	30	步行巡视人员不得在道心、轨枕、股道间行走				
		上道检查设备，必须设置现场防护后进行，观察完毕应立即下道避让	未设防护扣5分			

续上表

项目	配分	评分标准	减分标准	存在问题	减分	得分
安全	30	标准用语、手指眼看,设备缺陷要指明、说清	未做到扣5分			
		任何情况下巡视,对接触网都必须以有电对待,不得攀登支柱并时刻注意避让列车	未做到扣5分,未保持安全距离扣5分			
		熟悉巡视路线和各项设备的巡视项目	不熟悉扣5分,错误每项扣10分			

2.3 技能训练——牵引变电所巡视

2.3.1 训练目的

(1)掌握变电所巡视安全注意事项,确保巡视作业安全有序进行。

(2)熟悉变电所值班员标准化巡视技能。

(3)了解变电所设备巡视标准。

2.3.2 人员组织和训练用工具、材料

1. 人员准备

巡视牵引变压器技能训练人员准备见表2-5。

表2-5 人员准备

序号	岗　位	人数	备　注
1	值班员	1人	
2	助理值班员	1人	单人值班时无助理值班员

2. 工具、材料准备

技能训练参与人员穿戴好个人劳动保护用品,按照表2-6准备好需要的安全工具、材料,并检查状态,确保状态良好。

表2-6 训练用安全工具、材料

序号	名称	单位	数量	备　注
1	安全帽	顶	2	现场实训人员每人1顶
2	绝缘靴	双	2	夜间训练使用
3	望远镜	台	1	
4	测温仪	台	1	
5	头灯	个	2	
6	影像设备	套	1	记录或存储缺陷影像资料
7	其他	—	若干	钥匙、纸、笔等

2.3.3 训练内容及操作步骤

本训练任务要求单独完成牵引变压器设备巡视作业。巡视要求、内容和步骤如下：

1. 牵引变压器巡视要求

单人值班时通知供电调度，值班员单独巡视；双人值班时通知助理值班员，同时助理值班员留守控制室，值班员单独巡视。

2. 牵引变压器巡视检查项目及标准

(1)设备标志：齐全、明显、正确。

(2)相色漆：清晰、正确。

(3)电气连接：连接牢固接触良好、螺栓齐全，无松股、断股、散股现象，无过热、烧伤、变形现象。

(4)油枕：安装牢固，无渗漏油。

(5)油位计：密封良好、无破损，油位指示正确。

(6)瓦斯继电器：密封良好、无破损，内部无气体，油色正常、油内无杂质。

(7)瓷套管：表面清洁，无破损、放电烧伤痕迹，瓷釉剥落面积不得超过300 mm^2。

(8)防爆装置：无漏油、喷油，破裂。

(9)散热片：无锈蚀、无过热、无渗漏油现象。

(10)铭牌：铭牌安装牢固，内容清晰、正确。

(11)温度计：显示正确，内部无进水，二次接线绑扎牢固、无破损。

(12)端子箱：安装牢固，无锈蚀、密封良好，二次电缆无老化、电缆牌齐全，回流回路连接良好无过热现场。

(13)呼吸器：干燥剂颜色正常(天蓝色)、硅胶变色(变色后为粉红色或无色)数量不超标(变色部分超过2/5时应及时更换)、器体不破裂，油封正常、不破裂。

(14)放油阀：无渗漏油。

(15)设备接地(本体及铁芯接地)：连接可靠，无锈蚀。

(16)设备整体：音响正常，安装牢固、无倾斜，整体无锈蚀，爬梯已锁闭。

(17)基础和架构：不下沉、无倾斜、无裂纹、无风化、无锈蚀。

3. 记录巡视内容

设备巡视完毕后及时记录设备巡视结果，包括环境温度、湿度，主变温度、油位，巡视发现问题等。

4. 巡视结果汇报

缺陷汇报设备巡视完毕后，对发现缺陷问题及时上报供电调度、生产调度、生产技术科等部门。

2.3.4 项目考评

经过项目训练后，熟练掌握牵引变压器设备巡视要领，并限时进行训练考核评定。考核评分标准见表2-7。

表 2-7 牵引变压器标准化巡视作业考核评分参考

项目	配分	评分标准	减分标准	存在问题	减分	得分
准备工作	10	人员着装整齐,标志佩戴齐全	个人着装,安全劳保用品一项不合格扣 2 分			
		材料、工具选择正确,并进行检查	材料、工具选错一项扣 2 分,未检查扣 5 分			
具体巡视项目	60	确认运行编号正确	未确认扣 5 分			
		音响正常	每漏一项扣 2 分			
		引线无松股、断股、散股,线夹连接良好,各部分螺栓无锈蚀、无松动	每漏一项扣 2 分			
		高低压套管绝缘子清洁、无破损、无裂纹、无烧伤	每漏一项扣 2 分			
		油色、油温、油位正常,各部应无渗漏油,防爆筒正常,硅胶无变色至 2/3	每漏一项扣 2 分			
		瓦斯继电器内无气体	每漏一项扣 2 分			
		变压器外壳接地应良好,散热器良好	每漏一项扣 2 分			
		放油池无异物,基础无下沉、无风化、无裂纹	每漏一项扣 2 分			
		地(轨)回流无过热,端子接线良好	每漏一项扣 2 分			
		各部分锈蚀情况	每漏一项扣 2 分			
		能发现明显缺陷	有明显缺陷不能发现的一处扣 40 分			
安全及其他	20	条理清楚,单个设备遵循先上、后下的原则	条理不清扣 5 分			
		标准用语、手指眼看口述,设备缺陷要指明、说清	不清楚扣 5 分			
		清楚周围带电的设备,巡视过程中不得更改设备的运行状态并与带电设备保持足够的安全距离	不清楚扣 5 分,未保持安全距离扣 5 分			
		熟悉巡视路线和各项设备的巡视项目	不熟悉扣 5 分,错误每项扣 10 分			
时间	10	作业时间 10 min	每超 1 min 扣 2 分。不足 1 min 按 1 min计算,超过 5 min 判定失格			

视野拓展

用奋斗铸就现代化铁路的动力之源

——中国电气化铁路建设十万公里纪实

实现铁路电力牵引是铁路技术的重大升级和能源结构的历史性转变,是铁路向现代化迈进的重要标志。从 1958 年至今,60 多年的时间里,中国电气化铁路从无到有、由弱变强,运营里程突破 10 万 km,电气化铁路里程和高速铁路里程稳居世界第一,一张世界上规模最大的电气化铁路网和最发达的高速铁路网正在神州大地快速延展。

历史的画卷

1958年6月,中国第一代铁路电气化开拓者以宝成铁路为战场,开始了新中国铁路电气化事业的艰难探索,揭开了我国铁路电气化事业发展的序幕。此后,中国电气化铁路就伴随奋斗者的脚步,踏过千山万水,遍布南北西东,不断为中国铁路插上"腾飞翅膀",在神州大地上矗立起一座座不朽的丰碑。

从1958年到1998年,我国电气化铁路里程达到1万km,足足用了40年时间。

从1998年到2005年,我国电气化铁路里程达到2万km。实现第二个1万km的增量,用了8年时间。

从2005年到2009年,我国电气化铁路里程突破3万km,实现了第三个1万km的增量。而这次,仅仅用了不到4年时间。

3年后的2012年底,我国电气化铁路总里程突破4.8万km,超越俄罗斯,跃升为世界第一。

2019年底,我国电气化铁路总里程突破10万km,高速铁路总里程达到3.5万km,我们建成了世界上最发达的高速铁路网。

随着复兴号动车组列车开始时速350 km商业运营,向世界展现了"中国速度",亮出了"中国名片"。

随着京张高速铁路的建成开通,我们实现了铁路自主设计建造从时速35 km到350 km的历史性飞跃。百年京张铁路的奋斗,见证了中国铁路的发展,也见证了中国综合国力的飞跃。

难忘的记忆

60多个春秋,见证了中国电气化铁路从无到有、从山区到平原,从低吨位到单元重载、从常速到高速的探索创新之路,见证了中国电气化铁路科技水平从起步到引领的历史进程,同时也记录了一代又一代铁路电气化事业开拓者"艰苦奋斗、不断进取、勇于奉献"的精神风貌。

1958年宝成铁路宝鸡至凤州段开工,掀开了中国电气化铁路宏伟篇章的序幕,中国电气化铁路实现了从无到有的突破。

1977年,横贯陕南的中国第一条新线电气化铁路——阳安线建成开通。

1982年,中国第一条双线电气化铁路——石太线建成开通,大幅提高晋煤外运能力,提速中国经济发展。

1985年,中国第一条采用AT供电方式的电气化铁路——京秦线建成开通,大大提高了牵引供电能力。

1992年,中国第一条开行重载单元列车的现代化铁路——大秦铁路建成开通,成为中国现代化重载铁路的示范工程,树立了中国铁路重载运输的新标杆。

1996年,中国第一条质量全面上台阶的电气化铁路——宝中线建成开通,实现了工艺提升和接触网零部件质量全面升级。

2008年,京津城际铁路建成开通,这是中国第一条时速达350 km的高速铁路,为构建中国高速铁路电气化技术标准体系奠定了基础。

2009年,武广客运专线建成开通,成为当时世界上运营速度最快、运营里程最长的高速铁路,实现了牵引供电核心设备从引进国外技术设备到全面实现国产化的突破型转变。

2011年,京沪高速铁路建成开通,成为世界上一次建设里程最长、标准最高、具有世界先进水平的高速铁路,双弓运营动车组创造了时速486.1 km的最高运营试验速度,形成了具有中国自主知识产权高速铁路牵引供电系统技术体系。

时代的风采

2010年,中国高速铁路第一次成功踏进热带台风地区,海南东环高速铁路采用适应热带台风的牵引供电设备,解决了热带高温、强台风、强降雨地区的牵引供电系统稳定性和可靠性问题。

2012年,中国高速铁路第一次成功穿越高寒地区,哈大高速铁路采用适应高寒环境的牵引供电设备,建立了严寒地带牵引供电关键技术标准。

2014年,中国高速铁路第一次成功挑战高原禁区,兰新高速铁路采用适应高原环境的变电设备及接触网整体腕臂,让高速铁路经受住了高原、高寒、大风的考验。

2017年,西成客专开通运营,秦蜀两地一日还,如今蜀道不再难。同年,京沪高速铁路达标示范线建设,"复兴号"以时速350 km双弓商业运行,成为世界高速铁路运营新标杆。

2019年,由我国自主设计建造、世界上最先进的时速350 km的智能高速铁路——京张高速铁路建成开通。以此为标志,我们开启了进入电气化铁路智能时代的大门。

通过各大重点工程的建设,我国在一些重点领域、重点项目和关键技术的研发上获得重大突破,积累了山区、沿海、高原、戈壁、沙漠、大风、高寒等特殊运营场景下电气化铁路和高速铁路建造和运行维护经验。

回首60多年的峥嵘岁月,铁路电气化事业的开拓者们通过一条条铁路、一项项创新,续写着光荣的历史,也创造着光明的未来。我们建立了一整套电气化铁路设计、装备制造、工程建造和运行管理的科学方法和技术体系;形成具备了先进的工程设计、装备制造、安装调试和维护管理能力;智能牵引供电技术体系和工程实践取得了重大突破,实现了从引进技术到中国制造再到中国创造的历史性跨越,正在由"追赶"坚定地迈向"领跑"。

未来的使命

当前,新一轮科技革命和产业变革正在深入发展,新一代信息和智能技术与铁路技术融合发展的趋势不断加快。世界铁路技术尤其是高速铁路技术竞争非常激烈。我国铁路也正在由高速发展阶段向高质量发展阶段转换。随着路网规模的持续扩大和高速铁路运营周期的不断延长,各种传统和非传统、内部和外部、可预见和不可预见的风险隐患重复交织、相互作用、相互影响,确保铁路安全面临越来越大的压力和挑战。

保持中国高速铁路、中国牵引供电在世界上的领跑地位,建设好、维护好世界上最发达的高速铁路网,要求铁路电气化人迎难而上,担当作为,广泛应用云计算、物联网、大数据、人工智能、机器人、新一代通信、北斗卫星导航、BIM等新技术,大力发展智能牵引供电技术,通过对供电设备设施及相关内外部环境信息的全面感知、泛在互联、融合处理、主动学习、科学决策,实现牵引供电建设、运维全过程、全生命周期的高度信息化、自动化、智能化,确保牵引供电系统更加安全、可靠、经济、高效地运行。

十万里巨龙添翼,新时代风鹏正举。铁路作为国家战略性、先导性、关键性重大基础设施,在经济社会发展中的作用至关重要。电气化是中国现代化铁路特别是高速铁路的动力之源,在"交通强国,铁路先行"中肩负着提供不竭动力的重要使命。时代的重任历史性地落在我们这一代铁路电气化人的肩上,我们一定要以习近平新时代中国特色社会主义思想为指引,坚定不移贯彻"创新、协调、绿色、开放、共享"的新发展理念,把握方向、稳步前进,努力提升供电设计建设运维现代化水平,推动中国铁路高质量发展,在全面建设社会主义现代化国家的新征程上勇毅前行、行稳致远,书写新时代铁路电气化事业发展的新辉煌!

1. 提问思考

中国电气化铁路事业的发展历程,体现国家的科技和工业水平、综合国力、自主创新能力,以及勇创世界一流的民族志气,在领略“中国新外交名片”时,你感受到哪些中国高速铁路从“赶超”到“领跑”的创造和创新精神?

2. 分享讨论

我国电气化铁路从无到有,从新中国成立初期艰难发轫的铁路事业到今天“八纵八横”的高铁路网,感受中国铁路的迅猛发展和伟大成就,作为新时代的铁路人,我们该如何传承铁路红色基因?又该如何立足本身为我国铁路事业高质量发展做出自己的贡献?

综合练习

练习

项目2
综合练习

答案

项目2
综合练习答案

项目3
签发工作票

项目引言

工作票是对电气化铁路供电设备检修工作进行管控的关键文件，是供电设备检修人员在电力生产现场、设备、系统上进行检修、维护、安装、改造、调试、试验等工作的书面依据和安全许可证。通过工作票可以清晰地规定牵引变电所、接触网和电力设备检修的工作范围、工作流程、安全措施、操作程序、危险提醒等，确保供电设备检修工作的安全和检修质量。包括工作票制度在内的保证安全的组织措施是铁路企业安全管理的重要组成部分，对于提高工作效率、保障工作安全、提升铁路企业形象和市场竞争力都具有重要意义。

学习目标

1. 知识目标

（1）掌握牵引变电所、接触网和电力设备检修工作票的管理知识。

（2）掌握牵引变电所、接触网和电力设备检修工作票的签发知识。

（3）掌握保证供电设备检修安全的各项组织措施。

2. 能力目标

（1）熟悉牵引变电所、接触网和电力设备性能，了解其检修工艺。

（2）熟悉工作票的种类和适用范围，掌握各工作票的签发条件和审批程序。

（3）掌握工作票的填写规范，具备签发牵引变电所、接触网和电力设备等岗位检修工作票的能力。

3. 素养目标

（1）培养刻苦钻研，好学上进的精神，树立终身学习的理念。

（2）培养对电气设备问题进行全面分析和研究的分析能力、对各种风险因素进行判断和评估的判断能力、协调和安排各方面资源和人力的组织能力。

3.1 知识准备

3.1.1 工作票制度

•视 频

牵引变电所工作票制度-1

工作票是准许在各种电气设备上工作的书面命令,也是执行保证安全技术措施的书面依据。

所有供电设备不管是运行状态、备用状态、待修状态,均由供电调度(或电力调度)负责运行管理,如果需要检修必须得到值班供电调度员的同意。检修人员接到任务后,首先按规定办理工作票,在工作票中写好要修的设备,计划开始和完成的时间、所需落实的安全措施。填好工作票后按规定交检修技术、管理人员审核后,办理落实工作票中的各项安全措施,才可进入现场作业。

典型案例 3-1

8月1日,某电力自闭线1至2号杆间的高压电缆,由于电缆发生相间短路接地,自6月30日该线路1至3号杆隔离开关开口停止运行,南自闭线由×单臂供电至3号杆隔离开关南侧。经研究决定高压电缆改为架空电线路,由供电所电力包修组负责施工。施工停电范围:配电室南自闭柜至南自闭线路23号杆隔离开关北侧。到7月31日南自闭2号杆以南的工作已全部完工,剩下从南自闭2号杆到配电室引入口的部分收尾工作。23号杆隔离开关便合闸送电至3号杆隔离开关南侧。

8月1日施工,没有签发工票,技术员停电用口头命令向工长布置任务交代说:"昨天谁干啥,今天还干啥,昨天未绑完瓷瓶的那根杆是杨×去的,今天先在那根杆南侧挂一组接地封线。"并同意让学徒工刘×一道去完成这项任务。当时工长在分配工作中也没有向杨刘二人交代清楚整个工作范围和停电范围,只让到未绑完瓷瓶的那根杆南侧,设接地封线一组。杨刘二人却误认为到3号杆去挂接地封线。由于他们臆测设备不带电,所以当刘×在挂封线过程中,没有检电,没有穿戴防护用品,且把封线背在肩上,挂接时造成身体直接接触带电导体部分,触电死亡。

案例分析:

严重违反《铁路电力安全工作规程》规定,没有严格执行停电作业工作票制度;作业前,工作执行人未详细交代施工作业范围及停电范围,执行安全措施不严密,不彻底;作业人员严重违章作业,未按停电、检电、挂封线的作业程序工作。

3.1.1.1 牵引变电所工作票制度

牵引变电所电气设备的检修作业分五种:

(1)高压设备停电作业——在停电的高压设备上进行的作业及在低压设备和二次回路上进行的需要高压设备停电的作业。

(2)高压设备带电作业——在带电的高压设备上进行的作业。

带电作业按作业方式分为直接带电作业和间接带电作业。

直接带电作业——用绝缘工具将人体与接地体隔开，使人体与带电设备的电位相同，从而直接在带电设备上作业。

间接带电作业——借助绝缘工具，在带电设备上作业。

注意事项：

虽然《牵引变电所安全工作规程》规定有高压设备直接带电作业的内容，但《牵引变电所安全工作规程》同时规定：牵引变电所不应采用高压设备直接带电作业。确需高压设备间接带电作业时需经供电调度批准，并参照国家有关标准执行。

（3）高压设备远离带电部分的作业（简称远离带电部分的作业）——当作业人员与高压设备带电部分之间保持规定的安全距离条件下，在高压设备上进行的作业。

（4）低压设备停电作业——在停电的低压设备上进行的作业。

（5）低压设备带电作业——在带电的低压设备上进行的作业。

根据作业性质的不同，牵引变电所工作票分三种：

（1）第一种工作票，用于高压设备停电作业。

（2）第二种工作票，用于高压设备带电作业。

（3）第三种工作票，用于远离带电部分的作业、低压设备上作业，以及在二次回路上进行的不需高压设备停电的作业。

3.1.1.2　接触网工作票制度

接触网的检修作业分为三种：

（1）停电作业——在接触网停电设备上进行的作业。

（2）间接带电作业——借助绝缘工具间接在接触网带电设备上进行的作业。

（3）远离作业——在距接触网带电部分 1 m 及其以外的高空作业、较复杂的地面作业（如安装或更换火花间隙和地线、开挖支柱基坑）、未接触带电设备的测量等。

根据作业性质的不同，接触网工作票分为三种：

（1）接触网第一种工作票，用于停电作业。

（2）接触网第二种工作票，用于间接带电作业。

（3）接触网第三种工作票，用于远离作业。

3.1.1.3　铁路电力工作票制度

（1）在铁路电力运行中的高压设备上作业按下列分类：

①全部停电作业，系指电力线路全部中断供电或变、配电设备进出线全部断开的作业。

②邻近带电作业，系指变配电所内停电作业处所附近还有一部分高压设备未停电；停电作业线路与另一带电线路交叉跨越、平行接近，安全距离不够者；两回线以上同杆架设的线路，在一回线上停电作业，而另一回线仍带电者；在带电杆塔上刷油、除鸟巢、紧杆塔螺钉等的作业。

视频　铁路电力工作票制度

③不停电的作业，系指本身不需要停电和没有偶然触及带电部分的作业。如更换绑桩、涂写杆号牌、修剪树枝、更换灯泡、检修外灯伞等的作业。

④带电作业，系指采用各种绝缘工具带电从事高压测量工作，检修或穿越低压带电线路，拆、装引入线等工作，以及在高压带电设备外壳上的工作。

在铁路电力设备上工作,应遵守工作票制度,对不同的检修作业内容签发相对应的工作票。

(2)在下列设备上全部停电、邻近带电的作业,应签发停电工作票:

①高压变、配电设备上的作业。

②高压架空线路和高压电缆线路上的作业。

③高压发电所停电(机)检修,或两套以上有并车装置的低压发电机组,当任一机组停电作业。

④在控制屏(台)或高压室内二次接线和照明回路上工作时,需要将高压设备停电或做安全措施者。

⑤在两路电源供电的低压线路上的作业。

典型案例 3-2

12月21日上午,某供电公司所属分局进行10 kV某分支线路更新工作。主要工作任务是:更换某分支32号4~5段导线,立32-4号杆,并安装32-3、32-7号变台及架设变台两侧低压线。

7时30分,工作执行人张×(检修班长)带队进入工作现场并宣读工作票及安全组织措施,同时将工作人员分为5个小组。开工后,工作执行人张×在进行现场巡视检查时,发现执行立杆、放线的第五组,在放线过程中需要跨越本市某砂轮厂专线。该线路已废弃多年,三相导线缠绕在一起,并固定在瓷瓶上,故认为该线路已无电。为方便施工,张×临时决定将该段线路拆除,并将拆除地点选择在交叉跨越点北侧耐张分支杆处。该耐张分支杆南北侧导线已断开,南侧导线为废弃导线,北侧与东侧分支导线相连接并带电。8时20分左右,工作执行人张×带领工人李×进行拆除该段导线的工作。由于2人对该跨耐张分支实际情况不清楚,特别是将带电的北侧、东侧导线误认为是同一条废弃线路。李×登杆进行验电挂地线,执行人张×在地面监护。对该杆南侧导线(为废弃线路)验明无电后,准备挂接地封线。在张×寻找合适的地线接地点时,杆上的李×在移动中触及带电导线,触电死亡。

案例分析:

工作执行人张×临时决定增加工作内容,却没有填用工作票,这是严重违章行为。当事人对临时增加工作的线路情况并不熟悉,而工作班成员李×也对工作线路带电与不带电情况,以及是否填用工作票没有提出异议。工作执行人和工作班人员,一个是违章指挥,一个是盲目执行。这样,他们共同跨越了防止事故发生的第一道防线。

如果工作执行人张×严格执行工作票制度,原工作票上没有的工作内容不擅自作主增加,这项工作不进行,则不会有这次事故;如果工作班成员李×严格执行工作票制度,拒绝执行工作票以外的工作任务,那么不幸也就不会发生。

没有认真执行"工作许可制度"。《电力安全工作规则》规定:"工作许可人完成有关安全措施,向工作执行人报告允许开工时间。工作执行人必须在得到工作许可人许可后,方可开始工作"。事故案例中的工作,事故当事人不但没有填用工作票,而且没有办理工作许可手续。

工作中,执行人张×虽然在现场,但却没有起到监护作业组员安全的作用,事故分析中发现作业组员李×至少有两处违章,张×都没有发现。

(3)填用带电作业工作票。

在下列设备上作业,应填写带电作业工作票:

①在高压线路和两路电源供电的低压线路上的带电作业;

②在控制屏(台)和二次线路上的工作,无须将高压设备停电的作业;

③在旋转的高压发电机励磁回路上,或高压电动机转子电阻回路上的工作;

④用绝缘棒和电压互感器定相,以及用钳形电流表测量高压回路的电流。

典型案例 3-3

6月17日,某电厂5号机组大修中,电厂检修总公司电检分公司仪表班在做变送器通电实验时,电厂5号机组大修系统进入调试阶段,电检分公司仪表班5名工作人员在65乙段停电设备电流互感器回路加二次电流对变送器进行校验工作。将近中午,班长到65乙段宣布工作结束,随即先行离开工作现场。但王×认为65乙备电流互感器回路端子排侧测试数据有些不准确,提出在电流互感器根部接线处再测一次,于是5人到65乙备开关柜。当时,有1人提醒说:带电指示灯亮,此柜有电。但王×说没事,随即拆除了运行人员配置的遮拦绳、带电标示牌,强行打开65乙备开关柜的下柜门,进行电流互感器二次端子电流试验。11时57分,65乙备开关柜母线发生短路,弧光将5名工作人员烧伤。王×因烧伤严重,经医院抢救无效死亡。

案例分析:

电检分公司仪表班在进行65乙备开关柜工作时,超越工作范围,不开工作票,是发生这起事故的主要原因。

在检修过程中,没有对有可能导致事故发生的危险点提前进行充分的分析、识别、预测,没有针对性地制定有效控制措施。

王×在有人提示设备带电的情况下,没有引起足够的重视,逆反心理严重,侥幸心理作怪,逞能心理抬头,违规蛮干,最终酿成事故。

(4)填用倒闸作业票。

将电气设备由运行、备用(冷备用及热备用)、检修中的一种状态转变为另一种状态时应填用倒闸作业票。

(5)以口头或电话命令时,应填入安全工作命令记录簿。安全工作命令记录簿式样如图3-1所示。

在下列设备上作业,按口头或电话命令执行:

①单一电源供电的低压线路停电作业。

②测量接地电阻,悬挂杆号牌,修剪树枝,测量电杆裂纹、打绑桩和杆塔基础上的工作。

③低压电缆上的作业。

④拉、合线路高压开关、配电变压器一、二次开关和变、配电所内开关的单一操作。

当作业范围涉及相邻铁路局集团公司、供电段时,必须取得铁路局集团公司电力调度口头或电话命令。当作业范围涉及本供电段其他配电所时,必须取得供电段电力调度的口头或电话命令;受令人和发令人双方均应认真记录、录音,并复诵无误后方可执行。

安全工作命令记录簿虽然不属于工作票，但安全工作命令记录簿应看作与工作票同等重要。

安全工作命令记录簿

年 月 日 时 分第 号	
发布命令人职务	接受命令人职务
传达方式：	
工作地点及任务：	
工作组人员：	
应采取的安全措施：	
注意事项：	
本工作应于 月 日 时 分开工，至 月 日 时 分完成	
实际于 月 日 时 分开工，至 月 日 时 分完成	
记事：	

注：本表应装订成册（16开纸印版面210 mm×145 mm）。

图 3-1 安全工作命令记录簿

3.1.2 不同工种对工作票的填写要求

各工种工作票的正确填写有相似的地方，例如工作票填写中都规定是进行本工种设备检修作业的书面依据，填写时要字迹清楚、正确，需填写的内容不得涂改和用铅笔书写。但是由于电力、接触网、牵引变电所有各自的工种特点和作业特征，所以在填写时又有各自针对本工种的特殊要求和特别规定。

3.1.2.1 牵引变电所工作票的填写要求

（1）工作票要1式2份，1份交工作领导人，1份交牵引变电所值班员。值班员据此办理准许作业手续，做好安全措施。

（2）事故抢修、情况紧急时可不开工作票，但应向供电调度报告概况，听从供电调度的指挥；在作业前必须按规定做好安全措施，并将作业的时间、地点、内容及批准人的姓名等记入值班日志中。

（3）在必须立即改变继电保护装置整定值的紧急情况下，可不办理工作票，由当班的供电调度员下令，值班员更改定值，事后供电调度员和值班员应将上述过程记录入值班日志中。

（4）第一种工作票的有效时间，以批准的检修期为限。若在规定的工作时间内作业不能完成，应在规定的结束时间前，根据工作领导人的请求，由值班员向供电调度办理延期手续。

第二种、第三种工作票有效时间最长为1个工作日，不得延长。因作业时间较长，工作票污损影响继续使用时，应将该工作票重新填写签发。

(5)发票人在工作前要尽早将工作票交给工作领导人和值班员，使之有足够的时间熟悉工作票中内容及做好准备工作。

(6)工作领导人和值班员对工作票内容有不同意见时，要向发票人及时提出，经过认真分析，确认正确无误，方准作业。

(7)工作票中规定的作业组成员，一般不应更换；若必须更换时，应经发票人同意，若发票人不在，可经工作领导人同意，但工作领导人更换时必须经发票人同意，并均要在工作票上签字。工作领导人应将作业组成员的变更情况及时通知值班员。

(8)非专业人员在牵引变电所工作时须遵守下列规定：

①若需设备停电，要按停电的性质和范围填写相应的工作票，办理停电手续，并须在安全等级不低于三级人员的监护下进行工作，工作票一张交给当班值班员，另一张交给监护人，监护人负责有关电气安全方面的监护职责。

②若设备不需停电，由值班员负责做好电气方面的安全措施(如加设防护栅、悬挂标示牌等)，向有关作业负责人讲清安全注意事项，并记录在值班日志或有关记录中，双方签认后方准开工。必要时可派安全等级不低于二级的人员进行电气安全监护。

(9)一个作业组的工作领导人同时只能接受1张工作票。一张工作票只能发给一个作业组。同一张工作票的签发人和工作领导人不得由同一人担任。

3.1.2.2 接触网工作票的填写要求

(1)打印方式填写的工作票，工作票签发人和工作领导人必须签字确认。

工作票填写一式两份，一份由发票人保管，一份交给工作领导人。

事故抢修和遇有危及人身或设备安全的紧急情况，作业时可以不签发工作票，但必须有供电调度批准的作业命令，并由抢修负责人布置安全防护措施。

(2)工作票有效期不得超过3个工作日(第一～三种接触网工作票全部包括在内，实际有效期视具体规定执行)。

作业结束后，工作领导人要将工作票和相应命令票交工区统一保管。在工作票有效期内没有执行的工作票，须在右上角盖“作废”印记(图3-2)交回工区保管。所有工作票保存时间不少于12个月。

图3-2 “作废”印章

(3)工作票签发人和工作领导人安全等级不低于四级。同一张工作票的签发人和工作领导人必须由两人分别担当。

(4)发票人一般应在作业6 h之前将工作票交给工作领导人，使之有足够的时间熟悉工作票中的内容并做好准备工作。工作领导人对工作票的内容有不同意见时，应向发票人提出，经认真分析，确认无误后，签字确认。

典型案例 3-4

5月13日某接触网工区工作领导人甲带领8人在A车站检修货物线分段绝缘器处隔离开关。甲是由单线工区调来双线工区的接触网工,接触网工龄15年。乙是发票人,停电检修线路为上行线。

上行线停电后,操作人丙和丁上接触网清扫隔离开关瓷瓶,并检查各部螺栓及零件是否牢固完好。检查完毕,丙让地面人员戊拉开开关,观察开关是否灵活。

戊拉开开关后,丙用手摸了一下连接上行正线的刀闸,"啊"的一声,立刻趴在了刀闸上。丁用手去拉丙,遭电击掉下,幸亏有安全带,人被安全带吊在空中。

戊意识到隔离开关没有短接线,隔离开关打开后,刀闸上行侧等于没有接地线,是感应电将丙与丁击倒。

甲看到丙、丁触电后,立即采取措施,将丙与丁救下,对丙做人工呼吸,但为时已晚,丙已经停止了呼吸。丁右手被感应电击伤。

案例分析:

工作领导人甲严重失职。工作领导人同时负责有另一工程改造项目,在接到工作票时因忙于另一工程改造项目而没有认真审阅工作票,没有对工作票所安排的设置接地线的位置提出疑问,没有认真分析工作票中所采取的安全措施是否正确、完备。其次是工作领导人甲在单线工作多年,对双线区段一线停电,一线有电,停电线路所带感应电足以威胁人身安全认识不足或根本没有认识。对戊打开开关后线路失去接地线没有进行制止,导致了这次事故的发生。

每次作业,一名工作领导人同时只能接受一张工作票。一张工作票只能发给一名工作领导人。

(5)工作票中规定的作业组成员一般不应更换,若必须更换时,应由发票人签认,若发票人不在可由工作领导人签认。工作领导人更换时,必须由发票人签认。

当需变更作业种类、作业地点、作业内容、需停电的设备、封锁或限行条件等要素之一时,必须废除原工作票,签发新的工作票。

典型案例 3-5

甲是工作领导人,带领15人在A车站进行停电作业。内容为处理45号支柱下锚补偿绳与下锚拉线摩擦问题和更换30号支柱隔离开关两项。

工作票中安全措施为:①要令后验电接地,两根地线分别接在28号、50号支柱处。②高空作业系好安全带,防止高空掉物。③做好行车防护。④检查工具材料是否足够和合格。

停电作业前甲宣读了工作票,人员安排为:自己带领一个作业组8人拆装隔离开关,乙带领5人处理斜拉线摩擦问题。甲作业组12时10分换好隔离开关消令后向回走,乙正在带领人安装限磨器。但乙所在作业组作业中,因限制器螺栓部分锈蚀不能使用,又返回工区取来一根,耽误了时间。甲消完令走到乙跟前说已消令,接触网已送电。操作人丙听到后感到害怕,猛然从支柱上跳下,摔伤小腿骨。

案例分析：

甲宣读完工作票，实际又将1个作业组分成了2个作业小组；2个作业小组需要分别完成不同的作业项目，但甲只要了一个命令；甲在停电后通知了乙所在作业小组接触网已停电，导致乙所在作业小组的成员丙误以为是停电更换限磨器。甲在送电前未与乙联系就将电送上，最终丙得知已送电消息后惊慌从支柱上跳下受伤。

工作票办理不规范，该项作业实际是两个不关联的作业，而且作业地点又不同，应开两张工作票，一张为停电作业工作票，即第一种工作票；一张为远离作业工作票，即第三种工作票。如果分别根据停电作业和远离带电部分的作业采取不同的安全措施，这起事故就不会发生了。

工作领导人未在工作前认真考虑螺栓锈蚀问题，没有预想在更换限制器时会遇到什么困难，导致材料准备不够。虽然工作票中也写了这么一条，但实际只是写上念念而已，如果在作业前能预想到限制器螺栓长期不动，风吹日晒有可能锈死，如果带上钢锯和几根新螺栓，乙作业组就会在甲作业组结束工作之前完成自己的工作，从而避免这起事故。

(6)工作领导人应提前组织作业组成员(含作业车司机)召开工前预备会，宣讲工作票并进行作业分工、安全预想，将本次作业任务和安全措施逐项分解落实到人，并进行针对性安全提示。作业组成员有疑问时应及时提出，工作领导人组织答疑并确认无误。

工前预备会是确保作业人员熟悉本次作业内容、各项安全措施及注意事项的必要环节，直接关系本次作业的安全，很多事故的发生都与工前预备会召开质量不高、参加人数不全有很大的关系。

作业前，工作领导人应组织作业组成员列队点名，并确认作业安全用具准备充分、作业组人员身体及精神状态良好后，方准作业。

作业完毕，工作领导人应组织召开收工会，对当日工作完成情况、存在的问题进行总结。

典型案例 3-6

3月20日接触网停电后，按工作领导人甲的安排，接触网工乙(安全等级为三级)登上54号钢柱，紧固横向承力索。该钢柱上接触网与10 kV电力线路同杆合架，10 kV电力线路位于钢柱顶部。

乙登上钢柱顶部，打算紧固横向承力索时，身体触及10 kV电力线。遭电击从高空坠落，头部撞在地面道岔转辙机上，当即死亡。

案例分析：

本次事故主要原因之一是工作领导人甲未在开工前向作业组成员宣读工作票，布置安全措施，未指明同杆架设的10 kV电力线路有电，乙在高空作业时误触有电设备造成的。如果工作领导人甲在开工前按要求认真宣读工作票，指明带电设备位置，这起事故完全是可以避免的。

(7)更换火花间隙、检修支柱下部地线和避雷引下线等开路作业时，应使用短接线先行短接，设置短接线时不得影响轨道电路。

雷、雨、雪、雾天气时，不得进行更换火花间隙、检修支柱下部地线和避雷引下线等作业。

(8)对接触网巡视、较简单的地面作业(如支柱培土、清扫基础帽等)可以不开工作票,由工区负责人向工作领导人布置任务和安全防护措施,说明作业的时间、地点、内容,并记入值班日志中。

(9)V 形停电接触网检修作业使用的工作票右上角应加盖“上行”或“下行”印记。工作票中要有针对 V 形停电接触网检修作业的特殊性提出的安全措施。主要是:

①写明上行(下行)封锁及停电,下行(上行)未封锁及有电,人员机具和作业车平台旋转不得侵入下行(上行)限界的范围。

②防止误触有电设备的安全措施。

③防止感应电伤害的安全措施。

④防止穿越电流伤害的安全措施。

⑤防止电力机车将电带入作业区段的安全措施。

在设备较复杂的区段作业时,应附页画出作业区段简图,标明停电作业范围、接地线位置,并用红色标记带电设备。

3.1.2.3　电力工作票的填写要求

(1)工作票签发人不能兼任工作执行人;工作领导人、工作执行人均不能兼任工作许可人。

(2)工作票应使用钢笔、圆珠笔填写,字迹清晰,不得涂改,并于作业前一天交给工作执行人或工作领导人。工作中如需改变工作内容及扩大或变更工作地点时,应更换新的工作票。

工作执行人要求变更作业组员时,应取得工作票签发人同意,并在工作票内注明变更理由。

(3)工作票的有效期不得超过三天,工作间断超过 24 h 应重新填发工作票。

(4)工作票按下列规定填发和管理:

①在发、变、配电所内作业或由发、变、配电所停电的线路上作业时,应填写一式两份,其中一份发给值班员,另一份发给工作执行人(有工作领导人时,发给工作领导人)。上述以外的作业,可填一份发给工作执行人。

②一般一个工作地点或一个检修区段填发一张工作票。但如在一个发、变、配电所内全部停电或在一个站场内(由配电所依次倒闸停送电时除外)几条线路全部停电,并有两组同时工作时,可仅签发一张工作票发给工作领导人。如上述作业仅有一组工作,需要检修另一线路时,应按转移工地办理。

当一个工作执行人负责的工作尚未结束以前,禁止发给另一张工作票。

③发给工作领导人的工作票,应注明作业组数及各工作执行人的姓名。

④各工作负责人在工作前对工作票中的内容有疑问时,应向签发人询问明白,然后进行工作。

⑤工作结束后由作业班组保存半年。

(5)事故紧急处理可不签发工作票,但必须采取安全措施。

(6)施工单位在供电段管辖的电力设备上施工时,应向供电段有关的电力工区或变配电所办理工作票手续。

3.1.3　牵引变电所工作票的填写

3.1.3.1　牵引变电所第一种工作票的填写

1. 工作票的编号及填写要求

工作票应分别按所、月份编号(例如:9-6,其中9代表月份,6代表该所9月份第一种工作票已累计办理至第六张),办理工作票时不得在原字上涂改,写错、多余的可以划“横杠”,另在靠近位置补充填入,但字迹要清楚、正确,每张工作票更改超过1处或脏污严重的工作票必须重新填写。

视频

牵引变电所第一种工作票的填用

2. “作业地点及内容”栏

地点应具体到室外、高压室、室内配电盘、高压柜等,必要时应指明具体部位,内容应具体到设备运行编号及修程,作业范围符合规定。

3. “工作票有效期”栏

填写工作票办理及停电作业的时间。

4. “工作领导人”栏

填写具备工作领导人资格并符合要求的人员。

5. “作业组成员姓名及安全等级”栏

工作领导人含在作业组成员总数内,配备的作业组成员的人数和条件符合规定。

6. “必须采取的安全措施”栏

(1)断开的断路器和隔离开关

①在停电的高压设备上作业,其他设备的带电部分(自耦变中性线应视为带电部分)距作业人员小于表8-4规定者均须停电(视为停电作业设备)。

对停电作业的设备,必须从可能来电的各个方向切断电源,并有明显的断开点[对进、出线设备和电压互感器、GIS柜内设备、变电所自用电变压器(以下简称自用变)二次设备允许无明显的断开点],即通过倒闸操作使设备处于撤出运行状态。

②在低压设备和二次回路上进行的引起一次设备中断供电或影响安全运行的作业,必须将有关设备停止运行,即通过倒闸操作使设备处于停止运行状态或撤出运行状态。

③应将正常倒闸操作所断开和已经断开但需确认的断路器(空气开关)和隔离开关(刀闸)按运行编号逐台分别写清。断开的断路器和隔离开关的填写顺序为先负荷侧,后电源侧,先断路器,后隔离开关,断路器小车的拉出比照隔离开关执行。隔离开关加锁和确认进、出线停电在栏内注明。

(2)安装接地线的位置

①对于“在低压设备和二次回路上进行的引起一次设备中断供电或影响安全运行的作业,必须将有关设备停止运行,即通过倒闸操作使设备处于停止运行状态或撤出运行状态”此项,停电但不在其高压部分作业的设备可不挂接地线。

②对于可能送电至停电作业设备上的有关部分均要装设接地线。在停电作业的设备上如可能产生感应电压且危及人身安全时应增设接地线。

③所装设的接地线与带电部分应保持足够的安全距离,并应装在作业人员可见到的地方。

④变电所全所停电时，在可能来电的各路进出线均要装设接地线。

⑤当变压器、电压互感器（放电线圈）、断路器、室内配电装置单独停电作业时，应按下列要求执行：变压器和电压互感器的高、低压侧，以及变压器的中性点（中性点单独接地的除外）均要分别装设接地线（自用变和电压互感器的低压侧允许接地短封）。断路器进、出线侧要分别装设接地线。母线两端均要装设接地线。在室内配电装置上，接地线应装在该装置导电部分的规定地点，这些地点的油漆应刮去并标出记号。配电装置的接地端子要与接地网相连通，其接地电阻须符合规定。

采用GIS开关柜的所（亭），在对馈线上网隔离开关、供电线及电缆进行检修作业时，作业现场无法进行常规接挂地线的情况下，应操作GIS开关柜三工位开关及断路器对该线路进行接地。高压气体柜停电检修需闭合接地闸刀和断路器时，必须将相关内容填入栏目中。例如："合2711D，合271"。

⑥部分停电时，若作业地点分布在电气上互不相连的几个部分时（如在以断路器或隔离开关分段的两段母线上作业），则各作业地点应根据安装接地线的位置分别验电接地。

⑦在自耦变中性线上作业时，一般应将在所内与其直接相连的中性线相关馈线全部停电后进行，填写第一种工作票，并按高压设备停电检修的规定装设接地线。

单条馈线停电检修不满足以上要求时，对不断开中性线的作业，中性线在采取可靠接地措施后可按低压设备带电作业对待。作业范围外侧各方向均应装设地线，且地线总数不少于两组，接地线的接地端应连接于不同的接地端子上。

⑧当电容器组停电检修时，在电容器组两端验电并装设接地线后，必须对每组电容器外壳及每个电容器逐个放电。当电容式电压互感器停电检修时，必须对电压互感器一次侧充分放电并接地后方可作业。当高压可控硅控制箱停电检修，控制箱高压侧熔断器熔断时，必须用接地短封线对控制箱高压侧充分放电后方可作业。

典型案例 3-7

某变电所在电容室内进行A相、B相电容器组及避雷器检查作业时，未提前对电容进行放电，作业人员在进行清扫作业过程中右手手臂不慎触碰电容设备，导致被电弧烧伤。

案例分析：

值班员未执行工作票中"对电容器逐个放电并接地"的安全措施要求，办理安全措施不彻底；工作领导人未复查所做的安全措施，未发现安全措施办理不彻底；电容器未逐个放电并接地，作业人员就进入电容器组围栅内（或在电容器上）工作。

⑨在高压室外进行穿墙套管停电检修时，如工作地点与所装接地线的距离小于5 m，工作地点虽然在接地线外侧，也可不另装接地线。

⑩接地线装设地点应具体、清楚，接地线根数采用阿拉伯数字，接地线组数采用大写数字。

(3)装设防护栅、悬挂标示牌的位置

①在工作票中填写的已经断开的所有断路器（空气开关）和隔离开关（刀闸）的操作手柄或按钮上，均要悬挂"有人工作，禁止合闸"的标示牌。

②在室外设备上作业时，作业地点附近的带电设备和旁路设备要悬挂"高压危险，禁止攀登"的标示牌，并必须设防护绳将检修设备和非检修设备隔离开。

当接触网线路或室外设备停电检修需三工位接地开关闭合时，要在闭合的接地开关和断路器上悬挂“有人工作、禁止分闸”标示牌。

③当进行电气设备的高压试验时，在作业地点的周围必须设置围栅，围栅周围应向外悬挂“止步，高压危险”的标示牌。高压试验围栅的设置、拆除、转移均由试验人员负责。

④在部分停电作业时，当作业人员可能触及带电部分时，要装设防护栅（绝缘挡板），并在防护栅上悬挂“止步，高压危险”的标示牌（对绝缘挡板可将标示内容印刷在挡板一侧）；对高压室已安装的绝缘挡板，禁止拆除，作为常设防护栅不再写入工作票安全措施中。

(4)注意作业地点附近有电的设备

①与停电检修设备相距在3 m以内的高压设备。

②邻近型号相似的高压设备，虽然与停电检修设备相距在3 m以外，也列为附近有电的设备。

③与作业设备有明显断开点的停电设备，一律按有电设备对待。

④对于在低压设备和二次回路上进行的需要高压设备停电的作业，还应指明停电检修范围内停止运行设备的高压部位带电。

(5)其他安全措施

①检修范围各来电方向有明显断开点的断路器和隔离开关断开后，应及时断开其操作电源。

②为保证检修安全，应断开被检修设备交、直流回路的空气开关、刀闸开关，取下其熔断器。

③在全部或部分带电的盘上进行作业时，应将有作业的设备与运行设备以明显的标志（如警戒带）隔开，相邻盘应加锁或用明显的标志封闭。

④撤除自动装置，断开或短接联动回路，将位置选择开关打至“当地”位。

⑤当进行二次回路带电作业与低压带电作业、有危险液体与气体的作业及易引起误动的作业时，应在本栏注明，必要时明确注意事项。

⑥中性线带电检修时，检查自耦变压器中性点到上、下行扼流变压器中点的中性线连接良好，并注明“严禁断开中性线。”

⑦指定该次作业中的作业劳动保护检查员。作业劳动保护检查员自工作票签发后至作业开始前以及作业结束后，履行检查员职责。

7. “已经完成的安全措施”栏

第1栏：应按左栏要求逐项写清。

第2栏：应按左栏接地线的位置及接地线的实际编号逐项写清，包含放电的部位及放电棒编号。

第3、4、5栏：与左侧相同时可打“√”号。

8. “开始工作时间”栏

值班员根据电调命令做好安全措施，并会同工作领导人共同检查确认后，双方分别填写工作开始时间并签名。工作票应提前办理，以保证作业组的作业时间。

9. “变更作业组成员记录”栏

填写变更人的姓名及安全等级；当变更工作领导人时，由新工作领导人签名。

10. “工作延长时间”栏

值班员填写供电调度员姓名及批准的延长时间，双方并签名。

11. “工作结束时间”栏

工作领导人会同值班员检查作业中涉及的所有设备，确认可以投入运行，值班员对检修的设备进行必要的测量验收后，工作领导人填写结束时间并签名。

12. “作业结束”栏

值班员恢复安全措施，填写拆除地线共几组及结束时间并签名。

13. 填写样票

牵引变电所第一种工作票(第1页)

××变电所(亭)				第9-6号
作业地点及内容	室外101断路器小修			
工作票有效期	自××××年09月19日08时00分至××××年09月19日18时30分止			
工作领导人	姓名:钱乙　安全等级:4			
作业组成员姓名及安全等级(安全等级填在括号内)	孙丙(4)	李丁(3)	周戊(2)	吴己(2)
	( )	( )	( )	( )
	( )	( )	( )	( )
	( )	( )	( )	( )
				共计5人

必须采取的安全措施 (本栏由发票人填写)	已经完成的安全措施确认 (本栏值守人员签字确认)
1. 断开的断路器和隔离开关:断开202A和202BDL拉出小车并防滑，断开102DL拉开1022和1029GK并加锁;	1. 已经断开的断路器和隔离开关确认:202A. 202B和102DL,1022和1029GK; 确认人:
2. 安装接地线的位置:102DL靠2B侧1组3根,102DL靠2LH侧1组3根; 地线____组,共计____根	2. 接地线装设的位置及其号码:102DL靠2B侧1组3根,编号05、06、07,装设位置√,102DL靠2LH侧1组3根,编号15、16、17,装设位置√ 确认人:
3. 装设防护栅悬挂标示牌的位置:在102、202A. 202BDL和1022、1029GK操作手柄上各挂一块禁合牌，在1022GK、202A. 202BDL机构上各挂一块禁攀牌;	3. 防护栅、标示牌装设确认:√ 确认人:

牵引变电所第一种工作票(第2页)

4. 注意作业地点附近有电的设备是:1022GK 进线侧、202A 和 202BDL 出线侧;	4. 注意作业地点附近有电设备确认:√ 确认人:
5. 其他安全措施:断 102、202A. 202BDL 控制和保护电源,将其选择开关打至当地位,撤除 1 号 B 自投装置。	5. 其他安全措施确认:√ 确认人:

发票日期:××××年 09 月 19 日　发票人:赵甲(签字)

根据供电调度员第××××号命令准予××××年 09 月 19 日 10 时 20 分开始工作。

值守人员:吴己(签字)

经检查安全措施已做好,实际于____年____月____日____时____分开始工作。

工作领导人:________(签字)

变更作业组成员记录:

发票人:________(签字)

工作领导人:________(签字)

经供电调度员同意,工作时间延长到____年____月____日____时____分。

值守人员:________(签字)

工作领导人:________(签字)

工作已于____年____月____日____时____分全部结束。

工作领导人:________(签字)

接地线共____组和临时防护栅、标示牌已拆除,并恢复了常设防护栅和标示牌,工作票于____年____月____日____时____分结束。

值守人员:________(签字)

说明:本票用白色纸印绿色格和字。

3.1.3.2　牵引变电所第三种工作票的填写

1. 工作票的编号及填写要求

工作票应分别按所、月份编号(例如:9-2,其中 9 代表月份,2 代表该所 9 月份第三种工作票已累计办理至第二张);办理工作票时不得在原字上涂改,写错、多余的可以划"横杠",另在靠近位置补充填入,但字迹要清楚、正确;每张工作票更改超过 1 处或脏污严重的工作票必须重新填写。

视　频

牵引变电所第三种工作票的填用(1)

2. "作业地点及内容"栏

地点应具体到室外、高压室、控制室等,必要时应指明具体部位;内容应具体到设备运行编号(或类别数量)及维修项目;作业地点及内容一般不超过一个作业地点和一个类别。

3. "工作票有效期"栏

最长为 1 个工作日(24 h),不得延长。

4. "工作领导人"栏

应由具备工作领导人资格的人员担当。

5."作业组成员姓名及安全等级"栏

工作领导人含在作业组成员总数内,配备的作业组成员的人数和条件符合规定;作业组成员总数最少不得少于2人。

6."必须采取的安全措施"栏

(1)远离带电部分作业时,要强调作业人员在任何情况下与带电部分之间必须保持规定的安全距离;在高压设备外壳上作业时,作业前要检查设备的接地必须完好,并注明不得攀登设备。

(2)低压设备停电检修时,断开各来电方向交、直流回路和控制保护回路的空气开关、刀闸开关,取下其熔断器。低压设备带电检修时,改变转换开关的位置,断开相关回路连片、压板等。

(3)在回流线上带电作业需断开回流线时,必须装设可靠的旁路线。

在自耦变压器中性线上带电作业时,作业范围外侧各方向均应装设地线,且地线总数不少于两组,接地线的接地端应连接于不同的接地端子上。

低压设备、二次回路上作业时,应根据具体情况装设短接线、接地短封线。

(4)设置必要的高压防护栅和相应的标示牌,在低压设备电源开关的操作把手上悬挂"禁止合闸"牌;在低压设备作业点附近的其他带电设备间装设绝缘挡板。

(5)明确指出高压带电部分(包括停止运行设备的高压部位)的位置;指明邻近的低压运行设备。

(6)进行低压带电作业,作业人员应穿紧袖口的工作服,戴工作帽、手套和防护眼镜,穿绝缘靴或在绝缘垫上工作;所有的工具必须有良好的绝缘手柄。

(7)在二次回路上作业时,必须遵守:作业人员不得进入高压分间或防护栅内,同时与带电部分之间的距离要等于或大于表8-4中规定的数值;所有互感器二次回路均有可靠的保护接地;直流回路不得接地或短路。在带电的电压互感器和电流互感器二次回路上作业,还须遵守下列规定:

电压互感器:注意防止发生短路或接地,作业人员戴手套,并使用绝缘工具,必要时作业前撤出有关的继电保护;连接的临时负荷,在互感器与负荷设备之间必须有专用刀闸和熔断器。

电流互感器:严禁将其二次侧开路。短路其二次绕组时,必须使用短路片或短路线,并连接牢固,接触良好,严禁用缠绕方法进行短接;作业时必须有专人监护,操作人必须使用绝缘工具并站在绝缘垫上。

(8)有危险液体的作业及易引起误动的作业时应注明,必要时明确注意事项。

(9)中性线带电检修时,检查自耦变压器中性点到上、下行扼流变压器中点的中性线连接良好。

(10)指定该次作业中作业劳动保护检查员时,作业劳动保护检查员自工作票签发后开始履行检查员职责。

7."已经完成的安全措施"栏

应填写装设接地线、旁路线的编号,装设位置打一个"√"号。

其他安全措施与左侧相同时可打"√"号。

8. “开始工作时间”栏

值班员根据供电调度“通知”命令做好安全措施，并会同工作领导人共同检查确认后，双方填写工作开始时间并签名。工作票应提前办理，以保证作业组的作业时间。

9. “变更作业组成员记录”栏

填写变更人的姓名及安全等级当变更工作领导人时，由新工作领导人签名。

10. “工作结束时间”栏

工作领导人会同值班员检查作业中涉及的所有设备，确认可以投入运行，值班员对检修的设备进行必要的测量验收后，工作领导人填写结束时间并签名。

11. “作业结束”栏

值班员恢复安全措施，填写结束时间并签名。

12. 填写样票

牵引变电所第三种工作票

××变电所(亭) 第 9-2 号

<table>
<tr><td rowspan="2">作业地点
及内容</td><td colspan="2" rowspan="2">室外更换 1 号主变硅胶</td><td>发票人</td><td colspan="2">赵甲(签字)</td></tr>
<tr><td colspan="3">发票日期 ××××年 09 月 12 日</td></tr>
<tr><td>工作票
有效期</td><td colspan="5">自 ××××年 09 月 12 日 08 时 00 分至××××年 09 月 12 日 18 时 00 分止</td></tr>
<tr><td>工作领导人</td><td colspan="5">姓名:钱乙　安全等级:3</td></tr>
<tr><td rowspan="4">作业组成员
及安全等级</td><td>孙丙(4)</td><td>李丁(3)</td><td colspan="2">周戊(2)</td><td>( )</td></tr>
<tr><td>( )</td><td>( )</td><td colspan="2">( )</td><td>( )</td></tr>
<tr><td>( )</td><td>( )</td><td colspan="2">( )</td><td>( )</td></tr>
<tr><td colspan="5">共计 4 人(含工作领导人)</td></tr>
<tr><td colspan="3">必须采取的安全措施
(本栏由发票人填写)</td><td colspan="3">已经完成的安全措施确认
(本栏值守人员签字确认)</td></tr>
<tr><td colspan="3">1. 注意与变压器带电部分保持规定的安全距离。
2. 检查变压器外壳接地完好。</td><td colspan="3">确认人:吴己√
吴己√</td></tr>
<tr><td colspan="6">已做好安全措施准予在××××年 09 月 12 日 10 时 00 分开始工作。
值守人员:吴己(签字)
经检查安全措施已做好，实际于 ××××年 09 月 12 日 10 时 02 分开始工作。
工作领导人:钱乙(签字)
变更作业组成员记录:/
发票人:/(签字)
工作领导人:/(签字)
工作已于 ××××年 09 月 12 日 10 时 35 分全部结束。
工作领导人:钱乙(签字)
作业地点已清理就绪，工作票于××××年 09 月 12 日 10 时 38 分结束。
值守人员:吴己(签字)</td></tr>
</table>

说明:本票用白色纸印黑色格和字。

3.1.4 接触网工作票的填写

3.1.4.1 接触网第一种工作票的填写

1. 工作票盖章要求

视频

接触网第一种工作票的填用

V形停电作业时,工作票右上角加盖相应"上行"或"下行"印章;联合作业应加盖"联合作业"印章;垂直停电作业不加盖印章;若工作票因故未执行且过期,则加盖"作废"印章。

2. "接触网工区"栏

应填接触网工区的全称。

3. "第　号"栏

分别按月及工作票签发顺序编号,如3-2,表明3月份的第二张停电作业工作票(相应的编号为3-2-1的命令票则表示3月份第二张工作票的第一张命令票)。

4. "封锁范围"栏

应填写本次作业封锁范围和图纸相符的区间或站场名称,上、下行线别,支柱号范围、起止公里标范围(不含枢纽地区)。如在站场作业还应说明股道(道岔)编号。

5. "作业范围"栏

应填写本次作业范围和图纸相符的区间或站场名称,上、下行线别,支柱号范围、起止公里标范围(不含枢纽地区)。如在站场作业还应说明股道(道岔)编号。

6. "作业内容"栏

填写实际作业内容,作业内容的名称应规范、具体。如不得笼统填写"处理缺陷、提速施工"等内容。

7. "发票时间"栏

应填写当时发票日期且比有效日期起始时间提前一天。工作票所有日期和时间栏中:年用4位数表示,月和日用两位数表示;时和分用两位数表示。如"2024年03月02日",不得填写成"24-3-2"。

8. "工作票有效期"栏

工作票签发实行采用一天一票制度,填写本张工作票具体使用日期,有效期不得超过24 h。

9. "工作领导人"栏

填写工作领导人的姓名(全称)及相应的安全等级。

10. "作业组成员姓名及安全等级"栏

填写所有作业组成员姓名全称及相应的安全等级,要从左至右逐行填写,多余空格划斜杠;如果作业组人数较多时,应写在工作票的附页上,共计人数为含工作领导人在内的全体作业组成员;安全等级必须和安全合格证上的安全等级相符。

11. “需停电的设备”栏

××变电所××号馈线,××站(区间)××号－××号支柱间接触网设备停电。

12. “装设接地线的位置”栏

具体到××站(或区间)××号柱(站线时还需要具体到××股道),附加悬挂需要装设地线时,应明确附加悬挂线索的名称和支柱编号;所有接地线的支柱号应在“需停电设备”栏范围内。停电范围要大于接地线范围,接地线范围要大于作业范围。

13. “作业区防护措施”栏

填写作业组的行车防护措施,如:坐台防护地点、封锁占用的线路、禁止电力机车通过的线路、按规定填签“运统-46”、现场行车防护措施及防护距离等。

14. “其他安全措施”栏

安全措施应有针对性,必须根据每次作业的具体地点、项目、机具、环境、人员配置等情况认真制定;如果本次作业有跟班干部,还应填写本次作业跟班干部姓名。具体可包括以下内容:

(1)防止误触有电设备的安全措施。

(2)防止感应电伤人的安全措施。

(3)防止穿越电流伤人的安全措施。

(4)防止短接轨道电路的安全措施。

(5)防止列车碰撞的安全措施。

(6)不得晚消令。

(7)跟班干部:×××。

15. “变更作业组成员记录”栏

作业组成员原则上不准变更,特殊情况变更时,必须填写变更人员姓名全称和相应安全等级,并按规定理签字。

16. “工作票结束时间”栏

填写工作票实际结束时间且与工作有效期及命令票一致。

17. “工作领导人”“发票人”栏

应由发票人、工作领导人按照规定亲自签字。

18. 工作票存放

第一种工作票按月度装订后交工区(车间)专人保管,统一存放在第一种工作票档案资料盒中,保存期限不少于12个月。

19. 填写样票

接触网第一种工作票

××接触网工区　　　　　　　　　　　　　　　　　　　　　　第 9-5 号

<table>
<tr><td>封锁范围</td><td colspan="3">××线下行五里堡—小李庄区间 7 号～39 号(K×××+×××—K×××+×××)间线路</td><td rowspan="2">发票人</td><td rowspan="2">赵甲</td></tr>
<tr><td>作业范围</td><td colspan="3">五小区间下行 13 号～33 号间接触网设备</td></tr>
<tr><td>作业内容</td><td colspan="3">综合检修</td><td>发票时间</td><td>××××年 09 月 04 日</td></tr>
<tr><td>工作票有效期</td><td colspan="5">自 ××××年 09 月 05 日 08 时 00 分至××××年 09 月 05 日 18 时 00 分止</td></tr>
<tr><td>工作领导人</td><td colspan="5">姓名:钱乙　安全等级:4</td></tr>
<tr><td rowspan="6">作业组成员姓名及安全等级(安全等级写在括号内)</td><td>孙丙(4)</td><td>李丁(4)</td><td>周戊(3)</td><td>吴己(3)</td><td>郑庚(3)</td></tr>
<tr><td>王辛(3)</td><td>冯壬(3)</td><td>陈癸(3)</td><td>褚子(3)</td><td>卫寅(3)</td></tr>
<tr><td>蒋卯(2)</td><td>沈辰(2)</td><td>韩巳(2)</td><td>杨午(2)</td><td>朱未(2)</td></tr>
<tr><td>秦申(2)</td><td>尤戌(1)</td><td>许亥(1)</td><td>( )</td><td>( )</td></tr>
<tr><td>( )</td><td>( )</td><td>( )</td><td>( )</td><td>( )</td></tr>
<tr><td>( )</td><td>( )</td><td>( )</td><td>( )</td><td>共计:19 人</td></tr>
<tr><td>需停电的设备</td><td colspan="5">薛店变电所 1 号馈线、五小区间 9 号～37 号间接触网设备</td></tr>
<tr><td>装设接地线的位置</td><td colspan="5">五小区间 11 号～35 号柱及相应两支柱上 AF、PW 线</td></tr>
<tr><td>作业区防护措施</td><td colspan="5">五里堡车站信号楼派人座台防护、要令,填签“运统-46”,封锁五小区间下行。严禁电力机车通过小李庄车站、谢庄车站、薛店车站上下行渡线。作业组两端各设 800 m 行车防护。</td></tr>
<tr><td>其他安全措施</td><td colspan="5">1. 工作领导人分工明确,作业组全体人员各负其责,坚守岗位。
2. 验电接地按程序,严禁臆测行事挂接地线。
3. 高空作业人员扎好安全带,短接线、检修按工艺。
4. 推车梯人员思想集中,扶稳车梯,上下呼唤应答。
5. 作业完毕,清理现场,确认无误及时消令,勿晚消令。</td></tr>
<tr><td>变更作业组成员记录</td><td colspan="5"></td></tr>
<tr><td>工作票结束时间</td><td colspan="5">××××年 09 月 05 日 12 时 00 分</td></tr>
<tr><td>工作领导人(签字)</td><td colspan="2">钱乙</td><td>发票人(签字)</td><td colspan="2">赵甲</td></tr>
</table>

说明:本票用白色纸印绿色格和字。规格:A4

3.1.4.2 接触网第二种工作票的填写

1. “接触网工区”栏

视频

接触网第二种工作票填用

应填接触网工区全称。

2. “第　号”栏

分别按月及工作票签发顺序编号,如 3-2,表明 3 月份的第二张间接带电作业工作票。

3. “作业地点”栏

应填写下列内容：和图纸相符的区间或站场名称，上、下行线别，支柱号范围。如在站场作业还应说明股道（道岔）编号。

4. “作业内容”栏

填写实际作业内容，作业内容的名称应规范、具体。如不得笼统填写“处理缺陷”。

5. “发票时间”栏

应填写当时发票日期且比有效日期起始时间提前一天。工作票所有日期和时间栏中：年用4位数表示，月和日用两位数表示；时和分用两位数表示。如“2006年03月02日”，不得简单填写成“06-3-2”。

6. “工作票有效期”栏

工作票签发实行采用一天一票制度，填写本张工作票具体使用日期。

7. “工作领导人”栏

填写工作领导人的姓名（全称）及相应的安全等级。

8. “作业组成员姓名及安全等级”栏

填写所有作业组成员姓名全称及相应的安全等级，要从左至右逐行填写，多余空格划斜杠。如果作业组人数较多时，应写在工作票的附页上，共计人数为含工作领导人在内的全体作业组成员。所有作业组成员安全等级符合带电作业的相关规定。

9. “绝缘工具状态”栏

填写绝缘工具状态和绝缘工具有效绝缘电阻值，且有效绝缘电阻满足“绝缘工具状态良好，分段测量有效绝缘电阻应不得少于100 MΩ，整个有效绝缘部分绝缘电阻应不低于10 000 MΩ”的规定。

10. “安全距离”栏

填写绝缘工具最小有效绝缘长度及最小空气绝缘间隙，且最小有效绝缘长度和最小空气间隙满足“绝缘测杆最小有效绝缘长度应不小于1 000 mm，空气最小绝缘间隙应不少于600 mm”的规定。

11. “作业区防护措施”栏

填写和本次作业有关的必要的安全防护措施，如：坐台防护地点、封锁占用的线路、按规定填签“运统-46”、现场行车防护距离等。

12. “其他安全措施”栏

安全措施应有针对性，根据带电作业的性质结合每次作业的具体地点、项目、机具、环境、人员配置等情况制定必要的有效的安全措施，同时应填写本次作业跟班干部姓名。

13. “变更作业组成员记录”栏

作业组成员原则上不准变更，特殊情况变更时，必须填写变更人员姓名全称和相应安全等级，并按规定理签字。

14. “工作票结束时间”栏

填写工作票实际结束时间且与工作有效期及命令票一致。

15. "工作领导人""发票人"栏

应由发票人、工作领导人按照规定亲自签字。

16. 工作票存放

第二种工作票的签发应一式两份,按月度装订后交工区(车间)专人保管,统一存放在第二种工作票档案资料盒中,保存期限不少于12个月。

17. 填写样票

接触网第二种工作票

××接触网工区　　　　　　　　　　　　　　　　　　　　　　　　第 4-6 号

<table>
<tr><td>作业地点</td><td colspan="2">五小区间</td><td>发票人</td><td colspan="2">赵甲</td></tr>
<tr><td>作业内容</td><td colspan="2">带电测量</td><td>发票时间</td><td colspan="2">××××年04月07日</td></tr>
<tr><td>工作票有效期</td><td colspan="5">自××××年04月08日08时00分至××××年04月08日18时00分止</td></tr>
<tr><td>工作领导人</td><td colspan="5">姓名:钱乙　安全等级:4</td></tr>
<tr><td rowspan="6">作业组成员姓名及安全等级(安全等级填在括号内)</td><td>孙丙(4)</td><td>李丁(4)</td><td>周戊(3)</td><td>吴己(3)</td><td>郑庚(3)</td></tr>
<tr><td>( )</td><td>( )</td><td>( )</td><td>( )</td><td>( )</td></tr>
<tr><td>( )</td><td>( )</td><td>( )</td><td>( )</td><td>( )</td></tr>
<tr><td>( )</td><td>( )</td><td>( )</td><td>( )</td><td>( )</td></tr>
<tr><td>( )</td><td>( )</td><td>( )</td><td>( )</td><td>( )</td></tr>
<tr><td>( )</td><td>( )</td><td>( )</td><td>( )</td><td>共计:6人</td></tr>
<tr><td>绝缘工具状态</td><td colspan="5">绝缘工具状态良好,分段测量有效绝缘电阻应不得少于100 MΩ,整个有效绝缘部分绝缘电阻应不低于10 000 MΩ。</td></tr>
<tr><td>安全距离</td><td colspan="5">绝缘测杆最小有效绝缘长度应不小于1 000 mm,空气最小绝缘间隙应不少于600 mm。</td></tr>
<tr><td>作业区防护措施</td><td colspan="5">测量时向供电调度申请撤除薛店变电所1号、2号馈线重合闸,作业组两端各设800 m行车防护。</td></tr>
<tr><td>其他安全措施</td><td colspan="5">1. 测量前按规定对绝缘工具进行检查,检查合格方可使用。
2. 作业中严禁攀登支柱,并时刻注意避让列车。
3. 作业完毕及时向供电调度消除重合闸撤除命令。</td></tr>
<tr><td>变更作业组成员记录</td><td colspan="5"></td></tr>
<tr><td>工作票结束时间</td><td colspan="5">××××年04月08日18时00分</td></tr>
<tr><td>工作领导人(签字)</td><td colspan="2">钱乙</td><td>发票人(签字)</td><td colspan="2">赵甲</td></tr>
</table>

说明:本票用白色纸印红色格和字。规格:A4。

视频
接触网第三种工作票填用

3.1.4.3 接触网第三种工作票的填写

1. "接触网工区"栏

应填接触网工区全称。

2. "第 号"栏

分别按月及工作票签发顺序编号,如3-2,表明3月份的第二张远离作业工作票。

3.“作业地点”栏

应填写下列内容：干线名称；和图纸相符的区间或站场名称；上、下行线别；支柱号范围，如在站场作业还应说明股道（道岔）编号。

4.“作业内容”栏

按规定填写实际作业内容。

5.“发票时间”栏

应填写当时发票日期且比有效日期起始时间提前一天。工作票所有日期和时间栏中：年用4位数表示，月和日用两位数表示；时和分用两位数表示。如“2024年03月02日”，不得简单填写成“06-3-2”。

6.“工作票有效期”栏

工作票签发实行采用一天一票制度，填写本张工作票具体使用日期。

7.“工作领导人”栏

填写工作领导人的姓名（全称）及相应的安全等级。

8.“作业组成员姓名及安全等级”栏

填写所有作业组成员姓名全称及相应的安全等级，要从左至右逐行填写，多余空格划斜杠。如果作业组人数较多时，应写在工作票的附页上，共计人数为含工作领导人在内的全体作业组成员。

9.“安全措施”栏

填写必要的，有针对性的安全措施，有跟班干部参加作业时应填写本次作业跟班干部姓名。

10.“变更作业组成员记录”栏

作业组成员原则上不准变更，特殊情况变更时，必须填写变更人员姓名全称和相应安全等级，并按规定理签字。

11.“工作票结束时间”栏

填写工作票实际结束时间。

12.“工作领导人”“发票人”栏

应由发票人、工作领导人按照规定亲自签字。

13. 工作票的存放

第三种工作票按月度装订后交工区（车间）专人保管，统一存放在第三种工作票档案资料盒中，保存期限不少于12个月。

14. 填写样票

接触网第三种工作票

××接触网工区　　　　　　　　　　　　　　　　　　　　第 4-3 号

作业地点	××车站38号支柱		发票人	赵甲	
作业内容	更换火花间隙		发票时间	××××年04月07日	
工作票有效期	自 ××××年04月08日08时00分至 ××××年04月08日18时00分止				
工作领导人	姓名:钱乙		安全等级:4		
作业组成员姓名及安全等级(安全等级填在括号内)	孙丙(4)	李丁(4)	周戊(3)	吴己(3)	郑庚(3)
	( )	( )	( )	( )	( )
	( )	( )	( )	( )	( )
	( )	( )	( )	( )	( )
	( )	( )	( )	( )	( )
	( )	( )	( )	( )	共计: 6人
安全措施	1. 工作领导人分工明确,全组人员听从指挥,按章作业。 2. 带齐所用工具、材料,检查合格,更换设备按工艺。 3. 作业地点设专人监视往来列车,及时通知全组作业人员。 4. 更换火花间隙前,用同等截面短接线将两端短接牢固。 5. 作业人员、工具、材料不得侵入限界,做好检修记录。				
变更作业组成员记录					
工作票结束时间	××××年04月08日16时20分				
工作领导人(签字)	钱乙		发票人(签字)	赵甲	

说明:本票用白色纸印黑色格和字。规格:A4

3.1.5　铁路电力停电工作票、倒闸作业票的填写

铁路电力停电工作票填写项目包括工作票编号、工作领导人、工作执行人、作业组员、工作地点和工作内容、计划工作时间、工作终结时间、停电范围、安全措施,工作许可人、工作票签发人等相关内容。一个完整的铁路电力停电作业工作票执行程序如图3-3所示。

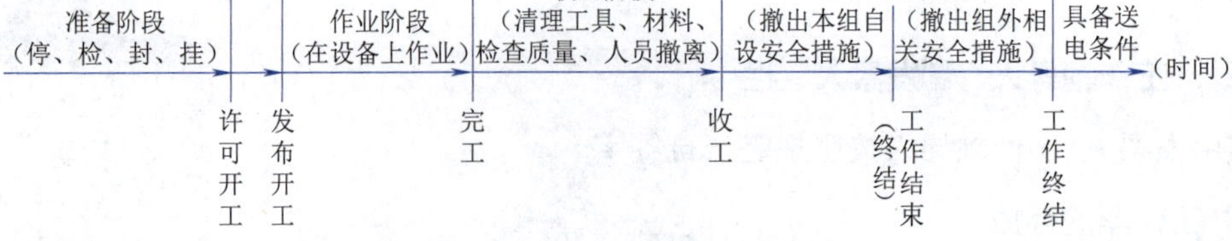

图3-3　停电作业工作票执行程序

3.1.5.1 铁路电力停电作业工作票的填写

1.“签发编号”栏

铁路电力停电工作票一般按签发单位月累计进行编号。

视 频

电力停电作业工作票

由车间签发的“工作票”在编号前加 A;电力工区签发的在编号前加 B;配电所签发的在编号前加 C(例如:编号为“第 A5-1 号”工作票,其中“A”表示由车间签发、“5”表示五月份、“-1”表示当月签发的第一张工作票)。

2.“单位名称”栏

单位名称填写所有作业组(单位)全称,一般可分三种情况:

①段组织的两个及以上车间(或单位)参加的停电作业,“单位”应填写作业车间(或单位)名称(例如:××供电车间、××变电车间、局电力试验所等)。

②车间组织的两个及以上本车间班组参加的停电作业,“单位”填写作业车间名称。

③由一个班组参加的停电作业,“单位”填写作业班组名称。

3.“工作组员”栏

(1)作业组数、人数必须填写准确。

(2)两个及以上作业组应在各组人员名单前用“1”“2”等注明所属作业组。

(3)需配电所停电并在所内做安全措施的外线作业(所内值班人员无作业任务),配电所值班员只担任工作许可人,倒闸操作人员(包括许可人)不列为作业组员;需电力工区配合拉、合线路开关,设置安全措施的停电作业,外线配合倒闸作业人员,只担任工作许可人不直接参与施工作业,外线配合倒闸人员不列为作业组员。

(4)需配电所人员参加的停电作业(所内人员对所内设备有停电作业任务),所内人员可单独设作业组并列为作业组员,但当班值班员至少应有一人坚守值班岗位,不得参加施工作业,不得列入作业组员。

(5)作业组员不含工作执行(领导)人。

4.涉及时间的栏目填写

计划工作时间、许可开工时间、发布开工命令时间、收工或接到工作已结束通知时间、拆除安全措施时间、恢复送电时间等要准确到“分”。

5.“工作地点及任务”栏

工作地点及任务要填写明确,配电所内及电力外线两个以上作业组不同地点及任务要分别填写清楚。

(1)配电所以一个或几个电气连接部分为单位,如:××配电所××母线段(或××柜)停电检修(试验)等。

(2)电力架空(电缆)线路,停电及作业区段应注明线路的名称、起止杆号,分支线名称、起止杆号,双回路应注明各回路名称编号。

(3)自闭(贯通)线路停电检修作业,若分成两个以上独立作业小区段并依次进行的检修作业,应按各作业区段分别填写作业任务。

6.“安全措施”栏

(1)应采取安全措施、已采取安全措施要求及对照表 3-1 执行。

表3-1 应采取安全措施和已采取安全措施

应采取安全措施(签发人填写)	已采取措施(许可人填写)
1.停电:应停运的柜名和应断开的线路隔离开关、断路器编号,包括填写前已停运的柜名和有反送电可能的供电设备	1.已停运的柜名和已断开的线路隔离开关或断路器编号
2.检封:明确检电、设置接地封线的地点、数量(对全封闭不可检电设备可进行间接验电,明确应合上的接地刀闸及断路器编号)	2.已在指定地点检电、设接地封线编号、数量(对全封闭不可检电设备可进行间接验电,明确应合上的接地刀闸及断路器编号)
3.明确加锁、挂牌、设防护的具体地点、数量和种类	3.已在指定地点加锁、挂牌,设防护的数量和种类

(2)安全措施的采取应由工作执行人(领导人)进行全过程控制,“已采取的安全措施”应完成一项,填写一项,不得事后补填。

(3)经配电所停电,需做安全措施的外线作业,外线采取的安全措施,除填入执行(领导)人携带的“停电作业工作票”内,外线许可人或执行(领导)人,必须用电话等方式通知值班员填入配电所工作票中。

(4)恢复送电按“倒闸作业票”进行,均不填入本栏内。

(5)“禁止合闸,有人工作!”标示牌,简化记录为“禁止合闸”牌。

(6)自闭(贯通)电线路停电检修作业,若分成几个独立小区段进行检修,当完成第一区段任务后,其余各区段,按转移工地办理,独立检修小区段采取的安全措施应分别填在工作票内。

(7)已采取措施一栏,可提前打印出,但“已”字必须在操作后填写。

(8)远动区段自闭贯通线路开口及倒闸作业应优先采用高压远动开关进行操作。

(9)高、低压接地封线应分别编号。

(10)单台变压器检修时,必须首先进行检电、放电。一次侧为母线排和负荷开关连接形式,可在一次侧母线排上挂接地封线;一次侧为绝缘皮线和跌落熔断器连接形式,可在一次侧连接变压器的接线端短接线接地。

(11)工作票中接地封线的编号,在“应采取安全措施”栏中可以不填编号,但在“已采取安全措施”栏中必须填写接地封线编号,并与“作业范围示意图”中的接地封线编号对应位置一致。

(12)高压柜内接地刀作为高压柜“五防”安全措施之一,只能在高压柜自身停电保养、维修时使用,当配电所配合外线作业采取安全措施时,不能代替“接地封线”使用,对于不能直接设置接地封线的设备,可采用接地刀代替“接地封线”使用。

(13)向互供和环供高压线路供电的高压柜倒闸操作时,禁止不经检电直接合上接地刀闸。

(14)高速铁路贯通线路及所带设备(包括箱式变电站)的维护、保养等作业,设备所属供电臂的一级、综合贯通线路应全部停电。特殊情况不能全部停电时,经供电调度批准,按照特殊作业方式办理,但应保证停电范围比作业范围向两方向各扩大延伸一个停电区间,并保证每个可能来电方向有两组及以上高压开关处于断开位置。

(15)不在同一地点的操作任务应逐项按照实际操作顺序进行填写。

(16)对无法进行直接验电的设备,可以进行间接验电。即检查隔离开关(刀闸)的机械指示位置、电气指示、仪表及带电显示装置指示的变化,且至少有两个指示已同时发生对应变化;若进行遥控操作,则应同时检查隔离开关(刀闸)的状态指示、遥测、遥信信号及带电显示装置的指示进行间接验电。

7. “工作终结及送电”栏

(1)只有本作业组自设的安全措施,且只填发一份工作票的施工检修作业,按“收工”程序办理。

(2)除本作业组自设安全措施外,还在配电所设有安全措施,填发两份工作票的施工检修作业,发给执行人(或领导人)的工作票,按“收工”程序办理;发给配电所值班员(工作许可人)另一份工作票,按“接到工作已结束通知”程序办理。

(3)恢复送电

恢复送电栏内只填写恢复送电结束时间(如果工作任务不含变压器低压设备检修,按高压线路恢复正常供电结束时间填写;否则应按低压恢复供电时间填写)。

8. “工作范围示意图”栏

工作范围示意图要有方向标,作业线路(设备)要标明名称,工作范围要用虚线框起。

9. 记录栏签字

工作许可人、执行人(领导人)在开工、工作终结及送电、转移工地记录栏中的签字,一般情况下由本人签字。当许可人距执行(领导)人较远时,许可人可通过电话等方式通知执行人(领导人),由执行人或领导人在工作票内代签许可人名字。

10. 跨页填写要求

配电所全所(或半边母线)停电作业、或由多个作业组参加的大型停电施工,工作票填写的内容较多,一页填写不下时,可分两页或多页填写。填写两页及以上的工作票,除第7栏(“安全措施”)以外的所有内容均填在该工作票首页,并在每页工作票的底部中间位置标明具体页码“第×页”。

11. 工作票中几个名词的定义

(1)开工:作业组员被允许开始在设备上进行作业(许可人设置或拆除安全措施不能视为正式的施工检修作业)。

(2)完工:作业组员在设备上完成作业。

(3)收工:完工后作业组进行清理工具、材料,工作执行人检查工作质量,作业组员全部从作业设备上撤离。

(4)工作结束:作业组收工后,撤除作业组自行设置的“安全措施”。

(5)工作终结:工作结束,非本作业组自行设置的“安全措施”也全部撤除,具备送电条件。

说明:只需作业组自行采取安全措施的作业(如:不涉及配电所停电做安全措施的线路作业),其“工作结束”和“工作终结”的含义相同。

12. 填写样票

停电作业工作票

签发日期 ××××年07月15日　　　　第C7-1号

1. 单位名称:修试组　　工作票签发人:刘××　　签字 刘××

2. 工作领导人:职务:工作执行人:黄××职务工长

3. 工作组员:于××、张××、吴××、赵××、谢××、江××、韩××计1组7人

4. 工作票接到时间:(配电值班员)7 月15 日15 时00 分　　裴××签字

　　　　　　　　　工作执行(领导)人 7 月15 日15 时20 分　黄××签字

5. 工作地点及任务:乙配电所Ⅱ段母线停电检修

6. 计划工作时间:自 7 月16 日 08 时00 分至 7 月16 日18 时00 分

7. 安全措施:

应采取安全措施(签发人填写)	已采取措施(许可人填写)
一、停电:	一、停电:
1. 停运南环柜; 2. 停运母联柜; 3. 断开母隔柜 1MG1 刀闸; 4. 停运电源二柜; 5. 停运所变二柜; 6. 断开电源二室外 2DY3 刀闸; 7. 断开南环室外 2NH3 刀闸。	1. 已停运南环柜; 2. 已停运母联柜; 3. 已断开母隔柜 1MC1 刀闸; 4. 已停运电源二柜; 5. 已停运所变二柜; 6. 已断开电源二室外 2DY3 刀闸; 7. 已断开南环室外 2NH3 刀闸。
二、检电封线:	二、检电封线:
1. 在电源二柜 2DY1 刀闸与室外 2DY3 刀闸间检电,设接地封线 1 组; 2. 在南环柜 2NH2 刀闸与室外 2NH3 刀闸间检电设接地封线 1 组; 3. 在母联柜 2ML0 断路器与母隔柜 1MG1 刀闸间检电,设接地封线 1 组。	1. 已在电源二柜 2DY1 刀闸与室外 2DY3 刀闸间检电,设 1 号接地封线 1 组; 2. 已在南环柜 2NH2 刀闸与室外 2NH3 刀闸间检电设 2 号接地封线 1 组; 3. 已在母联柜 2ML0 断路器与母隔柜 1MG1 刀闸间检电,设 3 号接地封线 1 组。
三、加锁挂牌:	三、加锁挂牌:
1. 在电源二 2DY3、南环 2NH3 及母隔柜 1MG1 刀闸操作手柄上加锁各 1 把共 3 把,并挂“禁止合闸”牌各 1 个共 3 个; 2. 在电源二、南环、母联柜 KK 开关上挂“禁止合闸”牌各 1 个共 3 个; 3. 在电源二、南环、母联的柜门上挂“已接地”牌各 1 个共 3 个。	1. 已在电源二 2DY3、南环 2NH3 及母隔柜 1MG1 刀闸操作手柄上加锁各 1 把共 3 把,并挂“禁止合闸”牌各 1 个共 3 个; 2. 已在电源二、南环、母联柜 KK 开关上挂“禁止合闸”牌各 1 个共 3 个; 3. 已在电源二、南环、母联的柜门上挂“已接地牌”各 1 个共 3 个。

8. 开工记录:

许可开工				发布开工命令	
变(配)电所		外　线			
日时分	许可人签字	日时分	许可人签字	日时分	工作执行(领导)人签字
16/8:45	胡××			16/8:50	黄××

9. 工作终结及送电:

收工或接到工作已结束通知		拆除安全措施				恢复送电	
		外　线		变(配)电所			
日时分	执行(领导)人签字	日时分	许可人签字	日时分	许可人签字	日时分	许可人签字
16/17:05	黄××			16/17:45	胡××	16/17:55	胡××

10. 人员变动:原工作执行人________离去,变更________为工作执行人

变更时间:____月____日____时____分,工作票签发人________签字

原工作组员:________________________离去,增加________________________为组员

变更时间:____月____日____时____分,工作票签发人________签字

11. 转移工地记录:

工作地点	许可开工时间		开工时间	完工时间	拆除安全措施		执行(领导)人(签字)
	时分	许可人(签字)			时分	许可人(签字)	

12. 工作票延期:有效期延长到____月____日____时____分,工作票签发人________签字。

13. 工作范围示意图:

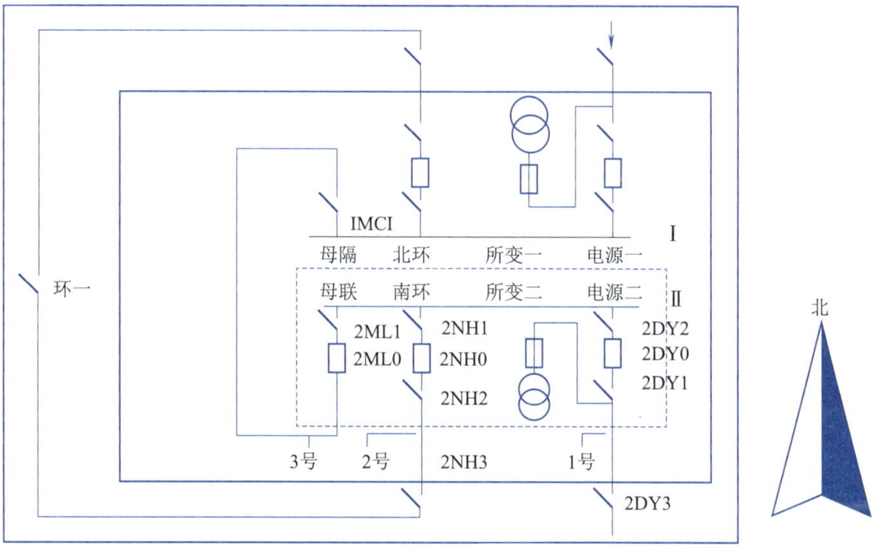

3.1.5.2 电力倒闸作业票的填写

(1)单位:填写倒闸作业操作单位(班组)名称。

(2)编号:按操作单位(班组)倒闸作业目的先后顺序编号。操作单位(班组)每个倒闸作业目的使用一个编号,当该项倒闸作业目的操作项目较少,一张倒闸作业票能够填完时,按照"1,2,3,…"顺序进行编号;当倒闸作业项目较多,一张倒闸票填写不完时,按照"1-1,1-2,…,*m-N*"进行编号(其中"-"前数字代表该倒闸作业项目的编号,"-"后数字代表该倒闸作业项目在"倒闸作业票"中的页码。如:编号为"2-3"的倒闸作业票代表第2个倒闸操作项目的第3张倒闸作业票)。

(3)倒闸作业目的:除应写明倒闸原因外,还需写明停电或送电。

(4)倒闸作业依据:应按照工作票、安全命令记录簿或调度命令进行填写。

(5)倒闸作业时间应写明倒闸作业的开始时间和结束时间,计时准确到"分"。

(6)倒闸操作内容及顺序按《铁路电力安全工作规程》规定办理,并将标示牌、防护物纳入“倒闸作业票”内。

(7)倒闸作业和安全措施设置需进行相互确认的项目,必须填入倒闸作业票。

(8)作废或执行后的倒闸作业票应加盖“已执行”或“作废”章。

(9)填写样票。

倒闸作业票

单位:××电力工区　　　　第 1 号

倒闸作业目的:停电(甲配电所南馈10 kV电力线路1号至75号杆检修)		
倒闸作业根据:A7-2工作票		
开始:7月21日8时00分　　完成:7月21日8时45分		
序号	倒闸作业顺序	完成情况
一	停电	
1	确认通信站由主用电源供电正常;	√
2	断开通信站备用变压器低压总开关;	√
3	联系确认甲配电所南馈柜已停运。	√
二	检电封线	
1	在南馈线路35号杆西侧检电;	√
2	在南馈线路35号杆西侧设置2号接地封线1组。	√
三	加锁、挂牌	
1	在通信站备用变压器低压配电箱门上加锁1把;	√
2	在通信站备用变压器低压配电箱门上挂“禁止合闸”牌一个。	√
倒闸操作人:张××　　签发人:黄××		

3.2 技能训练——签发接触网工作票

3.2.1 训练目的

(1)了解工作票的相关知识。

(2)掌握接触网工作票签发的流程和方法。

(3)掌握V形停电作业要采取的安全措施。

(4)掌握电力作业保证安全的组织措施。

(5)熟悉工作票所列人员的条件和责任。

3.2.2 人员组织和训练用工具、材料

1. 人员组织

接触网第一种工作票签发技能训练人员准备见表3-2。

表3-2 人员准备

序号	岗 位	人数	备 注
1	发票人	1人	安全等级四级，具备工作票签发人资格
2	工作领导人	1人	安全等级四级，具备工作领导人资格

2. 工具、材料准备

技能训练参与人员穿戴好个人劳动保护用品，按照表3-3准备好需要的安全工具、材料。

表3-3 训练用安全工具、材料

序号	名 称	单位	数量	备 注
1	接触网第一种工作票	张	1	空白
2	接触网供电分段示意图	张	1	
3	接触网平面布置图	张	1	
4	工区考勤	张	1	配备作业组成员人数、安全等级
5	作业计划	张	1	确定工作票中的封锁范围
6	设备缺陷资料	张	1	缺陷通知单
7	笔	支	1	黑色中性笔，禁用铅笔
8	打印机	台	1	彩色
9	计算机	台	1	具备日常办公能力

3.2.3 训练内容及操作步骤

本次项目训练要求结合项目2“设备巡视检查中接触网巡视项目训练”中巡视结果，或者依据老师所提供的某次接触网巡视发现的缺陷单，查看巡视缺陷及检测数据，针对这些缺陷签发一张接触网工作票。

签发工作票步骤：

(1)审核缺陷单，挑选需要最优先处理的严重缺陷。

(2)针对此缺陷签发工作票。签发的工作票内容要求如下：

①参照缺陷单中需要最优先处理的接触网设备缺陷，安排工作票作业内容。并根据天窗计划，确定工作票中的封锁范围；根据接触网平面布置图确定作业范围、作业内容，核对作业项目和作业内容是必要和可能的。

②根据作业等级、内容、人员状况确定分工，工作领导人、作业组成员等的要求符合规定。

③根据当地天气信息、作业环境、作业内容、设备情况，制定针对性安全措施，确保安全措施正确和完备。

④与工作领导人共同确认工作票中配备的作业组成员人数、安全等级符合规定，所采取的安全措施正确完备后，于规定时间内将纸质工作票交给工作领导人，并对其进行技术交底，

V形停电天窗区段还应按规定加盖相关印记。两人分别在工作票“发票人”“工作领导人”栏内签字确认,若有附页也须互相签认。

(3)工作票签发结束,提交给工作领导人审核、执行。

3.2.4 项目考评

经过项目训练后,熟练掌握工作票签发要领,并限时进行训练考核评定。考核评分标准见表3-4。

表3-4 工作票签发考核评分参考

项目	配分	评分标准	减分标准	存在问题	减分	得分
时间	20	20 min内完成	每超过1 min扣2分,超过10 min为失格			
质量	80	工作票种类与本次作业性质相符	不符合扣20分			
		工作票的封锁范围与本次作业相符	不符合扣20分			
		工作票的停电范围与本次作业相符	不符合扣20分			
		工作票的地线位置与本次作业相符	不符合扣20分			
		工作票的行车限制与本次作业相符	不符合扣20分			
		工作票的人员条件与本次作业相符	不符合扣20分			
		根据地理环境、设备特点、人员状态,筛查风险源,针对性地制订安全控制措施	未制订每种情况扣3分			
		有针对V形停电作业的特殊性提出的安全措施,如防触有电设备、防感应电伤害、防穿越电流、防电力机车将电带入作业区段的安全措施完备,以及上行(下行)封锁及停电,下行(上行)未封锁及有电,人员机具和作业车平台旋转不得侵入下行(上行)限界的范围	未制订每种情况扣3分			
		在设备较复杂的区段作业时,应附页画出作业区段简图,标明停电作业范围、接地线位置,并用红色标记带电设备	未制订扣3分			
		工作票有效期不得超过3个工作日	不符合扣2分			
		V形停电作业工作票右上角加盖“上行”或“下行”印记	未加盖扣5分			
		工作票填写时要字迹清楚、正确,需填写的内容不得涂改和用铅笔书写	不符合每处扣2分			
		工作票一式两份。同一张工作票的签发人和工作领导人必须由两人分别担当	不符合扣2分			
		作业前不少于6 h将纸质工作票交给工作领导人,并对其进行技术交底	未做到扣5分			
		与工作领导人相互确认签字后,方可交工作领导人执行	不符合扣2分			
		工作票处理的是所提供缺陷中最需要优先处理的	不符合扣10分			

3.3 项目拓展

签发工作票是电力运行管理中一项防止误操作的有效安全措施。正确签发工作票可以明确电力设备检修工作(包括检修、维护、安装、改造、调试、试验等)中的职责,评估检修作业过程中可能发生的问题,并针对问题采取必要的措施避免事故发生。工作票制度仅是保证安全的组织措施之一。除了工作票制度之外,保证安全的组织措施还包括:工作许可制度;工作监护制度;工作间断、转移工地制度;工作结束和送电制度。

3.3.1 工作许可制度

工作许可制度是电力工作中工作许可人根据工作票的内容要求在做好设备停电安全技术措施后,向工作领导人(工作执行人)发出工作许可的命令,工作领导人方可开始工作;同时在检修工作中、工作间断与转移,以及工作终结,必须由工作许可人许可的制度。

3.3.1.1 牵引变电所工作许可的办理

(1)牵引变电所工作许可一般由牵引变电所值班员担任。值班员在做好安全措施后,要到作业地点进行下列工作:

①会同工作领导人按工作票的要求共同检查作业地点的安全措施。

②向工作领导人指明准许作业的范围、接地线和旁路设备的位置、附近有电(停电作业时)或接地(直接带电作业时)的设备,以及其他有关注意事项。

③经工作领导人确认符合要求后,双方在两份工作票上签字后,工作票一份交工作领导人,另一份值班员留存,即可开始作业。

(2)停电作业时,在消除命令之前,禁止向停电的设备上送电。在紧急情况下必须送电时要按下列规定办理:

①通知工作领导人,说明原因,暂时结束作业,收回工作票。对非牵引负荷,在送电前必须通知有关用户。

②拆除临时防护栅、接地线和标示牌,恢复常设防护栅和标示牌。

③属供电调度管辖的设备,由供电调度发布送电命令;其他设备由牵引变电所工长批准送电。

④值班员将送电的原因、范围、时间和批准人、联系人的姓名等记入值班日志。

(3)停电作业的设备,在结束作业前需要试加工作电压时,要按下列规定办理:

①确认作业地点的人员、材料、部件、机具均已撤至安全地带。

②由值班员将该停电范围内所有的工作票收回,拆除妨碍送电的临时防护栅、接地线及标示牌,恢复常设防护栅和标示牌。

③按照设备停、送电的所属权限,值班员将试加工作电压的时间分别报告供电调度和通知有关用户,并将供电调度和接到通知的人员的姓名、所属单位及时间记入有关记录。

④工作领导人与值班员共同对有关部分进行全面检查,确认可以送电后,在牵引变电所工长或工作领导人的监护下,由值班员进行试加工作电压的操作。

⑤试加工作电压完毕,值班员要将其开始和结束的时间及试加电压的情况记入有关记录。

试加工作电压结束后如仍需继续作业,必须由值班员根据工作票的要求,重新做安全措施、办理准许作业手续。

3.3.1.2 接触网工作许可的办理

接触网检修作业时,由工作领导人指定安全等级符合规定的作业组成员担任工作许可人,负责座台、要令、作业区防护、验电接地等安全措施的完成,完成安全措施后才可开始工作。

3.3.1.3 电力工作许可的办理

在不经变配电所停电的线路上作业时,由工作执行人指定条件符合规定的作业组成员担任工作许可人,完成安全措施后可开始工作。

凡经电力变、配电所停电的作业,工作许可人由值班员担当。工作许可人应审查工作票所列安全措施是否完备,是否符合现场条件,在完成所内停电、检电、接地封线等安全措施后还应执行以下规定:

(1)会同工作执行人检查安全措施,以手触试证明待检修设备确无电压;

(2)向工作执行人指明带电设备的位置、接地线安装处所和注意事项;

(3)双方在工作票上签名后方可开始工作。

工作执行人、工作许可人都不得擅自变更安全措施,值班员不得变更待检修设备的运行接线方式。遇有特殊情况需要变更时,应取得工作签发人的同意。

停电作业的线路与其他单位的带电线路交叉跨越安全距离不够时,应同有关单位办理停电许可手续。

严禁约定时间停电、送电。

典型案例 3-8

5月20日,某供电所包修组在A车站维修低压线路时,临时负责人孙×看到三个作业组中有两个作业组已工作完毕,且时间已11时30分了,便估计维修公寓线路的另一个作业组也已完成工作,并远离了电线路,就命令送电。此时,在线路杆上工作的另一个作业组组员王×尚未离杆,致使其触电,造成轻伤。

案例分析:

孙×严重违章,违反严禁约时、臆测停、送电规定,凭主观臆测已经完工,盲目命令送电。

3.3.2 工作监护制度

工作监护制度是保证人身安全和正确操作的重要措施。在作业过程中,工作监护人和工作领导人(工作执行人)都应在现场认真监护作业组员的安全。作业组员应服从工作执行人和监护人的指挥。

此外装设、拆除地线作业和倒闸作业同样需要执行安全监护制度,此两种安全监护将分别在倒闸作业和停电作业项目中介绍。

3.3.2.1 牵引变电所工作监护

当进行牵引变电所电气设备的带电作业和远离带电部分的作业时,工作领导人和专门设置的安全监护人主要职责是负责监护作业组成员的作业安全，不参加具体作业，如图3-4所示。

图3-4 牵引变电所工作安全监护

当进行电气设备的停电作业时，工作领导人除监护作业组成员的作业安全外，在下列情况下可以参加作业：

(1)当全所停电时。

(2)部分设备停电，距带电部分较远或有可靠的防护设施，作业组成员不致触及带电部分时。

当牵引变电所内作业人员较多或作业范围较广，工作领导人监护不到时，也可专设监护人，设置的监护人员由工作领导人指定安全等级符合要求的作业组成员担当。

典型案例 3-9

根据供电段3月份检修计划，下辖的客专供电车间和检修车间于3月21日8时30分至17时00分执行对管内某牵引变电所1011进线侧至1B、3B、5B(“1B”指1号牵引变压器，其他亦同)绝缘子清扫、隔离开关引线端子和引线各部螺栓检查紧固、变压器检修等任务。牵引变电所内由东向西依次有5B、1B、3B、2B、4B、6B六台变压器。参加作业29人，其中供电车间25人，检修车间4人。作业领导人是供电车间主任陈×，监控干部是段技术科牵引变电专职魏×，作业的安全监护人是检修车间变压远动工区工长李×和检修车间副主任杨×(男，45岁)。

8时20分，供电调度下达第92666号命令。8时37分，工作领导人陈×组织在作业区域3B、2B之间的隔离防火墙北侧设置了一条警示带，将有电区和停电区隔开，但防火墙南侧到牵引变电所墙体间通道处未设置警示带。2号牵引变压器北侧标有变压器“2B”等设备编号，但南侧没有设置编号。

10时12分，对牵引变电所设备检修和清扫作业正在进行时，2B、4B主保护动作跳闸，作业人员发现负责现场监控的杨×躺在2B变压器上，身上着火。作业人员立即断电、挂地线、使用灭火器灭火，将杨军抬下变压器，送往烧伤医院救治，经医院诊断为全身多处高压电击伤，烧伤面积60%，深度Ⅱ至Ⅳ度。2B上的T线(27.5 kV)母排固定端子和压力释放计外壳分别有放电点，2B顶面留有衣服烧焦的灰烬。

案例分析：

牵引变电所停电检修作业过程中，检修车间副主任杨×离开负责监控的有电区域和停电区域隔离警示带处，擅自参与作业。因为对设备位置不了解，误以为3B的东侧是1B（1B实际位置在3B的西侧），误登停电作业区外正常运行的2B变压器，造成变压器带电部位通过人体与变压器壳体导通，产生弧光放电，导致全身多处高压电击伤。

检修车间变压远动工区工长李×，作为本次作业的安全监护人，本应在工作领导人的领导下，认真履行监护责任，但由于杨×"车间副主任"的身份，现场监护人李×没有将杨×作为作业组员和重点看护人员对其进行有效监控，不去管理杨×违章参与1001、1B之间设备检修作业，致使现场监护失去作用而出现盲区。现场监护人违章参与作业，不履行监护职责是这起事故的一个重要原因。

当作业需要时可以派遣作业小组（包括监护人）到作业地点以外的处所作业。作业人员和监护人的安全等级需满足表3-5的规定。

表3-5　被派遣作业小组安全等级要求

人员	停电作业	（间接）带电作业
作业人员的安全等级	不低于二级	不低于三级
监护人的安全等级	不低于三级	不低于四级

禁止任何人在高压分间或防护栅内单独停留和作业。

牵引变电所工长和值班员要随时巡视作业地点，了解工作情况，发现不安全情况要及时提出，若属危及人身、行车、设备安全的紧急情况时，有权制止其作业，收回工作票，令其撤出作业地点；必须继续进行作业，要重新办理准许作业手续，并将中断作业的地点、时间和原因记入值班日志。

3.3.2.2　接触网工作监护

接触网作业监护工作一般由工作领导人来完成，根据作业需要也可以专设工作监护人，比如《普速铁路接触网安全工作规则》中规定：

间接带电作业时，每个作业地点均要设有专人监护，其安全等级不低于四级；停电作业时，每个监护人的监护范围不超过2个跨距，在同一组软（硬）横跨上作业时不超过4条股道（图3-5），在相邻线路同时作业时，要分别派监护人各自监护；当停电成批清扫绝缘子时，可视具体情况设置监护人员，监护人员的安全等级不低于三级。

图3-5　软横跨停电作业的工作监护

3.3.2.3 铁路电力工作监护

与接触网作业的监护工作由工作领导人来完成类似,电力线路作业时的工作监护人由工作领导人或工作执行人担任;在变电所、配电所内作业时一般由配电值班员担任;或由能独立工作、熟悉设备和有一定工作经验的人员担任。

完成工作许可手续后,工作执行人(监护人)应向作业组员交代带电部位,已采取的安全措施和其他注意事项。在下列情况下工作执行人可参加具体工作。

(1)在变、配电设备上进行全部停电作业;

(2)在变、配电设备上进行邻近带电作业,作业组员不超过三人,且无偶然触及带电设备可能时;

(3)架空线路停电作业的工作地点较集中,且附近又无其他电线路时。

对工作条件复杂、有触电危险的工作,应设专职监护人。专职监护人不得兼任其他工作。

在工作中遇有雷、雨、暴风或其他威胁作业组员安全的情况时,工作领导人(工作执行人)或监护人应及时采取措施,必要时停止工作。

典型案例 3-10

10月27日,某供电企业检修班对10 kV线路进行停电登杆检查和清扫绝缘子,小组负责人王×与赵×负责86号至99号杆塔的检查和清扫。首先由赵×登99号杆,王×监护。赵×登杆时,既不戴安全帽,又不系安全带,并说:“这条线明年就要改造,用不着清扫了,只需要上杆后看一下即可。”而监护人王×对赵×的一系列违章行为和工作态度并未制止和批评。当赵×登上杆塔后,发现绝缘子很脏污,便告诉王×,王×说:“擦一擦。”这时,王×就没再对赵×进行监护,在杆下整理安全帽,系安全带,准备去登98号杆,没有看到赵×踩着下横担向带电线路侧的中线导线移动。当赵×距中线0.5 m处准备抓住导线擦绝缘子时,导线对人体放电,赵×触电后,身体失去平衡,从塔上15.3 m处坠落地面,经抢救无效死亡。

案例分析:

作业人员赵×在既不戴安全帽、又未系安全带的严重违章情况下就登杆作业;赵×还对工作任务不清楚,思想不集中,对本来就带电运行还挂有警告红旗的电线路,竟然在拆下警告红旗后,马上就去清扫绝缘子,造成误碰触带电线路,从高处坠落死亡,这是发生这次事故的主要原因。

监护人王×在赵×的一系列违章情况下登杆作业毫无反应,不批评、不制止,甚至放弃对赵×进行监护,自行做登下一杆塔的准备工作是发生这次事故的重要原因。

3.3.3 工作间断、转移工地制度

3.3.3.1 牵引变电所作业中的工作间断、转移工地

牵引变电所作业中需暂时中断工作离开作业地点时,工作领导人负责将人员撤至安全地带,材料、零部件和机具要放置牢靠,并与带电部分之间保持规定的安全距离,将高压分间的钥匙和工作票交给值班员。继续工作时,工作领导人要征得值班员的同意,取回钥匙和工作票,重新检查安全措施,符合工作票要求后方可开工。

在作业中断期间,未征得工作领导人同意,作业组成员不得擅自进入作业地点。

3.3.3.2 接触网作业中的工作间断、转移工地

接触网停电检修作业需要在天窗时间内一次性完成，一般不会出现工作间断情况；如果确实由于某种原因未能完成全部检修任务，一方面可以将剩余任务纳入次日检修计划、签发新的工作票；另一方面需要检讨检修任务安排是否超量，或者工前预想会未能充分考虑作业干扰因素等，总结经验、采取措施避免再次发生检修任务未能完成的情况。

接触网作业转移工地也仅限站内作业等个别情况，如在车站上行接触网检修作业中，Ⅱ股道接触网作业提前完成，转换到4股道继续开展检修。转移工地时，工作领导人要及时将信息通报驻站联络员和现场防护员，提醒其做好转移后的安全防护工作。

3.3.3.3 电力作业中的工作间断、转移工地

在白天，因吃饭或休息暂时中断变、配电所电力作业时，全部接地线可保留不动，但工作人员不宜单独留在高压室内。暂时中断电线路作业时，如工作人员已离开现场，应派人看守工地。恢复工作前，工作执行人应检查接地线等安全措施。

使用数日有效的停电工作票，每日（次）收工时，应清理工地，开放已封闭的道路，将工作票交给值班员，但临时接地线、防护物及标示牌可保持不动。次日开工前，工作许可人必须检查工地所有安全措施，重新履行许可开工手续，方可开始工作。

典型案例 3-11

5月21日，某检修班要停电检修一条10 kV配电线路，由于与另一工程改造项目冲突，检修工作进行了一半时经调度同意恢复送电，准备23日继续干。23日停电时由于停电设备与安全措施与21日相同（实际上由于另一工程改造项目的设备改造，信号电源情况已发生变化）未重新签发工作票，执行旧票过程中车间信号两路电源全部停电，造成行车故障。

案例分析：

工作间断后未重新签发工作票是酿成这起事故发生的主要原因。

当一个作业组按照工作票在几个工作地点依次进行工作时，应按下列规定转移工地：

（1）工作人员在规定时间内只可在指定地点工作；如无工作执行人命令，不得自行转移工地。

（2）每次转移到新工地时，应履行工作许可手续，并在工作票上注明新工作地点及在安全措施栏内记入装设接地线的电杆号数。

（3）转移工地时，应在工作票上填记。

典型案例 3-12

6月28日，供电段某电力工区对某区间10 kV电力贯通线28号-126号杆进行电缆预防性试验作业，工作票签发人陶×，工作票执行人薛×（工长），作业组成员有电力线路工倪×等4人。在125号-126号杆子间电缆试验作业完后，作业组于12时50分转移至第二作业地点，准备对98号-99号杆间的电缆进行预防性试验。作业组成员正在从汽车上卸工具材料时，倪×在监护人未到场的情况下，登上99号杆进行挂接地封线操作。当其登至距杆顶约3 m处时，其左臂触及已停电的电缆弓子线A相，被感应电电击，倪×从距杆根部

约7.5 m高处坠落，滚下护坡。后经急送医院抢救无效，倪×于当日15时10分死亡。

案例分析：

电力线路工倪×未经工作许可、未得到工作执行人的命令擅自上杆，没有进行检电，触及电缆弓子线，触电后坠落，坠落时安全帽未系紧脱落，致其头部受伤，是这次死亡事故的主要原因。

工作执行人（监护人）薛×不认真执行有关"转移工作地点"的安全制度，转移至第二作业地点后，没有履行工作许可手续和办理工作地点转移手续，未召集作业组员交代安全措施和注意事项，而是忙于卸车，未发现倪×擅自上杆作业，未履行对作业组员安全的不断监护的职责等，是这次死亡事故的重要原因。

3.3.4 工作结束和送电制度

3.3.4.1 牵引变电所工作票的结束和送电

1. 结束作业

牵引变电所作业全部完成时，由作业组负责清理作业地点，工作领导人会同值班员检查作业中涉及的所有设备，确认可以投入运行，工作领导人在工作票中填写结束时间并签字，然后值班员即可按下列程序结束作业：

（1）拆除所有的接地线，点清其数目，并核对号码。

（2）拆除临时防护栅和标示牌，恢复常设的防护栅和标志。

（3）必要时应测量设备状态。

在完成上述工作后，值班员在工作票中填写结束时间并签字，作业方告结束。

使用过的工作票由发票人和牵引变电所工长分别负责保管。工作票保存时间不少于3个月。

2. 消令

当办完结束工作票手续后，值班员即可向供电调度请求消除停电作业命令。

供电调度员确认该作业已经结束，具备送电条件时，给予消除作业命令时间，双方记入作业命令记录中。

同一个停电范围内有几个作业组同时作业时，对每一个作业组，值班员必须分别向供电调度请求消除停电作业命令。

3. 送电

只有当在停电的设备上所有的停电作业命令全部消除完毕，值班员方可按下列要求办理送电手续：

（1）属供电调度管辖的设备，按供电调度命令送电。

（2）对不属供电调度管辖的供电给非牵引负荷的设备要与用电主管单位联系，确认作业结束，具备送电条件，方准合闸送电。并将双方联系人的姓名、送电时间记入值班日志或有关记录中。

（3）对牵引变电所有权倒闸的设备，值班员确认所有的工作票已经结束、具备送电条件后方可合闸送电。

3.3.4.2 接触网工作票的结束和送电

(1)接触网工作票中规定的作业任务完成后，由工作领导人确认具备送电、行车条件，清点全部作业人员、机具、材料撤至安全地带，拆除接地线，宣布作业结束，通知要令人请求消除停电作业命令。

(2)接地线拆除后，人员、机具必须与接触网设备保持规定的安全距离。作业车辆驶出封锁区间(站场进入指定位置后)或人员及机具撤离至铁路建筑限界以外后，方可申请取消行车封锁。几个作业组同时作业，当作业结束时，每个作业组须分别向供电调度申请消除停电作业命令。

(3)供电调度送电时按下列顺序进行：

①确认整个供电臂所有作业组均已消除停电作业命令。

②按照规定进行倒闸作业。

③通知列车调度员接触网已送电。

作业结束后，工作领导人要将工作票和相应命令票交工区统一保管。在工作票有效期内没有执行的工作票，须在右上角加盖“作废”字样交回工区保管。所有工作票保存时间不少于12 个月。

3.3.4.3 电力工作的结束和送电

电力工作完工后作业组应清理工具、材料，工作执行人详细检查工作质量，工作人员全部由作业设备上撤离后，按下列程序恢复送电：

(1)线路局部停电作业，由工作执行人通知工作许可人撤除地线，摘下标示牌，然后合闸送电。

(2)干线停电作业，配电值班员接到工作执行人工作已结束的通知后，将工作执行人姓名、通知时间及方法等记入工作票和工作日志内，然后摘下标示牌，撤除接地线，方可合闸送电。多组作业时，应注意标示牌数目和结束工作的组数相符。

(3)在变、配电设备上作业时，配电值班员接到工作执行人工作已经结束，作业组人员已撤出工地的报告后，将完工的时间记录在两份工作票内，按下列次序恢复送电：

①核对摘下的标示牌数和结束作业组数是否相符。

②撤除临时接地线，并按登记号码核对无遗漏。

③撤除临时防护物及各种标示牌。

④恢复常设栅栏。

⑤合闸送电。送电后，工作执行人应检查设备运行情况，正常后方可离开现场。

3.3.5 工作票所列人员的条件和责任

3.3.5.1 工作票签发人

电力工作票签发人由工长、调度员、所主任、技术人员或段总工程师指定人员担任；接触网工作票签发人由安全等级四级以上的接触网工作人员担任；牵引变电所工作票签发人由安全等级四级以上的牵引变电所工作人员担任，但牵引变电所当班值班员不得签发工作票。

工作票签发人在安排工作时，要做好下列事项：

(1)所安排的作业项目是必要和可能的。

(2)所采取的安全措施是正确和完备的。

(3)所配备的工作领导人和作业组成员的人数和条件符合规定。

3.3.5.2　工作领导人

电力作业的工作领导人一般由电力所主任、技术人员或工长担任,负责统一指挥两个以上电力作业组的同时作业和总的作业安全;作业过程中可负责其中一个作业组的安全工作,另一个作业组则由熟悉设备、工作熟练、责任心强、有一定组织能力的作业组成员担任工作执行人,代表工作领导人具体负责该作业组的作业和安全事项。

接触网工作领导人由安全等级四级以上的接触网工作人员担任。

牵引变电所工作领导人由安全等级四级以上的牵引变电所工作人员担任。

工作领导人是铁路电力、接触网、牵引变电所设备检修的核心角色,其在业务技术和组织能力上均应能胜任工作任务,并能保证工作安全和质量。一名合格的工作领导人需要具备的条件、素质及其职责包括以下几个方面:

(1)同一张工作票的签发人和工作领导人必须由两人分别担当。

(2)工作领导人(工作执行人)在组织作业时,要做好下列事项:

①确认作业内容、地点、时间、作业组成员等均符合工作票提出的要求。

②检查确认作业采取的安全措施正确且完备。

③检查落实工具、材料准备,与安全监护人(安全员)共同检查作业组成员着装、工具、劳保用品齐全合格。每次开工前,工作领导人要向作业组全体成员宣讲工作票,布置安全措施,说明停电区段和带电设备的具体位置。

④监督作业组成员的作业安全。

⑤检查确认工作质量,按时完成任务。

(3)作业过程中的工作领导人要做好下列事项:

作业过程中,工作领导人主要是负责监护作业组成员的作业安全,一般不参加具体作业;只有规定的特定情形下才能参加具体作业。例如《牵引变电所安全工作规程》明确规定,当进行牵引变电所电气设备的带电作业和远离带电部分的作业时,工作领导人主要是负责监护作业组成员的作业安全,不参加具体作业。当进行牵引变电所电气设备的停电作业时,工作领导人除监护作业组成员的作业安全外,在下列情况下可以参加作业:

①当全所停电时。

②部分设备停电,距带电部分较远或有可靠的防护设施,作业组成员不致触及带电部分时。

3.3.5.3　工作监护人

工作监护人要熟悉当次作业内容,掌握作业的范围、内容、时间、安全和防护措施等。与工作领导人保持联系畅通,复诵确认作业命令,并及时准确向作业小组人员传递。工作监护人的担任条件与工作领导人相同。

工作监护人的工作责任如下:

(1)在现场不间断监护作业组成员的安全。

(2)发现危及人身安全的情况时,应立即采取措施,坚决制止继续作业。

(3)一旦发生意外情况,应迅速采取正确的抢救措施。

3.3.5.4　工作许可人

铁路电力工作中的工作许可人由配电值班员,或能独立工作、熟悉设备和有一定工作经验的人员担任。在线路停电作业时,由工作执行人指定工作许可人完成有关安全措施。

工作许可人的责任如下:

(1)完成电力作业现场的停电、检电、接地封线等安全措施。

(2)检查停电设备有无突然来电的可能。

(3)向工作执行人报告允许开工时间。

3.3.5.5 作业组员

作业组员应由技术、安全考试合格者担任。

工作票中规定的作业组成员一般不应更换。若必须更换时,应由发票人签认;若发票人不在可由工作领导人签认。工作领导人更换时,必须由发票人签认。

作业组成员要服从工作领导人(监护人)的指挥、调动,遵章守纪。对不安全和有疑问的命令,要及时果断地提出,坚持安全作业。

典型案例 3-13

6月11日,供电大修队在某站进行大型特殊带电作业——整锚段更换承力索。新工马×从绝缘挂梯登上放线台后,监护人陈×因前方承力索卡滞,放线盘无法转动放线,这时监护人陈×命令马×在放线台上不要动,自己去前方查看承力索卡滞原因。

马×在放线台上躺了一会儿,未报告监护人,擅自从放线平台下到绝缘挂梯上。由于挂梯下面无人扶,挂梯摆动,马×触及放线平台接地部分,右手顺势抓住了带电部分,强大的短路电流经放线平台至马×的右手,身体、脚、放线平台接地部分构成了回路,高空坠落,身上着装银铜均压服顿时起火,火焰高度约1.5 m,现场人员束手无策,起火约2 min后,才临时从旁边道口看守房中拿棉被盖住致火熄灭,随即截车送部队医院,送到医院后,经检查马×Ⅲ度烧伤面积约占总烧伤面积的97%。

案例分析:

新工马×不听从监护人的指挥,在没有人扶绝缘挂梯的情况下擅自下放线平台触电是这起事故发生的主要原因。现阶段铁路部门已经不再开展接触网直接带电作业,但此案例中“作业组成员要服从工作领导人(监护人)的指挥、调动”的规定依然具有现实意义。

3.3.5.6 接触网作业驻站联络员

进行接触网施工或维修作业时,应按要求在车站(动车所)行车室设联络员办理登记、销记手续。联络员应由指定的、安全等级不低于三级人员担任。在车站行车室设驻站联络员时,区间作业,驻站联络员设在该区间相邻车站的行车室;车站作业,驻站联络员设在本站行车室。驻站联络员须做到:

(1)具备基本的行车知识,熟悉有关行车防护知识,熟悉列车调度台及车站行车室有关设备显示。

(2)熟悉有关防护及通信工具的使用方法及各种防护信号的显示方法,每次出工前应检查通信工具是否良好,行车防护用品携带齐全、有效。

(3)作业期间坚守岗位,思想集中,及时、准确、清晰地传递行车信息和信号,认真负责、坚持呼唤应答和复诵制度。作业未销记前,不得撤离工作岗位。

(4)作业过程中,联络员、现场防护人员与现场工作领导人之间必须保持通信畅通并定时联系，确认通信良好。

（5）作业完毕后，驻站联络员按照工作领导人的要求及时办理销记手续。作业完毕，但未达到正常放行列车条件时，驻站联络员应在“行车设备施工登记簿”内登记行车限制条件；在设备达到正常放行列车条件后，及时销记。

3.3.5.7　接触网作业现场防护员

现场防护员应由从事接触网检修工作三年以上且在本班组管内工作不少于一年，经过考试评定安全等级达到三级及以上，取得《行车防护人员上岗合格证》准许从事行车防护工作的作业组员担当。

现场防护员的工作标准包括：

（1）熟悉有关行车知识和防护要求，熟悉防护用品及通信工具的使用方法；每次出工前检查确认防护用品、通信工具等用具齐全、完好。

（2）熟悉各种行车防护信号的显示方法（含防护红牌、防护灯、防护旗、防护手信号等）、熟悉应急情况下拦停列车的有关规定。

（3）及时、准确、清晰地发出或传递行车信息和信号；列车来临前，按规定及时提醒工作领导人组织作业组人员、作业机具和材料下道或避让。

（4）执行防护任务时，应按规定穿戴劳保用品，穿橘红色防护服，佩戴防护员证，携带对讲机，红、黄信号旗（夜间为信号灯），根据工作需要携带区间电话、防护喇叭、红牌。现场防护员应随作业组提前到达现场，在与驻站联络员联系无误、得到许可后开始实施现场行车防护。防护联系不可靠时，严禁进入防护网内开始作业；作业人员、作业机具和材料未撤至可靠安全地带前，不准撤除行车防护。

（5）执行任务时，要坚守岗位，思想集中，与作业组保持可靠联系，认真、及时、准确地进行联系和显示各种信号；一旦中断联系，须立即用手机等其他方式设法通知工作领导人停止作业，并将人员、机具、材料撤离到行车限界以外。

（6）防护人员须熟悉当日作业时段和作业区段内列车的运行时刻；熟悉作业处所的地形和瞭望条件。遇有山区、隧道、曲线作业，以及雨雪雾天气瞭望条件不好，或者通信联系距离较远联系不畅时，工作领导人应视瞭望和通信情况在作业组两端增设防护人员，确保瞭望及时、防护到位。

（7）凡从事可能影响列车正常运行的作业，作业组两端必须根据作业内容需要设置现场防护人员，防护人员不得侵入未封锁线路的行车限界。区间作业时，站在本线行车限界外的田野侧，面向非作业方向；站内作业时，站在本线田野侧，不得侵入非作业线路行车限界，面向非作业方向。

（8）对作业时间、作业区段内确需外单位施工车辆、路用列车或调车通过作业区段时，当日作业时必须在作业区两端按规定距离设置专人持旗（夜间持灯）进行现场行车防护。

3.3.5.8　接触网作业要令人

要令人应由技术、安全考试合格，具备相应安全等级的作业组员担任。要令人执行要令任务需要准备通信工具、录音工具、照明用具（必要时）等工具，以及供电分段示意图、命令票等资料。

要令人作业程序：

（1）参加方案布置会，认真听讲，准确掌握当日工作票内容，作业停电范围、封锁范围、作业范围及内容、与供电调度及工作领导人等的联系方式。

(2)准确回答工作领导人的提问,对自己本次作业的任务和有关安全注意事项清楚明了。

(3)对不安全或有疑问的命令,及时果断地提出。

(4)准备所需的对讲机、书写笔、固定电话、接触网停电作业命令票,需要倒闸作业时还要有隔离(负荷)开关倒闸命令票、隔离(负荷)开关倒闸完成报告单等,并检查数量齐全,通信工具状态良好。

(5)同供电调度核对停电计划;V形停电作业还需向供电调度提报当次作业需要撤除重合闸的馈线号;如有倒闸作业时,还要向供电调度提报倒闸作业操作人员名单。

(6)接驻站联络员通知行车调度已下达天窗检修(施工)作业命令,并确认行调命令编号和作业时间,方可向供电调度申请停电命令。

(7)接受作业命令时,应认真复诵,经确认无误后,将命令内准确在命令票中进行记录,将命令内容及时准确地传递给工作领导人,并确认工作领导人复诵正确。

(8)作业中。要令人要与工作领导人保持联系,并在作业命令结束前60 min、30 min、20 min、15 min、10 min、5 min应提醒工作领导人作业剩余时间。接工作领导人通知不能在批准时间内结束作业时,须提前20 min向供电调度员申请办理续点手续。

(9)接到工作领导人消除停电命令的通知后,及时向供电调度消除停电作业命令。

(10)消除作业命令后,及时通知工作领导人。

(11)作业结束后,将填写完整、正确的命令票与本次作业相关的工作票等装订在一起交专人统一保管。

(12)参加收工会,将命令票交工作领导人,对本次作业申请命令、消除命令方面出现的问题提出意见和建议。

3.3.5.9 接触网作业地线操作人

接触网作业地线操作人由技术、安全考试合格,具备二级及以上安全等级的作业组员担任。地线操作人需要准备安全用具、照明用具(必要时)、双头开口呆扳手、钢丝刷(砂纸)、接地线、验电器、视频等工具、材料。

地线操作人作业程序:

(1)作业前。参加分工会,掌握作业的范围、内容、时间、接地线位置、安全和防护措施等。按本次作业准备验电器和接地线等工具,检查并确认状态良好。

(2)到达作业地点。与监护人共同确认区间(站场)、行别(站内股道号)、支柱号等具体处所和接地线安装位置,准备验电接地工具。接到监护人命令后连接地线下部接地端。

(3)验电。接到监护人命令后进行验电,确认无电后向监护人汇报。

(4)接挂地线。接到监护人命令后接挂地线上部设备端,确认接地线连接牢固,并采取防风摆措施后,向监护人汇报。

(5)撤除地线。接到监护人命令后撤除接地线,撤除后向监护人汇报。

(6)清理现场。地线操作人员清点工具,确认无误后人员、工具撤至安全地带。

(7)作业结束后。参加收工会,工具入库。

3.3.5.10 接触网作业高空作业人

接触网高空作业人由技术、安全考试合格的作业组员担任。不拆卸零件作业(如清扫绝缘子、支柱涂漆、验电、装设接地线、作业车巡检等)的高空作业人安全等级应不低于二级,其他高空作业时应达到三级及以上。高空作业人作业前要准备好安全带、安全帽等安全用具、通信工具、视频工具、照明用具(必要时)、作业相关工具和材料等。

高空作业人作业程序:

(1)作业前。参加分工会,掌握作业的范围、内容、时间、安全和防护措施等。按本次作业准备安全用具、照明用具(必要时)、工具和材料,并检查状态良好。

(2)到达作业地点。与工作领导人(监护人)共同确认区间(站场)、行别(站内股道号)、支柱号等具体处所,观察并确认设备状态,辨识安全风险,确定作业工序和工法。

(3)高空作业。接到工作领导人(监护人)下达作业开始命令后,携带好所需工具、材料等到达高空作业位置开始作业。

(4)高空作业结束。根据工作领导人(监护人)安排,清点设备和作业平台上的机具、材料等,确认没有遗留后撤至安全地带,通知工作领导人(监护人)。

(5)清理现场。配合工作领导人(监护人)清点地面工具、材料和物品。

(6)作业结束后。返回驻地后,再次清点工具、材料和物品,工具入库,参加收工会。

3.3.5.11　车梯推扶人

车梯推扶人由技术、安全考试合格,具备一级及以上安全等级的作业组员担任。

车梯推扶人作业前要准备好安全用具、照明用具(必要时)、车梯等工具。

车梯推扶人作业程序:

(1)作业前。参加分工会,明确车梯负责人、作业项目、内容、安全措施等。按本次作业准备安全用具、照明用具(必要时)和车梯,并检查状态良好。

(2)到达现场。将车梯运至作业地点附近,按工作领导人安排在不侵入限界的处所组装车梯。

(3)开始作业。接到工作领导人通知后,将车梯推送至作业地点,开始作业。

(4)作业过程中。车梯负责人听从工作台上人员指挥,呼唤应答,推扶车梯人员服从车梯负责人指挥。

(5)现场作业结束。接到工作领导人通知后,确认工作台上人员已到达地面,将车梯移至建筑限界以外,拆卸装车,撤离现场。

(6)作业结束。参加收工会,将车梯放置指定位置。

视野拓展

简统化接触网:中国铁路自主创新再添亮色

简统化接触网是以“三统一、一提高”为研究目标打造的完全自主科技创新成果,“三统一、一提高”即统一参数、统一结构、统一材质、提高装备简统化水平和服役性能,初步构建了体系完整、结构合理、先进科学的中国标准接触网技术体系,为中国高速铁路走向世界提供了高质量接触网装备和服务支撑。

2023年8月25日10时50分,随着检测列车从黄山北站开出、一路驶向浮梁东站方向进行轨道和接触网检测,昌景黄高速铁路正式进入联调联试阶段。这一刻,对于中国铁路设计集团有限公司(简称中国铁设)电化电信院的职工来说,有一种特殊的成就感——昌景黄高速铁路全线接触网采用的正是他们自主研发的中国标准简统化接触网。

"国产化"亟待"自主化"

接触网是沿铁路线上空架设的向电力机车供电的输电装置,是保证列车高速运行的动力之源。

中国高速铁路的发展,经过多年的消化吸收再创新,实现了高速铁路接触网零部件的国产化和批量化生产,但由于传统接触网参数系统不统一、安装结构样式繁多、材质标准不一致,相同功能的零部件多达数十种,给制造、组装、施工、运营维护等环节增加了工作难度。为适应中国高速铁路的高质量发展要求,我们迫切需要一套完整的拥有自主知识产权的接触网中国技术标准体系。

2015 年,中国铁路总公司正式立项相关课题,由铁道第三勘察设计院集团有限公司(现为中国铁路设计集团有限公司)主持,拉开了简统化接触网系统研究的大幕。中国铁设联合路内外相关单位、高校、制造商,组建接触网科研团队,确立了"三统一、一提高"的目标,围绕中国标准简统化接触网生产研制所带来的"系统创新、结构创新、材质创新、工艺创新"四大方面挑战,逐步推进课题落地,最终破解了制约接触网高精度、高效率、高质量智能建造的关键难题。

探险"闯关"破解难题

接触网属于铁路线上与运营安全息息相关的设备,对于新技术的研发和应用要求极高。

研发前期,中国铁设电化电信院科研团队面向全路做了大量调查研究,走访各铁路局集团公司、相关高校、制造企业、施工企业等,征求了数千条意见,最终确定了装备结构简约化、零件集成化的设计理念,建立了一套技术体系。

在研发阶段,科研团队犹如进行一次探险,在勇闯一道道关卡中不断突破创新。

关卡一:理论支撑。新型接触网亟待从无到有的技术创新。科研团队充分利用高校资源和技术支持,进行公式推导、仿真试验验证等,为技术创新提供了重要的理论支撑。

关卡二:结构创新。简统化接触网的'简'不是简单,而是简约,要简约集成化,零部件的结构要适应使用工况。从装备的可靠性和维护的便捷性出发,团队成员经常进行头脑风暴,研讨哪些零部件应该组合在一起、哪些保持分离状态,最终形成了结构组合的优化方案。

关卡三:应用前景。我国高速铁路运营场景非常丰富,简统化接触网的设计既要有普惠性,适应国内复杂多变的地域差别和线路工况,又要注意每一条线路所经区域的差异化,进行防腐处理等一些技术参数的局部调整。

这些难题被一一破解后,他们迎来了最难的技术关卡——腕臂定位装置。科研团队骨干成员陈伟介绍:"腕臂定位装置是悬挂接触网导线的装置,也是接触网的核心装置。这个装置的优劣直接关系着接触网的整体性能。"

科研团队创新提出了一系列新结构新材料新工艺:设计组合承力索座,兼顾原有承力索座和套筒双耳的功能;定位器采用弧形设计,与受电弓包络线匹配性更好;改进心形环结构,提高吊弦的综合性能;腕臂铝合金件应用锻造技术,延长使用寿命……

2018 年,简统化接触网在京沈高速铁路试验段成功应用。试验数据表明,与传统接触网相比,简统化接触网腕臂定位装置零部件数量减少 30% 以上,螺纹紧固件数量减少 30% 以上,安装和维修效率提升 30% 以上,弓网受流性能提升 10% 以上,大幅降低了施工难度、缩短了工程工期,并全部实现接触网零部件材质标准中国化。

2019 年,国铁集团组织权威专家团队对简统化接触网相关课题进行评审。

专家团队给出了高度评价——简统化接触网零部件技术性能达到国际领先水平。

“制造”升级为“智造”

有了中国标准的简统化接触网零部件，安装也是一门全新的课题。科研团队基于智能物料选取、多轴机器人等技术，首创简统化接触网腕臂机器人智能预配系统。

这个机器人是这样工作的：随着计算机操作台前的技术人员输入数据、按下操作按钮，智能机械臂开始来回摆动，上料、对齐部件、切割、紧固螺钉……一组接触网腕臂便迅速装配成形。

这样操作的优点有很多：预配尺寸精度高、生产效率高、工艺质量优良、节省材料，实现了简统化接触网制造成本与传统接触网基本相当、全寿命周期产品成本却更低的目标。

此外，为了促进简统化接触网的研发生产、获取翔实的一线数据，中国铁设联合中国铁路济南局集团有限公司建立了产业化研发制造基地——铁设（济南）电气设备有限公司，形成“研、产、用、研”的循环产业链条。

铁设（济南）电气设备有限公司董事长林德福说：“我们坚持技术共享、打破壁垒、服务全路，将简统化接触网从设计施工到产品制造再到运营维护，做成全产业链条，更有利于打造中国高速铁路的亮丽名片，服务中国高速铁路高质量发展。”

简统化接触网已在盐通高速铁路、崇礼铁路、郑万高速铁路等项目中“服役”，运行稳定，性能可靠，各项指标符合标准要求。正在建设的汕汕高速铁路、济郑高速铁路等线路部分区段也采用了该技术装备，雄商、雄忻高速铁路更是在全线应用了简统化接触网。同时，简统化接触网成功走出国门，在雅万高速铁路得到推广应用。

2020年，中国铁设主持的“以简统化为核心的高服役性能新型接触网关键技术与装备”项目，获中国铁道学会科学技术奖特等奖。

从引进技术到消化吸收，从“中国制造”到“中国创造”，中国标准简统化接触网的研发彰显了中国高速铁路制造技术的硬实力。展望未来，电化电信院院长罗健充满希望：“它将更好地服务中国铁路‘走出去’，为‘一带一路’建设贡献力量。”

1. 提问思考

接触网简统化，仅仅是中国电气化铁路接触网技术从“国产化”实现了“国标化”吗？这其中还有哪些重要意义？

2. 分享讨论

中国标准简统化接触网的自主研发过程体现了自主创新与国家战略的实践、工匠精神与产业报国的融合、文化自信与国际合作的辩证统一。电气化铁路供电技术的发展离不开我们的参与，创新我们也行！请尝试对中国标准简统化接触网自主研发过程中的某一点进行复盘，比如：机器人智能预配系统如何工作？

综合练习

练　习

项目3
综合练习

答　案

项目3
综合练习答案

项目4
倒闸作业

项目引言

电气设备分为运行、热备用、冷备用、检修四种状态。运行状态是指电气设备的隔离开关及断路器都在合闸状态且带电运行；热备用状态是指电气设备具备送电条件和启动条件，一经断路器合闸就转变为运行状态；冷备用状态电气设备除断路器在断开位置，隔离开关也在断开位置；检修状态是指断路器、隔离开关均断开，相应的隔离开关接地闸刀在合闸位置。将设备由一种状态转变为另一种状态的过程称为倒闸。通过操作隔离开关、断路器，以及挂、拆接地线将电气设备从一种状态转换为另一种状态或使系统改变运行方式，这种操作就称为倒闸操作。牵引变电所、接触网和铁路电力对于电气设备倒闸操作都有着严格的规定。

学习目标

1. 知识目标

(1)掌握倒闸操作的概念。

(2)掌握牵引变电所、接触网和铁路电力倒闸操作的安全规定。

(3)掌握倒闸操作的基本原则与倒闸操作的基本步骤。

2. 能力目标

(1)能规范的按照所学知识进行简单的倒闸操作。

(2)掌握倒闸作业操作票填写要求，能正确签发牵引变电所、接触网和铁路电力倒闸操作票。

(3)具备按照操作票要求正确实施倒闸作业的能力。

3. 素养目标

(1)培养学生团队合作和交流沟通能力。

(2)培养学生遵守操作规范的习惯。

视 频

牵引变电所倒闸

4.1 知识准备

4.1.1 牵引变电所倒闸

《牵引变电所安全工作规程》中涉及倒闸作业的规定包括：

（1）需供电调度下令倒闸的断路器和隔离开关，倒闸前要由值班员向供电调度提出申请，供电调度员审查后发布倒闸命令；值班员受令复诵，供电调度员确认无误后，方准给予命令编号和批准时间；每个倒闸命令，发令人和受令人双方均要填写倒闸操作命令记录。供电调度员对1个牵引变电所1次只能下达1个倒闸作业命令，即1个命令完成之前，不得发出另1个命令。

对不需供电调度下令倒闸的断路器和隔离开关，倒闸完毕后要将倒闸的时间、原因和操作人、监护人的姓名记入值班日志或有关记录中。

（2）倒闸作业必须由助理值班员操作，值班员监护。

值班员在接到倒闸命令后，要立即进行倒闸。手动操作时操作人和监护人均必须穿绝缘靴，戴安全帽，同时操作人还要戴绝缘手套，如图4-1所示。

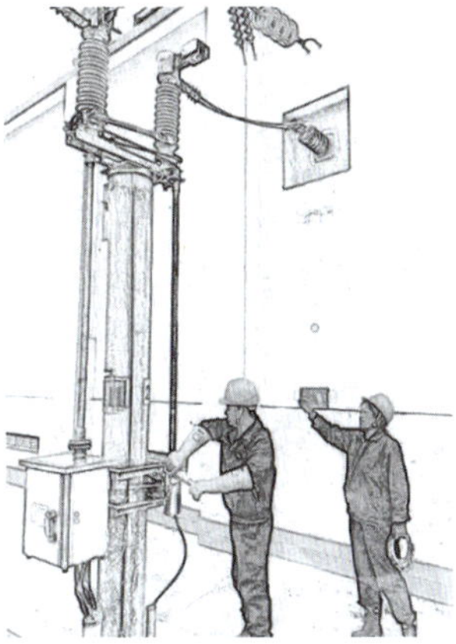

图4-1 隔离开关倒闸

隔离开关的倒闸操作要迅速准确，中途不得停留和发生冲击。

典型案例 4-1

16时23分，某牵引变电所值班员巡视发现高压室馈线侧穿墙套管缝隙处因下大雨向内严重漏水，造成绝缘子脏污。经供电调度同意于16时44分断开231、201A/B开关，对绝缘子进行擦拭抢修。16时47分，做安全措施过程中，值班员在对201B挂接地封线时，误将接地线挂在上部有电的静触头上，造成接地短路，101开关因电源关闭未动作，造成地方变电所跳闸，201B静触头烧伤。

案例分析：

未执行“助理值班员操作，值班员监护”的作业制度，由值班员单独操作，助理值班员干其他工作。变电所值班员思想麻痹，工作责任心不强，安全意识淡薄，挂设接地线前未按停电作业程序验电，盲目向有电的201B挂设接地线。

典型案例 4-2

某变电所值班员接供电调度倒闸作业命令对212开关进行停电倒闸作业，在倒闸过程中值班员与助理值班员错停馈线，误将4号馈线214开关断开，但在外出挂接地封线时仍将封线挂到2号馈线212开关馈出线上，造成212开关距离保护Ⅰ、Ⅱ段动作，严重危及人身安全。

案例分析:

值班员与助理值班人员对倒闸作业命令不清楚,倒闸作业时,确认停电回路,将2号馈线错停为4号馈线。验电接地程序错误,未验电而直接将地线挂接在带电侧。

(3)倒闸作业完成后,值班员立即向供电调度报告,供电调度员及时发布完成时间,至此倒闸作业结束。

(4)倒闸作业按操作卡片进行,没有操作卡片的倒闸作业由值班员编写倒闸表并记入值班日志中,由供电调度下令倒闸的设备,倒闸表要经过供电调度员审查同意。

(5)编写操作卡片及倒闸表要遵守下列原则:

①停电时的操作程序:先断开负荷侧后断开电源侧;先断开断路器后断开隔离开关。送电时,与上述操作程序相反。

②隔离开关分闸时,先断开主闸刀后闭合接地闸刀;合闸时,与上述程序相反。

③禁止带负荷进行隔离开关的倒闸作业和在接地闸刀闭合的状态下强行闭合主闸刀。

(6)与断路器并联的隔离开关,只有当断路器闭合时方可操作隔离开关。

当回路中未装断路器时可用隔离开关进行下列操作:

①开、合电压互感器和避雷器。

②开、合母线和直接接在母线上的设备的电容电流。

③开、合变压器中性点的接地线(当中性点上接有消弧线圈时,只有在电力系统没有接地故障的情况下才可进行)。

④用室外三联隔离开关开、合10 kV及以下,电流不超过15 A的负荷。

⑤开、合电压10 kV及以下电流不超过70 A的环路均衡电流。

(7)拆装高压熔断器必须由助理值班员操作,值班员监护。操作人和监护人均要穿绝缘靴、戴防护眼镜,操作人还要戴绝缘手套。

(8)带电更换低压熔断器时,操作人要戴防护眼镜,站在绝缘垫上,并要使用绝缘夹钳或绝缘手套。

(9)正常情况下,不应操作脱扣杆进行断路器分闸。电动操作的断路器,除操作机构中具有储能装置者外,禁止手动合闸送电。

(10)需供电调度下令进行倒闸作业的断路器和隔离开关,遇有危及人身安全的紧急情况,值班人员可先行断开有关的断路器和隔离开关,再报告供电调度,但再合闸时必须有供电调度员的命令。

4.1.2 接触网的倒闸作业

1.《普速铁路接触网安全工作规则》中关于倒闸的规定

视频 接触网倒闸作业

(1)接触网倒闸作业执行一人操作、一人监护制度。

(2)接触网隔离(负荷)开关的倒闸作业,具备远动功能的由供电调度员远动操作。不具备远动功能或远动功能失效时,由供电调度员发布倒闸命令,作业人员当地操作。

(3)远动操作时,供电调度员应通过调度端显示的遥信信号或视频监控对开关位置进行确认。现场有作业人员时,还应进行现场确认。

远动系统异常时,禁止远动倒闸操作。遇开关位置信号异常时,应立即安排人员现场确认。

(4)从事隔离(负荷)开关现场倒闸作业人员应由安全等级不低于三级的人员担任。对车站、机务(折返)段、车辆段或路外厂矿等单位有权操作的隔离(负荷)开关的人员应经供电段培训、考试合格,签发合格证后方可担任此项工作。

典型案例 4-3

9月10日,某次列车计划于12时到达A车站,并在二股道加挂两节装有木材的车辆,约11时值班员甲问货运员乙说:"二股道两节木头车是否装完,要抓紧装,12:00××次列车要到站加挂。"乙说:"知道了,我去看看。"

碰巧装卸员丙到货运室,乙对丙说:"丙,你去看看,货装好没有,装好后把开关合上。"于是便把接触网隔离开关钥匙交给丙。丙手中拿着钥匙想:"这开关怎么操作?说不会吧怕人家笑话,试试看吧!"当走到隔离开关跟前,看到木头车已经装完,他只看到眼前的这一辆车装完,而被遮挡住的后面另一辆车上仍有人在装木头。丙只是草率地看一眼,没看见后面车上的两位装卸工正在用铁丝捆木头,便立即打开隔离开关的锁合上开关,刚合上还没等上锁,就听见装卸车方向的人大喊:"电着人了!快拉开关……"待丙立即断开隔离开关后,大家上车顶将两位装卸工抬下时都已经停止呼吸。接触导线也已经严重烧损,需要进行补强。

案例分析:

在《普速铁路接触网运行维修规则》中有明确要求,分段绝缘器不应长时间处于对地耐压状态。雨、雪、雾、霾、冻雨等恶劣天气下,起电分段作用的隔离开关严禁处于分闸状态。隔离开关应在作业开始前30 min内断开,在作业间歇时间大于30 min时应闭合,继续作业时再断开,作业结束后应及时闭合。电气化铁路装卸线的安全作业区两端分别设置有一台分段绝缘器,其中一端还设置了一台隔离开关,装卸货物时隔离开关打开,分段绝缘器处于对地耐压状态,所以本案例中货物装卸完成后要及时合上隔离开关是正确的,但货运员乙让未经过专门培训的装卸员丙代替其操作隔离开关是造成这起事故的重要原因。

(5)接触网作业人员进行隔离(负荷)开关倒闸时,必须有供电调度的命令;对车站、机务(折返)段、车辆段或路外厂矿等单位有权操作的隔离(负荷)开关,接触网作业人员在向供电调度申请倒闸命令之前,须向该站、段、厂、矿等单位主管负责人办理倒闸手续,并共同确认做好相应措施;对从接触网上引接的越级变压器的隔离开关,接触网作业人员在向供电调度申请倒闸命令之前,应确认二次侧不具备反送电条件(明显断开点或二次侧已接地)。

(6)在申请倒闸命令时,先由安全等级不低于三级的要令人向供电调度提出申请,供电调度员审查无误后发布倒闸命令;要令人受令复诵,供电调度员确认无误后,方可给命令编号和批准时间;每次倒闸作业,发令人将命令内容进行记录,受令人要填写"隔离(负荷)开关倒闸命令票",倒闸命令票格式见表4-1。

表4-1 隔离(负荷)开关倒闸命令票

隔离(负荷)开关倒闸命令票 第 号
1. 把______车站(或区间)第______号隔离(负荷)开关闭合(或断开)。
2. 再将______车站(或区间)第______号隔离(负荷)开关闭合(或断开)。
发令人: 受令人:
批准时间: 时 分 日期: 年 月 日

当倒闸作业造成供电范围及行车限制条件发生变化时,应提前办理相关手续后,方可发布倒闸命令。

(7)操作人员接到倒闸命令后,必须先确认开关位置和开合状态无误,再进行倒闸。倒闸时操作人必须戴好安全帽和绝缘手套,穿绝缘靴,操作准确迅速,一次开闭到位,中途不得停留和发生冲击。

(8)倒闸作业完成,确认开关开合状态无误后,操作人向要令人报告倒闸结束,由要令人向供电调度员申请消除倒闸作业命令。供电调度员要及时发布完成时间和编号并进行记录,要令人填写"隔离(负荷)开关倒闸完成报告单",倒闸完成报告单格式见表4-2。

表4-2 隔离(负荷)开关倒闸完成报告单

隔离(负荷)开关倒闸完成报告单 第 号
根据第______号倒闸命令,已完成下列倒闸:
1. __________车站(或区间)第____号隔离(负荷)开关已于____时____分闭合(或断开)。
2. __________车站(或区间)第____号隔离(负荷)开关已于____时____分闭合(或断开)。
倒闸操作人: 受令人: 发令人:
完成时间: 时 分 日期: 年 月 日

(9)遇有危及人身或设备安全的紧急情况,可以不经供电调度批准,先行断开断路器或有条件断开的负荷开关、隔离开关,并立即报告供电调度。但再闭合时必须有供电调度员的命令。

(10)严禁带负荷进行隔离开关倒闸作业。严禁利用隔离(负荷)开关对故障线路进行试送电。

隔离(负荷)开关可以开、合不超过10 km(接触网延展公里)线路的空载电流,超过时,应经过试验,并经铁路局批准。

(11)要加强对带接地闸刀的隔离开关使用管理的检查,其主闸刀应经常处于闭合状态;对车站、机务(折返)段、车辆段或路外厂矿等单位有权操作的隔离开关,使用单位因工作需要断开时,当工作完毕须及时闭合。主闸刀和接地闸刀分别操作的隔离开关,其断开、闭合必须按下列顺序进行:

①闭合时要先断开接地闸刀,后闭合主闸刀。

②断开时要先断开主闸刀,后闭合接地闸刀。

(12)隔离(负荷)开关的机构箱或传动机构须加锁,钥匙不得相互通用并有标签注明开关号码,存放于固定地点并由专人保管。

2.《高速铁路接触网安全工作规则》中关于倒闸的特别规定

高速铁路中为了充分保证进入高速铁路防护栅栏内当地倒闸作业人员的人身安全,采取的安全措施是比照接触网作业要求执行的，规定在高速铁路防护栅栏内进行当地倒闸作业时，必须在上、下行线路封锁或本线封锁、邻线列车限速160 km/h及以下进行。

3. 接触网倒闸标准用语

(1)在申请倒闸命令时，先由要令人向供电调度提出申请，供电调度员审查后，发布倒闸命令。

要令人：供电调度，我是××工区要令人×××，要令地点×××，申请打开(或闭合)××车站(或区间)××号隔离开关。

……(供电调度审核倒闸作业申请)。

(2)要令人接受供电调度员发布的倒闸作业命令后，应填写"隔离开关倒闸命令票"，并进行复诵，有疑问时，应问清楚。

(3)供电调度员确认无误后，给予命令编号和批准时间(无命令编号和批准时间的命令无效)。发令人要将命令内容填入"倒闸操作命令记录"中，要令人要填写"隔离开关倒闸命令票"。倒闸操作命令记录见表4-3。

供电调度员：倒闸命令编号××，批准时间××时××分，供电调度员×××。

要令人：倒闸命令编号××，批准时间××时××分，×××(要令人)明白。

表4-3　倒闸操作命令记录

命令号	时间(月日)	发令人	受令人	操作卡片	批准时间	完成时间	报告人	倒闸完成报告单	供电调度员

(4)要令人将填好的倒闸作业命令票中的内容通知监护人。

要令人：×××(监护人)，我是要令人×××，××号倒闸命令已下达，打开(或闭合)××车站(或区间)××号隔离开关。

监护人：打开(或闭合)××车站(或区间)××号隔离开关，×××(监护人)明白。

(5)监护人监护操作人迅速进行倒闸。确认倒闸后开关状态良好并加锁。

(6)监护人通知要令人完成倒闸作业。

监护人：×××(要令人)，我是监护人×××，倒闸作业已完成。

要令人：倒闸作业已完成，×××(要令人)明白。

要令人要立即填写"隔离开关倒闸完成报告单"，并向供电调度员汇报。

要令人(向供电调度汇报)：我是××工区要令人×××。××××号倒闸命令已完成。

供电调度员：×××(受令人)，××××号倒闸命令已完成。×××(供电调度)明白。

(7)供电调度员给予该通知单完成时间和编号，并记入"倒闸操作命令记录"。

供电调度员：倒闸编号××，完成时间××时××分，供电调度员×××。

要令人：倒闸编号××，完成时间××时××分，×××(要令人)明白。

(8)至此，本次倒闸作业方宣告结束。

4.1.3 铁路电力的倒闸作业

（1）倒闸作业票应根据工作票或调度命令由操作人填写，由工长或监护人签发。每张倒闸作业票只能填写一个操作任务。

（2）停电操作必须按照断路器、负荷侧隔离开关、电源侧隔离开关顺序操作。送电操作顺序与此相反。

（3）倒闸作业前，应按倒闸作业票记载的倒闸顺序与模拟图核对相符，如有疑问，不得擅自更改；经向电力调度或值班长报告，查清情况后再操作。远动倒闸作业由值班调度完成操作。倒闸作业必须由两人进行，一人操作，一人监护，每完成一项做一记号"√"。全部操作完毕后进行复查，并报告发令人。

（4）操作机械传动的隔离开关和绳索传动的柱上断路器应戴绝缘手套。操作非机械传动的隔离开关、跌落式熔断器和摘挂跌落式熔断器保险管时，应使用绝缘拉杆，戴绝缘手套，雨天应使用有防火罩的绝缘拉杆。

典型案例 4-4

小雨天气，某电力线路工准备处理5号变台变压器故障，由于绝缘工具都拿去做耐压试验了，现场无绝缘工具。于是该线路工找来一根干燥的竹竿将变台跌落开关拉开，在确定变压器无大问题后，便再次用竹竿合跌落开关，结果造成触电事故。

案例分析：

该电力线路工操作跌落开关时未使用绝缘拉杆是造成触电事故的直接原因，雨天还应使用有防火罩的绝缘拉杆；操作人操作时未戴绝缘手套。

典型案例 4-5

某日，配电所值班长在抄表时发现计量柜电压互感器熔断器熔管有问题，在没有向段调度汇报要令、没有填写倒闸作业票的情况下，与当班值班员私下商定进行处理。值班长右手戴绝缘手套伸入高压柜取电压互感器熔断器熔管时，身体触及柜内高压带电母线，被电击死亡。

案例分析：

作业人员没有向调度汇报要令，没有填写倒闸作业票；处理设备故障既不请示，也未按规定作业；邻近带电作业时，人体与带电体安全距离不足。

（5）更换变压器高压侧熔丝时，应先切断低压负荷，不准带负荷拉开100 A及以上无消弧装置的低压开关。雷电时禁止倒闸作业（远动装置除外）和更换熔丝。

（6）下列项目应填入倒闸作业票：

①应拉合的断路器和隔离开关。

②检查断路器和隔离开关位置。

③检查接地线是否拆除。

④装、拆接地线。

⑤安装或拆除控制回路以及电压互感器回路的熔断器。

⑥切换保护回路和检验是否确无电压等。

⑦其他需要检查、确认的项目。

(7)在发生人身触电时,可不经许可立即断开有关断路器和隔离开关。在未拉开有关开关和做好安全措施以前,抢救人员不得直接触及带电设备和触电人员,不得进入遮栏。

(8)下列工作可不用倒闸作业票:

①事故处理的操作。操作后记录入工作日志并及时上报;

②拉、合线路开关或变压器一、二次开关。可根据工作票或口头命令进行;

③同一台开关柜内开关的单一拉、合操作。操作可根据工作票或调度命令进行,操作后记录入工作日志,并报告发令人。

(9)倒闸作业票要有编号、依次序使用。作废和使用过的倒闸作业票,应注明"作废"和"已执行"的字样。倒闸作业票用后保存半年。

4.2　技能训练——手动操作隔离开关

4.2.1　训练目的

(1)了解隔离开关的类型及作用。

(2)掌握手动操作隔离开关流程。

(3)掌握手动操作隔离开关的安全组织措施。

(4)掌握手动操作隔离开关的安全技术措施。

4.2.2　人员组织和训练用工具、材料

1. 人员组织

手动操作隔离开关技能训练人员准备见表 4-4。

表 4-4　人员准备

序号	岗　位	人数	备　注
1	监护人	1 人	安全等级不低于三级
2	操作人	1 人	安全等级不低于二级

2. 工具、材料准备

技能训练参与人员穿戴好个人劳动保护用品,按照表 4-5 准备好需要的安全工具、材料。

表 4-5　训练用安全工具、材料

序号	名　称	单位	数量	备　注
1	开关箱钥匙	把	1	
2	开关摇柄	把	1	电动隔离开关
3	绝缘手套	双	1	

续上表

序号	名　称	单位	数量	备　注
4	绝缘靴	双	1	
5	安全帽	顶	2	
6	验电器	根	1	

4.2.3　训练内容及操作步骤

这次训练中,某牵引变电所采用越区供电方式检修设备,远动控制的隔离开关由于失去工作电源而不能正常动作,供电调度要求你立即手动操作电动隔离开关完成分合闸。操作步骤如下:

(1)操作人及监护人准备工具,共同确认开关状态。根据作业任务要求确定手动分或手动合。

(2)手动分、合闸操作。

①经工作领导人(供电调度)同意后,操作人员使用钥匙将操作机构箱打开,将开关机构箱内控制旋钮由“远方”位(REM位)调至“手动”位(MAN位),如图4-2所示。

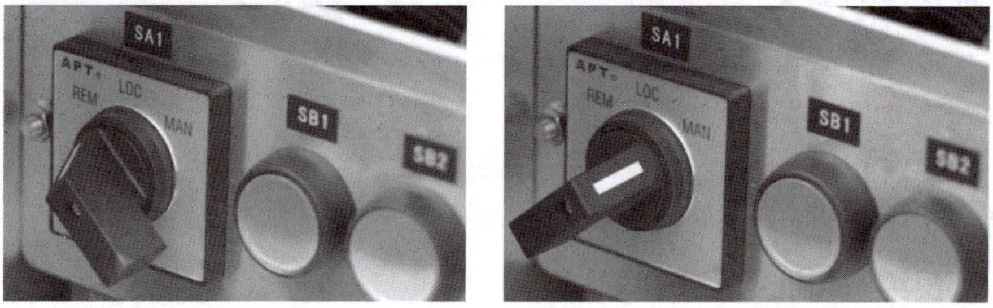

(a)控制旋钮处于“远方”位　　(b)控制旋钮处于“手动”位

图4-2　控制方式转换旋钮

②打开机构箱侧面手动摇柄插口外盖,将摇柄插入摇柄插口中如图4-3所示。按照指示牌所示,顺时针转动摇杆合闸,逆时针转动分闸,如图4-4所示。分合闸过程中要保持匀速,不得急剧启停;听到操作机构发出“咔”的一声轻响后,说明开关已经分合到位。

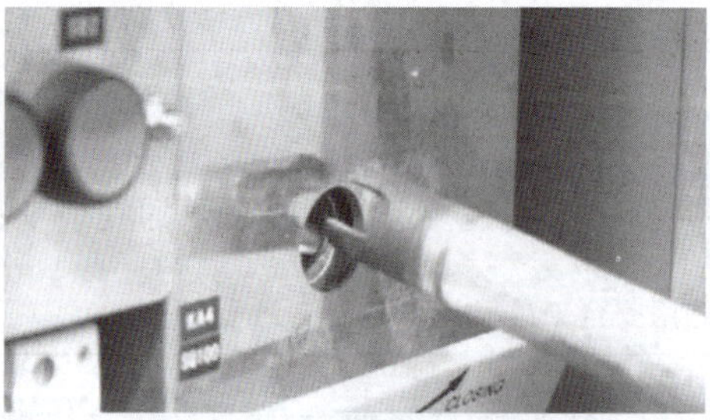

图4-3　手动摇柄插口外盖

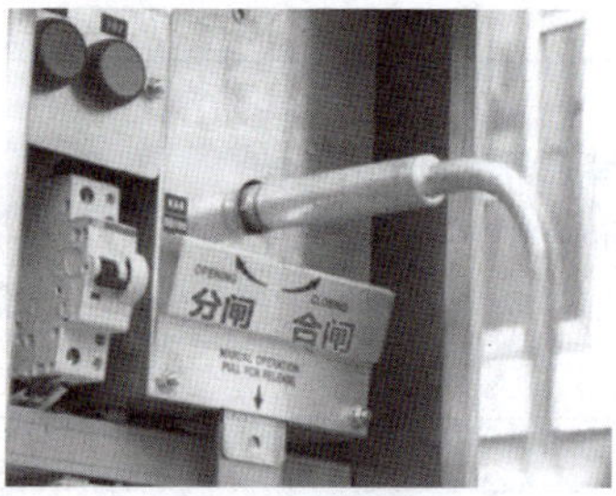

图4-4　手动摇柄

③手动分合闸到位后,检查操作连杆传动状态、动静触头啮合状态、机构箱行程开关位置等,确认配合良好、无卡滞、机构箱内转动机构润滑良好后,与工作领导人(供电调度)联系确

认操作完成。根据工作领导人(供电调度)命令将开关机构箱内控制旋钮由“手动”位(MAN位)调至“远方”位(REM 位)。

(3)作业结束清理工具,锁闭操作机构箱。

4.2.4　项目考评

经过项目训练后,熟练掌握隔离开关的手动操作要领,并限时进行训练考核评定。隔离开关的手动操作考核评分标准见表 4-6。

表 4-6　隔离开关的手动操作考核评分参考

项目	配分	评分标准	减分标准	存在问题	减分	得分
工具材料	10	工具齐全	不齐全每件扣 5 分			
		选用绝缘工具正确	不正确扣 10 分			
时间	10	7 min 内完成	每超过 1 min 扣 3 分,超过 10 min 为失格			
质量	50	确认开关状态及作业任务	未确认为失格			
		操作前将开关机构箱内控制旋钮由远方位调至手动位	未调为失格			
		分合闸过程中要保持匀速	未保持匀速为扣 10 分			
		操作后将开关机构箱内控制旋钮由手动位调至远方位	未调为失格			
		作业结束清理工具,锁闭操作机构箱	未清理或未锁闭为失格			
安全	30	作业过程中人员不得受伤	受伤为失格			
		按规定穿戴好劳保用品	未按规定穿戴好劳保用品,每件扣 10 分			
		按规定正确使用工具	未按规定使用工具每次扣 2 分			

4.3　技能训练——牵引变电所馈线停送电倒闸

4.3.1　训练目的

(1)掌握牵引变电所倒闸流程。

(2)掌握牵引变电所倒闸的安全组织措施

(3)掌握牵引变电所倒闸的安全技术措施。

4.3.2　人员组织和训练用工具、材料

1. 人员组织

牵引变电所馈线停送电倒闸技能训练人员准备见表 4-7。

表 4-7　人员准备

序号	岗位	人数	备　注
1	值班员	1人	安全等级不低于三级
2	助理值班员	1人	安全等级不低于二级

2. 工具、材料准备

技能训练参与人员穿戴好个人劳动保护用品,按照表4-8准备好需要的安全工具、材料。

表 4-8　训练用安全工具、材料

序号	名　称	规格或型号	单位	数量	备　注
1	开关箱钥匙	—	把	1	
2	绝缘操作杆	—	把	1	电动隔离开关
3	绝缘手套	—	双	1	
4	绝缘靴	—	双	1	
5	安全帽	—	顶	2	
6	验电器	—	根	1	
7	无线终端	4G	台	1	
8	命令记录	—	本	1	倒闸操作命令记录
9	倒闸操作卡片	—	套	1	

4.3.3　训练内容及操作步骤

供电调度决定今天下行接触网天窗的停送电由牵引变电所馈线倒闸来实现,你和同事分别担任值班员和助理值班员,请做好准备,完成这项任务。馈线停送电操作步骤如下:

1. 牵引变电所(1号)馈线停送电倒闸准备工作

(1)助理值班员提前10 min准备好验电器、安全帽、绝缘手套、绝缘靴、绝缘操作杆等,并检查其状态良好,打开4G无线终端。

(2)值班员准备好倒闸操作命令记录、倒闸操作卡片及需用的钥匙等。

(3)值班员和助理值班员完成安全用具的检查及穿戴。

2. 停电倒闸操作步骤

(1)接受倒闸命令

值班员接调度电话,助理值班员在后台机确认无负荷。

调度命令下达后,值班员与助理值班员共同确认调度命令,值班员对“命令内容”“停电供电臂”“倒闸程序”内容逐项唱票,助理值班员进行确认,无须复诵。确认无误后,接受并打印倒闸命令。

(2)停电倒闸

(1号馈线保护盘前,不打开柜门)

值班员:1号馈线停电。然后用手指分别指认断路器转换开关位置和隔离开关操作按钮位置。

助理值班员:1号馈线停电。然后用手指分别指认断路器转换开关位置和隔离开关操作按钮位置。

（打开柜门。此时，助理值班员站在值班员的右侧，操作指位以手臂伸出去手指指向开关4 cm左右。禁止指认时触碰开关）

值班员：断开211断路器。

助理值班员：断开211断路器（助理值班员说的同时手指指认开关位置，停顿2 s左右后执行操作）。

（信号灯红灯变绿灯后）

助理值班员：已确认。

值班员：断开2111隔离开关。

助理值班员：断开2111隔离开关（助理值班员说的同时手指指认开关位置，停顿2 s左右后执行操作）。

（信号灯红灯变绿灯后）

助理值班员：已确认。

值班员：室外确认。

（室外2111隔离开关处）

值班员：确认2111隔离开关状态。

助理值班员：2111隔离开关在分位，分闸角度正确。

（此时单线区段的牵引变电所即可返回室内消令；复线区段的牵引变电所继续执行以下操作）

值班员：撤除212断路器重合闸（同步指认）。

助理值班员：撤除212断路器重合闸（同步指认）。

（助理值班员撤除重合闸后）

助理值班员：已撤除。

（消令；消令后悬挂“禁止合闸”标示牌、复归后台机信号）

3. 送电倒闸操作步骤

(1) 接受倒闸命令

调度倒闸命令下达后，值班员与助理值班员共同核对确认调度命令。值班员逐项唱票“命令内容”“送电供电臂”“倒闸程序”内容。助理值班员进行确认，无须复诵。确认无误后打印倒闸命令。

(2) 送电倒闸

（1号馈线保护盘前，不打开柜门）

值班员说：1号馈线送电。然后用手指分别指认断路器转换开关位置和隔离开关操作按钮位置。

助理值班员说：1号馈线送电。然后用手指分别指认断路器转换开关位置和隔离开关操作按钮位置。

（打开柜门。此时，助理值班员站在值班员的右侧，操作指位以手臂伸出去手指指向开关4 cm左右。禁止指认时触碰开关）

值班员：合上2111隔离开关（同步指认）。

助理值班员：合上2111隔离开关（助理值班员说的同时手指指认开关位置，停顿2 s左右后执行操作）。

（信号灯绿灯变红灯后）

助理值班员:已确认。

值班员:室外确认。

(室外2111隔离开关处)

值班员:确认2111隔离开关状态。

助理值班员:2111隔离开关在合位,合闸角度正确。

(返回室内保护盘前)

值班员:合上211断路器(同步指认)。

助理值班员:合上211断路器(助理值班员说的同时手指指认开关位置,停顿2 s左右后执行操作)。

(信号灯绿灯变红灯后)

助理值班员:已确认。

值班员:室外验电。

(室外2111隔离开关处)

值班员:在2111隔离开关负荷侧验电。

助理值班员:在2111隔离开关负荷侧验电。

(用验电器验明有电后)

助理值班员:有电。

(此时单线区段的牵引变电所即可返回室内消令,复归后台信号;复线区段的牵引变电所继续执行以下操作)

值班员:投入212断路器重合闸(同步指认)。

助理值班员:投入212断路器重合闸(同步指认)。

(助理值班员投入重合闸后)

助理值班员:已投入。

(送电结束,进行消令。消令后复归后台机信号)

4. 结束倒闸

倒闸作业全部结束后,将安全用具收放至指定位置。

4.3.4 项目考评

经过项目训练后,熟练掌握牵引变电所倒闸操作要领,并限时进行训练考核评定。牵引变电所倒闸操作考核评分标准见表4-9。

表4-9 牵引变电所倒闸操作考核评分参考

项目	配分	评分标准	减分标准	存在问题	扣分	得分
接受命令	30	命令、受命是否互报单位,姓名	每缺一项扣1分			
		复诵	每缺一项每次扣1分			
		录音	每缺一项扣1分			
		是否使用普通话	每缺一项每次扣1分			
		是否把命令记录在记录本上	每缺一项每次扣1分			
		是否核对时间	每缺一项每次扣1分			

续上表

项目	配分	评分标准	减分标准	存在问题	扣分	得分
审核批准	5	监护人签名及次序	不符合扣 1 分			
操作	50	检查操作人是否正确使用安全用具	每缺一项每次扣 1 分			
		操作过程是否正确使用安全用具	每缺一项每次扣 1 分			
		操作项目有无遗漏	每缺一项每次扣 1 分			
		操作中有无唱票，比手势	每缺一项每次扣 1 分			
		操作前是否核对设备位置，编号名称，监护人是否下达执行命令	每缺一项扣 1 分			
		是否填写开始时间，完成时间	每缺一项扣 1 分			
		每项操作完毕是否打“√”记号	每缺一项每次扣 1 分			
		是否发现错误，并正确处理	每缺一项每次扣 1 分			
		待令应记录时间	每缺一项扣 1 分			
检查设备	5	操作完成是否全面检查设备	每缺一项每次扣 1 分			
操作后汇报	10	装拆接地线是否有记录	每缺一项扣 1 分			
		操作完毕后是否盖“已执行”章	每缺一项扣 1 分			
		操作完后是否向发令人报告	每缺一项扣 1 分			
总　分						

4.4　项目拓展

4.4.1　电气设备的四种状态

电气设备的状态分为运行、热备用、冷备用、检修四种状态。

1. 运行状态

运行状态是指电气设备的隔离开关及断路器都在合闸状态且带电运行，如图 4-5 所示。

2. 热备用状态

热备用状态是指电气设备具备送电条件和启动条件，断路器一经合闸就转变为运行状态。电气设备处于热备用状态下，随时有来电的可能性，应视为带电设备，如图 4-6 所示。

3. 冷备用状态

冷备用状态是指电气设备除断路器在断开位置，隔离开关也在分闸位置。此状态下，未履行工作许可手续及未布置安全措施，不允许进行电气检修工作，但可以进行机械作业，如图 4-7 所示。

4. 检修状态

检修状态是指电气设备的所有断路器、隔离开关均断开，变电所值班员按照（牵引）变电所安全工作规则及工作票要求布置好安全措施(如:相应的隔离开关接地闸刀在合闸位置、已正确装设接地线等),如图4-8所示。

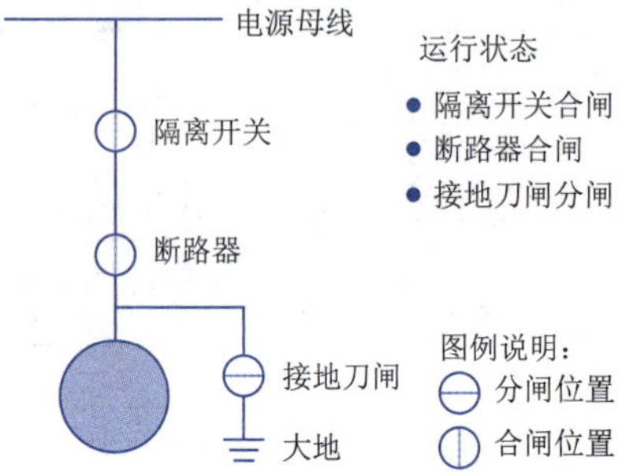

图4-5 电气设备处于运行状态

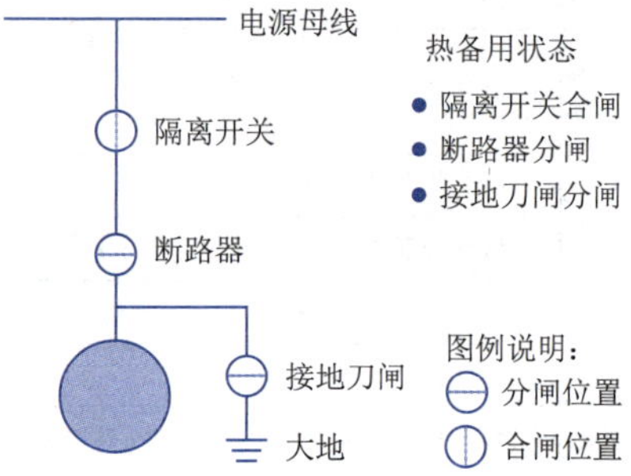

图4-6 电气设备处于热备用状态

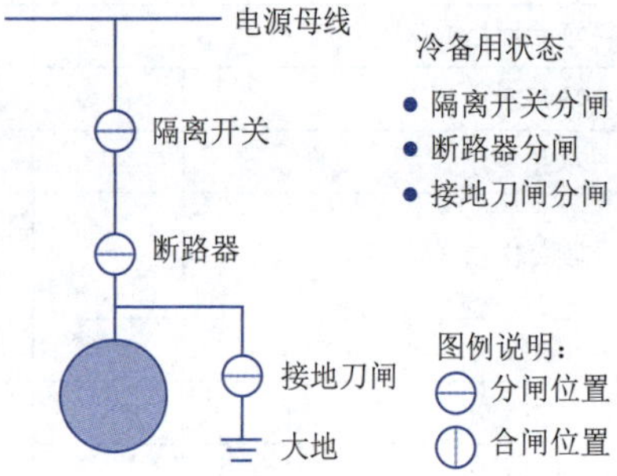

图4-7 电气设备处于冷备用状态

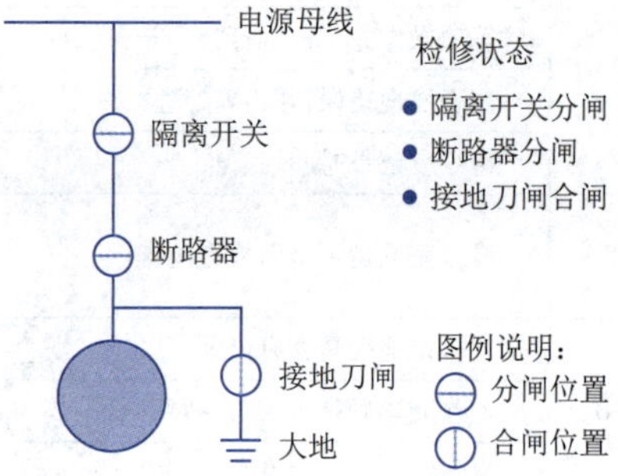

图4-8 电气设备处于检修状态

电气设备的倒闸操作规律就是基于上述四个阶段进行,但检修设备拆除接地线后,应测量绝缘电阻合格,才能转换为另一状态。

4.4.2 倒闸操作的主要内容

在铁路供电中,(牵引)变电所电气一次设备和二次设备倒闸操作的内容主要有:

(1)电力线路(接触网)的停、送电操作。

(2)变压器的停送、电操作。

(3)电网的并列与解列操作。

(4)母线切换及母线停、送电操作。

(5)继电保护和自动装置的启用、停用。

(6)装设和拆除接地线的操作(合上或拉开接地倒闸)。

(7)变压器的调压操作。

(8)变电所自用电源的切换操作等。

4.4.3 倒闸操作的"五防"和"六关"

1."五防"

倒闸操作中"五防"是指为确保人身安全,对高压电气设备应具备的五种防误功能的简称,是电力安全的重要措施。在变电所设备上安装五防系统是变电所防止误操作、确保变电所安全运行,防止人为误操作的重要措施,任何正常倒闸操作都必须经过五防系统的模拟预演和逻辑判断，所以确保五防系统的完好和完善，能大大防止和减少电网事故的发生。随着铁路网络的发展，用电量日益增大，对铁路供电的可靠性要求越来越高，在变电所电气设备上应用五防系统，所起到的作用也变得更为重要。

五防功能包括：

（1）防止误分、误合断路器。只有操作指令与操作设备对应才能对被操作设备操作。

（2）防止带负荷分、合隔离开关。断路器、负荷开关、接触器合闸状态不能操作隔离开关。

（3）防止带电挂（合）接地线（接地开关）。只有在断路器分闸状态，才能挂接地线或合上接地开关。

（4）防止带地线送电。防止带接地线（接地开关）合断路器（隔离开关）。

（5）防止误入带电间隔。只有隔室不带电时，才能开门进入隔室。

五防系统工作原理是倒闸操作时先在防误主机上模拟预演操作，防误主机根据预先储存的防误闭锁逻辑库及当前设备位置状态，对每一项模拟操作进行闭锁逻辑判断，将正确的模拟操作内容生成实际操作程序传输给计算机钥匙，运行人员按照计算机钥匙显示的操作内容，依次打开相应的编码锁对设备进行操作。全部操作结束后，通过计算机钥匙的回传，从而使设备状态与现场的设备状态保持一致。

2. “六关”

为了保证倒闸操作的顺利进行，不发生操作事故，（牵引）变电所倒闸操作时有把“六关”的安全要求，即把好操作准备关、接令关、倒闸操作票填写关、模拟预演关、操作监护关、操作质量检查关。

（1）操作准备关

倒闸操作前，务必做好一切准备工作（如准备安全防护用具、安全操作用具、临时遮栏、标示牌等）。

（2）接令关

认真执行调度管理制度，正确理解调度或主管部门下达的操作命令，明确倒闸任务。

（3）倒闸操作票填写关

根据操作任务和检修工作票上的要求，认真、正确填写倒闸操作票；核对倒闸操作票。

（4）模拟预演关

倒闸操作票填写、核对无误后，在操作开关电器以前，应在模拟图板上进行核对性的模拟操作，无误后再操作开关设备，

（5）操作监护关

倒闸操作时，应认真执行监护制度。监护人每下一项操作命令，操作人员复诵无误后即动手操作开关，当操作完毕，监护人就在操作项目栏作“√”记号。

操作完毕，应检查所有操作步骤是否全部执行，然后监护人填写结束时间，向主管部门汇报，已执行的操作票归档保存。

（6）操作质量检查关

每操作完一项应立即检查操作质量：合闸应合好；拉闸应拉断；三相开关、闸刀三个触刀应同步；合闸和断开距离应一致；信号指示应正确。

综合练习

练 习

项目 4
综合练习

答 案

项目 4
综合练习答案

项目5
运行与值班

项目引言

电气化铁路供电的安全性和稳定性对国家交通运输行业的发展和铁路路网的稳定性至关重要。作为电气化铁路供电安全生产的守护者，牵引变电所、接触网工区和电力工区运行值班人员不仅是设备安全稳定运行的“门诊大夫”，更是紧急情况的“急救医生”，负责供电设备的运行管理、事故处理、问题消除等工作。供电设备运行值班人员的一些工作差错很可能会导致较大的人身与供电设备安全事故。运行值班人员的行为习惯、安全意识，以及对操作流程、细节的忽视也是导致事故发生的一个重要原因。优化电气化铁路供电运行工作管理、加强安全和技术培训、重视思想教育和人文关怀，以及提高人员应急处置能力是提高运行值班工作的安全性、可靠性，提高运行值班团队的整体管理水平，降低运行风险的重要保障。所以科学、专业、细致、和谐、严格地开展运行值班工作，对确保电气化铁路安全、经济、可靠运行具有非常积极作用。

学习目标

1. 知识目标

(1)掌握电气化铁路供电设备运行的基本理论知识。

(2)掌握牵引变电所、接触网工区和铁路电力工区值班岗位需要具备的知识。

(3)熟悉牵引变电所、接触网和铁路电力岗位值班的操作规则及安全要求。

2. 能力目标

(1)能够遵守牵引变电所、接触网和铁路电力岗位关于设备运行的规定，保障设备安全、稳定运行。

(2)能够正确处置牵引变电所、接触网和铁路电力岗位值班中的各类事件。

3. 素养目标

(1)了解铁路供电系统的调度和运行管理，掌握相关的规章制度和操作规程。

(2)培养良好的工作态度和职业素养，遵守工作纪律和操作规程。

(3)培养爱岗敬业、忠于职守的职业操守。

5.1 知识准备

5.1.1 牵引变电所有关运行的规定

5.1.1.1 一般规定

《牵引变电所安全工作规程》是为了在普速铁路牵引变电所(包括开闭所、分区所、AT所、分相所,除特别指出外以下皆同)的运行和检修工作中确保人身、行车和设备安全而制定的,适用于电气化铁路牵引变电所的运行、检修和试验。各有关部门要经常进行安全技术教育,组织有关人员认真学习和熟悉牵引变电所安全工作规程,不断提高安全技术水平,切实贯彻执行牵引变电所安全工作规程的规定。

(1)牵引变电所的电气设备自第一次受电开始即认定为带电设备。牵引变电所带电设备上的一切作业,均必须按牵引变电所安全工作规则的规定严格执行。

(2)从事牵引变电所运行和检修工作的有关人员,必须实行安全等级制度,经过考试评定安全等级,取得安全合格证之后(安全合格证格式,如图5-1所示,安全等级的规定见表5-1),方准参加牵引变电所运行和检修工作。每年定期按表5-2要求进行年度安全考试和签发安全合格证。

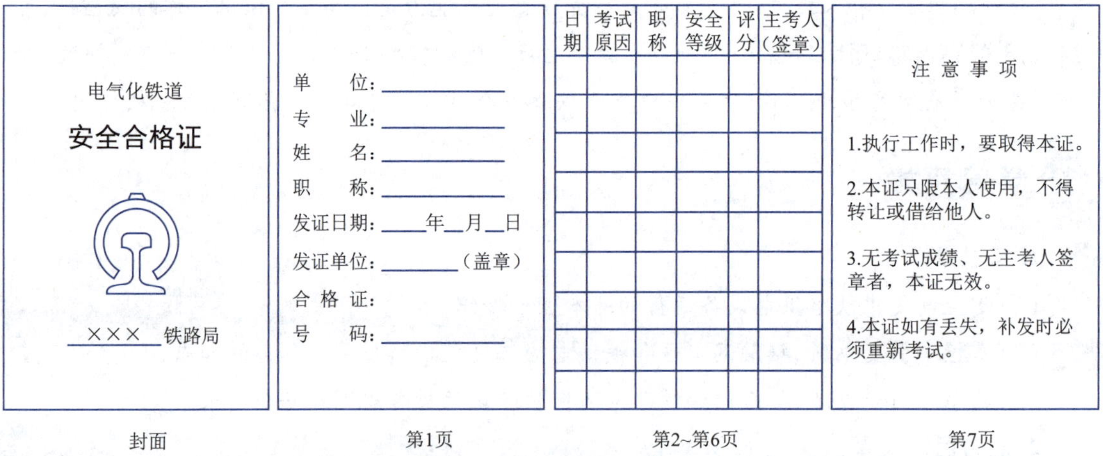

图5-1 电气化铁路安全合格证

说明:合格证尺寸为宽65 mm、长95 mm,配以红色塑料封面。

表5-1 普速铁路牵引变电所工作人员安全等级的规定

等级	允许担当的工作	必须具备的条件
一级	进行停电检修较简单的工作	新工人经过教育和学习,初步了解在牵引变电所内安全作业的基本知识

续上表

等级	允许担当的工作	必须具备的条件
二级	1. 助理值班员； 2. 停电作业； 3. 远离带电部分的作业	1. 担当一级工作半年以上； 2. 具有牵引变电所运行、检修或试验的一般知识； 3. 了解《牵引变电所安全工作规程》； 4. 根据所担当的工作掌握电气设备的停电作业和助理值班员工作； 5. 能处理较简单的故障； 6. 会进行紧急救护
三级	1. 值班员； 2. 停电作业和远离带电部分作业的工作领导人； 3. 进行带电作业； 4. 高压试验的工作领导人	1. 担任二级工作1年以上； 2. 掌握牵引变电所运行、检修或试验的有关规定； 3. 熟悉《牵引变电所安全工作规程》； 4. 根据所担当的工作掌握电气设备的带电作业和值班员的工作； 5. 能领导作业组进行停电和远离带电部分的作业； 6. 会处理常见故障
四级	1. 牵引变电所工长； 2. 检修或试验工长； 3. 带电作业的工作领导人； 4. 工作票签发人	1. 担任三级工作1年以上； 2. 熟悉牵引变电所运行、检修和试验的有关规定； 3. 根据所担当的工作熟悉下列中的有关部分：值班员的工作，电气设备的检修和试验； 4. 能领导作业组进行高压设备的带电作业； 5. 能处理较复杂的故障
五级	1. 领工员、供电调度人员； 2. 技术主任、副主任、有关技术人员； 3. 段长、副段长、总工程师、副总工程师	1. 担当四级工作1年以上，技术员及以上的各级干部具有中等专业学校或相当于中等专业学校及以上的学历者（牵引供电专业）可不受此限； 2. 熟悉并会解释牵引变电所运行、检修和安全工作规程及有关检修工艺

表5-2　牵引变电所签发安全合格证要求

应试人员	签发安全合格证部门
单位领导干部	上级业务主管部门
运行检修人员	各单位主管部门

（3）从事牵引变电所运行和检修工作的人员，每年定期进行1次安全考试。属于下列情况的人员，要事先进行安全考试。

①开始参加牵引变电所运行和检修工作的人员。

②职务或工作单位变更时，仍从事牵引变电所运行和检修工作并需提高安全等级的人员。

③中断工作连续3个月以上仍继续担当牵引变电所运行和检修工作的人员。

（4）对违反牵引变电所安全工作规程受处分的人员，必要时降低其安全等级，需要恢复原来的安全等级时，必须重新经过考试。

（5）未按规定参加安全考试和取得安全合格证的人员，必须经当班的值班员准许，在安全等级不低于二级的人员监护下，方可进入牵引变电所的高压设备区。

（6）牵引变电所的值班人员及检修工，要每2年进行1次身体检查，对不适合从事牵引变电所运行和检修作业的人员要及时调整。

（7）雷电时禁止在室外设备以及与其有电气连接的室内设备上作业。遇有雨、雪、雾、风

(风力在五级以上)的恶劣天气时,禁止进行带电作业。

(8)高空作业人员要系好安全带,戴好安全帽。在作业范围内的地面作业人员也必须戴好安全帽。

高空作业时要使用专门的用具传递工具、零部件和材料等,不得抛掷传递。

(9)作业使用的梯子要结实、轻便、稳固并按规定(见表 11-1 常用工具机械试验标准)进行试验。

当用梯子作业时,梯子放置的位置要保证梯子各部分与带电部分之间保持足够的安全距离,且有专人扶梯。登梯前作业人员要先检查梯子是否牢靠,梯脚要放稳固,严防滑移;梯子上只能有 1 人作业。

使用人字梯时,必须有限制开度的拉链。

(10)在牵引变电所内搬动梯子、长大工具、材料、部件时,要时刻注意与带电部分保持足够的安全距离。

(11)使用携带型火炉或喷灯时,不得在带电的导线、设备,以及充油设备附近点火。作业时其火焰与带电部分之间的距离:电压为 10 kV 以下者不得小于 1.5 m,电压为 10 kV 以上者不得小于 3 m。

(12)每个高压分间及室外每台隔离开关的锁均应有两把钥匙,由值班员保管 1 把,交接班时移交下一班;另 1 把放在控制室内固定的地点。

各高压分间及各隔离开关的钥匙均不得相互通用。

当有权单独巡视设备的人员或工作票中规定的设备检修人员需要进入高压分间巡视或检修时,值班员可将其保管的高压分间的钥匙交给巡视人员或作业组的工作领导人,巡视结束和每日收工时值班员要及时收回钥匙,并将上述过程记入值班日志中。

除上述情况,高压分间钥匙,不得交给其他人保管或使用。

(13)在全部或部分带电的盘上进行作业时,应将有作业的设备与运行设备以明显的标志隔开。

(14)供电调度员下达的倒闸和作业命令除遇有危及人身及设备安全的紧急情况外,均必须有命令编号和批准时间;没有命令编号和批准时间的命令无效。

(15)牵引变电所自用电变压器、额定电压为 27.5 kV 及以上的设备,其倒闸作业,以及撤除或投入自动装置、远动装置和继电保护,除特殊情况(指需供电调度下令进行倒闸作业的断路器和隔离开关,遇有危及人身安全的紧急情况,值班人员可先行断开有关的断路器和隔离开关,再报告供电调度,但再合闸时必须有供电调度员的命令)外,均必须有供电调度的命令方可操作。

额定电压为 27.5 kV 以下的设备,其倒闸作业,以及撤除或投入自动装置和继电保护,须经牵引变电所工长或值班员准许方可操作,并将倒闸作业(撤除或投入自动装置、远动装置和继电保护)的时间、原因、准许人的姓名记入值班日志中。对供给非牵引负荷用电的设备,在倒闸作业前还要由值班员通知用户,必要时办理停送电手续(具体办法由铁路局集团公司制定)。

(16)停电(包括事故停电)的电气设备,在断开有关电源的断路器和隔离开关并按规定做好安全措施前,任何人不得进入高压分间或防护栅内,且不得触及该设备。

(17)牵引变电所发生高压(对地电压为 250 V 以上)接地故障时,在切断电源之前,任何人与接地点的距离:室内不得小于 4 m;室外不得小于 8 m。

必须进入上述范围内作业时，作业人员要穿绝缘靴，接触设备外壳和构架时要戴绝缘手套。作业人员进入电容器组围栅内或在电容器上工作时，要将电容器逐个放电并接地后方准作业。

(18)牵引变电所要按规定配备消防设施和急救药箱。当电气设备发生火灾时，要立即将该设备的电源切断，然后按规定采取有效措施灭火。

在牵引变电所内作业时，严禁用棉纱(或人造纤维织品)、汽油、酒精等易燃物擦拭带电部分，以防起火。

典型案例 5-1

3月22日，某变电所值班员在2号交流盘清扫设备，当用毛刷清扫2号交流盘11号备用空气开关的电源侧时，毛刷的金属部分与空气开关的电源接线端子相碰，造成设备短路，导致2号交流盘11号空气开关烧坏，盘面烧坏，直流盘交流失压，变电所自用电变压器停电4小时28分。

案例分析：

交流盘设备清扫过程中值班员安全意识差，作业中使用的工具未采取绝缘措施；此外值班员还违反牵引变电所安全工作规程规定，在二次回路清扫灰尘时，无安全监护人，单独作业。为避免此类事故的再次发生，需要加强安全教育，强化安全工作的意识；作业前预想不安全的隐患，工作中认真仔细。

5.1.1.2　牵引变电所值班(高速铁路牵引变电所和开闭所设值守)

视 频

牵引变电值班与值守

(1)牵引变电所值班员的安全等级不低于三级；助理值班员的安全等级不低于二级。

高速铁路牵引变电所和开闭所每班宜设两名值守人员，由安全等级不低于三级的值班员担任。值守人员负责监视设备运行状态、应急故障处理和安全保卫。

高速铁路分区所、AT所无人值守。必要时(如倒闸或检修作业时)由安全等级不低于三级的运行检修人员临时担任值守人员。

(2)当班值班员不得签发工作票和参加检修工作；当班助理值班员可参加检修工作，但必须根据值班员的要求能随时退出检修组。助理值班员在值班期间受当班值班员的领导；当参加检修工作时，听从作业组工作领导人的指挥。

(3)采用远动系统并具备无人值班条件的开闭所、分区所、AT所可无人值班，具体办法由铁路局制定。

有人值班(值守)的牵引变电所发生设备故障时，值守人员应及时、准确向供电调度汇报现场故障信息，在供电调度的指挥下进行应急处理，尽快恢复送电。

无人值班(值守)的牵引变电所发生设备故障时，供电调度应通过远动操作，切除故障点，尽快恢复送电；远动不能操作时，通知设备运行维护管理单位处理，尽快恢复送电。

(4)牵引变电所需配备必要的安全用具，有人值班(值守)牵引变电所还须配备必要的工器具、仪器仪表。配备原则见表5-3至表5-5牵引变电所安全用具、工具、仪器仪表配备原则。

表5-3　标准牵引变电所须配备的安全用具数量

序号	设备名称及规格	规格、参数	单位	牵引变电所	AT所	分区所
1	绝缘安全帽	—	顶	4	2	4
2	绝缘靴	—	双	4	2	4
3	绝缘手套(含存储袋)	—	双	4	2	4
4	安全带	—	条	4	2	4
5	绝缘人字梯	8 m	架	2	1	2
6	绝缘人字梯	2 m	架	2	1	2
7	绝缘升降梯	8 m	架	2	1	2
8	强光泛光工作灯	—	个	4	2	4
9	接地线	8 m,25 mm^2	根	12	12	12
10	接地杆	二节、3 m,带护套中钩	根	12	12	12
11	接地线	15 m,50 mm^2	根	12	12	12
12	接地杆	三节、5.1 m,带护套中钩	根	12	12	12
13	验电器	220 kV	支	2		
14	声光验电器	接触式,27.5 kV	支	2	2	2
15	声光验电器	接触式,10 kV	支	2	2	2
16	防毒面具	—	个	2	2	2
17	防护服	—	套	2	2	2
18	伸缩式防护栏(带警示标)	—	台	2	1	1

表5-4　有人值班(值守)牵引变电所须配备相应的工具数量

序号	设备名称及规格	规格、参数	单位	牵引变电所	AT所	分区所
1	抢修照明灯具	全方位自动泛光工作灯、遥控探照灯、磁吸式LED工作灯等,共8项	套	1		
2	数显扭力扳手	—	把	1		
3	充电式液压钳	B135-UC	台	1		
4	充电式液压切刀	B-TFC2	台	1		
5	充电式压接钳	B62	台	1		
6	充电式电缆切刀	B-TC095	台	1		
7	充电式螺帽切除器	B-TD1724	把	2		
8	数显力矩扳手	TZCEM	把	2		
9	力矩扳手	410-530	套	2		
10	电动组合工具	—	套	2		
11	手扳葫芦	1.5T、3T、5T	把	3		
12	道链葫芦	—	套	1		
13	充电式液压电缆切刀	B-TC051	把	1		
14	电烙铁	—	台	2		
15	充电式导线切刀	—	套	1		

续上表

序号	设备名称及规格	规格、参数	单位	牵引变电所	AT所	分区所
16	冲击钻	5～18 mm	套	1		
17	22件工具套装	92-010-23	套	2		
18	梅花扳手	6～27 mm	套	1		
19	力矩扳手	NB-22.5G,5～25 N·m	把	2		
20	套筒头	6-10、8-14	套	1		
21	力矩扳手	NB-50G,15～50 N·m	把	2		
22	套筒头	8-14、10-17、12-19	套	2		
23	力矩扳手	NB-200,50～200 N·m	把	2		
24	套筒头	16～24 mm	套	2		
25	套筒扳手(配套筒头)	8～32 mm	把	3		
26	活扳手	350 mm	把	2		

表5-5　有人值班(值守)牵引变电所须配备相应的仪器仪表数量

序号	设备名称及规格	规格、参数	单位	牵引变电所	AT所	分区所
1	数字式万用表	—	块	2		
	指针式万用表	—	块	2		
2	数字式钳形电流表	—	块	2		
3	相序表	—	块	2		
4	手动/电动绝缘电阻表	500-1 000-2 500-5 000 V	块	4		
5	地阻表	—	套	1		
6	红外线热成像仪	—	套	1		
7	数字高倍望远镜	—	台	2		
8	手持激光测距仪	—	台	1		
9	SF_6气体泄漏检测仪(定性)	—	台	2		

5.1.2　接触网有关运行的一般规定

视频

接触网安全工作一般规定

(1)在普速铁路接触网运行和检修工作中,为确保人身、行车和设备安全,制定《普速铁路接触网安全工作规则》。

(2)从事普速铁路接触网工作各单位(包括普速铁路接触网设备管理、维修和从事普速铁路接触网施工的单位)应经常进行安全技术教育,组织有关人员认真培训和学习普速铁路接触网安全工作规则,切实贯彻执行普速铁路接触网安全工作规则的各项规定。

(3)各级管理部门应建立健全各岗位责任制,抓好各管理岗位、作业岗位基础工作,依靠科技进步,积极采用新技术、新工艺、新材料,不断提高和改善普速铁路接触网的安全工作和装备水平,确保人身和设备安全。

(4)《普速铁路接触网安全工作规则》适用于工频、单相、25 kV交流、列车运行速度200 km/h以下铁路(仅运行动车组的线路除外)接触网的安全运行和检修工作。

各铁路局集团公司应根据本规则规定的内容,结合具体情况制定实施细则,并报上级主管部门核备。

(5)普速铁路所有接触网设备,自第一次受电开始即认定为带电设备。之后,接触网上的一切作业,必须按《普速铁路接触网安全工作规则》的规定严格执行。

(6)从事普速铁路接触网运行和检修工作的人员,实行安全等级制度,经过考试评定安全等级,取得《普速铁路供电安全合格证》之后(安全合格证格式如图5-2所示,安全等级的规定见表5-6),方准参加与所取得的安全等级相适应的工作。每年定期按表5-7要求进行一次安全考试并签发《普速铁路供电安全合格证》。

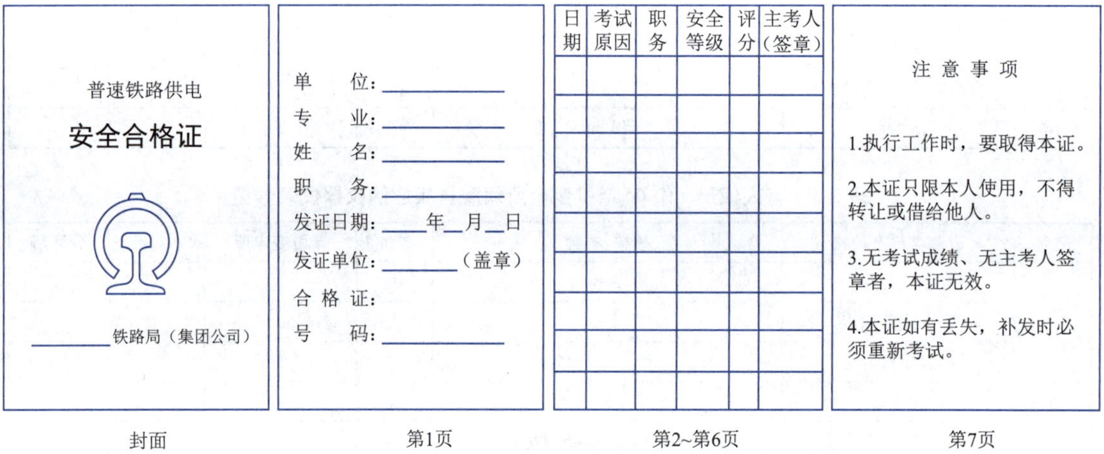

说明:合格证尺寸为宽65 mm、长95 mm,配以红色塑料封面。

图5-2 普速铁路供电安全合格证

表5-6 普速铁路接触网工作人员安全等级的规定

等级	允许担当的工作	必须具备的条件
一级	地面简单的作业(如推扶车梯、拉绳清扫基础帽等)	1. 新入职人员经过教育和学习,初步了解电气化铁路安全、作业的基础知识。 2. 了解接触网地面作业的规定和要求
二级	1. 各种地面上的作业。 2. 不拆卸零件的高空作业(如清扫绝缘子、支柱涂漆、涂号码牌、验电、装设接地线等)。 3. 巡视工作	1. 参加接触网运行和检修工作3个月以上。 2. 掌握接触网高空作业一般安全知识和技能。 3. 掌握接触网停电作业接地线的规定和要求,熟悉作业区防护信号的显示方法
三级	1. 各种高空和停电作业。 2. 间接带电作业。 3. 隔离(负荷)开关倒闸作业。 4. 防护(联络员、现场防护员)工作。 5. 要令人及倒闸作业、停电作业、验电接地监护人	1. 参加接触网运行和检修工作1年以上;具有技工学校或相当于技工学校及以上学历(供电专业)的人员可以适当缩短。 2. 熟悉接触网停电和间接带电作业的有关规定。 3. 具有接触网高空作业的技能,能正确使用检修接触网用的工具、材料和零部件。 4. 具有列车运行的基本知识,熟悉作业区防护的规定及信联闭知识。 5. 能进行触电急救

续上表

等级	允许担当的工作	必须具备的条件
四级	1. 各种高空、停电和间接带电作业的工作票签发人、工作领导人及监护人 2. 工长	1. 担当三级工作1年以上。 2. 熟悉掌握《普速铁路接触网安全工作规则》内容。 3. 能领导作业组进行停电和间接带电作业
五级	1. 车间主任、副主任。 2. 技术科长(主任)、副科长(副主任),接触网技术人员。 3. 安全科长(主任)、副科长(副主任),接触网安全管理人员。 4. 职教科长、副科长,主管接触网教育人员。 5. 段长、副段长、总工程师、副总工程师。 6. 供电调度员、生产调度员	1. 担当四级工作1年以上。对安全技术管理人员及具有中等专业学校(或相当于中等专业学校)及以上的学历(供电专业)可不受此限。 2. 熟悉并掌握《普速铁路接触网安全工作规则》《普速铁路接触网运行维修规则》,以及接触网主要的检修工艺。 3. 能领导作业组进行停电和间接带电作业

表5-7　接触网签发安全合格证要求

应试人员	主持考试单位和签发安全合格证部门	安全合格证签发人
单位的主管负责人和专业负责人	各单位上级业务主管部门	上级主管负责人
其他从事接触网工作人员	各单位	单位的主管负责人

(7)各单位除按前一条规定组织从事普速铁路接触网运行和检修工作的有关现职人员每年进行一次安全等级考试外,对属于下列情形的人员,还应在上岗前进行安全等级考试:

①开始参加普速铁路接触网工作的人员。

②安全等级变更,仍从事普速铁路接触网运行和检修工作的人员。

③接触网供电方式改变时的检修工作人员。

④接触网停电检修方式改变时的检修工作人员。

⑤中断工作连续6个月以上仍继续担任普速铁路接触网运行和检修工作的人员。

(8)参加接触网作业人员应符合下列条件:

①作业人员符合岗位标准要求,1~2年进行一次身体检查,符合作业所要求的身体条件。

②经过普速铁路接触网作业安全培训,考试合格并取得相应的安全等级。

③熟悉触电急救方法。

④职业健康体检合格。

(9)遇有雷电时(在作业地点可见闪电或可闻雷声)禁止在接触网上作业。

普速铁路在160 km/h以上区段且线间距小于6.5 m的线路上进行作业时,应办理邻线列车限速160 km/h及以下申请,得到车站值班员同意作业的签认后,方可作业。

(10)下列维修作业可在天窗点外进行,但严禁利用速度160 km/h及以上的列车与前一趟列车之间的间隔时间作业。

①对接触网步行巡视、静态测量、测温等设备检查作业。

②接触网打冰,处理鸟窝、异物。

③在道床坡脚以外栅栏以内的标志安装及整修、基础整修、接地装置整修、支柱基坑开挖等不影响设备正常运行的作业。

上述作业必须制定天窗点外维修作业计划,天窗点外维修作业计划由供电车间或供电段一级批准,具体审批程序由铁路局集团公司规定。上线作业时必须按规定登记,设置驻站联络员(以下简称联络员)、现场防护员,联系中断时必须停止作业。

(11)在普速铁路接触网上进行作业时,除按规定开具工作票外,还必须有列车调度员准许停电的调度命令和供电调度员批准的作业命令。

除遇有危及人身或设备安全的紧急情况,供电调度员发布的倒闸命令可以没有命令编号和批准时间外,接触网所有的作业命令,均必须有命令编号和批准时间。

(12)在进行接触网作业时,作业组全体成员须穿戴有反光标识的防护服、安全帽。作业组有关人员应携带通信工具并确保联系畅通。在夜间、隧道内或光线不足处所进行接触网作业时,必须有足够的照明灯具。

所有的工具和安全用具,在使用前均须进行检查,符合要求方准使用。

(13)新研制及经过重大改进的作业工具应由铁路局及以上单位鉴定通过,批准后方准使用。

(14)在有轨道电路的区段作业时,不得使长大金属物体(长度大于或等于轨距)将线路两根钢轨短接。

(15)与《普速铁路接触网安全工作规则》相比较,《高速铁路接触网安全工作规则》内容大部分与《普速铁路接触网安全工作规则》相同或相似。例如《高速铁路接触网安全工作规则》规定:高速铁路(含 200 km/h 及以上铁路、200 km/h 以下仅运行动车组列车铁路及相关联络线和动车走行线)所有的接触网设备,自第一次受电开始即认定为带电设备。之后,接触网上的一切作业,必须按《高速铁路接触网安全工作规则》的规定严格执行;从事高速铁路接触网运行和检修工作的人员,实行安全等级制度,需经过考试评定安全等级,取得《高速铁路供电安全合格证》。

针对高速铁路的特殊性,《高速铁路接触网安全工作规则》内容上也有与《普速铁路接触网安全工作规则》条款不同的规定,例如以下条款:

高速铁路接触网一般不进行 V 形天窗作业。故障处理、事故抢修等特殊情况下必须在邻线行车的情况下作业时,必须在办理本线封锁、邻线列车限速 160 km/h 及以下申请,在得到列车调度员(车站值班员)签认后,方可上道作业。

典型案例 5-2

大风将防尘网吹到接触网上,造成高速铁路上行线行车中断。在故障抢修过程中,供电调度员下达了变电所 211、212 馈线同时停电进行防尘网处置的调度命令,造成未受防尘网影响的下行线也发生列车晚点。

案例分析:

事件发生的原因之一是供电调度员对“高速铁路接触网一般不进行 V 形天窗作业。故障处理、事故抢修等特殊情况下必须在邻线行车的情况下作业时,必须在办理本线封锁、邻线列车限速 160 km/h 及以下申请”的规定不掌握,习惯性地认为高速铁路检修天窗上下行同时停电,故障抢修时也应上下行同时停电,因此下达了上下行接触网同时停电的调度命令。

(16)高速铁路中,利用接触网作业车或专用车辆进行接触网巡视或检测时,应申请行车计划或安排在施工维修天窗时间内进行,同时执行以下规定:

①邻线未封锁时,应在办理邻线列车限速160 km/h及以下手续后进行。

②需要升起作业平台或人员登上平台时,须在接触网停电、巡视或检测范围内按停电作业要求设置接地线、作业车运行速度不大于10 km/h、作业平台设置旋转闭锁的条件下进行。

(17)高速铁路防护栅栏内进行的接触网作业,还必须遵守下列规定:

①必须在上下行线路同时封锁,或本线封锁、邻线限速160 km/h及以下条件下进行。需进入铁路防护栅栏内进行接触网作业的人员,必须在得到驻调度所(驻站)人员同意后方准进入。

②进、出铁路防护栅栏时,必须清点人员,并及时锁闭防护网门,防止人员遗漏及闲杂人员进入。

③作业组所有的工具物品和安全用具均须粘贴反光标识,在使用前均须进行状态、数量检查,符合要求方准使用。进、出铁路防护栅栏时对所携带和消耗后的机具、材料数量认真清点核对,不得遗漏在线路或铁路防护栅栏内。核对检查确认方式由各铁路局集团公司自定。

5.1.3　铁路电力有关运行的一般规定

5.1.3.1　总则

视频

电力工作一般要求

由于电力工作人员在作业过程中经常接触或接近高、低压电力设备,存在着触电危险,因此在作业时保证人身安全十分重要。

为了防止事故发生,各级领导必须加强安全生产管理,把安全生产列入议事日程,建立健全各项制度,认真抓好宣传、教育、检查和总结工作,不断改善职工的安全作业条件,对所发生的事故本着"四不放过"(指事故原因未查清不放过、责任人员未处理不放过、整改措施未落实不放过、有关人员未受到教育不放过)的原则严肃处理。

供电段和基层单位应有专人负责电力日常的安全生产工作,监督、检查安全制度的贯彻执行。

电力工作人员应严格遵守各项安全规章制度,服从命令,克服麻痹侥幸心理,努力钻研技术业务,熟练掌握本职工作,关心同志的安全,坚决克服各种不安全因素,防止事故发生。

《铁路电力安全工作规程》是广大职工多年来实践经验的总结,广大电力职工必须认真贯彻执行。对防止事故有功人员应予表扬和奖励;对造成事故者应分别情况给予教育、纪律处分;对造成人身伤亡事故或重大经济损失,其性质恶劣者,除追究肇事者刑事责任外,并追究领导责任。

《铁路电力安全工作规程》适用于运营(普速)铁路电力设备上的各项作业。

5.1.3.2　基本要求

(1)运行中的供电设备系指全部带有电压,或部分带有电压及一经操作即可带有电压的设备。

铁路供电设备一般可分为高压和低压两种:

高压:设备对地电压在250 V以上者;低压:设备对地电压在250 V及以下者。

需要注意的是,《铁路电力安全工作规程补充规定》中对此重新进行了定义。

电气设备分为高压和低压两种:

高压电气设备:电压等级在 1 000 V 及以上者;低压电气设备:电压等级在 1 000 V 以下者。

(2)电力工作人员必须具备下列条件方能参加作业:

①经医生诊断无妨碍从事电力工作的病症,如:心脏病、神经病、癫痫病、聋哑、色盲症、高血压等,体格检查一般两年一次。

②具备必要的电力专业知识,熟悉《铁路电力安全工作规程》有关内容,并经考试合格。

③应会触电急救法。

(3)对电力工作人员必须按下列规定进行技术安全考试:

①定期考试:每年一次。对考试合格者发给“电力安全合格证”,如图 5-3 所示。

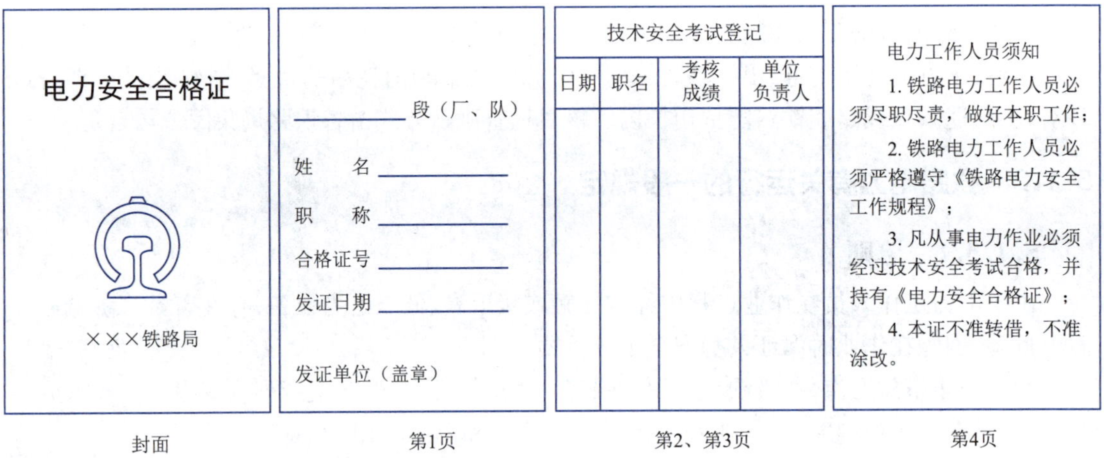

图 5-3　电力安全合格证(注:64 开纸印 64 mm×89 mm)

②临时考试:

a. 新参加工作已满六个月者;

b. 工作连续中断三个月以上又重新工作者;

c. 工种或职务改变者。

(4)新参加电力工作的人员、实习人员和临时参加劳动的人员(干部、临时工等),必须经过安全知识教育后,方可随同参加指定的工作,但不得单独工作。

外单位支援、学习人员参加工作时,应由工作执行人介绍设备情况和有关安全措施。

(5)《铁路电力安全工作规程》所指的安全用具,必须是按《电力设备试验标准》进行试验并合格的用具。

5.2　技能训练——办理工作票训练

5.2.1　训练目的

(1)掌握变电所办理工作票的流程。

(2)掌握变电所办理工作票的安全注意事项。

(3)熟悉办理工作票过程中与其他工作人员的协同。

(4)了解变电所办理工作票标准用语。

5.2.2 人员组织和训练用工具、材料

1. 人员组织

办理工作票技能训练人员准备见表5-8。

表5-8 人员组织

序号	参训成员	人数	备 注
1	值班员	1	
2	助理值班员	1	

2. 工具、材料准备

训练参与人员穿戴好个人劳动保护用品,按照表5-9准备好需要的安全工具、材料。

表5-9 训练中需要的工具、材料、设备

序号	名 称	单位	数量	备 注
1	工作票	架	1	已填好并签发
2	验电接地工具	套	2	验电器、接地线等
3	个人劳动保护用品	套	若干	包括安全帽、工作服、绝缘鞋等,参训人员每人1套

5.2.3 训练内容与操作步骤

变电所(包括牵引变电所,电力变电所和配电所等)设备检修时,值班员要担负工作许可人的职责,工作内容包括:审核工作票,向供电调度提出停电作业申请,正确执行供电调度发布的停电作业命令,按高压设备停电作业程序和其他作业程序做好作业地点的安全措施,办理准许及结束作业手续。

1. 第一步:工作票的审核

接到工作票后,设备检修工作领导人、变电所值班员等要认真审核,对工作票有不同意见时,要向发票人及时提出,确认正确无误,方准执行。

(1)变电所工作票的审核由变电所值班员执行,需要认真审核的内容包括:

①作业范围和内容、时间、作业组成员等符合要求。

②必须采取的安全措施是正确和完备的。

(2)同时还要审核工作票执行中是否存在安全风险,例如以下内容:

①在同一个停电单元内,试验作业组不得与检修作业组分别同时办理停电作业申请。

②需接触网停电检修时,变电车间必须事先与供电车间沟通,由相关网工区坐台要令,按规定填写“运统-46”。

③对利用接触网停电点进行的检修作业,作业组应提前30 min到达现场,做好人员分工、工具材料等详细充分的准备工作,办理停电作业申请。

2. 第二步:申请办理工作票

(1)在检修作业准备开始之前,由值班员向供电调度提出办理工作票的申请。申请办理

工作票要使用标准用语：

值班员："××变电所申请办理第一种第×-××号工作票……（作业地点及内容）。"

值班员："××变电所现在开始宣读第一种第×-××号工作票……（作业地点及内容），……（工作票内容）。"

（2）一个作业组每次只能接受一张工作票（供电调度批准的、有停电作业命令的工作票），值班员也不能在一张工作票未结束之前给同一作业组办理第二张工作票。

3. 第三步：倒闸操作

值班人员按供电调度倒闸操作命令，完成检修作业所需的全部倒闸操作任务。倒闸操作由助理值班员操作，值班员监护。值班人员在倒闸操作时，设备检修工作领导人、变电所所长等对倒闸作业全过程进行监控。

4. 第四步：作业命令的办理

（1）值班员、供电调度确认被检修设备处于撤出运行状态，工作票中必须断开的断路器和隔离开关全部倒闸完毕后，方可申请和发布停电作业命令。

（2）供电调度在发布停电作业命令时，值班员要认真受令复诵，有疑问时，应问清楚，语速不能大于手写速度，命令内容不能简化、缺失、缺项，助理值班员要监控值班员复诵。值班员受令要使用标准用语：

"××时××分、批准××变电所第一种第×-××号工作票……（作业地点及内容），要求××时××分完成，发令人×××、受令人×××"

（3）值班人员应将每个作业命令填写入作业命令记录，并将命令编号和批准时间填入工作票。

5. 第五步：办理安全措施

（1）在办理安全措施时，应由助理值班员操作，值班员监护，并坚持呼唤应答、手指眼看。

（2）办理安全措施的顺序为，先控制室，后高压室、室外，恢复时顺序相反，在每个地点应一次办完所有安全措施。

（3）"已经断开的断路器和隔离开关"栏应按左栏要求逐项写清。"接地线的位置及其号码"栏应按左栏接地线的位置及接地线的实际编号逐项写清，包含放电的部位及放电棒编号。其他栏与左侧相同时可打"√"号。

（4）验电接地。

①高压设备验电及装设或拆除接地线（放电）时，必须由助理值班员操作，值班员监护。操作人和监护人须穿绝缘靴、戴安全帽，操作人还要戴绝缘手套。

②自用变、电压互感器（放电线圈）一次侧验电（或验电接地）后，方可进行二次侧验电和接地短封的作业，自用变、电压互感器（放电线圈）二次侧接地短封应采用特制的接地线。

③验电接地前，应检查验电器、接地线状态，确认验电器（低压回路采用验电笔）电压等级相符、音响灯光正常，接地线无断股、散股和接头后方准使用。

④接地线前，先要进行验电，作业验电前要将高压验电器在相同电压等级的有电设备上试验，试验时验电器的头部距接地体应保持规定的安全距离，确认良好后方准使用。

⑤验电时，对被检验设备的引入、引出线均须检验。

表示设备断开和允许进入间隔的信号，以及常设的测量仪表显示无电时，不得作为设备无电的根据；若指示有电，则禁止在该设备上作业，应立即查明原因。

⑥当验明设备确已停电,则要及时装设接地线"验一组,接一组"。装设接地线的顺序是先接接地端(接在有接地符号的固定地点,对有回流要求的接地线应接在不同的接地点),再将其另一端通过接地杆接在停电设备裸露的导电部分上,此时人体不得接触地线;拆除接地线时,其顺序与装设时相反。

接地线需用专用的线夹,连接牢固,接触良好,严禁缠绕。

(5)装设防护栅。

①装设绝缘挡板时,可由值班员和助理值班员共同操作,两人均须穿绝缘靴、戴安全帽、戴绝缘手套。

②装设防护栅时,操作人及防护栅距带电体应保持规定的安全距离。高压分间内装设绝缘挡板时,应将手车式断路器拉出。

③设置围栅时,应考虑发生火灾、爆炸等事故时,作业人员能迅速撤出危险区。

④装设防护绳时,每组防护绳保护范围只能包括一个停电单元,中间不得包含未停电、未检修设备,并不得将防护绳系在非检修设备及门型构架上,可采用专门的支架进行固定,作业区域必须形成防护闭环。

(6)值班人员在办理安全措施时,工作领导人、劳动保护检查员、所长等要对全过程进行监控、确认。

6. 第六步:办理准许作业手续

值班员在做好安全措施后,工作领导人在第二份工作票"已经完成的安全措施"栏中填写各项完成情况,并在两份工作票上分别填写作业开始时间,双方在两份工作票上签字后,工作票一份交工作领导人,另一份交值班员留存。

至此,变电所检修工作票办理完毕,作业组可开始设备检修作业。

5.2.4 项目考评

经过项目训练后,熟练掌握变电所办理工作票的要领,并限时进行训练考核评定。变电所办理工作票考核评分标准见表5-10。

表5-10 变电所办理工作票考核评分参考

项目	配分	评分标准	减分标准	存在问题	减分	得分
工具材料	10	工具齐全	不齐全每件扣5分			
		选用绝缘工具正确	不正确扣10分			
时间	10	10 min内完成	每超过1 min扣3分,超过15 min为失格			
质量	50	接到工作票后,要认真审核,对工作票有疑问时,要及时提出	未审核扣5分,有疑问不提出扣5分,工作票明显错误审核不出扣5分			
		申请办理工作票	未申请扣5分			
		正确执行倒闸操作	倒闸出现错误扣5分			
		正确作业命令的办理	办理出现遗漏扣5分			
		正确办理安全措施	办理出现遗漏扣5分			
		正确执行验电接地操作	执行中出现错误扣5分			

续上表

项目	配分	评分标准	减分标准	存在问题	减分	得分
质量	50	正确装设防护栅等	执行中出现错误扣5分			
		正确办理准许作业手续	执行中出现错误扣3分			
		办理工作票全程使用标准用语	未使用标准用语扣3分			
安全	30	作业过程中人员不得受伤	受伤为失格			
		按规定穿戴好劳保用品	未按规定穿戴好劳保用品,每件扣10分			
		按规定正确使用工具	未按规定使用每次扣2分			
总分						

5.3 项目拓展

5.3.1 变电所(包括牵引变电所或电力变、配电所)值班

5.3.1.1 变电所值班的班制

(1)变电所值班实行轮班制,每班设值班员、助理值班员两人。所长不得参与轮班,若需替班,报变电车间同意,替班结束后要继续参加所内日勤值班。

(2)变电车间根据倒闸作业、车次等情况,规定各所交接班时间,交接班时间不得擅自变更。

5.3.1.2 变电所值班标准

1. 正常运行

①值班人员应接受供电调度的统一指挥,掌握设备运行状况,了解和提报停电、检修计划,有针对性地开展好事故预想活动。

②监视设备运行,发现信号、表计、声音、气味等有异常变化时,及时检查处理和上报。

③严禁任意改变转换开关、连片的位置,微机保护、监控装置及综合自动化后台机正常运行时,严禁任意修改数据、安装程序、重新启动。综合自动化后台机执行操作命令后,应立即退出登录,将键盘放好,严禁乱动键盘。

④不擅离职守,不做与当班无关的事,严禁饮酒;无工作需要时,值班员、助理值班员至少应保持1人在主控室内。

⑤保持所内整洁,禁止无关人员进入控制室和设备区;所内禁止吸烟;控制室应保持安静,不得大声喧哗、吵闹,坚持文明生产。

⑥加强外来人员的管理和安全监护,按要求做好要害设备“四防”(防火、防盗、防破坏、防治安灾害事故)工作。

外来人员进所参观学习、作业,所长、值班人员核对其身份信息无误后,在“牵引变电所(亭)外来人员登记簿”上登记,登记工作由所长、值班人员逐级负责。

外来人员进所作业要做到谁雇佣、谁培训考试。在所作业不超过一天，且有段、车间管理人员陪同的可不办理“外来人员出入证”“铁路场所作业证”，超过一天的需办理以上证件。

⑦接触网工区人员需到变电所接挂地线时，值班人员要向变电车间汇报，在变电所所长监护下进行；所长不在时由变电车间安排管理人员现场监护。

⑧搞好防鼠（小动物）工作

高压室（电容器室）大门应安装自动关闭装置，封闭良好，平时必须关闭并且上锁；通往设备室的大门要设防动物挡板；巡视检查、倒闸操作、维修作业及参观学习时，值班人员应随时将门关好，并对防鼠装置和防鼠效果进行监督、检查。

设备室内不准吃饭及存放食物。

2. 倒闸

了解倒闸项目、内容和时间，向供电调度提出停电倒闸申请，正确执行供电调度发布的倒闸操作命令，按倒闸作业程序进行倒闸操作。远动倒闸时，监控确认设备动作情况，及时向供电调度汇报。

3. 巡视

按巡视作业标准巡视设备，发现设备缺陷、异常时，应尽力妥善处理，并及时报告供电调度、安全生产调度指挥中心。

4. 设备检修

（1）审核工作票，向供电调度提出停电作业申请，正确执行供电调度发布的停电作业命令，按高压设备停电作业程序和其他作业程序做好作业地点的安全措施，办理准许及结束作业手续。

（2）当班值班员不得签发工作票和参加检修工作；当班助理值班员可参加检修工作，但必须填入工作票，且必须根据值班员的要求能随时退出检修组。遇有利用接触网停电“天窗”的检修作业或检修作业中有接触网停电倒闸时，助理值班员不得参加检修工作。

（3）牵引变电所所长和值班员要随时巡视作业地点，了解工作情况，发现不安全情况要及时提出，若属危及人身、行车、设备安全的紧急情况时，有权制止其作业，收回工作票，令其撤出作业地点；必须继续进行作业时，要重新办理准许作业手续，并将中断作业的地点、时间和原因记入运行日志。

（4）负责对设备维修质量进行验收，并参加设备大修、技术改造的验收工作，所长在所期间要参与设备的验收工作。

5. 汇报

（1）及时发现事故（故障）原因，按照事故（故障）处理程序准确、迅速处理事故（故障），并将处理情况及时报告供电调度、安全生产调度指挥中心。

（2）及时发现设备缺陷，将各类设备缺陷记入“设备缺陷记录簿”内，及时上报变电车间、安全生产调度指挥中心及供电技术科，并要通知所长确认签字和分析制定整改措施。A类设备缺陷逾期未处理的及时汇报，B、C类设备缺陷未处理的每月汇总上报，处理验收合格后及时上报。

（3）及时、正确填写运行日志及有关报表、台账、记录。

5.3.1.3 交接班

1. 交班准备

(1)交班人员提前30 min将室内外环境卫生打扫干净。

(2)检查各种台账记录填写符合要求,没有错漏项。

2. 交、接班

(1)接班人员应提前10 min到达主控制室,做好接班准备。

(2)交班开始时,由交班值班员负责对接班人员就岗位安全风险提示卡内容进行抽问。

(3)交班值班员召集本班及接班人员开交班会,向接班人员详细介绍本班设备运行情况及有关注意事项,包括:设备在交接班时的运行方式,倒闸操作情况;发生的事故(故障)和发现的设备异常及处理情况;断路器跳闸,继电保护及自动、远动装置的运行及动作情况;设备变更和检修情况,尚未结束工作票的检修作业,尚未拆除的地线及其装设地点、数量及编号,尚未恢复的安全措施;接收的有关安全生产的通知、文件及落实情况。

典型案例 5-3

4月9日,某变电所由供电调度远动操作切换系统,将2号进线带2号变切换为1号进线带2号变。在倒闸过程中,因241B分闸后不能自动储能,造成合闸时拒动,后经变电所值班员手动储能,于20时48分合上241B,动力变投入正常运行,中断供电18 min。

案例分析:

4月7日,动力变预防性实验结束后,因241B储能机构故障,只能手动储能将241B合上。检修人员将241B故障情况告知变电所当日值班员,但18时巡视交接班时,值班员未将241B故障情况告诉接班人员,也未填写在交接班记录中,致使4月9日变电所值班人员对241B故障情况不清楚,系统倒闸过程中,241B不能储能无法合闸。

(4)接班人员要认真听取和询问值班员介绍的事项,仔细阅读运行日志及有关设备变更、断路器跳闸、缺陷处理等记录,熟悉上一班的情况,并询问非值班期间安全情况和设备运行情况。

(5)经交班值班员同意后,接班人员与交班助理值班员共同巡视设备,试验各种音响、灯光信号,检查核对值班员讲述的事项以及运行日志和有关记录与实际情况相符合。

(6)所长每周检查常用图纸资料、工具、抢修材料、钥匙和安全用具齐全、完好。

(7)接班值班员确认全部检查项目无问题后,交、接班人员在运行日志上签字,接班人员在"变电所(亭)设备状态巡视确认记录"上签字,交班值班员向接班人员交接值班岗位标志,接班人员佩戴值班岗位标志,更换值班卡,开始履行值班任务。

3. 其他情况

正在处理故障或进行倒闸作业(包括倒闸作业前10 min)时不得进行交接班。未办完交接班手续,交班人员不得擅离职守,应继续担当值班工作。

5.3.1.4 牵引变电所值班标准用语

牵引变电所值班中的各种对话应口齿清楚、简练、使用标准术语,力求使用普通话,不得讲地方方言,语速不应过快。

1. 接听电话标准用语

值班员接听供电调度电话应报所在牵引变电所全称、本人全名，即“您好，× ×变电所（包括开闭所、分区所、AT 所，除特别指出外以下皆同），值班员 × × ×（值班员姓名）。”

2. 办理工作票标准用语

在牵引变电所检修作业准备开始之前，由值班员向供电调度提出办理工作票的申请，对不受时间限制的检修作业，供电调度对工作票的审核可在此时一并进行。

申请办理工作票标准用语：

值班员：“ × ×变电所申请办理第一种第 × ×号工作票……（说明作业地点及内容等）。”

值班员：“ × ×变电所现在开始宣读第一种第 × ×号工作票……（作业地点及内容等）……（工作票内容）。”

3. 接受作业命令标准用语

值班员、供电调度确认被检修设备处于撤出运行状态，工作票中必须断开的断路器和隔离开关全部倒闸完毕后，方可申请和发布停电作业命令。供电调度在发布停电作业命令时，受令人要认真复诵，有疑问时，应问清楚，助理值班员要监控值班员复诵。

受令标准用语：“ × ×时 × ×分、批准 × ×变电所第一种第 × ×号工作票……（作业地点及内容），要求 × ×时 × ×分完成，发令人 × × ×、受令人 × × ×。”

供电调度员确认无误后，方可给予命令编号和批准时间（无命令编号和批准时间的命令无效），每个作业命令，发令人和受令人同时填写作业命令记录，并由值班员将命令编号和批准时间填入工作票。

4. 消除作业命令标准用语

当办完结束工作票手续后，值班员即可向供电调度请求消除停电作业命令。值班员确认发令人在与自己对话后，报告所名称、命令编号及消令人姓名，并汇报设备验收情况。

汇报标准用语：“ × ×变电所 × ×号停电作业命令已完成，值班员 × × ×。”

5. 馈线断路器等自动跳闸时

馈线断路器跳闸后，值班员监护助理值班员确认并复归音响、灯光信号及故测仪指示。值班员向安全生产调度指挥中心、供电调度汇报跳闸情况，助理值班员监控值班员汇报，并做好记录。

汇报标准用语：“ × ×变电所（开闭所） × ×时 × ×分、× × ×跳闸， × ×保护动作，重合和强送情况（重合失败，重合闸撤出、重合闸闭锁、重合闸拒动），故测仪指示 × ×. × × ×，公里标 K× × × + × × ×，电流 × × ×安，电压 × ×. × × ×千伏，阻抗角 × ×. ×度。”

6. 变电所馈线停送电汇报标准用语

正常情况下，接触网检修的停送电所需要的牵引变电所倒闸由供电调度员通过 SCADA 系统完成。供电调度员远程倒闸操作后通知牵引变电所，牵引变电所值班员接到供电调度通知后，认真监视确认设备动作情况，及时向供电调度汇报并做好记录。例如接触网的送电倒闸操作程序如下：

（1）送电倒闸操作前，值班人员做好 SCADA 复视系统调取准备工作（接触网接有分区所或开闭所、AT 所）。

(2)值班员接到供电调度远方送电倒闸操作的电话通知后,值班员首先通过观察保护测控盘上位置信号灯的变化情况,初步确认开关是否合闸到位。

(3)在确认保护测控盘上开关信号显示合闸到位正常后,通过 SCADA 复视系统核对接触网所接所(亭)母线电压,确认该馈线网压正常。

(4)上述两项工作确认完毕后,向供电调度回复设备正常。

(5)向供电调度回复后,值班员要立即对电动隔离开关实际位置及运行状态进行现场巡视观察,确认设备状态良好。

7. 变电所馈线停送电倒闸完成标准用语

变电所馈线停送电倒闸完成后,变电所值班员负责向供电调度(或安全生产调度指挥中心生产调度员)汇报,助理值班员负责监控,汇报标准用语如下:

(1)馈线停电汇报标准用语

变电所值班员:"××变电所××上行(下行)×号馈线已停电,经巡视检查,××变电所××开关、××分区所××开关分闸正常,值班员×××。"

供电调度员:"××变电所××上行(下行)×号馈线停电完成,变电所及分区所相关开关在分位,已确认,调度员×××。"

(2)馈线送电汇报标准用语

变电所值班员:"××变电所××上行(下行)×号馈线已送电,经巡视检查,××变电所××开关合闸正常,值班员×××。"

供电调度员:"××变电所××上行(下行)×号馈线送电完成,已确认,调度员×××。"

5.3.2 接触网工区值班

接触网工区的值班有两方面的概念。一方面,每个接触网工区在夜间和节假日必须经常保持一个作业组的人员(至少12人)在工区值班。工区应有值班人员的宿舍和卧具,并经常保持清洁、安静,保证值班人员休息好;另一方面,接触网工区值班也指接触网工区值班室负责人,是指外部与接触网工区信息联系的传递人员。这里所述值班属于第二类。

1. 接触网工区值班员的任职资格

接触网工区值班员由接触网工区工班长安排有独立顶岗能力并持有接触网工证(中级以上)、安全合格证(三级以上)的人员担任。

2. 接触网工区值班员的工作内容

(1)交接班

检查值班室各项备品齐全,工区环境卫生打扫干净,所有办公场所门窗关闭上锁,重要事项交接完成后在值班日志上签字接班。

(2)日常值班要求

外来人员、车辆进入工区必须登记,工区大门随时关闭;工区外出作业后和夜间熄灯休息前应锁闭大门(含轨道车专用线大门),对工区院内进行一次巡视检查;做好防火、防盗、防破坏工作。

(3)备品管理

负责工区对讲机(或GSM-R手持终端)、照明工具日常保管和充电,保证电量充足,状态良好。

(4)电话接听

值班人员接听电话应使用以下标准语言:这里是××接触网工区值班员××,请讲。并询问来电单位及来电人员姓名,重要事项必须记录入接触网值班日志,并及时汇报工区负责人。遇事故抢修信息应立即拉响事故抢修铃,做好记录,将事故信息立即报告工长,并通知抢修人员集合出动。

(5)值班日志填写

根据每日工作情况按标准填写值班日志。

(6)汇报标准

如遇上级领导到工区检查,可按以下要求进行汇报:"报告领导,××工区值班员×××正在值班,欢迎领导莅临检查,请指示。"

如果接触网检修作业组正外出作业,可按以下要求汇报目前作业情况:"现在工区×××带领工区人员在××区间作业。"汇报完毕后继续坚守值班岗位或按领导指示陪同进行检查。

3. 对接触网工区值班员的其他要求

(1)值班员须按规定着装(例如可穿铁路制服或工作服),佩戴值班标志;不得穿拖鞋或高跟鞋。

(2)值班员不得外出参加作业;必须及时接听电话,做好电话记录,并将信息及时准确传递到相关人员和部门。

(3)严格劳动纪律,坚守值班岗位,履行值班职责,不得以任何理由擅自离岗、换岗;因事确需暂时离开,必须向工区负责人请假,由工区负责人安排符合条件的人员顶岗后,方能离开岗位;保持值班室通信工具畅通,严禁因私事占用值班电话。

(4)严格执行门卫和外来人员登记制度,随时保持警惕,做好防火、防盗、防破坏工作。

(5)认真进行交接班,做好交接记录,履行好交接班人员签字手续、正确填写值班记录。

(6)保持工区内环境清洁卫生,无死角,做好院内绿化、美化工作;各种工具、备品摆放规范,不存放与生产无关的物品。

5.3.3 铁路电力工区值班

1. 电力工区值班的人员要求

电力工区值班人员由电力工区工班长安排有独立顶岗能力并持有电工证、安全合格证的人员担任。

2. 电力值班的工作内容

(1)交接班

值班人员检查值班室各项备品齐全,工区环境卫生打扫干净,确认所有办公场所门窗、物品情况正常,重要事项交接完成后在值班日志上签字接班。

(2)日常值班要求

外来人员、车辆进入工区必须登记,工区大门随时关闭,工区外出作业后和夜间熄灯休息前应锁闭大门,对工区院内进行一次巡视检查,做好防火、防盗、防破坏工作。

(3)备品管理

值班人员负责工区工具备品柜内物品的保管、保养(如对讲机、照明设备等充电),保证其状态良好。

(4)电话接听、传达

值班人员接听电话应使用以下标准语言:“这里是××电力工区值班员××,请讲”,并询问来电单位及来电人员姓名、联系电话等,重要事项必须记录入电力值班日志,并及时汇报工区负责人。遇事故抢修信息应做好记录、及时报告工区负责人,拉响事故抢修铃,协助准备抢修工具材料,并按要求通知事故抢修人员。

(5)故障处理

值班期间遇到小型设备故障,根据班组负责人安排进行处理。

(6)填写值班日志

根据每日工作情况按标准填写值班日志。及时收集工区当日工作完成情况,按规定向上级汇报。

(7)上级领导检查汇报

如遇上级领导到工区检查,值班员应按以下要求进行汇报:“报告领导,××电力工区值班员×××正在值班,欢迎领导光临检查,请指示。”

如有电力设备检修组正外出作业,可按以下要求汇报目前作业情况:“现在工区×××带领工区人员在××位置(或车站、区间)作业。”汇报完毕后继续坚守值班岗位或按领导指示陪同进行检查。

3. 电力工区值班的一般要求

(1)值班员须按规定着装(穿铁路制服或工作服),佩戴值班标志,不得穿拖鞋。

(2)值班员必须及时接听电话,做好电话记录,并将信息及时准确传递到相关人员和部门。遇有故障需外出处理时,需向电力调度、车间、班组汇报。

(3)严格劳动纪律,坚守值班岗位,履行值班职责,不得以任何理由擅自离岗、换岗,因事需暂时离开,必须向工区负责人请假,由工区负责人安排符合条件的人员顶岗后,方能离开岗位。保持值班室通信工具畅通,严禁因私事占用值班电话。

(4)严格执行门卫制度和外来人员登记制度,随时保持警惕,做好防火、防盗、防破坏工作。

(5)认真进行交接班,履行好交接班人员签字手续、正确填写值班记录。

(6)保持环境清洁卫生,各种工具、备品摆放得体,不存放与生产无关的物品。

综合练习

练 习

项目5
综合练习

答 案

项目5
综合练习答案

项目6

高空作业

项目引言

国家标准《高处作业分级》(GB/T 3608—2008)规定:凡在距坠落高度基准面2 m或2 m以上有可能坠落的高处进行的作业,都称为高处作业。《普速铁路接触网安全工作规则》中明确规定:凡在距离地(桥)面2 m及以上的处所进行的作业均称为高空作业。本书主要针对铁路供电专业,均称为高空作业。根据这一规定,在铁路供电设备安装、维护中涉及高空作业的范围是相当广泛的:在变、配电所室内作业时,若在2 m以上的架子、梯子上进行安装和检修操作,即为高空作业;铁路电力线路、牵引变电所室外设备,以及接触网设备大都在离开地面3~10 m的范围内,这些设备的检修同样也属于高空作业。

高空作业是一个高风险的工作领域,其安全管理至关重要。通过建立安全制度和规范、培训作业人员、使用合格工具设备、风险评估和操作计划、通信和紧急救援措施、明确作业人员责任,以及定期检查和回顾等措施,可以有效降低高空作业事故的发生率,保障作业人员的生命安全,减少人力和财产损失。只有注重高空作业安全管理,才能创造一个安全、稳定的工作环境。

学习目标

1. 知识目标

(1)掌握高空作业的概念。

(2)掌握牵引变电所、接触网和铁路电力设备检修所需要的高空作业安全规则。

2. 能力目标

(1)掌握高空作业的操作技能,能完成简单的牵引变电所、接触网和铁路电力设备检修高空作业项目。

(2)掌握高空作业安全防护用品、工具的使用方法。

(3)具备参加牵引变电所、接触网和电力岗位高空作业的能力。

3. 素养目标

(1)培养良好的安全意识和自我保护能力,提高高空作业紧急状况下的应对能力和自我保护能力。

(2)培养高空作业成员团队的合作、协调和沟通能力。

6.1 知识准备

6.1.1 高空作业安全用具

6.1.1.1 安全帽

安全帽是用来保护工作人员头部、减少头部受到冲击伤害的安全用具。

典型案例 6-1

7月17日1118次货物列车运行于某区间时,有人从车上盗窃货物;从车上扔下的货物将1号支柱砸断。接触线被受电弓挂断。

C接触网工区跟在A、B工区后赶到,人员被安排协助A、B两工区事故抢修。C接触网工区职工甲在1号、2号支柱间待命。此时,抢修钢柱已立好,作业组正在1号支柱处紧线,突然1号、2号支柱间接触线断开,弹打在正在该跨中待命的接触网工甲的头部,将甲的安全帽打掉,致使其头部受轻伤。

案例分析:

1号、2号支柱间接触线有损伤,紧线受力后从损伤处断开,致甲受伤。万幸的是,甲戴着安全帽,这时的安全帽真正起到了保全他性命的作用,在接触网作业中,随时会有许多意想不到的事件发生,我们保证安全的唯一正确做法就是遵守各种规章制度。设想一下,如果甲没有按照规定戴好安全帽的话,他就不会仅仅是受轻伤了。

1. 按照安全帽帽壳制造材料的分类

安全帽的帽壳材料主要有合成树脂、金属、胶质、塑料。电力安全帽一般需要绝缘功能,所以就需要使用塑料或玻璃钢等材质。有需要时电力安全帽也可配备"近电报警器",在接近带电设备时发出警报,避免触电。

2. 安全帽的作用

(1)缓冲减振作用

安全帽的帽壳与帽衬之间有25~50 mm的间隙。当物体打击安全帽时,帽壳不会因受到冲击力而直接影响到头部。

(2)分散应力作用

帽壳为椭圆形或半球型,表面光滑,当物体坠落在帽壳上时,物体不能停留立即滑落;而且帽壳受打击点的承受的力向周围传递,可通过帽衬缓冲减少2/3以上,其余的应力经帽衬的整个面积传递给人的头盖骨,这样就把着力点变成了着力面,从而避免了冲击力在帽壳上某点应力集中,减少单位面积受力。

(3)生物力学作用

国标规定安全帽必须能吸收4 900 N的冲击力。根据生物学试验,人体颈椎在受力时的最大限制为4 900 N左右,超过此限制颈椎就会受到伤害,轻者引起瘫痪,重者危及生命。

3. 安全帽的规格、制造、性能等方面的要求

(1)安全帽帽衬顶端与内顶面的垂直距离应当在25~50 mm。

(2)安全帽上要有清晰的制造厂名、商标、型号、制造日期、许可证。

(3)安全帽必须是经国家指定的监督部门检验合格、取得生产许可证的工厂生产的。

(4)安全帽应满足以下两个基本性能要求:

①冲击吸收性能。将安全帽放在标准的头模上,用一把5 kg的钢锤,由1 m高的地方自由下落冲击安全帽,这时对头模的冲击力不大于4 900 N为合格。

②耐穿透性能。将安全帽放在标准的头模上,用一个3 kg的锥角为60°的钢锥,由1 m高度自由平稳下落来冲击安全帽,扎入帽壳的钢锥头不会接触到头模为合格。

4. 安全帽的佩戴方法

佩戴安全帽前,应检查帽壳、帽箱、顶衬、下颏带、后扣等组件完好无损是否齐全,装配是否牢固,帽衬调节部分是否卡紧、帽壳与头顶足够的缓冲距离等。安全帽戴好后,应将后扣拧到合适位置,锁好下颏带,后扣松紧程度以身体前倾后仰时安全帽不会从头上掉下为准,如图6-1所示。

佩戴安全帽操作旋转装置时,长发女职工还必须将长头发盘进帽内。

图6-1 安全帽佩戴检查

5. 安全帽的维护保养

(1)安全帽产品应符合标准及要求,每两年半更新。

(2)要将安全帽放置高处,以免误坐到安全帽上,造成变形,降低安全帽的防护作用。

(3)热塑性安全帽可用清水冲洗,但不能用热水浸泡,不能放在火炉或暖气片上烘烤,防止安全帽变形。

(4)保持清洁、经常检查。安全帽使用超过规定限值,或者受过较严重的冲击后应予以更换。

6.1.1.2 安全带

安全带是由带子、绳子和金属配件组成的用于防止高空作业人员发生坠落或发生坠落后将作业人员安全悬挂的个体防护用品。为了保证作业中的安全,带子和绳子所用材料必须用

锦纶或高强度涤纶制造，金属配件采用普通碳素钢或铝合金，包裹绳子的护套材料采用皮革、维纶或橡胶制作。

1. 安全带应包含的性能

（1）发生高空坠落时能拉住作业人员，有足够的机械强度来承受人体摔下时的冲击力，同时确保作业人员不会从带中滑脱。

（2）安全带应能防止人体坠落到能致伤的某一限度，即在这一限度前安全带就能拉住人体，使之不能再往下坠落。人体由高处向下坠落时如超过某一限度，即使把人拉住了，因所受的冲击力太大，也会致使人体内脏损伤甚至造成死亡。因此要求安全带能提供最佳的冲击力分布。

（3）让空中悬挂的作业人员处于可能自救的最佳状态，并维持人体处于最佳位置。

（4）应使作业人员在安全、舒适和有效率的情况下活动自如。

2. 安全带的分类

按照使用条件的不同，可以分为以下3类：

（1）围杆作业安全带。围杆作业安全带是指通过围绕在固定构造物上的绳或带将人体绑定在固定的构造物附近，使作业人员的双手可以进行其他操作的安全带，如图6-2（a）所示。

（2）区域限制安全带。区域限制安全带是指用以限制作业人员的活动范围，避免其到达可能发生坠落区域的安全带，如图6-2（b）所示。

（3）坠落悬挂安全带。坠落悬挂安全带是指高空作业或登高人员发生坠落时，将作业人员安全悬挂的安全带，常见的全身式安全带即为坠落悬挂安全带，如图6-2（c）所示。

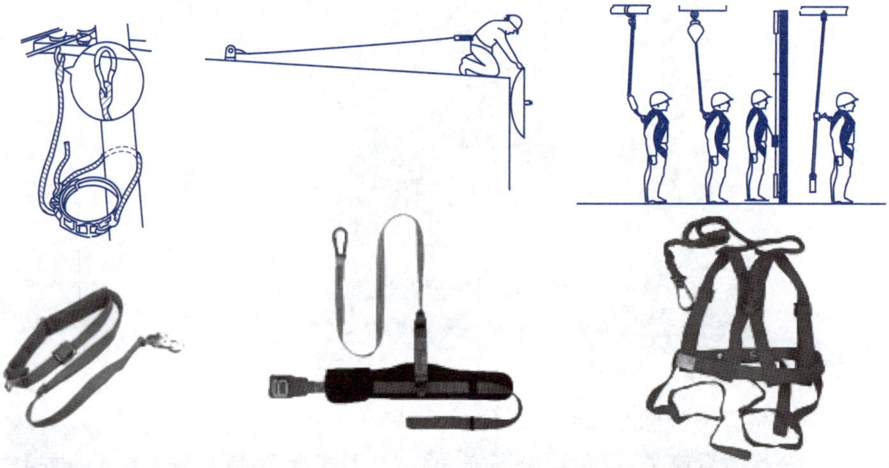

（a）围杆作业安全带　　（b）区域限制安全带　　（c）坠落悬挂安全带

图6-2　安全带的分类

3. 全身式安全带

传统的单腰带式安全带负荷关键点在腰部，若佩戴者在作业时发生坠落，无论人体脸部向上、向下或向左右侧，腰部将承受因坠落产生的冲击力。但人的腰部是比较脆弱的，这会在一定程度上造成隐患。同时作业人员也比较难以开展自救。佩戴全身式安全带若发生坠落，冲击力将均匀地分散到腿部、腰部、胸部及背部等整个躯干的各部分，从而尽可能减少对腰部的伤害，并维持人体处于最佳位置而便于自救。

全身式安全带意即安全带包裹全身，配备有腰、胸、背多个悬挂点。它一般可以拆卸为一个半身安全带及一个胸式安全带。全身安全带最大的应用是能够使作业人员采取“头朝下”的方式作业而无须考虑安全带滑脱。

典型案例 6-2

某地区电力系统进行正常的电力维修，正常配置为全身式安全带＋腰带＋定位绳＋防坠器，但是由于工人贪图方便且对于安全意识的薄弱，只是使用了腰带＋定位绳＋防坠器，结果在工作中发生坠落事故。维修人员从8 m左右的高度坠落过程中，虽然使用了防坠器，但是维修人员仍旧从腰带中滑落出来，造成该人员死亡。

全身式安全带在高空作业人员不慎坠落时的防护作用，远远高于过去大量使用的单腰带式安全带。高空作业中合理选用、规范使用全身式安全带是确保高空作业人员人身安全的重要手段，但全身式安全带的佩戴较为复杂，需要为安全带使用人员开展适当的技术培训，如图6-3所示。

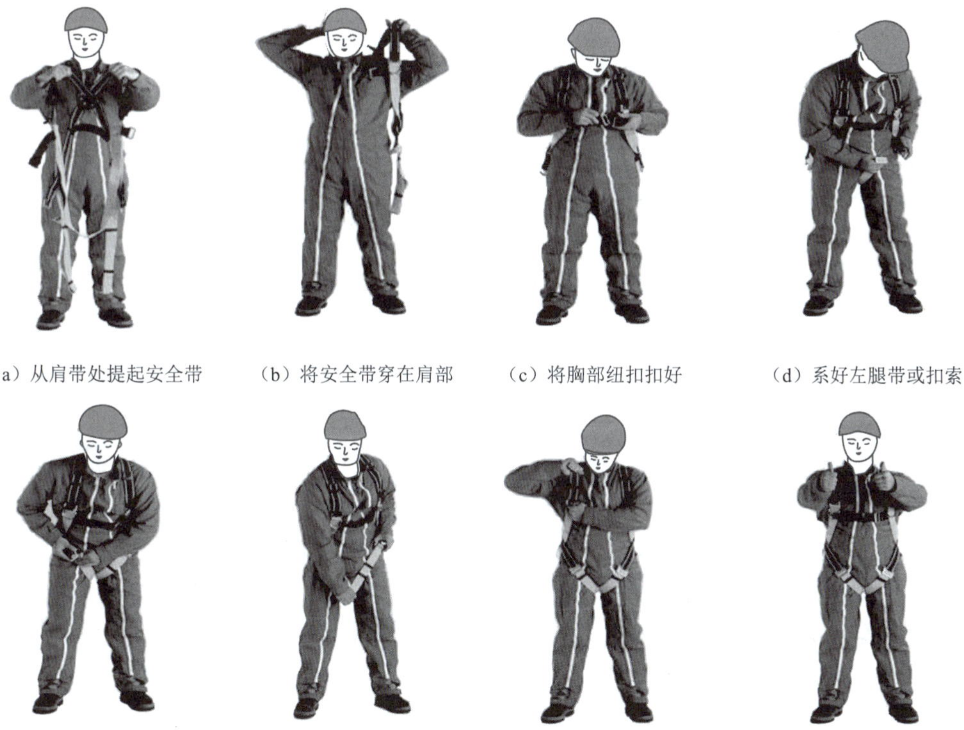

（a）从肩带处提起安全带　（b）将安全带穿在肩部　（c）将胸部纽扣扣好　（d）系好左腿带或扣索

（e）系好右腿带或扣索　（f）调节腿带直到合适　（g）调节肩带到合适　（h）穿戴完毕，开始工作

图6-3　全身式安全带的穿戴步骤

注意事项:

高空作业人员配备的个人防护器材只是一种“预防”,让高空作业人员熟悉并正确使用个人防护器材才是最后的安全保障。

4. 安全带使用注意事项

(1)每次使用安全带时,应查看标牌及合格证,检查尼龙带有无裂纹,缝线处是否牢靠,金属件有无缺少、裂纹及锈蚀情况,安全绳应挂在连接环上使用。

(2)安全带应遵循高挂低用的原则,并防止摆动、碰撞,避开尖锐物质,不能接触明火。

(3)作业时应将安全带的钩、环牢固地挂在系留点上。金属挂钩必须有保险装置。金属钩舌弹簧有效复原次数不少于2万次。钩体和钩舌的咬口必须平整,不得偏斜。

(4)在低温环境中使用安全带时,要注意防止安全带变硬割裂。

(5)使用频繁的安全绳应经常做外观检查,发生异常时应及时更换新绳,并注意加绳套的问题。

(6)不能将安全带打结使用,以免发生冲击时安全绳从打结处断开,应将安全挂钩挂在连接环上,不能直接挂在安全绳上,以免发生坠落时安全绳被割断。

(7)安全带使用两年后,应按批量购入情况进行抽检。围杆作业用安全带做静负荷试验、安全绳做冲击试验,试验显示无破裂可继续使用,不合格品不得继续使用。对抽样过的安全绳必须重新更换安全绳后才能使用,更换新绳时注意加绳套。

(8)安全带应储藏在干燥、通风的仓库内,不准接触高温、明火、强酸、强碱和尖利的硬物,也不要暴晒。搬运时不能用带钩刺的工具,运输过程中要防止日晒雨淋。

(9)安全带应该经常保洁,可放入温水中用肥皂水轻轻擦,然后用清水漂净,然后晾干。

(10)安全带上的各种部件不得任意拆除。更换新件时,应选择合格的配件。

(11)安全带使用期为3~5年,发现异常应提前报废。在使用过程中如发现有破损变质情况应立即停止使用。

6.1.2 高空作业工机具

6.1.2.1 接触网作业车

电气化铁路的发展,有效提升了铁路运输能力、降低了运输成本、减少了环境污染,为确保持续、稳定、安全地为牵引机车和动车组供电,需要定期对接触网设备进行检修维护。

接触网检修属于高处作业,为满足接触网检修作业要求,同时提高接触网检修效率,确保作业安全,我国自主研发了各种类型的接触网作业车。

接触网作业车可以满足接触线及承力索检修、接触网恒张力放线、绝缘子清洗、接触网状态检测及接触网支柱立杆作业等多种作业需求,也可以用作牵引车。接触网作业车现已成为电气化铁路建设、运营维护、应急抢险工作中不可或缺的设备。

接触网作业车是铁路供电系统设备单位维修、事故抢险的重要机械动力设备,同时又是直接的行车设备。接触网作业车的行车安全在铁路供电系统设备单位安全管理中十分重要,确保接触网作业车行车安全是每一位接触网作业车使用参与者的共同职责。

一、接触网作业车的分类

接触网作业车的种类、型号众多,可以按照传动方式、动力源及功能的不同进行分类。

（一）按传动方式分类

接触网作业车按传动方式的不同，可以分为机械传动接触网作业车和液力传动接触网作业车。

1. 机械传动接触网作业车

常用的机械传动接触网作业车型号有 JW-4、DA12、TY-5 型接触网检修作业车，如图 6-4 ~ 图 6-6 所示。

图 6-4 JW-4 型接触网检修作业车

图 6-5 DA12 型接触网检修作业车

图 6-6 TY-5 型接触网检修作业车

机械传动接触网作业车是接触网作业车的早期产品，具有起动和牵引性能良好、操纵维修方便、作业效率高、运用成本低等优点，主要运用于普速电气化铁路接触网上部设施的安装、维修和日常检查、保养，也可兼作牵引车辆。这里以 JW-4 型接触网检修作业车为例说明机械传动接触网作业车的结构与性能、工作原理和主要技术参数。

（1）结构与性能

JW-4 型接触网检修作业车是采用机械传动方式的四轴、可双向驾驶的接触网作业车，主要由动力及传动系统、走行部、电气系统、制动系统、液压系统及液压升降回转作业平台、随车起重机等组成。该车结构如图 6-7 所示。

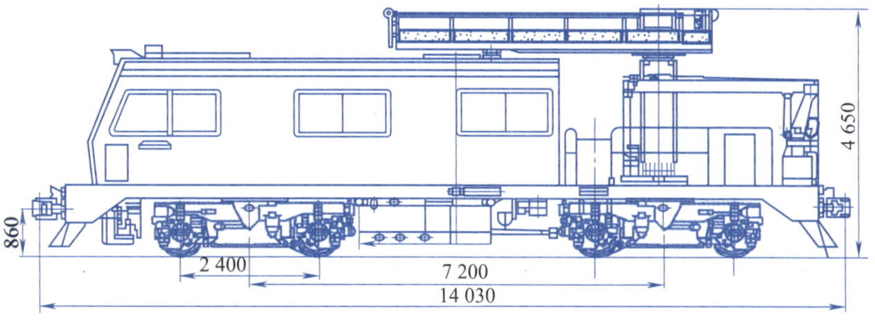

图 6-7 JW-4 型接触网检修作业车结构（单位：mm）

机械传动接触网作业车的动力系统及传动系统由统发动机、离合器、变速器、换向箱(分动箱)、传动轴、车轴齿轮箱等组成,如图6-8所示。

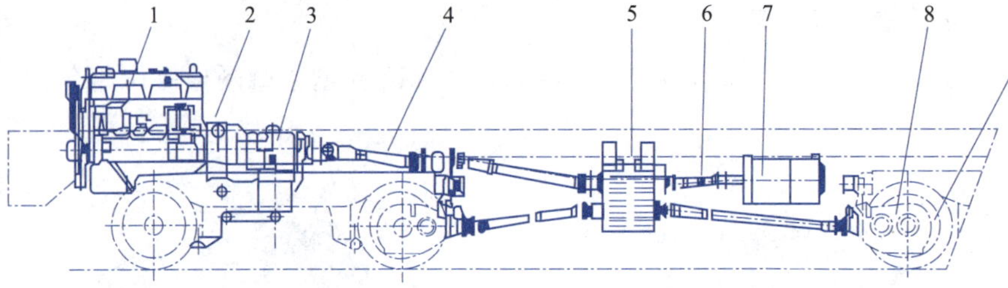

1—发动机;2—离合器;3—变速器;4—传动轴;5—换向箱;
6—传动轴;7—发电机;8—车轴齿轮箱;9—轮对。

图6-8 机械传动接触网作业车动力传动系统

(2)工作原理

JW-4型接触网检修作业车由柴油发动机提供动力,经过离合器、变速器、换向分动箱和车轴齿轮箱等齿轮传动系统将发动机产生的动力、扭矩等传递至轮对;再通过轴箱拉杆传递至转向架后经牵引拉杆传递至车体,从而驱动整车走行;通过齿轮组实现扭矩的放大和换向;通过操纵换向分动箱确定行驶方向。转向架与车轴、车体与转向架间安装减振装置以改善接触网作业车的运行品质与乘坐舒适性能;车体两端安装车钩及缓冲装置,以传递牵引力、减缓车辆间冲击力。

(3)主要技术参数

JW-4型接触网检修作业车主要技术参数见表6-1。

表6-1 JW-4型接触网检修作业车整车主要技术参数

序号	参数名称	单位	技术参数
1	轴列式	—	1A-A1
2	转向架中心距	mm	7 200
3	转向架轴距	mm	2 400
4	轮径	mm	840
5	最高自运行速度	km/h	100/120
6	车钩形式	—	前端2号车钩、后端13B型车钩+ST或MT-3型缓冲器或Gl型缓冲器
7	线路最大超高	mm	125
8	线路最大坡度	‰	30
9	通过最小曲线半径	m	90
10	整机质量	t	37
11	燃油箱容积	L	760
12	外形尺寸(长×宽×高)	mm	标准车型 14 030×3 070×4 650 安装紧线装置 14 030×3 070×4 750

2.液力传动接触网作业车

液力传动接触网作业车将发动机的动力通过液力变矩器(也称变扭器)、传动轴、车轴齿轮箱等传递到轮对上，实现无级变速驱动车辆运行，具有装机功率大、操纵简单、运行平稳、使用寿命长等优点，主要运用于电气化铁路接触网上部设施的安装、维修和日常检查、保养，也可兼作牵引车辆。常用的液力传动接触网作业车型号有 JW-4G、JW-4P 型接触网检修作业车，如图 6-9、图 6-10 所示。

图 6-9　JW-4G 型接触网检修作业车

图 6-10　JW-4P 型接触网检修作业车

这里以 JW-4G 型接触网检修作业车为例说明液力传动接触网作业车的结构与性能、工作原理和主要技术参数。

(1)结构及性能

JW-4G 型接触网检修作业车是采用液力传动方式的四轴、可双向驾驶的接触网作业车。该车设计时速为 120 km，主要由车体、车架、转向架、动力传动装置、制动系统、液压系统、电气系统、自动调平的升降回转作业平台、车钩及缓冲装置、空调、随车起重机等组成。该车结构如图 6-11 所示。走行部采用两台两轴转向架，动力传动装置下悬，车辆前端设置司机室，后部设置升降回转作业平台及随车起重机。

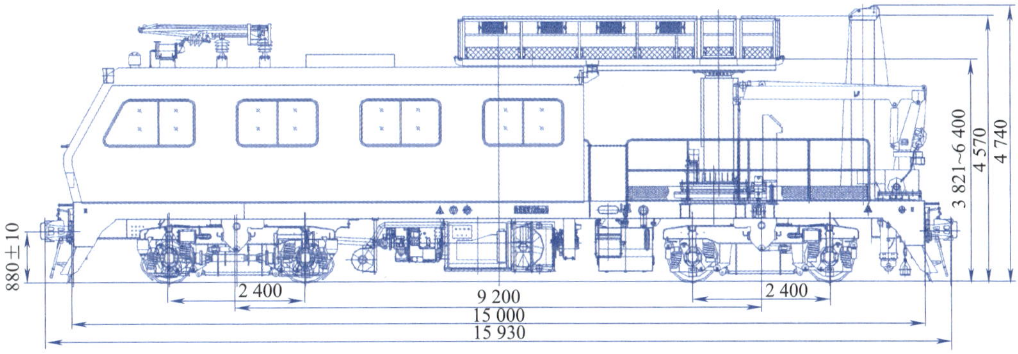

图 6-11　JW-4G 型接触网检修作业车结构(单位:mm)

JW-4G 型接触网检修作业车液力传动系统由液力变矩器(变扭器)、传动轴、车轴齿轮箱、轮对等组成，如图 6-12 所示。

(2)液力传动接触网作业车的工作原理

JW-4G 型接触网检修作业车由柴油发动机提供动力，经过液力传动箱、传动轴、车轴齿轮箱将发动机产生的动力传递至轮对，从而驱动整车走行。分动箱通过传动轴与发动机自由端连接，为空压机和液压油泵提供动力，进而为整车油水散热器、作业平台、调平装置、液压支腿及随车吊机提供动力。

液力传动接触网作业车的结构与机械传动接触网作业车基本相同，主要区别在于液力传动接触网作业车用液力传动箱取代了变速器与离合器,实现了自动换挡调速,提高了运行的平稳性和舒适性。

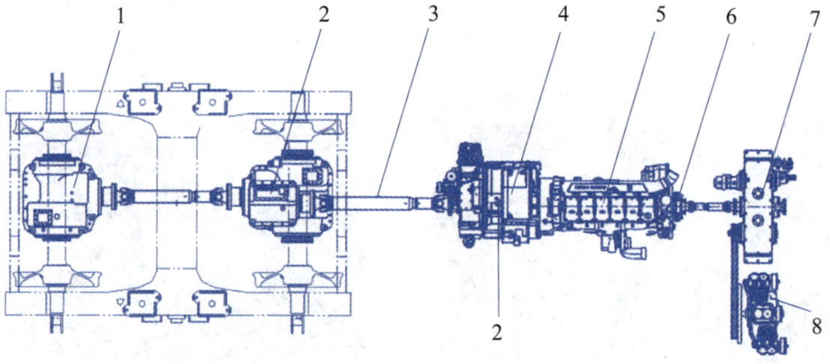

1,2—车轴齿轮箱;3—传动轴;4—液力传动箱;
5—发动机;6—弹性联轴器;7—分动箱;8—空压机。

图6-12 JW-4G型接触网检修作业车动力传动系统

(3)液力传动接触网检修作业车的主要技术参数

JW-4G型接触网检修作业车主要技术参数见表6-2。

表6-2 JW-4G型接触网检修作业车整车主要技术参数

序号	参数名称	单位	技术参数
1	轴列式	—	2-B
2	转向架中心距	mm	9 200
3	轴距	mm	2 400
4	最大外轨超高	mm	180
5	最大坡度	‰	≤33
6	最高风速	m/s	≤20
7	最高持续运行速度	km/h	120(牵引50 t)
8	最高连挂运行速度	km/h	120
9	起动牵引力	kN	50
10	燃油箱容积	L	1 000
11	总风缸容积	L	500
12	紧急制动距离	m	≤400(单机平直道,制动初始速度80 km/h) ≤800(单机平直道,制动初始速度120 km/h)
13	车架长度	mm	15 000
14	车架宽度	mm	2 960
15	钩缓装置	—	13B上作用车钩及缓冲器
16	整备质量	t	约46(不带紧线柱);约47(带紧线柱)
17	外形尺寸(长×宽×高)	mm	15 930×3 118×4 625(不带紧线柱) 15 930×3 118×4 740(带紧线柱)

（二）按动力源分类

根据动力源的不同，接触网作业车可分为内燃动力接触网作业车和混合动力接触网作业车。

1. 内燃动力接触网作业车

内燃动力接触网作业车是由柴油发动机提供动力，普通的机械传动、液力传动接触网作业车均为内燃动力。

2. 混合动力接触网作业车

混合动力接触网作业车是既有内燃动力又有电能动力驱动，适用于长大隧道或对噪声、污染物排放要求较高的区段。典型的混合动力车型如HDX型接触网检修作业车，这里以其为例说明混合动力接触网作业车的结构与性能、工作原理和主要技术参数，如图6-13所示。

图 6-13　HDX 型接触网检修作业车

（1）结构及性能

HDX型混合动力接触网检修作业车由内燃发动机、牵引电机及附属系统共同构成作业车的动力系统。动力系统采用柴油机和蓄电池两套动力，搭载三作业平台、高空作业斗、抬拨线装置和调平装置等作业机构。

HDX型混合动力接触网检修作业车的动力系统采用下沉式布置，增大车上空间，降低室内噪声；隧道作业时由蓄电池提供牵引动力，环保、无污染，改善了作业环境；隧道外由发动机提供牵引动力，同时给蓄电池进行充电。

（2）工作原理

HDX型混合动力接触网检修作业车配置两套动力单元，具有两个输入端的液力传动箱，通过TCU（自动变速箱控制单元）实现动力的切换，如图6-14所示。液力传动时，牵引电动机处于脱开位，柴油机处于工作位；电传动时，通过变速箱内部离合器的啮合，将牵引电动机处于工作位，驱动车辆走行，柴油机处于脱开位；在无动力回送时，牵引电动机处于脱开位。

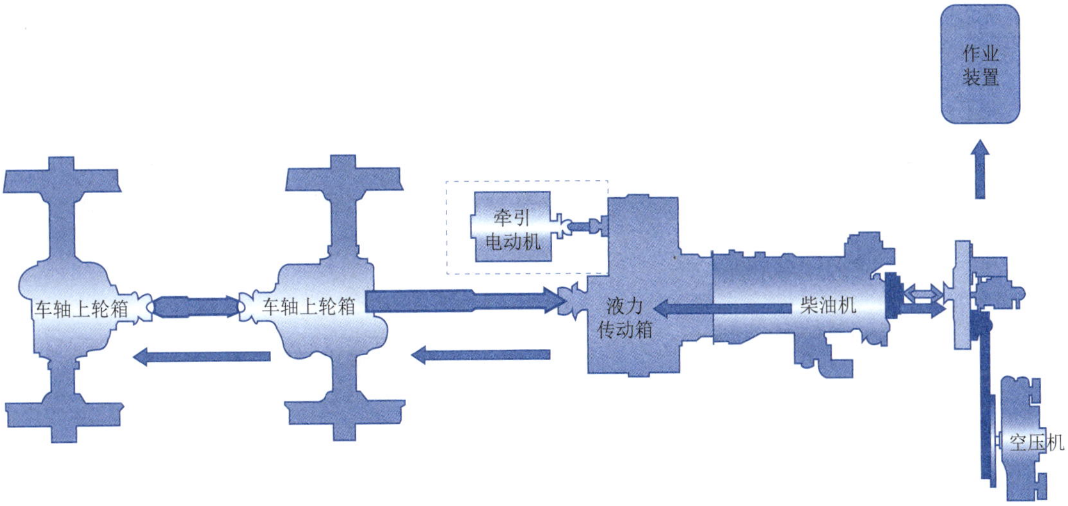

图 6-14　混合动力接触网检修作业车传动系统

电传动牵引系统由蓄电池、牵引逆变器、牵引电动机等组成，如图6-15所示。

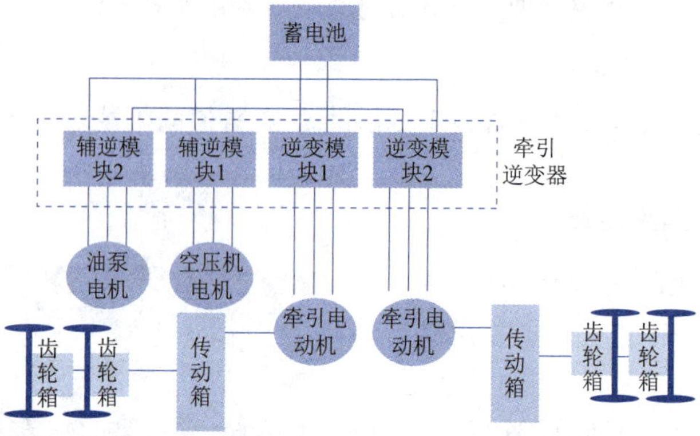

图6-15　混合动力接触网检修作业车电传动

（3）主要技术参数

HDX型混合动力接触网检修作业车的车辆参数与DPT型接触网检修作业车基本相同（DPT型接触网检修作业车主要技术参数见表6-6），不同性能参数见表6-3。

表6-3　HDX型接触网检修作业车主要技术参数

序号	参数名称	单位	技术参数
1	动力单元数量	套	2
2	装机功率	kW	353×2
3	发动机	—	WP12.480型电喷水冷柴油发动机
4	液力传动箱	—	日本NICO公司TACHN-22-2001型
5	牵引电动机功率	kW	55
6	最高运行速度（内燃）	km/h	120
7	最高走行速度（电动）	km/h	20
8	续航能力（内燃）	h	8
9	续航能力（电动作业）	h	3

（三）按功能分类

接触网作业车按功能可以分为接触网架线作业车、接触网放线车、接触网立杆作业车、接触网多功能检修作业车、接触网高空作业车、接触网巡检车、接触网多平台作业车、接触网检修车列、接触网专用平板车、绝缘子水冲洗车等，接触网作业车具体功能见表6-4。

表6-4　接触网作业车功能

序号	车　型	主要功能
1	接触网架线作业车	主要用于电气化铁路承力索、接触线的架线，接触悬挂的安装及其他部件的检修作业
2	接触网放线车	主要用于电气化铁路承力索、接触线、附加悬挂的放线作业，可对线索施加预设张力

续上表

序号	车　型	主要功能
3	接触网立杆作业车	主要用于电气化铁路接触网支柱、钢柱、横梁及质量较大设备的安装，无牵引动力
4	接触网多功能检修作业车	用于电气化铁路接触网检修作业及超过支柱限界、超过接触悬挂高度的设备的维修及桥梁下部设备的检修作业，配置的接触网1C检测系统可实现接触网与受电弓的实时动态检测
5	接触网高空作业车	用于电气化铁路接触网检修作业，配置的作业吊斗可用于超过支柱限界、超过接触悬挂高度设备的维修
6	接触网巡检车	安装有高清成像系统、接触网悬挂状态检测监测装置、弓网检测装置等，主要用于电气化铁路接触网检测
7	接触网多平台作业车	用于接触网上部设施的安装、检修和日常维护保养
8	接触网检修车列	主要用于接触网检修作业，用于线路维护中物料、工具、人员等的运输，为接触网检修作业提供后勤保障，接触网检修作业时的现场办公，随车配置的发电机组、接触网供电电源可为整车和外接电动机具提供电源
9	接触网专用平板车	主要用于较大零部件、设备及材料的运输，无牵引动力
10	绝缘子水冲洗车	主要用于电气化铁路接触网绝缘部件的清洗作业

这里仅简要介绍常用的多功能检修作业车、多平台作业车及接触网检修作业车列。

1. 接触网多功能检修作业车

接触网多功能检修作业车是电气化铁路接触网检修、维护、抢修的专业设备，也可以用于线路、桥梁等设施的检查和维护、邻线的接触网抢修作业等。在用的多功能检修作业车有BR711（图6-16）和JDZ-160（图6-17）等型号。这里以BR711型为例说明接触网多功能检修作业车的结构、工作原理和主要技术参数。

图6-16　BR711型接触网多功能检修作业车

图6-17　JDZ-160型接触网多功能检修作业车

（1）结构及性能

BR711型接触网多功能检修作业车，车顶安装有接触网检测装置、导线拔线装置、升降旋转作业平台、高空作业斗等作业装置，照明灯具等。车内布置有司机室、工作间和生活间。车下装有两台动力转向架、两台柴油机、两台液力传动箱、两个组合式冷却装置、柴油机辅助装置、分动箱、燃油箱、柴油发电机组、应急泵组、蓄电池组、各静液压泵组及基础制动系统等，自运行速度最高160 km/h，作业运行速度0～10 km/h。

（2）工作原理

BR711型接触网多功能检修作业车采用液力传动方式，其工作原理与JW-4G型接触网作业车相似。

(3)主要技术参数

BR711 型接触网多功能检修作业车整车主要技术参数见表 6-5。

表 6-5 BR711 型接触网多功能检修作业车整车主要技术参数

序号	参数名称	单位	技术参数
1	轴式	—	B-B
2	转向架中心距	mm	17 000
3	转向架轴距	mm	2 600
4	传动方式	—	作业走行采用液压传动,高速运行采用液力传动
5	发动机总功率	kW	1 300
6	传动箱吸收功率	kW	550 × 2
7	燃油箱容积	L	≥1 600
8	最高运行速度	km/h	160
9	作业运行速度	km/h	0 ~ 10
10	最大坡度	‰	≤33
11	外轨最大超高	mm	180
12	最高风速	m/s	12.5(6 级风)
13	紧急制动距离	m	≤1 400(平直道,初速度 160 km/h)
14	整备质量	t	84(包括 5 t 车载备品)
15	外形尺寸(长 × 宽 × 高)	mm	24 340 × 2 875 × 4 610

2. 接触网多平台作业车

所谓多平台接触网作业车就是充分利用车顶空间,增加接触网检修作业平台数量、加长作业平台长度后的接触网检修作业车。典型的多平台接触网作业车有 DPT 型接触网检修作业车,如图 6-18 所示。这里以 DPT 型接触网检修作业车为例说明多平台接触网作业车的结构和功能、工作原理,以及主要技术参数。

(1)结构和功能

图 6-18 DPT 型接触网检修作业车

DPT 型接触网检修作业车设计时速为 120 km,它具有 JW-4G 型接触网检修作业车的所有优点,此外,该车还配置了三个作业平台,三个作业平台独立操纵。主平台主要用于接触导线作业,可向上移动;辅助平台主要用于承力索、支柱、支撑装置等作业,可向上和分别向左右移动。

DPT 型接触网检修作业车为液力传动的四轴作业车,装机功率为 353 kW,最高运行速度为 120 km/h,其主体结构与 JW-4G 型接触网作业车类似,其区别在于在车体中部配置三平台作业装置,将一个驾驶室优化为两端两个驾驶室。该车结构如图 6-19 所示。

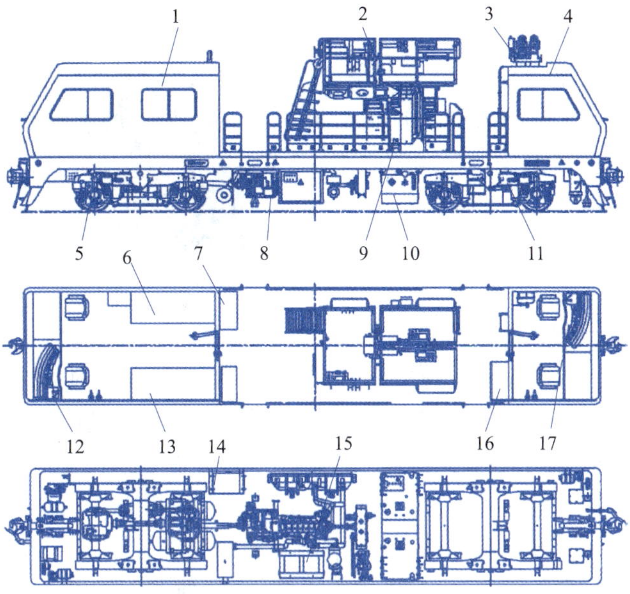

1—前司机室;2—三平台装置;3—抬拨线装置;4—后司机室;5—动力转向架;
6,13—卧铺;7,16—空调室外机;8—动力系统;9—调平装置;10—燃油箱;
11—转向架;12—前司机台;14—蓄电池箱;15—发电机组;17—后司机台。

图 6-19 DPT 型接触网检修作业车结构

(2)工作原理

工作原理与 JW-4G 型接触网检修作业车相似。

(3)主要技术参数

DPT 型接触网检修作业车主要技术参数见表 6-6。

表 6-6 DPT 型接触网检修作业车整车主要技术参数

序号	参数名称	单位	技术参数
1	轴列式	—	2-B
2	转向架中心距	mm	9 200
3	轴距	mm	2 400
4	线路坡度	‰	33
5	最高风速	m/s	≤20
6	最高持续运行速度	km/h	120(牵引 50 t)
7	最高连挂运行速度	km/h	120
8	起动牵引力	kN	50
9	燃油箱容积	L	1 090
10	总风缸容积	L	500
11	紧急制动距离	m	≤400(单机平直道,制动初始速度 80 km/h)
12	钩缓装置	—	13B 上作用车钩及缓冲器
13	整备质量	t	约 49
14	外形尺寸(长×宽×高)	mm	15 930×3 300×4 500

3. 接触网检修车列

接触网检修车列可拥有会议室、储物间、厨房、宿舍、食堂等设施,满足数十人同时开展作业,被业内誉为"铁路移动检修工厂""接触网检修陆地航母",典型车型为 JJC 型接触网检修车列,如图 6-20 所示。

图 6-20　JJC 型接触网检修车列

(1)结构与功能

JJC 型接触网检修车列由 2 台牵引车和 10 台作业车组成,该车最高运行速度为 120 km/h,顶部安装有 175 m 长的贯通升降作业平台,主要由牵引车、物料存储车、设备预配车/安全用品车、工具车、储藏车、餐车、会议车、宿营车、办公车等组成。

JJC 型接触网检修车列集生产、生活于一体,主要用途包括高速或普速铁路接触网检修作业;线路维护中物料、工具、人员等的运输;为接触网检修作业提供后勤保障;接触网检修作业时的现场办公;随车配置发电机组、接触网供电电源,为整列车和外接电动机具提供电源。JJC 型接触网检修车列车辆功能分布如图 6-21 所示。

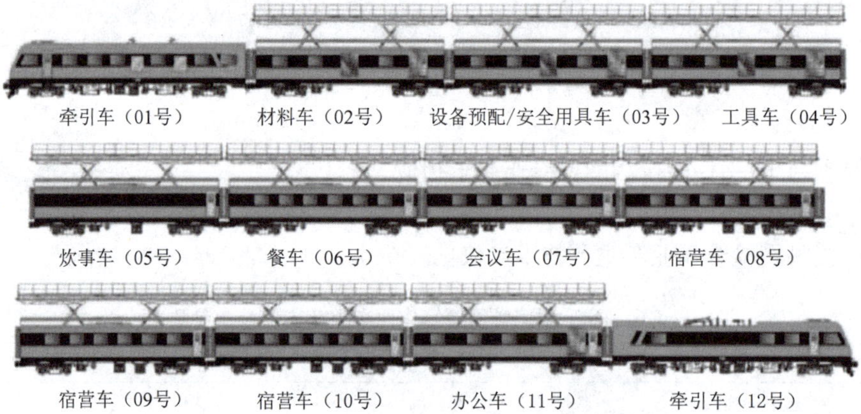

图 6-21　JJC 型接触网检修车列车辆功能分布

JJC 型接触网检修车列牵引车走行部采用两轴转向架,动力传动装置下悬式安装,每组转向架均设动力单元,整车共四套动力、传动装置,其设备安装位置如图 6-22 所示。

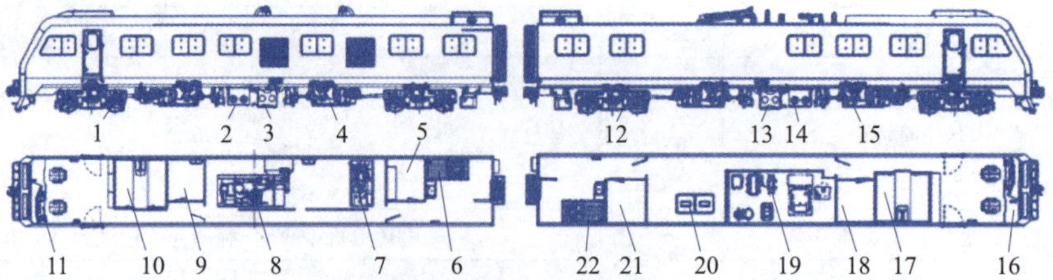

1,12—转向架;2,14—液压油箱;3,13—燃油箱;4,15—动力系统;5—配电室;
6,22—卫生间;7—备发电机组;8—主发电机组;9,18,21—储物间;
10,17—卧铺间;11,16—司机操纵台;19—弓网取电;20—配电柜。

图 6-22　JJC 型接触网检修车列设备安装分布示意

(2)工作原理

工作原理与JW-4G型接触网作业车相似。

(3)主要技术参数

JJC型接触网检修车列主要技术参数见表6-7。

表6-7 JJC型接触网检修车列主要技术参数

序号	项目	参数名称	单位	技术参数
1	整车	最高运行速度	km/h	120
2		轴距	mm	1 435
3		动力单元数量	套	4
4		装机功率	kW	353×2×2
5		通过最小曲线半径(缓行)	m	145
6		制动距离	m	≤800(紧急制动,平直道,初速90 km/h) ≤1 400(紧急制动,平直道,初速120 km/h)
7		车钩缓冲形式	—	15号小间隙车钩及KC15型缓冲器
8		贯通作业平台长度	m	约175
9		最高风速	m/s	≤15
10		线路坡度	—	33‰(通过);30‰及以下(起步)
11		最大外轨超高	mm	180
12		接触网最低导高	mm	5 150
13		整备质量	t	约545
14		外形尺寸(长×宽×高)	mm	220 000×3 150×4 540
15	动力车	动力单元数量	套	2
16		功率	kW	353×2
17		轴列式	—	B-B
18		整备质量	t	约60
19		轴重	t	约14.5
20		传动形式	—	液力传动
21		车辆定距	mm	14 500
22		转向架轴距	mm	2 100
23		制动形式	—	JZ-7型空气制动及手制动
24		总风缸容积	L	500
25		空压机排量	m^3/min	1.6×2
26		排障器距轨面高度	mm	110±20
27		柴油箱有效容积	L	1 450
28		蓄电池容量	A·h	200×4
29		外形尺寸(长×宽×高)	mm	22 065×3 150×4 450

二、接触网作业车运用安全

接触网作业车属于铁路自轮运转特种设备,其驾驶操作实行岗位准入制度。驾驶操作接触网作业车前应按规定取得相应的资质或培训合格,掌握与接触网作业车行车安全、作业安全相关的规章制度,确保运用安全。

1. 岗位准入要求

在我国铁路营业线上,承担铁路运输或者施工、维修、检测、试验等任务的铁路机车、动车组、大型养路机械、轨道车、接触网作业车驾驶人员,应当依照《铁路机车车辆驾驶人员资格许可办法》向国家铁路局申请铁路机车车辆驾驶资格,经考试合格后取得资格许可,并获得相应类别的铁路机车车辆驾驶证(以下简称驾驶证)。接触网作业车驾驶人员,应当通过国家铁路局组织的考试,并取得L2类(准驾大型养路机械)或L3类(准驾轨道车、接触网作业车)铁路机车车辆驾驶证。

持有国家铁路局颁发的理论考试合格证明的接触网作业车驾驶证申请人,在司机指导下方能进行实际操作训练。

接触网作业车司机每年应按规定参加资格年检工作;鉴定不合格者,不准驾驶接触网作业车。

进入高速铁路线路值乘的接触网作业车司机还应取得“高速铁路岗位培训合格证书”。

接触网作业车上安装的起重装置等设备的使用应严格执行国家和国铁集团有关规定,起重设备操作人员应按规定取得相应操作资质;接触网作业平台操作人员上岗前应组织培训,经培训、考核合格后方可操作作业平台。

2. 职业能力要求

对接触网作业车驾驶操作人员的职业能力要求包括安全知识和专业知识两方面。

安全知识:接触网作业车司机应熟悉和掌握《铁路技术管理规程》《铁路车机联控作业》《铁路运输调度规则》《电气化铁路有关人员电气安全规则》《普速铁路接触网安全工作规则》《防止机车车辆溜逸管理办法》《轨道作业车管理规则》,以及所在铁路局集团公司行车组织规则、行车组织细则等与接触网作业车行车和安全相关的规章,正确理解规章各项要求,能够正确识别铁路行车信号、行车标志、线路标志等各种标志符号并严格执行,确保行车安全和作业安全。

专业知识:接触网作业车司机应熟悉行车安全设备的基本工作原理、结构和技术性能,按操作手册、作业指导书规范操作;熟悉所驾车型的基本结构、工作原理、检修保养内容及方法;掌握常见故障的处理方法及故障应急处置方法,按照一次出乘作业标准规范驾驶。

注意事项:

1. 一般要求

(1)从事接触网作业车相关工作的人员,应严格执行《铁路技术管理规程》《铁路车机联控作业》《铁路运输调度规则》《电气化铁路有关人员电气安全规则》《普速铁路接触网安全工作规程》《防止机车车辆溜逸管理办法》和接触网作业车相关的安全规定,遵守《轨道作业车管理规则》相关的运行、作业、消防等安全管理要求。

(2)接触网作业车须配备轨道车运行控制设备(GYK)、机车综合无线通信设备(CIR)及防护备品(根据需要配备GSM-R手持终端),并应配备起复设备、防溜器具、轴温监测装置、灭火器具等。

(3)接触网作业车应按规定进行年检鉴定,经年检鉴定合格并取得铁路局集团公司发放的“年检合格证”后,方可上线运行。

注意事项：

2. 接触网作业车上线运行安全注意事项

(1)接触网作业车上线运行前应合理编组，保证车组操纵端具有良好的瞭望条件。司机应在运行方向的前端操纵接触网作业车。

(2)司机须严格执行一次出乘、呼唤应答和车机联控等作业标准，规范操纵接触网作业车。

(3)出乘前准备工作：司机应按规定开启行车安全设备；按规定进行制动机性能试验；检查确认走行传动系统、悬挂部件状态良好；检查确认车辆连挂及各作业机构复位、锁定状态符合要求；检查车上人员及车下周围人员安全；检查物料、工机具装载加固良好。动车前按规定撤除防溜、防护设施。

(4)开车前，正副司机应共同确认行车凭证、发车信号正确无误。

(5)司机应集中精力，严格执行“彻底瞭望、确认信号、准确呼唤、手比眼看”的“十六字令”，遵守各种允许及限制速度，严禁超速和臆测行车；时刻注意线路状况，随时检查各仪表状态，遇有异响、异味、走行制动系统等与安全有关的总成或部件异常、信号显示不明、地面信号机和机车信号显示不一致、危及行车和人身安全时，应立即采取减速或停车等必要的安全措施。

(6)在长大下坡道运行时，司机应适时使用制动机，防止超速，不得关闭发动机，接触网作业车不得空挡运行。

(7)在站内停车待避时，应进行保压制动；在车站停机等待时，应按规定设置防溜；正副司机不得同时离车。

(8)接触网作业车严禁搭乘与工作无关的人员。接触网作业车乘坐人员应听从指挥，不准喧哗打闹，不得影响司机瞭望及操作，非操纵端司机位严禁与驾驶无关的人员入座。司机确认乘坐人员上、下车完毕后，方可动车。

(9)在车站或停留线停留过夜时，应采取防溜措施，拧紧两端车辆的人力制动机，两端车辆用铁鞋双向止轮并加锁防盗，夜间车组两端以双面红色信号灯光防护，并派人值守。

(10)接触网作业车在驻地停留，全部车辆须停在警冲标内。

3. 电气化区段作业安全注意事项

电气化区段作业前，应学习和掌握电气化区段施工安全常识，严禁在接触网及其支柱上挂绳索或衣物，不得在支柱上攀登或在支柱旁休息。在电气化铁路使用轨道作业车应执行《电气化铁路有关人员电气安全规则》的有关规定，未确认停电和采取安全措施前，应严格遵守以下规定。

(1)严禁攀登车顶，严禁使用或攀登作业平台、高空作业斗等作业机构。

(2)不得用水冲洗车辆。

(3)装卸长大物料时，不得高抬翻转，严禁竖立，并应注意避开接触网设备。

(4)任何人员及所携带的工具及物品与牵引供电设备带电部分应保持2 m以上的距离。

(5)在距接触网不足2 m处作业时，接触网须停电。

4. 起重作业安全注意事项

(1)须指派胜任人员担任现场指挥，指定专人负责防护。

(2)双线或多线并行区段作业，邻线未封锁时，正确使用限位装置，不得侵入邻线建筑限界。邻线有列车通过时应停止作业。

(3)吊装前应确认力矩限制器、制动器、吊钩、绳索等工作状态良好。

(4)吊装时按规定使用支腿，严禁超载、偏载作业。

注意事项:

(5)高层摘挂应使用长杆挑钩,登高作业应确认攀登物牢固。

(6)两台或多台起重装置配合作业时须保持动作同步;升降、回转、变幅操作须分步进行。

(7)单钩起吊物料时,起吊前应拴挂方向绳,防止物料在空中转动。

(8)作业完毕后,须将吊臂和支腿完全复位并确认锁止可靠、不超限界,确认具备运行条件后,方可动车。

5.装卸作业安全注意事项

(1)应指派装卸车负责人,指定专人负责防护。

(2)邻线来车时,应停止装卸作业。

(3)卸车时不得偏卸,卸下的物料不得侵入本线或邻线建筑限界。

(4)按载重和集重有关要求装载,不得偏载,不准超限。

(5)装载货物应稳固。未达到装载加固要求,不得动车。

(6)跨装长大物件应使用货物转向架或游车。

6.作业平台操作注意事项

(1)司机未接到施工负责人接触网停电、接地线设置完成的通知,严禁打开平台电源控制开关及登梯门禁。

(2)在双线区段或站场内作业时,正确使用限位装置,严禁向有电侧或未封锁线路侧旋转作业平台。

(3)平台上有人员作业时,禁止移动车辆;平台上有作业人员时,车辆移动速度不得超过10 km/h;平台升降、旋转时严禁作业人员上、下作业平台;作业平台严禁超载、偏载,禁止使用平台顶、拽固定设备。

(4)作业结束,平台操作人员须将平台及平台上的装置复位,并将施工料具及时清理,与司机共同确认后方可动车。

7.高速铁路作业安全注意事项

在高速铁路线路上作业时,随车工机具、器材等物品应建立登记确认制度,作业结束后必须清点清楚、核对记录,确认携带工机具齐全后方可开车,如发现零部件、装载物料及工机具遗失,应及时报告。轨道作业车随车配备的工机具及辅助设备应落实定置及编号管理,临时上车的工机具及物料应专管专用,所有工机具应加贴反光标志。

8.消防安全注意事项

(1)接触网作业车内原则上不得使用明火,因生产或生活确需用火时,由铁路局集团公司制定防火、防中毒安全措施,车内取暖宜选用电加热取暖器、冷暖空调机,使用有安全装置的低压取暖炉时,炉具应可靠固定,严格按流程操作。

(2)接触网作业车加注燃油时,应注意防火,严禁在油箱附近及加油作业中吸烟;需使用电(气)焊时,应尽量远离油箱,清除附近的易燃易爆物品,并准备足够的灭火器。

9.禁止驾驶接触网作业车的规定

按照铁路部门规定,下列人员不得驾驶接触网作业车:走私、贩卖或者吸食毒品的;组织、领导或者参与恐怖主义活动的;饮酒服用国家管制的精神药品或者麻醉药品,或者患有妨碍安全驾驶铁路机车车辆疾病,或者存在其他影响安全驾驶行为的;违章驾驶后未采取考核、教育、培训等措施的。

6.1.2.2　接触网车梯

接触网车梯是电气化铁路接触网用于日常维护检修、紧急抢修和故障处理的必不可少的辅助工具。

1. 接触网车梯的结构

接触网车梯由两个边梁、四个车轮及两根车轮轴组成一个四边形底架,底架上固定连接有两端铰接的基本梯,如图 6-23 所示。接触网车梯有非绝缘车梯和绝缘车梯之分,绝缘车梯的基本梯和斜梁除连接部件外由绝缘材料制成,达到了整体绝缘;非绝缘车梯的基本梯和斜梁则采用钢管或铝合金制造,具有结构简单、重量轻、安装和拆卸方便等优点。车梯底架用钢管制造,保证底架的稳定性和安全性。车轮一般都是三个绝缘轮、一个钢轮,其中的绝缘轮为高强度尼龙轮,强度高、运转无噪声、绝缘性能好。

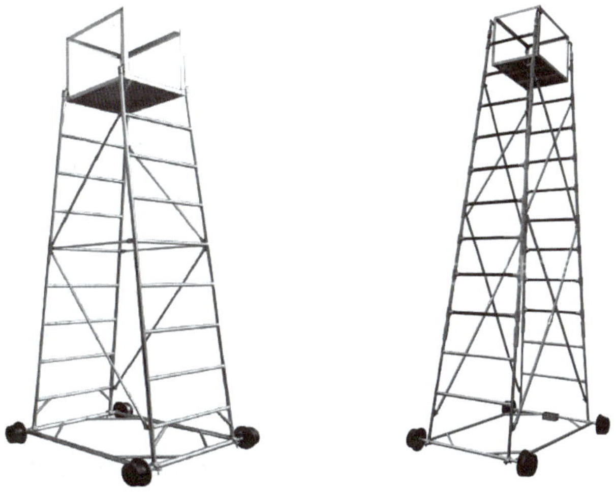

(a) 非绝缘车梯　　　　(b) 绝缘车梯

图 6-23　接触网车梯

2. 接触网车梯使用安全规定

(1) 车梯必须轻便、结实、稳固。作业前车梯负责人要对车梯进行安全检查,检查主梁、副梁有无变形或弯曲,电焊连接处有无开焊,车梯轮对有无损伤,连接是否牢固。工作台、工作栏杆、每一级梯蹬无裂损及永久性变形。按规定时间周期进行机械试验。

(2) 利用车梯作业时每台车梯要设立一名防护员,负责车梯施工安全防护。

线路上使用车梯作业时,必须指定一名车梯负责人,每台车梯出车作业时一般不少于 6 人,作业平台施工不得超过 2 人,台上人员要与车梯负责人呼唤应答,配合一致。

(3) 车梯作业时严禁两人同侧上下。

(4) 车梯平台严禁放置零散料具,推扶车梯人员必须服从平台作业人员指挥。

(5) 车梯上有人作业时推动速度:直线推行不得超过 5 km/h、曲线推行不得超过 3 km/h。推进时要尽量保持匀速状态。

(6) 施工现场要按规定距离设置安全防护员,远方防护与车梯防护间通信要可靠,任何一个防护员的通信器材因故障而中断通话,施工必须立即停止、车梯必须立即下道,撤出施工区段。

(7)在有轨道电路的区段上,对车梯的车轮必须采取可靠的防止短接轨道电路的安全措施。

(8)为避让列车需将车梯暂时移至建筑限界以外时,要采取防止车梯倾倒的措施。当作业结束、车梯需要就地存放时,须稳固在建筑限界以外不影响瞭望信号的地方,并加锁或派人看守。

(9)作业过程中推扶车梯移动方向使用“北京方向”“广州方向”等表述,不能用东、西、南、北等自然方向表述,也不能用“前方”或“后方”表述。

6.1.2.3 脚扣

铁路供电部门使用的脚扣包括圆形电力杆用脚扣(图6-24)和H形钢柱用脚扣(图6-25)。

脚扣的作用原理是利用杠杆作用,借助人体自身重量,使其作用面(点)紧紧挤压在电线杆上,产生较大的摩擦力,从而使人易于攀登;而抬脚时因脚上承受重力减小,脚扣自动松开。

图6-24 圆形电力杆用脚扣

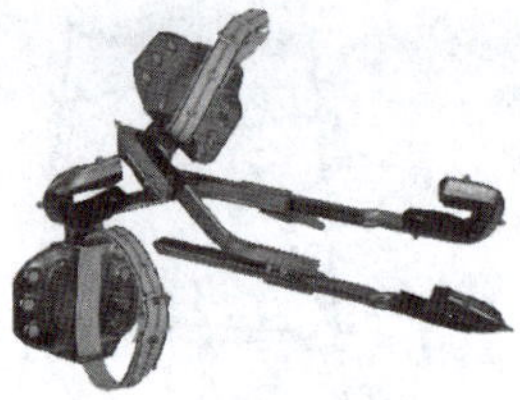

图6-25 H形钢柱用脚扣

6.2 技能训练——推扶车梯技能训练

6.2.1 训练目的

(1)能判断车梯的稳定性、安全性。

(2)能正确完成车梯上道、竖立、放倒和下道操作。

(3)能按照高空人员的指示正确完成车梯的移动操作。

(4)熟练装配与拆卸训练用车梯(对于可拆卸车梯)。

6.2.2 人员组织和训练用工具、材料

1. 人员组织

车梯使用技能训练人员准备见表6-8。

表6-8 人员组织

序号	参训成员	人数	备注
1	工作领导人	1	组织训练组成员进行训练方案制定和实施
2	监护人	1	协助工作领导人处理训练过程中的安全工作

续上表

序号	参训成员	人数	备　注
3	车梯推扶人	4	
4	高空作业人	2	配合车梯推扶人进行车梯使用训练
5	地线操作人	2	
6	地线监护人	2	兼任训练区域两端现场防护人
7	发票人	1	

2. 工具、材料准备

训练参与人员穿戴好个人劳动保护用品，按照表6-9准备好需要的安全工具、材料。

表6-9　训练中需要的工具、材料、设备

序号	名称	单位	数量	备　注
1	车梯	架	1	
2	验电接地工具	套	2	验电器、接地线等
3	个人劳动保护用品	套	若干	包括安全帽、工作服、绝缘鞋等，参训人员每人1套

6.2.3　训练内容与操作步骤

刚刚来到接触网工区的你心里还有些小小的激动，终于可以实现网上“蝴蝶”飞的梦想了，却没有想到被工长泼了一头凉水，“安全等级不够，还是先学学做一些辅助性的工作吧。今天你和其他三个刚入职的网工练习推扶车梯、脚扣攀登电力圆杆和H形钢柱”。

1. 训练开始前的准备工作

(1)训练前按规则要求发票人填写训练工作票并交付工作领导人，工作领导人向训练组全体成员宣读工作票、分工，并进行安全预想。

(2)训练开始前要完成的安全措施

①办理接触网停电、线路封锁手续；做好验电接地、行车防护等安全措施。

②工作领导人确认完成安全措施后，通知训练小组开始训练。

2. 推扶车梯人员分配

车梯的移动由四人共同负责，如图6-26所示按顺序编号车梯轮：1号、2号、3号、4号，推车梯人员对应1号、2号、3号、4号工位，其中1号工位为车梯负责人，车梯负责人听从作业平台上高空人员指挥，车梯负责人负责呼唤应答，指挥并协同其余三人移动车梯，保证工作台上人员的正常检修和作业安全。

3. 车梯上道

接到工作领导人将车梯上道命令后，在车梯负责人统一号令下，按以下方法将车梯上道：

(1)推车梯1号、2号位两人抬车梯底部；3号、4号位抬中部，另设两名协助人员抬上部。

(2)车梯上道：6人同时将车梯抬起，然后同时起步将车梯放到线路上。要将车梯顺线路平放。

4. 竖立车梯

1号、2号位两人拉住车梯底部，随车体竖起的同时，向车梯上部倒手，直至将3号、4号车轮落到钢轨上。3号、4号位两人抬起车梯中部随车梯上部离开地面时,向车梯下部倒手,直至将车梯竖起。2名协助人员抬车梯上部随车体竖起,向下倒手,当与3号、4号位的两人相遇时,立即帮助1号、2号位将车梯压下。

(a)　　(b)

图6-26　推扶车梯人员分配

5. 车梯移动

车梯负责人对车梯的移动、行进,要听从工作台上高空作业人员的指挥,并做到呼唤应答。高空作业人员和推梯人员应按铁路线路前进方向处的地名为行进方向(行进方向由具体线路决定,以郑州铁路局集团公司为例,南北走向铁路线路可使用“武汉”“北京”,东西走向铁路线路可使用“上海”“西安”),不得呼左、右、东、西、南、北等自然方向或呼前进、后退等。例如:高空作业人员呼叫“北京方向,移动1 m”,推梯人员应答:“好的,北京方向,移动1 m”,同时推动车梯朝对应方向行进1 m。对车梯的具体移动、行进由车梯负责人统一号令。车梯应匀速前进,速度不超过5 km/h,并不得发生冲击和急剧起、停。

6. 车梯驻停

高空作业人员在车梯上操作时,推车梯人员要将车梯驻停,即把牢、扶稳车梯。四人面向车梯,双手牢固地把住车梯架,一只脚将车轮踩死,另一只脚稳立在钢轨上。

7. 放倒车梯

放倒车梯时人员位置与竖立车梯相同,操作程序相反。

8. 车梯下道

操作人员下车梯后,推车梯人员各自按号位抬车梯一角,将车梯的车轮抬离轨道。同时,已下车梯的操作人员协助保持车梯平稳。当作业结束,车梯需要就地存放时,须稳固在建筑限界以外不影响瞭望信号的地方。

9. 结束训练

训练结束,清理线路上的工具材料,全体训练人员离开线路。

6.2.4　项目考评

经过车梯使用技能训练后，熟练掌握车梯推扶操作要领，并限时进行训练考核评定。考核评分标准见表6-10。

表6-10　车梯使用技能训练考核评定参考

项目	配分	评分标准	减分标准	存在问题	减分	得分
作业程序	60	车梯负责人和推车梯人员，应时刻注意和保持车梯的稳定状态	未关注车梯的稳定性扣5分			
		冰、雪、霜、雨等天气条件下，接触网作业用的车梯、梯子应有防滑措施	无防滑措施扣5分			
		未经工作领导人同意，严禁进入其他非训练线路（侵入未封锁线路限界）	出现一次失格			
		推动车梯的速度不得超过5 km/h	出现一次扣10分			
		推动车梯不得发生冲击和急剧起、停				
		岔区作业时防止被道岔夹伤	出现一次扣5分			
		使用车梯进行作业时，应指定车梯负责人	无车梯负责人扣10分			
		当车梯在曲线上或遇大风时，对车梯要采取防止倾倒的措施	无防止倾倒措施扣10分			
		作业结束，车梯需要就地存放时，须稳固在建筑限界以外不影响瞭望信号的地方	侵入限界或影响瞭望信号扣10分			
工具使用	10	正确使用工具	工具使用不当每次扣2分			
			工具损坏每件扣5分			
安全及其他	30	按规定穿戴个人劳保用品	每少1件扣5分			
		系好安全带，严防滑落	未系好安全带，提醒一次扣5分			
		作业过程中遵守安全规则	严重违章1次扣10分			
总分						

6.3　技能训练——脚扣登杆技能训练

6.3.1　训练目的

（1）熟悉登杆和杆上作业的一般流程。

（2）掌握脚扣登杆和杆上作业的安全知识。

（3）掌握用脚扣上下杆的基本方法和技能，具备登杆进行简单作业项目的能力。

6.3.2　人员组织和训练用工具、材料

1. 人员组织

登杆技能训练人员组织见表6-11。

表 6-11　登杆技能训练人员组织

序号	参训成员	人数	备　注
1	监护人	1	训练小组设专职监护人,专职监护人不得兼任其他工作
2	登杆人	1	登杆人员身体、精神状态良好

2. 训练中需要的工具、材料、设备

训练中所需要的工具、材料、设备等见表 6-12。

表 6-12　训练中需要的工具、材料、设备

序号	名　称	单位	数量	备　注
1	安全带	条	2	
2	脚扣	副	1	电力圆杆用
		副	1	H 形钢柱用
3	安全绳	根	1	长度大于 10 m
4	防坠器	个	1	
5	安全帽	顶	2	现场人员每人一顶

6.3.3　训练内容与操作步骤

6.3.3.1　H 形钢柱攀登训练内容与操作步骤

1. 登杆前准备工作

(1)登杆前必须对登杆的脚扣、安全带、安全绳、安全帽进行外观和试验合格证检查。确认要攀登的线路杆号。根据支柱类型选用合适脚扣。

(2)登杆前应检查电杆根部、基础和拉线等是否牢固。

(3)对脚扣和安全带进行冲击试验。

2. 登杆

(1)将脚扣扣于 H 形钢柱底部,安全带环抱支柱(调整安全带长度,以能上下活动为宜)。

(2)穿上脚扣,稍微离地后检查脚扣与安全带的受力情况,确认良好后方可登杆。

(3)双手扶住支柱,一手戴住安全带,位于下方脚的脚掌向上勾起,腿顺势抬起一定高度,抬起到适当高度后此脚踩实,另一只脚重复同样动作,依次交替向上完成登杆动作。登杆过程中脚踏稳准、手把牢靠,脚扣卡牢系紧防止滑脱。

3. 杆上停留(作业)

攀登到作业高度,调整两脚扣高度与安全带受力位置,身体后倾,使脚扣与安全带充分受力,放开双手或开始作业。如图 6-27 所示。

图 6-27　H 形钢柱杆上作业

4. 下杆

双手扶住支柱一手带住安全带,一只脚微微抬起,脚掌向内翻动,使脚扣与支柱产生一定间隙,腿顺势下移,下移高度不超过 600 mm,下移后脚踩实。另一只脚重复同样动作,依次交

替向下完成下杆。

5. 结束训练

训练结束，清理工具、材料。

6.3.3.2 电力圆杆攀登训练内容与操作步骤

1. 登杆前准备工作

电力圆杆登杆前准备工作同 H 形钢柱攀登训练。

2. 登杆

（1）准备工作完成后，每只脚穿上一个脚扣，脚扣开口方向朝脚的内侧，登杆作业时固定好脚部，如图 6-28 所示。

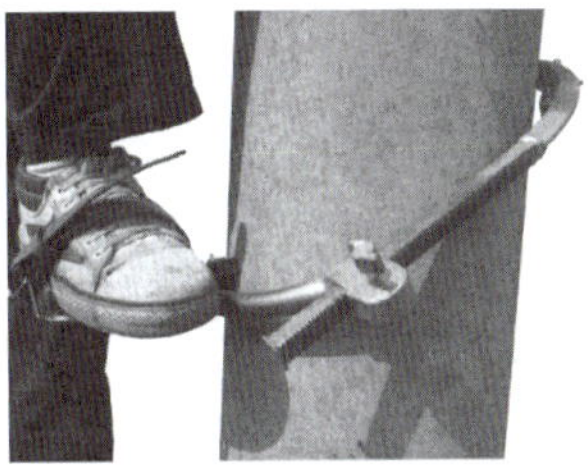

图 6-28 脚扣开口方向

（2）安全带环抱电线杆（不可太紧，能上下活动为宜）。

（3）左右脚交替用力向上攀登。

单脚支撑，另一只脚向上提将脚扣卡在支撑脚上方 150～200 mm的地方，卡好后替换支撑脚；同理将另一只脚向上提将脚扣卡在支撑脚上方 150～200 mm 的地方，直至到达作业地点，如图 6-29所示。

3. 杆上停留（作业）

到达作业地点后需挂好安全带才可以开始作业。

（1）操作人在电杆侧面工作时，此时操作人左脚在下，右脚在上，即身体重心放在左脚，右脚辅助。估测好人体与作业点的距离，找好角度，系牢安全带即可开始作业（必须扎好安全腰带，并且要把安全带可靠地绑扎在电线杆上，以保证在高空工作时的安全）。

（2）操作人在电杆正面作业时，可根据自身方便采用上述方式进行作业，也可以根据负荷轻重、材料大小采取一点定位，即两脚同在一条水平线上，用一只脚扣的扣身压扣在另一只脚扣上，以保持身体平衡。脚扣扣稳之后，照样选好距离和角度，系牢安全带后进行作业。

4. 下杆

作业完毕后，将安全带环抱电线杆（松紧度要求与上杆时相同），左右脚交替用力向下运动（动作要领和上杆方法相反），直至地面，如图 6-30 所示。

图 6-29 上杆

图 6-30 下杆

脚扣使用注意事项:

(1)脚扣的形式应与电杆的材质相适应,禁止用木杆脚扣上水泥杆;脚扣的尺寸应与杆径相适应,禁止大脚扣上"小"杆。

(2)检查脚扣有无摔过,开口过大或过小;歪扭、变形者不得继续使用。

(3)脚扣的小爪应活动灵活,且螺栓无松脱,胶皮无磨损。

(4)脚扣上的胶皮层应无老化、平滑、脱落、磨损、断裂及"离股"现象;脚扣上的皮带孔眼应无豁裂、严重磨损或断裂;脚扣的踏板与铁管焊接应无开焊及断裂现象。

(5)脚扣的静拉力试验不应小于100 kg。试验周期为半年一次。

(6)上下电杆时,必须是脚扣环完全穿好,并可靠的扣住电杆才可移动身体,否则容易损坏脚扣,还可能发生事故。

6.3.4 项目考评

经过脚扣登杆项目训练后,熟练掌握H形钢柱(或电力圆杆)攀爬操作要领,并限时进行训练考核评定。考核评分标准见表6-13。

表6-13 登杆技能训练考核评定参考

项目	配分	评分标准	减分标准	存在问题	减分	得分
时间	10	时间为5 min	每超出1 min扣2分,超时5 min停止考核			
作业程序	60	攀登前要选用专用的H形钢柱攀爬脚扣并检查脚扣状态良好后方可使用	未检查扣5分			
		攀登前要选用电力圆杆攀爬脚扣并检查脚扣状态良好后方可使用				
		攀爬支柱前检查支柱状态,观察支柱上及附近有无其他带电设备,选好攀登方向和条件	漏一项扣5分			
		使用电力杆脚扣攀爬电力圆杆5 m高后,下到地面为结束	人员无法下来不得分			
		使用专用脚扣攀爬H形钢柱5 m高后,下到地面为结束				
		攀登时要手把牢靠	未做到扣5分			
		攀爬中脚扣要卡牢	脚扣滑脱一次扣5分			
工具使用	10	正确使用工具	工具使用不当每次扣2分			
			工具损坏每件扣5分			
安全及其他	20	按规定穿戴个人劳保用品	每少1件扣5分			
		系好安全带,严防滑落	不扎安全带提醒一次扣5分			
		作业过程中遵守安全规则	严重违章1次扣10分			

6.4　项目拓展

6.4.1　牵引变电所高空作业有关规定

（1）高空作业（距离地面2 m以上）人员要系好安全带，戴好安全帽，如图6-31（a）所示。在作业范围内的地面作业人员也必须戴好安全帽。

（a）变配电检修　（b）接触网检修　（c）电力线路检修

图6-31　使用劳动保护用品进行高空作业

高空作业时要使用专门的用具传递工具、零部件和材料等，不得抛掷传递。

（2）作业使用的梯子要结实、轻便、稳固，并按规定进行试验。

当用梯子作业时，梯子放置的位置要保证梯子各部分与带电部分之间保持足够的安全距离，且有专人扶梯。登梯前作业人员要先检查梯子是否牢靠，梯脚要放稳固，严防滑移；梯子上只能有1人作业。

使用人字梯时，必须有限制开度的拉链。

（3）在牵引变电所内搬动梯子、长大工具、材料、部件时，要时刻注意与带电部分保持足够的安全距离。

6.4.2　接触网高空作业规定

接触网高空作业按照方式不同分为攀杆作业、登梯作业和接触网作业车作业。

6.4.2.1　接触网高空作业一般规定

（1）高空作业监护要求如下：

视　频

高空作业

①间接带电作业时，每个作业地点均要设有专人监护，其安全等级不低于四级。

②停电作业时，每个监护人的监护范围不超过2个跨距，在同一组软（硬）横跨上作业时不超过4条股道，在相邻线路同时作业时，要分别派监护人各自监护；当停电成批清扫绝缘子时，可视具体情况设置监护人员。监护人员的安全等级不低于三级。

③作业人员及所携带的物件、作业工器具等与接触网带电部分距离小于3 m的远离作业，每个作业地点均要设有专人监护，其安全等级不低于四级。

（2）高空作业使用的小型工具、材料应放置在工具材料袋（箱）内。作业中应使用专门的用具传递工具、零部件和材料，不得抛掷传递。

(3)高空作业人员作业时必须将安全带系在安全牢靠的地方,如图6-31(b)所示。

典型案例 6-3

10月21日接触网工区在某区间91号支柱处,处理腕臂偏移。工作领导人命令甲先上网将承力索鞍子螺母松开。因螺栓锈蚀严重,甲松不开。工作领导人又让乙上网帮忙,乙上去后站在接触线上,其手够不着承力索鞍子,便将安全带打在斜拉线上,上到承力索上用双手卸螺母,此时安全带已受力。突然,斜拉线绷断,乙从高空掉下,工作领导人反应较快,用双手托了一下乙,两人都摔倒在地,乙头部摔破,工作领导人左手小拇指被乙手中的扳手砸成粉碎性骨折。

案例分析:

斜拉线是用ϕ4.0 mm铁丝制成,事后检查其回圈处已磨掉1/4截面,再加上锈蚀,受力到一定程度绷断是造成此次事故的重要原因。高空作业时,安全带一定要系在可靠的设备上。一般来说2股新的ϕ4.0 mm铁丝承受一个人的重量是没有问题的,但在斜拉线、直吊线上最好不要打安全带。如果必须打安全带,应先检查其腐蚀和磨耗情况。监护人应对高空作业人员时刻监护,如果发现安全带系的位置不对或有危险,必须马上纠正。

(4)进行高空作业时,人员不宜位于线索受力方向的反侧,并采取防止线索滑脱的措施。在曲线区段调整接触网悬挂时,要有防止线索滑移的后备保护措施。

典型案例 6-4

6月14日,供电段某工区在区间进行拉出值调整作业,120号到160号支柱间是一曲线半径只有800 m的小半径曲线段、职工甲在对144号支柱进行拉出值调整作业时,由于接触线受力侧空间小无法站人,在未采取防止线索滑脱的措施的情况站在接触线的受力反侧,当松开定位环时被接触线弹出车梯,大腿组织挫伤严重,幸亏已挂好安全带未酿成惨剧。

案例分析:

作业人员甲违反《普速铁路接触网安全工作规则》规定,进行高空作业时,人员不宜位于线索受力方向的反侧,并采取防止线索滑脱的措施。在曲线区段进行接触网悬挂的调整工作时,要有防止线索滑跑的后备保护措施。对曲线处,特别是小半径曲线处接触线的张力认识不足,认为张力不会造成伤害,疏忽大意是造成此次事故的主要原因。

(5)冰、雪、霜、雨等天气条件下,接触网作业用的车梯、梯子、接触网作业车的爬梯和平台应有防滑措施。

典型案例 6-5

1月4日,接触网工区在接到抢修命令后迅速出动到达事故地点,在对某区间148号支柱处处理脱落的定位器时,由于当时正下着小雪,车梯上有落雪比较滑,接触网工甲在上到车梯4 m左右的时候从车梯上滑落摔到钢轨上,造成左臂小臂骨折。

案例分析：

《普速铁路接触网安全工作规则》规定，冰、雪、霜、雨等天气条件下，接触网作业用的车梯、梯子以及检修车应有防滑措施。这个防滑措施不只是指对车梯本身的防滑，还要注意人员上下车梯的防滑措施。只是简单地用抹布擦干车梯上的落雪就不会酿成这次事故。

6.4.2.2 攀杆作业

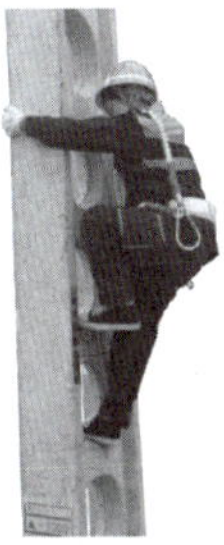

图6-32 攀登支柱

（1）攀登工具应在出库前检查状态良好，安全用具完好合格。攀登支柱前要核对支柱号，检查支柱状态，观察支柱上有无其他设备，选好攀登方向和条件。

（2）攀登支柱时要手把牢靠，脚踏稳准，尽量避开设备并与带电设备保持规定的安全距离。用脚扣攀登时，要卡牢系紧，严防滑落。如图6-32所示。

视频 攀杆作业

典型案例 6-6

10月24日，接触网工区在某铁路线A车站更换大轮径补偿滑轮和多功能定位器。甲所在小组负责更换补偿滑轮，甲为小组负责人兼监护人，乙负责拆除限制架。9时35分拆除完毕，甲先下杆即将接近地面时，乙也解开安全带准备下杆，突然从杆上掉了下来，头下脚上，摔在水泥地面上，安全帽滚落一边，脑袋后部撞伤流血，当场昏迷，送往医院抢救无效死亡。

案例分析：

由于甲本人是现场监护人，但未能坚守岗位，履行职责，直接参与高空作业，致使作业现场失去监护；同时，乙下杆时，未做到“手把牢靠，脚踏稳准”，致使其失手坠落，导致事故的发生。

6.4.2.3 登梯作业

视频 登梯作业

（1）接触网作业用的车梯和梯子必须符合下列要求：

①结实、轻便、稳固。

②车梯的三个车轮采取可靠的绝缘措施。与此相比较，高速铁路中则要求“车梯的车轮采取可靠的绝缘措施”。

③按规定进行试验并合格。

在有轨道电路的区段作业时，不得使金属物体短接车梯绝缘轮或将车梯底座与信号轨相连，不得使长大金属物体（长度大于或等于轨距）将线路两根钢轨短接，特别是使用手扳葫芦、钢丝绳、滑轮组等施工或钢尺测量时更应注意。

所谓轨道电路就是利用铁路线路的钢轨作导体，用以检查线路有无列车、传递列车占用信息以及实现地面与列车间传递信息的电路。当轨道没有被列车占用时，轨道电路接通信号机的绿灯电路，表示该轨道电路设备完整、没有被列车占用，允许列车进入该区段，当轨道已经被列车占用时，由于列车的轮对将轨道电路短路，将接通信号机的红灯回路，表示该轨道电路和区段已被占用,向续行列车显示列车禁止进入信号。

接触网作业所采用的车梯,不管是绝缘车梯,还是非绝缘车梯,车梯底座一般都采用钢管加工而成。为了确保车梯底座不短接轨道电路,每台车的车梯轮都设置有2~3个绝缘轮以避免短接轨道电路。如果金属物体将车梯底座与信号轨相连或短接绝缘轮,均可能会通过车梯底座或绝缘轮短接轨道电路,接通信号机的红灯回路,导致红色信号灯亮,同时在车站运转室电气集中控制台上出现红光带。

车站行车室(运转室或信号楼)电气集中控制台应正确显示列车占用情况。如果因接触网作业造成轨道电路短路、出现红光带,就无法正确显示列车占用情况,打乱铁路运输正常秩序。因为一旦出现红光带,不管线路是否有列车占用,车站值班员都禁止列车进入该区段以保证安全。另外当轨道电路某一设备损坏(如引接线或钢轨折断)时同样会使信号机点亮红灯。因此在接触网检修作业或事故抢修中都严禁金属物件将车梯底座短接绝缘轮或与信号轨相连(主要是指车梯上悬挂的铁线、吊弦、手扳葫芦、钢丝绳、绝缘轮上固定轮毂的铁线),以及避免绝缘轮不正、偏磨车梯底座等情况。

典型案例 6-7

6月23日接触网工区利用停电天窗处理巡视中发现的某区间96号支柱定位管低头缺陷,设置地线于94号和100号支柱,作业地点在96号支柱处,地线无短接轨道电路的可能性。10时14分接到供电调度发布停电作业命令,作业组接好地线后,车梯上道开始作业。10时30分坐台人员通知作业组有列车通过,要求车梯、作业组人员下道(实际上10时21分车站已出现红光带,坐台防护人员未引起足够重视)。10时32分坐台人员认为(误认)列车待避,重新通知现场可继续作业。10时33分电务通知出现红光带,并到作业地点了解情况,10时40分红光带消失,车站发车,10时42分列车通过作业地点,检修作业组11时00分消令。

案例分析:

接触网检修作业组在检修作业时,车梯绝缘轮上固定轮毂的铁线松脱短接了其中一个绝缘车轮上的绝缘板,致使车梯底座通过被短接的绝缘轮短接轨道电路,形成红光带,造成重点特快列车晚点21 min,构成一般行车事故。

(2)使用车梯进行作业时,应指定车梯负责人,工作台上的人员不得超过两名。所有的零件、工具等均不得放置在工作台的台面上。

典型案例 6-8

4月5日,接触网工区在某区间利用车梯进行定位管更换,工作台上有两名作业人员甲和乙,甲站在车梯框架上,乙在作业台面上。乙接甲拆卸的定位管时,顺手将手中的棘轮扳手放在工作台面上。甲下到工作台面时未看到工作台面的棘轮扳手,不小心将棘轮扳手踢落车梯,棘轮扳手砸到推扶车梯的丙的肩膀上,造成丙肩胛骨碎裂。

案例分析:

接触网工乙违反《普速铁路接触网安全工作规则》规定,用车梯进行作业时,应指定车梯负责人,工作台上的人员不得超过两名。所有的零件、工具等均不得放置在工作台的台面上。将棘轮扳手随手放到工作台面上,而监护人(工作领导人)未及时发现制止,造成这次事故。

(3)作业中推动车梯应服从工作台上人员的指挥。当车梯工作台面上有人时,推动车梯的速度不得超过5 km/h,并不得发生冲击和急剧起、停。工作台上人员和车梯负责人应呼唤应答,配合妥当。

典型案例 6-9

7月9日11时35分,某工程公司电气化段在铁路线K732+072处施工,接触网工吕×带领李×等四名职工进行调整接触网作业。吕×、李×二人在车梯工作台上,其他三名职工负责推车梯。在通过6‰的坡道时,负责推车梯人员未采取任何措施,致使车梯在轨道上自由滑行,最终超速倾倒。吕×、李×二人从作业台上坠落,造成吕×左手腕、右手肘骨折断,十二指肠摔断,肝脏破裂;李×左手腕、右脚摔伤。

案例分析:

负责推车梯人员违反《普速铁路接触网安全工作规则》中"当车梯在大坡道上时,要采取防止滑移的措施及车梯在坡道上滑行速度不得超过5 km/h"的规定,使车梯在坡道滑行超速,是造成车梯翻倒、人员重伤事故的直接原因。

(4)车梯负责人和推车梯人员,应时刻注意和保持车梯的稳定状态。当车梯在曲线上或遇大风时,对车梯要采取防止倾倒的措施;当外轨超高≥125 mm或风力五级以上时,未采取固定措施禁止登车梯作业;当车梯在大坡道上时,应采取防止滑移的措施;当车梯放在道床、路肩上或作业人员的重心超出工作台范围作业时,作业人员应将安全带系在接触网上;车梯在地面上推动时,工作台上不得有人停留。

(5)为避让列车需将车梯暂时移至建筑限界以外时,要采取防止车梯倾倒的措施。当作业结束,车梯需要就地存放时,须稳固在建筑限界以外不影响瞭望信号的地方,并加锁或派人看守。

(6)当用梯子作业时,作业人员应先检查梯子是否牢靠;要有专人扶梯,梯子支挂点稳固,严防滑移;梯子上只准有1人作业。

6.4.2.4 接触网作业车作业

(1)接触网作业车出车前,司机应认真检查车辆和行车安全装备、防护备品齐全良好,并与作业人员检查通信工具,确保联络畅通。

(2)作业前接触网作业车司机应掌握作业范围和内容并进行安全预想,作业和运行过程中应注意力集中。

(3)接触网作业车分解作业,须提前明确每台车的作业范围,以及作业完毕后停留车列和运行连挂车辆的位置,工作领导人和司机应熟悉和掌握。接触网作业车进入封锁区间前及作业完毕返回车站时,司机应认真核对调度命令,确认信号,按规定联控。司机和工作领导人要根据调度命令及作业地点,拟定区间返回的时刻,并严格执行。

(4)使用接触网作业车作业时,应指定作业平台操作负责人,作业平台不得超载。工作领导人必须确认地线接好后,方可允许作业人员登上接触网作业车的作业平台。作业车平台应设置随车等位线,在完成作业平台和工作对象设备等位措施后,方可触及和进行作业。

(5)人员上、下作业平台应征得作业平台操作负责人的同意。接触网作业车移动或作业平台升降、转向时,严禁人员上、下。

V形停电作业时,所有人员禁止从未封锁线路侧上、下作业车辆。作业平台应具有平台转向限位装置,作业前应将限位装置打至正确位置,作业平台严禁向未封锁的线路侧旋转。

典型案例 6-10

5月8日,接触网工区计划使用作业车更换斜腕臂绝缘子,接触网工甲在未征得作业平台操作人或监护人同意的情况下私自上下作业车,此时正好作业平台升降,被挤伤右脚。

案例分析:

接触网工甲违反《普速铁路接触网安全工作规则》规定,检修作业车移动或作业平台升降、转向时,严禁人员上、下。人员上、下作业平台应征得作业平台操作人或监护人同意。所有人员禁止从未封锁线路侧上、下作业车辆。接触网作业车在升降过程中,金属梯是相互交错升降的,在这个过程攀登的话容易挤伤手脚。

典型案例 6-11

5月17日,某供电段大修车间按照维修计划在工作领导人李××带领下进行A车站接触网综合维修(Ⅰ级)。1时16分,工长张×要求3号作业车组对Ⅲ道接触网设备进行检修,平台操作人李×在向Ⅲ道旋转平台未果的情况下,要求1780063号接触网作业车副驾驶将平台限位销拔出,随后李×错误地将操作平台转向Ⅱ道带电线路,致使作业车平台栏杆与88号硬横梁Ⅱ道弓形腕臂(反定位)端部发生放电,造成高空作业人员郭×被电弧灼伤。

案例分析:

平台操作人李×对作业范围和带电区段掌握不清,误将上行Ⅱ道错判为下行Ⅲ道,在操纵接触网作业车平台向未封锁、未停电的Ⅱ道转动时,在平台限位销机械闭锁无法转动、不掌握限位销机械闭锁的作用情况下,盲目要求接触网作业车司机取下平台限位销,违章蛮干操纵接触网作业车平台向Ⅱ道没有封锁的带电线路侧旋转,是造成此次事故的直接原因。

接触网作业车指导司机董×对车站股道编号判断错误,在副司机何×明确提示Ⅲ道方向前提下,依然违章指挥副司机何×取下平台限位销,为平台转动导致事故发生创造了条件,从而导致最后一道安全防线被突破,是造成此次事故的重要原因。

事故分析会中还发现:工长张×作为作业组员,在作业过程中越权指挥,未经批准变更作业计划,不按作业计划擅自扩大作业范围,工作领导人李××在作业过程中未履行工作领导人职责、及时制止工长张×的越权违章指挥也是造成此次事故的一个原因。

(6)接触网作业车作业平台防护门关闭时应有闭锁装置。作业中须锁闭好作业平台的防护门,作业完毕后及时放下防护栏杆。

(7)外轨超高≥125 mm区段人员需在作业平台上作业时,作业平台应具有自动调平装置并开启调平功能。

(8)作业人员的重心超出作业平台防护栏范围作业时,须将安全带系在牢固可靠的部位。

(9)司机(或在平台上操纵车辆移动的人员)须精力集中,密切配合,在移动车辆前应注意作业车及作业平台周围的环境、设备、人员和机具等情况,与附近的设备保持规定的安全距离。

作业平台上的所有人员在车辆移动中应注意防止接触网设备碰剐伤人。

(10)作业平台上有人作业时,作业车移动的速度不得超过10 km/h,且不得急剧起、停车。

典型案例 6-12

10月2日,某供电段接触网工区3132号轨道车在配合送料的3138号轨道车在车站油库专用线内倒装完锚板后,需与平板连挂(作业前因工作需要而分离)。在3132号轨道车司机丙不在场的情况下,学习司机甲擅自动车,由甲驾驶,乙连接,在乙给信号后,甲开动轨道车,由于轨道车起步速度过高,连接时将乙左手小指挤伤,构成轻伤。

案例分析:

轨道车司机未在岗的情况下,学习司机擅自动车,由于操作不熟练,轨道车起步速度过高是造成这次伤害事故的主要原因。

(11)作业中作业车的移动应听从作业平台操作负责人的指挥。平台操作负责人与司机之间的信息传递应及时、准确、清楚,并呼唤应答。

(12)《高速铁路接触网安全工作规则》中对接触网作业车司机还提出下列要求:

①接触网作业车司机应执行作业前的待乘休息制度,充分休息确保精神状态良好。

②现场作业结束及作业车返回驻地后,司机应对车辆状态及随车备品进行检查,发现部件缺失等应及时查找,必要时对作业车运行的区段申请采取相应行车限制措施(这是由于高速铁路列车运行速度高,线路遗留的工具、材料对高速运行的列车危害非常大,所以从管理上提出了更严格的要求)。

6.4.3 铁路电力登高作业有关规定

6.4.3.1 登杆作业前应检查和作好的事项

登杆作业前应检查和作好下列事项:

(1)确认作业范围,防止误登带电杆塔。

(2)新立电杆回填土应夯实。

(3)冲刷、起土、上拔和导线、拉线松弛的电杆应采取安全措施。

(4)木电杆根部腐朽不得超过根径的20%。

(5)杆塔脚钉应完整、牢固。

(6)登杆工具、安全腰带、安全帽应完好合格,如图6-31(c)所示。

(7)使用梯子时要有人扶持和采取防滑措施。

典型案例 6-13

6月1日,由于电厂在A站新建三股铁路专用线,根据勘察设计要求,原有在14股的低压供电线路(共计13根电杆)需迁移。按照设计要求,原线路的1号至4号杆保留使用,从5号杆开始依次撤除,在撤完5号、6号、7号、8号杆后,均无异常现象。15时30分左右,电力工朱×登上9号杆,挂好安全带(其位置距杆稍约1 m)后开始工作,作业中该杆突然在地表面处断裂倾倒,朱×随杆倒下造成作业人员轻伤。

案例分析：

该水泥电杆位于货场卸煤作业区，根部因长期有煤，水泥钢筋锈蚀严重而电杆锈蚀部分埋于地表以下不易发现，承压后突然断裂倾倒。对这种处在特殊环境中的电杆在登杆前未对水泥杆根部进行检查是事故发生的主要原因。

典型案例 6-14

5月16日，县供电公司进行35 kV线路检修工作。线路班李×在20号杆上作业，王×在杆下监护。杆上工作结束后，李×准备下杆，当从横担位置下杆时，由于杆上缺少部分脚钉，未认真检查，左脚蹬空，失手从11 m处坠落地面。由于摔落过程中安全帽脱离头部，因坠落地面时头部先触地，造成当即死亡。

案例分析：

作业人员下杆过程中未认真检查脚钉的牢固性，是本次事故的主要原因；下杆过程中失去安全带的保护，也是本次事故的原因之一；安全帽带未系紧，致使坠落过程中头部失去安全帽保护是李某死亡的直接原因。

典型案例 6-15

11月13日15时30分动力站电工班组长王×带领作业组6人在生活基地临建职工食堂安装室内外照明，王×在食堂洗菜池上方装电灯，不慎从离地面高3.6 m处竹梯上跌在离地面高的洗菜池边沿上，造成腹部内伤，经抢救无效死亡。

案例分析：

王×（男，54岁，六级电工，本工种工龄32年）使用的梯子角度不对（梯子与地面的夹角35.6°），上部搭在屋架下檐上（该部为圆钢拉杆），下部搭在混凝土抹面的平台上，梯腿无防滑措施，无人扶梯监护，致使梯滑人落。

6.4.3.2 杆上作业应遵守的规定

杆上作业应遵守下列规定：

(1)工作人员必须系好安全腰带，作业时安全腰带应系在电杆或牢固的构架上。

(2)转角杆不宜从内角侧上下电杆，正在紧线时不应从紧线侧上下电杆。

(3)检查横担腐朽、锈蚀情况，严禁攀登腐朽、锈蚀超限的横担。

(4)杆上作业所用工具、材料应装在工具袋内，用绳子传递。严禁上下抛扔工具和材料。地上人员应离开作业电杆安全距离以外，杆上、地上人员均应戴安全帽。

典型案例 6-16

10月20日，某供电所包检组关×接受工长布置的任务到车站更换灯泡，登至第二根杆3 m高处，未系好安全带，盲目探身查看灯具，造成重心偏移，脚扣滑脱，从杆上坠落使其右脚外踝骨骨折，造成轻伤事故。

案例分析：

事故发生的原因包括：作业组对安全带重视不足，登高作业未按规定系好安全带，并将安全带系在电杆或牢固的构架上；工前预想不充分，对作业现场环境不清楚；高空作业未设置专人监护。

典型案例 6-17

11月6日，供电段电力工区在对A区间自闭线14号～18号电杆架空线改电缆作业过程中，位于K230+950处的18号电杆突然折断造成电力工齐×死亡、宁×重伤。

案例分析：

登杆作业前未对电杆状态进行认真检查是事故发生的主要原因。由于18号电杆"法兰盘与电杆连接处未做防腐处理或防腐处理不到位，钢筋的先期锈蚀和电杆在使用期间存在应力作用使18根钢筋中的13根先期断裂。"电杆上部有人员作业使电杆产生不平衡负荷是18号电杆"导致整根电杆断裂"的直接原因。

典型案例 6-18

某日傍晚，某供电单位线路班的工作人员甲在一根位于低洼处的电杆上装设横担，该电杆是90°转角杆，并向外角侧倾斜大约10°，电杆坑是头天新回填土，并装设有两组拉线，由于天色将晚、工作还没结束，工作负责人便又安排工作人员乙上杆协助工作，当工作人员乙上到工作人员甲的脚下位置时，电杆突然向外角倾倒，甲、乙工作人员随杆倒下，造成一人死一人重伤事故。

案例分析：

该电杆是转角杆，所装设的拉线是临时拉线，而且杆坑回填土并未完全牢固。此时登杆严重违反了"上杆塔作业前，应检查根部、基础和拉线是否牢固。新立杆塔在杆基未完全牢固或做好临时拉线前，严禁攀登。遇有冲刷、起土、上拔或导地线、拉线松动的杆塔，应先培土加固，打好临时拉线或支好杆架后，再行登杆"的规定。

典型案例 6-19

12月2日，水电段枢纽供电所电力工区张×参加A站"1050"工程施工。张×在攀登一号站台从北向南第二棵电杆过程中，左手扶电杆，右手拿一根穿线用塑料管。当攀登至离地面约1 m时，将安全带系上（实际上未系牢）；又登至4 m时，张×准备开始工作。为了方便工作，张×欲使身体与电杆有一定距离，但刚一用力便从杆上坠落，造成"右锁骨骨折，颅底骨骨折"，构成重伤事故。

案例分析：

作业人安全带未系牢是发生事故的直接原因；作业人手持塑料管登杆，违反了"杆上作业所用工具、材料应装在工具袋内，用绳子传递"的规定。

典型案例 6-20

供电段电力工区成员甲、乙、丙三人在某10 kV线路上施工作业。由于天气较热,成员乙摘下安全帽放置在身下坐在作业杆的背阴面休息,成员丙在杆上装金具,并随手将扳手放在横担上,成员甲在用绳索往杆上传递瓷瓶时,不慎将丙放在横担上的扳手碰落,正好砸在乙的头上,乙满头鲜血昏迷不醒。

案例分析:

电工乙把安全帽摘下来放在身下坐在作业杆的背阴面休息,电工丙在杆上装金具,并随手将扳手放在横担上,电工甲在用绳索往杆上传递瓷瓶时,不慎将丙放在横担上的扳手碰落,违反“杆上作业所用工具、材料应装在工具袋内,用绳子传递”,“严禁上下抛扔工具和材料”,“地上人员应离开作业电杆安全距离以外,杆上、地上人员均应戴安全帽”等规定。

视野拓展

接触网上“蝴蝶”飞

她是一个平凡而普通的女孩,又是一个倔强而坚强的女孩,她不爱“红妆”爱“工装”。她,就是昆明供电段第一名女接触网工,被称为“网上蝴蝶”的张艳华。

接触网工,在铁路行业被称作“空中蜘蛛侠”,作业大都在6米多高的接触网上,具有“高空、高危、高电压”的行业特点。多年来,从事接触网专业的多为男性,很少有女性涉足。

“2009年当我从学校毕业来到昆明供电段,看到同事们在接触网上像‘空中飞人’一样来去自如地干活时,既新奇又激动,我心里想,在学校学的是供电专业,假如当一名接触网工,像男孩子一样在网上‘飞来飞去’多神气,让他们也看看我们女孩子也能干,没准比他们干得更好!带着这样的想法,我选择了接触网这个专业。”

女接触网工的酸甜苦辣

2009年8月至2010年4月,张艳华和其他新入段的职工一起参加了段组织的长达9个月的接触网全封闭培训。烈日下,顶着骄阳,站军姿、练队列,熟悉接触网零部件,剪铁线做吊弦,在6米多高的接触网支柱上练习走网。“我永远也忘不了自己第一次爬上接触网支柱的情形。面对高高的电杆,尽管有安全措施,但我还是感到非常害怕,万一从10多米高处摔下来怎么办?是师傅的鼓励让我放下了心里的包袱,我在恐惧中慢慢走向支柱,双手紧紧抱着电杆,一步,两步,慢慢向上爬,边爬还边大声尖叫,引得下面的同事大笑。当我下到地面的时候,才发现全身被汗水浸透了。”有了第一次的经历,第二次,第三次,第四次,张艳华慢慢地克服心理压力,一次又一次不厌其烦地训练,她的动作娴熟程度不逊于任何一名男同事。

要想成为一名合格的接触网工,仅克服恐高心理是远远不够的,更需要有过硬的手上功夫,仅看似简单的制作接触网吊弦,就曾让这个不服输的女孩吃尽苦头。第一次剪铁线的时候,她怎么剪也剪不断,师傅教授方法后,她还是剪不断,一连3天,她按照师傅教授的方法,咬着牙做练习,一个动作重复练习了上千次,手掌磨出了一个个血泡,大腿被钳子压得青一块紫一块。到第3天,她终于剪断了第一根铁线。就这样,她用坚持和执着练就了扎实的基础功。

时间一天天过去,张艳华在一天天成长,长达9个月的全封闭训练,让这个对接触网一无所知的女职工练就了一身本领。一分钟剪断铁线40次，制作一副吊弦2 min，制作回头一个4 min，爬电杆上下一次30 s……培训结束时，张艳华的速度已经远远超越了男职工，她用自己的努力和成绩刷新了接触网专业的一个个数字和记录。

千万次的训练与坚持

2011年1月，接触网检修车间抽调14名精兵强将组成接触网特训小组，进行全封闭训练，为段开展积极进车间、入班组，教授标准化作业组织方法、开展标准化作业示范演练活动提供人才支撑。张艳华作为唯一的一名女接触网工，参加了这个因强度大、难度高、环境艰苦而被戏称为"飞虎队"的特训班。

训练期间，每天早上6点30分，就开始了业务强化培训生活的一天。早晨的体能训练包含跑步、俯卧撑、蛙跳等项目，为了能赶上其他男同事的速度，张艳华要花比别人多一倍的时间训练，一个小时下来她就汗流浃背。早餐过后，便开始全副武装，安全帽、防高空坠落安全带、全套个人工具、列队点名分工，接着就是更高强度的业务实作：吊弦、回头制作、爬杆上网、事故小铁塔起立……

培训班实行全封闭式训练，强度大、难度高、条件差，要求具备在有限时间内严格按照标准完成作业的能力，高质量、高水平地完成各项急、难、险、重任务，是对每名成员身体和心理的极大考验。因为这样的要求，每项看似简单的作业，张艳华至少都要练上几千遍，"千万次的训练都要按照标准不走样，每一遍我都会总结自己的不足，找到缩短时间、保证质量的方法。"

"一天下来，只见她一双纤细柔软的双手布满了水泡和血泡，吃饭时只能用小勺一小口一小口往嘴里送。"特训的日子里，她的闺密宋丹丹这样对记者说道。

接连半年的训练让她手上的水泡血泡一层摞一层变成了老茧。在关键时刻必须冲得上、打得赢的"飞虎队"，光能吃苦是远远不够的，还必须掌握接触网专业全部技术标准和业务知识。作为女孩子，张艳华要付出比男同事更多的汗水。白天，要经受住千万次的技能训练，晚上，还要拿着书本学习各种标准，反复计算各种参数，为第二天练习的项目做准备，有时候她端书的手都在发抖。日复一日，千万次标准化作业的训练，让张艳华的技术业务突飞猛进。2012年3月，张艳华被任命为昆南供电车间的接触网代理技术员。

为梦想而战

张艳华一次次用自己的行动和突出的工作成绩诠释了80后的担当与责任。自《接触网上"蝴蝶"飞——张艳华》一文在《中国妇女报》刊出后，各大媒体记者纷纷前来昆明供电段采访她。2012年4月份，一个很偶然的机会，上海东方卫视梦立方的编导被张艳华事迹感动。他们觉得，六米多高的接触网，每天与工装为伍，又苦又累，这样的工作女孩子怎么能胜任？带着这样的疑问，他们不远千里来到昆明采访了张艳华和她的同事，并邀请张艳华参加上海东方卫视举办的《梦立方》节目。

在梦立方节目的录制现场，播放了张艳华在接触网上作业的英姿飒爽，当观众看到张艳华高空作业的镜头时，无不发出了惊讶的声音，紧接着是更多的钦佩和赞美。面对一关难似一关的挑战，张艳华以她冷静、睿智的头脑，在实战中锻炼出的快速动手能力和反应能力破关斩将，赢得1万元的爱心基金。

2012年9月，张艳华代表昆明铁路局参加铁道部组织的全国铁路职工才艺大赛，在舞台上，30 s剪断32次ϕ4 mm的铁丝，在最短的时间内制作出一副接触网吊弦，令无数现场观众折服。

不积跬步，无以至千里。铁路的发展需要千千万万的高技术人才，更需要一种不怕苦和累、勇往直前的顽强毅力。一路走来，张艳华的成长犹如蛹破茧成蝶，虽历经无数艰辛但破茧后的美丽让人刻骨铭心。从最初的克服恐高心理开始，到练就过硬的手上功夫，积累精湛的实战经验，一步一步脚踏实地完成了工作角色的完美"蜕变"。

1. 提问思考

结合"接触网上'蝴蝶'飞"的事迹，思考成为一名优秀的接触网工该具备哪些素质和能力？

2. 分享讨论

铁路的发展需要千千万万的高技术人才，其中的绝大多数都如张艳华一般是平凡人，做着平凡的工作，过着平凡的生活，但平凡不是生命的底色，而是孕育伟大的土壤。在日复一日的坚守中，普通人也在书写着属于自己的史诗。我们作为新时代的铁路供电人，会在平凡的岗位上奏响怎样的华章！结合张艳华的事迹，思考讨论"平凡岗位的坚守本身就是对时代精神的最好注解"？这句话的涵义。

综合练习

练习

项目6
综合练习

答案

项目6
综合练习答案

项目7

停电作业

项目引言

在电力设备上工作或进行电气设备检修时，为了保证工作人员的安全，一般都是在停电状态下进行。停电分为全部停电和部分停电，不管是在全部停电还是部分停电的电气设备上工作或电力线路上工作，都必须采取停电、验电（亦称检电）、装设接地线、悬挂标示牌和装设防护物四项基本措施，这也是保证电气工作人员安全的重要技术措施。

供电设备停电状态下检修维护是预防触电事故、保障电工人身安全的最基本措施，也是保护电路设备、防止设备损坏的必要措施；同时供电设备停电状态下检修维护可以为作业人员提供一个安全、稳定的工作环境，使他们能够专注于设备的检查维护工作，而不用担心有触电或设备损坏的风险，从而确保维修质量。

学习目标

1. 知识目标

（1）掌握停电作业的概念，熟悉其安全风险点。

（2）掌握牵引变电所、接触网和电力设备检修停电作业的安全规则。

（3）熟悉牵引变电所、接触网和电力设备检修常见安全工器具。

（4）熟悉接触网停电作业联系用语。

2. 能力目标

（1）掌握设备停电检修作业中安全工器具的正确使用方法。

（2）熟悉设备停电检修和维护的技能和方法。

（3）具备参加牵引变电所、接触网和电力岗位停电作业的能力。

3. 素养目标

（1）了解各种可能出现的危险和风险，掌握相应的预防和应对措施。

（2）培养良好的安全意识和自我保护能力。

（3）培养停电作业中的团队合作和沟通能力。

7.1 知识准备

本节主要介绍高压验电器和接地线。

7.1.1 高压验电器

1. 高压验电器工作原理

高压电气设备和线路停电检修时必须遵循停电、验电、接地线,再开始检修的规定。验电操作必须通过验电器来完成。验电器是用来检测电力设备上是否存在电压的常用电力安全工具之一,通过验电器验证停电设备确无电压,再进行其他操作,以防止出现带电装接地线(或合接地闸刀),误碰有电设备等恶性事故的发生,因此,在电力行业中验电器的作用不可忽视。

高压验电器一般都是由检测部分(或称指示器部分)、绝缘部分、握手部分三大部分组成。绝缘部分系指自指示器下部金属衔接螺钉起至罩护环止的部分,握手部分系指罩护环以下的部分。其中绝缘部分、握手部分根据电压等级的不同其长度也不相同,如标称电压25 kV的接触网距离轨面高度在6 m左右,所以接触式接触网专用验电器的绝缘部分一般由可伸缩的多节空心圆管绝缘杆组成,如图7-1所示。

验电器在检测接触网高压时,如被测接触网设备带电,验电器内部报警电路中的发光二极管会间歇性的闪烁发光,同时压电陶瓷片也发出间歇报警声,警告有电,如图7-2所示。

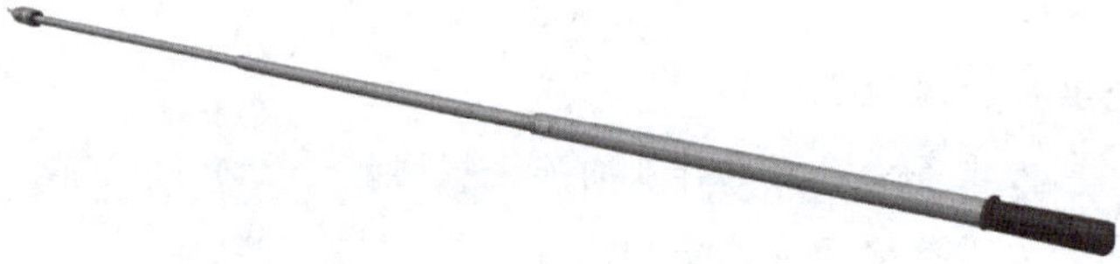

图7-1 接触网专用验电器

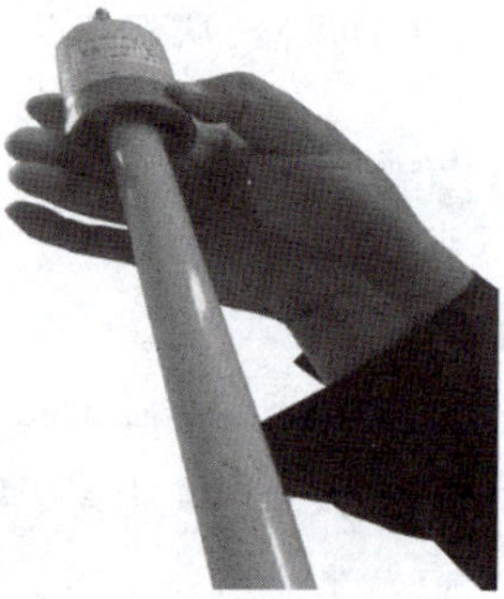

图7-2 验电器自检

2. 使用高压验电器验电

(1)在验电器使用前必须确认验电器使用的规格型号符合现场使用,验电前应检查高压验电器表面无破损、裂纹;确认验电器额定电压与被测电气设备的电压等级相适应;验电器合格证应在有效期内。

(2)验电操作前应先进行自检试验,确认验电器警报音响良好。

按动验电器上的试验按钮应有警报音,同时发光二极管发出闪光。若自检试验无声光指示报警时,不得进行验电。

(3)自检良好后,先在同等电压等级带电设备检查其性能,确认声、光信号显示正常(V形停电作业，在另一行别带电接触网上确认；垂直天窗作业，可停电前利用带电接触网设备对验电器进行性能确认），然后方可在停电设备上验电。

验电时必须有两人进行，一人操作，一人监护。验电操作人必须戴绝缘手套。手握处不得越过高压验电手柄护环（图7-3），验电人应与电器设备保持足够的安全距离，并将绝缘杆全部拉伸到位，最好站在绝缘垫上。验电人的手指不要碰到金属部分，以防止触电。在被验设备的电源侧和该设备的出线侧逐相分别验电。

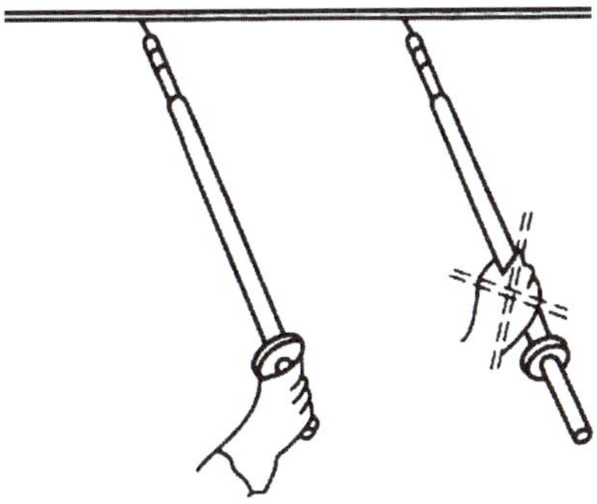

图7-3 正确手握验电器

高压验电器使用注意事项：

（1）使用前首先确定高压验电器额定电压必须与被测电气设备的电压等级相适应，以免危及操作人人身安全或产生误判。

（2）验电时操作人应戴绝缘手套，手握在护环以下部分，同时设专人监护。同样应在有电设备上先验证验电器性能完好，然后再对被验电设备进行检测。注意操作中应将验电器渐渐移向设备，在移近过程中若有发光或发声指示，则立即停止验电。当自检试验不能发声、光信号报警时，应检查电池。更换电池应注意正负极不能装反。

（3）使用高压验电器时，必须在气候良好的情况下进行。在遇雷电、雨天（听见雷声或看见闪电）应禁止验电，以确保操作人员的安全。

（4）验电时人体与带电体应保持足够的安全距离。在复线V形停电作业时，接触网验电人员应站在田野侧，上端手握点距报警装置不小于2 m。

（5）验电器每半年进行一次预防性试验，试验电压等级90 kV，试验时无发热、击穿和变形为合格。

（6）高压验电器应按绝缘工具要求进行使用、保管、存放、运输和试验。

7.1.2 接地线

接地线顾名思义就是直接连接大地的线，也称为安全回路线。工作或生活中出现危险电压时接地线能把高压直接引入大地，算是一根生命、财产保障线。在供电设备检修中安装接地线是为了在已停电的设备和线路上意外地出现电压时保证检修工作人员安全的重要工具。

1. 高压接地线结构

高压接地线由接地软铜线、绝缘操作杆（亦称接地棒）、接地端子等组成，接触网、电力和变电所用的接地线如图7-4、图7-5、图7-6所示。

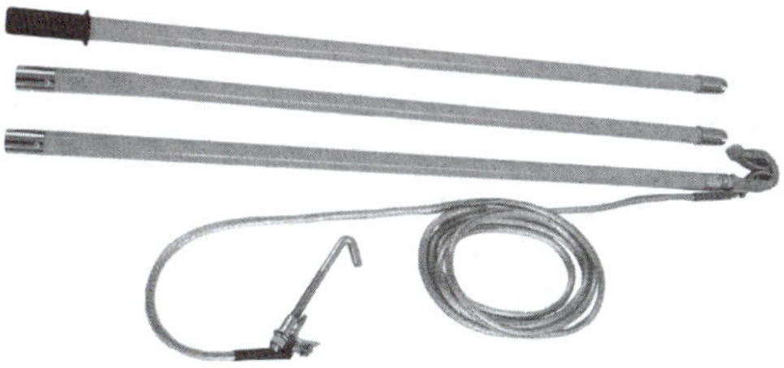

（a）带接地钩的接地线

（b）带接地夹的接地线

图7-4 接触网接地线

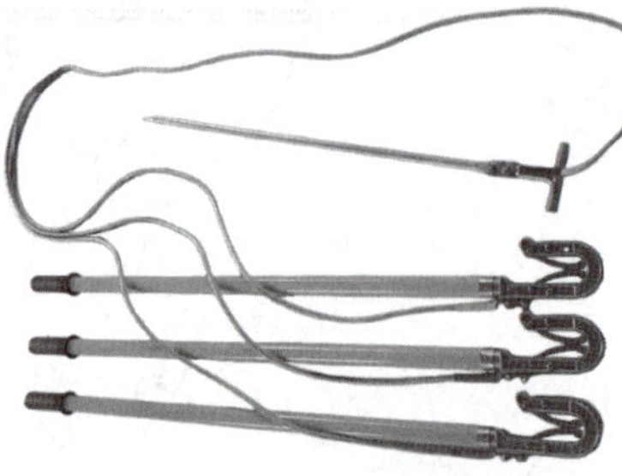

图 7-5　电力接地线

图 7-6　变电所接地线

2. 接地软铜线

接地软铜线的电阻值决定了接地线的品质,按照电力行业技术规定要求,不同截面的接地软铜线两端接线鼻间测量直流电阻,其平均每米电阻值不得大于表 7-1 中的数值。

表 7-1　接地线的品质

截面/mm^2	16	25	35	50	70	95	120
平均每米接地线的直流电阻值/(mΩ/m)	1.24	0.79	0.56	0.40	0.28	0.21	0.16

铁路供电部门规定,10 kV 以上高压设备停电作业所用接地软铜线必须是截面积在 25 mm^2以上的裸铜软绞线制成,外覆柔软、耐高温、耐磨损的透明绝缘护层,防止使用中磨损接地软铜线。

3. 绝缘操作杆

绝缘操作杆体一般采用环氧树脂玻璃布卷制成彩色管,绝缘性能好、强度高、重量轻、色彩鲜明、外表光滑。停电设备端的连接采用双弹簧挂钩接线夹或者平口螺旋压紧式接线夹。接线夹常采用高强度铝合金压铸,再经表面处理使接线夹表面不易氧化。双弹簧挂钩接线夹连接时直接挂在线索(或者腕臂、定位管等部件)上,向下拉动,使得双舌紧紧夹持住线索;平口螺旋压紧式接线夹的开口夹在线索上后转动绝缘操作杆,使得活动平口紧紧夹持住线索;多节的操作杆用于距离线索较远时,中间通过接口连接为一体使用;操作杆手持处设置有橡胶防滑手柄。

4. 接地端连接方式

接触网接地线接地端常采用钢轨专用接地钩连接于钢轨下部,如图 7-7(a)所示;或通过接地夹连接钢轨上端,如图 7-7(b)所示。

铁路电力接地线接地端一般连接于打入泥土中(入土深度不小于 0.6 m)的接地针上,如图 7-7(c)所示。

变电所接地线接地端通过所内预留的接地母排螺栓连接至变电所地网,如图 7-7(d)所示。

(a) 钢轨下部连接　(b) 钢轨上端连接　(c) 接地针接地　(d) 变电所内接地

图 7-7　接地端子连接

安全注意事项:

(1)工作之前必须检查地线状态。如软铜线是否断股,螺钉连接处有无松动、线钩的弹力是否正常,不符合要求应及时调换或修好后再使用。

(2)必须先连接接地端,再连接导体端。

(3)挂接地线前必须先验电,在挂接时接地线不能和身体接触。

(4)接地线在使用过程中不得扭花,不用时应将软铜线盘好;接地线在拆除后,不得从空中丢下或随地乱摔,要用绳索传递;注意接地线的清洁工作。

7.2　接触网停电作业联系用语

7.2.1　通用标准工作用语

通用标准工作用语不仅可用于停电作业,其他作业方式亦适用。

1. 作业日期和时间

作业日期使用年、月、日全称,如“2024 年 6 月 22 日”。作业时间使用北京时间 24 小时制标准计时。

2. 作业地点和内容

作业地点使用“线路、区间(站场)、上(下)行、起止支柱号及其对应起止公里标”全称格式,如:× ×线× ×区间(站)上(下)行× × ×支柱—× × ×支柱,公里标 K× × × + × × ×—K× × × + × × ×。

作业区间应按公里标延续方向车站全称所形成的名称为标准,如“南阳寨—海棠寺区间”;站场的名称使用全称,如:“南阳寨站”“海棠寺站”。

作业登记或办理封锁手续时,要符合车务部门对区间、站场的界定。

作业内容使用规范化全称,如“检修分段绝缘器,检测自动过分相装置地面磁感应器”等。

3. 工具和材料名称

工具、材料应使用规程、规范、材料目录记载的正式名称表述,如“棒式绝缘子、力矩扳手”等。

4. 联系用语

作业全过程一般都使用对讲机作为通信工具进行联系。对话用语要符合标准用语的要求,简明准确,文明礼貌。

5. 作业方向

作业方向使用“北京方向”“广州方向”“西安方向”“连云港方向”等表述,不能用东、西、南、北等自然方向表述,更不能用“前方”或“后方”表述。

6. 作业组成员姓名

作业组成员姓名应使用全名,不能用“老王”“小李”等替代。

7. 作业中对话

作业中对话应坚持采用呼唤应答、复诵方式,不能简单用“是”“不是”“知道”“好了”“明白”“可以”等措辞含糊的答语。

7.2.2 开始过程联系用语

为了方便说明接下来的标准化用语,假定涉及的人员包括:

赵甲——工作领导人;

钱乙——驻站联络员(可兼任要令人);

孙丙——作业区一端M号支柱地线操作监护人(可兼任现场防护员);

李丁——作业区另一端N号支柱地线操作监护人(可兼任现场防护员);

周戊——检修作业小组监护人(或其他小组监护人);

吴己——供电调度员;

郑庚——作业组成员。

此人员角色设定也适用在后续的多个项目中。

7.2.2.1 作业分工

作业分工用语不仅可用于停电作业,间接带电作业和远离作业方式亦适用。

赵甲:郑庚。

郑庚:到。

赵甲:作业位置是×××至×××区间(或××站)××号支柱,作业内容是……

郑庚:作业位置是×××至×××区间(或××站)××号支柱,作业内容是……郑庚明白。

7.2.2.2 要令人办理停电作业命令

工作票需提前上传供电调度审核;要令人员姓名和要令地点提前告知供电调度员。

钱乙:供电调度,我是×××工区钱乙,申请接触网停电作业命令,在××处所座台要令。申请××变电所×号馈线停电,作业内容……,作业地点××线××区间(站)上(下)行×××支柱—×××支柱,公里标K×××+×××—K×××+×××。

(供电调度审核工区的停电作业申请,对作业地点、作业内容、需停电范围、安全措施等全面审核,办理停电手续,之后发布停电作业)。

吴己:准许×××工区在××线××区间(站)上(下)行×××支柱—×××支柱,公里标K×××+×××—K×××+×××处开展接触网停电作业,批准时间××××年××月××日××时××分,要求完成时间××××年×月×日××时××分,命令编号×××,发令人吴己。

钱乙:(随供电调度发布命令同步进行复诵并记录)准许×××工区在××线××区间(站)上(下)行×××支柱—×××支柱,公里标K×××+×××—K×××+×××处开展接触网停电作业,批准时间××××年××月××日××时××分,要求完成时间××××年××月××日××时××分,命令编号×××,发令人吴己,要令人钱乙。

7.2.2.3 要令人通知工作领导人

收到供电调度发布的停电作业命令,要令人立即通知工作领导人。

钱乙:赵甲,钱乙呼叫,供电调度已下达×××号停电作业命令,××变电所,×号馈线已经停电,要求完成时间××时××分。

赵甲:供电调度已下达×××号停电作业命令,××变电所,×号馈线已经停电,要求完成时间××时××分。赵甲明白。

7.2.2.4 工作领导人准许验电接地

工作领导人收到停电作业命令,准许接地小组验电接地。

赵甲：孙丙、李丁，赵甲呼叫，供电调度已下达×××号停电作业命令，×号馈线已经停电，停电到××时××分，准许M号、N号支柱验电。

孙丙：准许M号支柱验电，孙丙明白。

李丁：准许N号支柱验电，李丁明白。

（验明接触网确已停电后）

孙丙：赵甲，孙丙呼叫，M号支柱验电无电，请指示。

赵甲：M号支柱验电无电，赵甲明白。

李丁：赵甲，李丁呼叫，N号支柱验电无电，请指示。

赵甲：N号支柱验电无电，赵甲明白。

（经两端地线组验电，确认现场接触网设备无电信息后，方可通知装设接地线）

赵甲：孙丙，赵甲呼叫，准许M号支柱挂接地线。

孙丙：准许M号支柱验电，孙丙明白。

赵甲：李丁，赵甲呼叫，准许N号支柱挂接地线。

李丁：准许N号支柱验电，李丁明白。

（地线接好后，地线监护人通知工作领导人）

孙丙：赵甲，孙丙呼叫，M号地线已接好。

赵甲：M号地线已接好，赵甲明白。

李丁：赵甲，李丁呼叫，N号地线已接好。

赵甲：N号地线已接好，赵甲明白。

7.2.2.5 作业组开工

验电接地完成，工作领导人通知作业组开工。

赵甲：全体作业组成员注意，作业区段地线已接好，行车防护已设置到位，准许开工作业，停电到××时××分。

各负责人：地线已接好，行车防护已设置到位，准许开工作业，停电到××时××分。×××明白。

各负责人指高空作业监护人、车梯负责人、地线监护人等。收到信息后，各负责人再将已经开工的信息通报其他作业组组员。

7.2.2.6 通知其他小组开工

如果作业组存在多个作业小组，工作领导人还要将开工信息通知其他小组监护人。

赵甲：周戊，赵甲呼叫，地线已接好，行车防护已设置到位，准许开工作业，停电到××时××分。

周戊：地线已接好，行车防护已设置到位，准许开工作业，停电到××时××分，周戊明白。

注意事项：

如有多个监护人时，工作领导人分别按上述用语逐个联系，并认真确认。

7.2.2.7 行车和调车信息通报

接触网作业停电作业过程中，凡是本线或邻线有列车通过、停车或调车作业时，防护人员都要按要求提前通知工作领导人（或监护人），并督促工作领导人（或监护人）及时将人员、机具撤至限界以外安全地带避车。

钱乙:赵甲,××××次×道(区间为上行或下行)(反方向)通过,下道避车。

赵甲:××××次×道(区间为上行或下行)(反方向)通过,下道避车,赵甲明白。

(当在较大车站作业时,行车防护人员向工作领导人通报站内调车信息)

钱乙:赵甲,钱乙呼叫,××站上行(下行)有调车作业,通过××道、××号道岔,进××道停车(或通过),请注意避让。

赵甲:××站上行(下行)有调车作业,通过××道、××号道岔,进××道停车(或通过),注意避让。赵甲明白。

(工作领导人及时向其他作业小组通报列车通过信息)

赵甲:周戊,赵甲呼叫,××站上行(下行)××道[或××—××区间上(下)行]××××次列车通过,停止作业、下道避车。

周戊:××站上行(下行)××道[或××—××区间上(下)行]××××次列车通过,停止作业、下道避车。周戊明白。

(当其他作业小组成员、机具、材料全部下道后,其他作业小组监护人及时告知工作领导人)

周戊:赵甲,周戊呼叫,人员、机具全部下道。

赵甲:人员、机具已全部下道,赵甲明白。

(当作业组全体成员、机具、材料全部下道后,工作领导人及时告行车防护人)

赵甲:钱乙,现场人员、机具已全部下道。

钱乙:现场人员、机具已全部下道,钱乙明白。

孙丙(或李丁,这里指列车离去方向侧现场防护员):钱乙,列车已通过。

钱乙:列车已通过,钱乙明白。

(列车通过后,工作领导人通知作业组重新开始工作)

7.2.2.8 变更作业地点

(作业组变更作业地点时,工作领导人向驻站联络员通报)

赵甲:钱乙,赵甲呼叫,作业组××站上行(下行)××道停电作业任务已完成,现转移至上行(下行)××道作业。

钱乙:作业组××站上行(下行)××道停电作业任务已完成,现转移至上行(下行)××道作业,钱乙明白。

(转换股道完成,开始作业,工作领导人同样要通报防护人员)

赵甲:钱乙,作业组在××道开始作业。

钱乙:作业组在××道开始作业,钱乙明白。

(驻站联络员接到通报,要依据股道变化调整防护信息)

7.2.3 作业结束过程联系用语

7.2.3.1 其他小组完成作业任务

(停电作业结束,其他作业小组成员、机具、材料全部下道后,作业小组监护人应及时通报工作领导人)

周戊:赵甲,周戊呼叫,作业已结束,人员机具已撤至安全地带。

赵甲:作业已结束,人员机具已撤至安全地带,赵甲明白。

7.2.3.2 撤除地线

赵甲:孙丙、李丁,赵甲呼叫,作业结束,人员机具已全部撤离,撤除××站(××—××区间)M号、N号地线。

孙丙:作业已结束,撤除××站(××—××区间)M号地线,孙丙明白。

李丁:作业已结束,撤除××站(××—××区间)N号地线,李丁明白。

(地线撤除完毕后,地线监护人通知工作领导人)

孙丙:赵甲,孙丙呼叫,××站(××—××区间)M号地线已撤除。

赵甲:××站(××—××区间)M号地线已撤除,赵甲明白。

李丁:赵甲,李丁呼叫,××站(××—××区间)N号地线已撤除。

赵甲:××站(××—××区间)N号地线已撤除,赵甲明白。

7.2.3.3 消令

赵甲:钱乙,赵甲呼叫,作业已结束,人员机具已撤至安全地带,所有地线均已撤除,×××号命令可以消令。

钱乙:作业已结束,人员机具已撤至安全地带,所有地线均已撤除,×××号命令可以消令,钱乙明白。

(要令人把停电命令消除后,立即通报工作领导人)

钱乙:赵甲,钱乙呼叫,×××号命令已正点消令。

赵甲:×××号命令已正点消令,赵甲明白。

(如果停电作业结束后,地面的作业或其他作业仍占用线路,则座台防护人员及作业区防护人员均须坚守岗位,待人员机具全部撤离线路后,方可撤除防护。同时,其用语改为)

赵甲:钱乙,赵甲呼叫,停电作业已结束,地线已全部撤除,可以消令送电。

钱乙:停电作业已结束,所有地线均已撤除,可以消令送电,钱乙明白。

7.3 技能训练——接触网验电接地

7.3.1 训练目的

(1)掌握停电作业的相关知识。

(2)掌握接触网停电作业验电接地的流程和方法。

(3)掌握接触网停电作业的人员组织要求。

(4)熟悉接触网停电作业工具、材料的准备。

(5)掌握接触网停电作业安全措施的设置要求。

(6)掌握接触网停电作业过程中的联控用语。

7.3.2 人员组织和训练用工具、材料

1. 人员组织

接触网验电接地技能训练人员准备见表7-2。

表 7-2 人员准备

序号	岗位	人数	备注
1	工作领导人	1人	
2	地线监护人	2人	兼行车防护人
3	地线操作人	2人	
4	要令人	1人	
5	驻站联络员	1人	驻站联络员可由要令人兼任

2. 工具、材料准备

技能训练参与人员穿戴好个人劳动保护用品,按照表 7-3 准备好需要的安全工具、材料。

表 7-3 训练用安全工具、材料

序号	名称	规格或型号	单位	数量	备注
1	验电器	27.5 kV	套	2	
2	接地线	25 mm^2	套	4	地线杆绝缘良好,接地线无断股、散股
3	对讲机	—	台	≥5	工作领导人、要令人、驻站联络员、验电接地监护人等每人1台
4	安全带	—	条	2	攀登支柱才能完成接挂地线时使用
5	绝缘手套	—	双	2	
6	绝缘靴	—	双	2	恶劣天气时使用
7	梅花扳手	—	套	2	
8	安全帽	—	顶	7	现场实训人员每人1顶
9	钢丝刷	—	把	2	清除接地端钢轨表面污渍
10	移动停车信号牌	—	个	2	昼间使用
11	移动停车信号灯	—	个	2	夜间使用
12	干净抹布	—	块	若干	擦拭清洁地线杆、验电器主绝缘部分

7.3.3 训练内容与操作步骤

7.3.3.1 准备工作

发票人签发训练工作票并交付工作领导人,工作领导人向训练组全体成员宣讲工作票、分工,并进行安全预想。验电接地参训人员要掌握训练线路区域的范围、内容、时间、接地线位置、安全和防护措施等;按本次训练要求准备验电器和接地线等工具,检查并确认状态良好;检查绝缘鞋(靴)、绝缘手套状态,不得有裂纹、破损、漏气现象。

要令人通知工作领导人已申请到停电作业命令后,工作领导人准许验电接地人员开始验电接地操作。

7.3.3.2 验电接地操作流程

1. 到达作业地点

到达作业地点后与监护人共同确认区间(站场)、行别(站内股道号)、支柱号等具体处所和接地线安装位置。

2. 操作前准备

地线操作人先设置移动停车信号,移动停车信号牌(灯)位置在作业区两端、地线前方约 20 m 处。连接接地线绝缘杆,用钢丝刷打磨钢轨安装接地端的部位以清除污渍及锈蚀(图 7-8),

图 7-8 打磨钢轨除锈除污

然后将地线的接地端与打磨处可靠连接。用干净擦拭清洁地线杆、验电器的主绝缘部分。穿好绝缘鞋(靴)、戴好绝缘手套。

3. 验电

接到可以验电的通知后,地线操作人方可进行验电操作。首先验电器自检,手动试验验电器声光状况是否良好,自检正常后才可在停电接触网上验电。将伸缩式绝缘杆拉至最长,手持绝缘杆指定把握部位,将验电器顶端与停电设备的导电部位接触(图 7-9),声光均无显示,证明设备已停电。再在有电接触网上验电,然后再次在停电接触网上复验(此处为模拟 V 形停电作业时的验电操作。如果模拟复线铁路垂直天窗或者单线铁路,则首先验电器自检,自检正常后在接触网上验电,然后再次自检),必要时可重复操作,确认接触网已停电。并将验电结果通知工作领导人。

4. 接挂地线

当明确接触网已停电、接到可以接挂地线的通知后,地线操作人在监护人的监护下接挂地线。选择好地线接挂位置,操作人员手持地线绝缘杆根部,身体与接地线保持 1 m 以上距离,将接地线的钩头端与停电设备的导电部位连接(图 7-10),接地线接挂完毕。操作人将接好的地线绝缘杆及接地线固定,避免侵入未封锁线路影响正常行车;同时监护人通知工作领导人地线已接挂好。

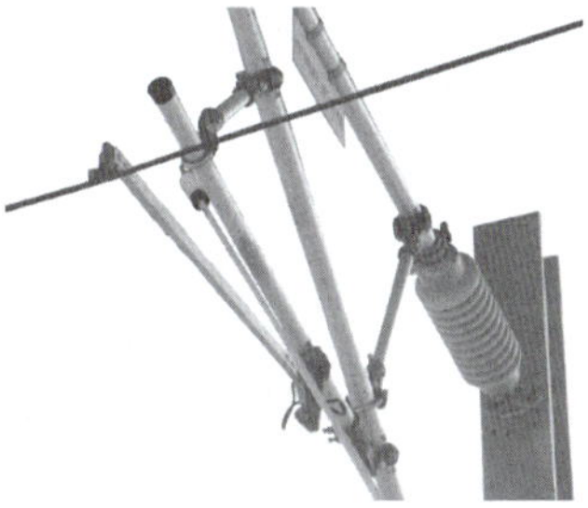

图 7-9 验电

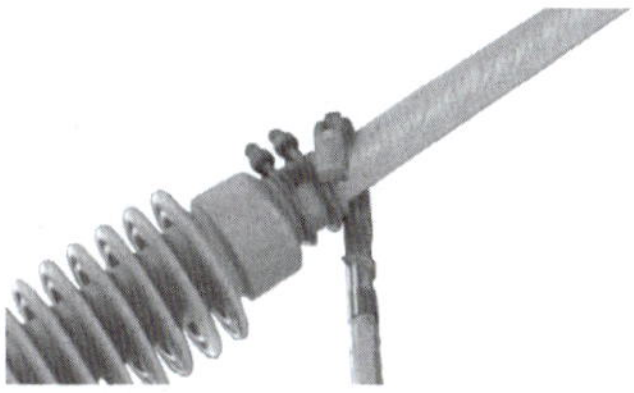

图 7-10 连接停电设备端

5. 拆除地线

接触网检修作业完成后,接到工作领导人拆除接地线的命令,地线操作人在监护人的监护下,迅速将接地线挂钩从停电设备上取下,再拆除接地线的接地端,监护人再通知工作领导人地线已拆除。

6. 清理现场

地线操作人员清点工具,人员、工具撤至安全地带。

7. 结束作业

作业结束后,参加收工会(项目考评),工具入库。

7.3.4 项目考评

经过项目训练后,熟练掌握验电接地操作要领,并限时进行训练考核评定。考核评分标准见表 7-4。

表 7-4　验电接地操作考核评分参考

项目	配分	评分标准	减分标准	存在问题	减分	得分
工具材料	10	工具齐全	不齐全每件扣5分			
		选用绝缘工具正确	不正确扣10分			
时间	10	7 min 内完成	每超过1 min 扣3分,超过10 min为失格			
质量	50	将地线的接地端与打磨处可靠连接	未可靠连接为失格			
		检验电器状态	未检验为失格			
		对接好的地线采取防侵线措施	未采取措施为失格			
		按正确顺序接挂及拆除地线操作	顺序错误为失格			
		验电接地过程中联系用语标准规范	不规范每次扣5分			
安全	30	作业过程中人员不得受伤	受伤为失格			
		按规定穿戴好劳保用品	未按规定穿戴好劳保用品,每件扣10分			
		按规定正确使用工具	未按规定使用工具每次扣2分			
总分						

7.4　项目拓展

在电力设备上工作或进行电气设备检修时,为了保证工作人员的安全,一般都是在停电状态下进行。停电分为全部停电和部分停电,不管是在全部停电还是部分停电的电气设备上工作,都必须采取停电、验电(亦称检电)、装设接地线以及悬挂标示牌和装设防护物四项基本措施,这是保证电气工作人员安全的重要技术措施。这里所介绍的停电作业除特别指出外一般均指高压设备停电作业,即电压等级在10 kV以上的电力设备停电作业。

7.4.1　停电

在电气设备上的工作,停电是一个很重要的环节。

7.4.1.1　牵引变电所高压设备停电作业的停电范围

(1)当进行停电作业时,设备的带电部分距作业人员小于表7-5规定者均须停电。

表 7-5　设备带电部距作业人员距离

电压等级	无防护栅/mm	有防护栅/mm
330 kV	4 000	—
220 kV	3 000	2 000
55~110 kV	1 500	1 000
27.5 kV 和 35 kV	1 000	600
10 kV 及以下	700	350

(2)在二次回路上进行作业时,引起一次设备中断供电或影响安全运行的有关设备须停电。

(3)对停电作业的设备,必须从可能来电的各方向切断电源,并有明显的断开点(有明显的断开点一般解释为人眼能够直接看得见的断开点,例如开断的隔离开关。防止因没有明显断开点而混淆有电和无电设备,导致人身或设备事故)。运用中的星形接线设备中性点应视为带电部分。

断路器和隔离开关断开后,及时断开其操作电源。

典型案例 7-1

7月24日,供电段综合车间电器组计划在某铁路线A牵引变电所进行"1号主变压器、1号所内自用变、1LH小修",工作票号7-4,如图7-11所示。

7月23日下午5点电器组工长向电力调度提报了次日检修牵引变电所1号主变压器系统设备小修计划,7月24日上午11点电器组到达牵引变电所签发了7-4号工作票,计划"1号系统带2号主变压器"运行,检修"1号主变压器、1号所内自用变、1LH"。

7-4号工作票必须采取的安全措施栏"断开的断路器和隔离开关"写的是:"101DL、2011和2021GK",从图7-12牵引变电所一次主接线图可以看出:停电设备一号主变1B与带电设备101DL进线及与之连接的法兰盘之间没有明显的断开点。在工作票"安装接地线的位置"写的是"101DL出线侧挂1组3根、2011和2021GK进线侧挂1组4根地线",从图7-13牵引变电所断面图和断路器外观图可以看出:101DL出线侧1组3根地线距101DL进线法兰盘之间距离较近,而且法兰盘上所带电的电压为110 kV。工作票签发人并没有意识到"1号系统带2号主变压器"运行时101DL进线法兰盘上带电,反把101DL当成是停电设备断开点。

第一种工作票

××变电所　　　　　　　　　　　　　　　　　　　　　　　　第7-4号

<table>
<tr><td>作业地点及内容</td><td colspan="4">室外1B、1ZB、1LH小修</td></tr>
<tr><td>工作时间</td><td colspan="4">自××××年07月24日13时00分至××××年07月24日18时00分止</td></tr>
<tr><td>工作领导人</td><td colspan="4">姓名:W　　安全等级:四</td></tr>
<tr><td rowspan="4">作业组成员姓名及安全等级
(安全等级填在括号内)</td><td>X(4)</td><td>(　)</td><td>(　)</td><td>(　)</td></tr>
<tr><td>Z(3)</td><td>(　)</td><td>(　)</td><td>(　)</td></tr>
<tr><td>Q(3)</td><td>(　)</td><td>(　)</td><td>(　)</td></tr>
<tr><td>P(2)</td><td>(　)</td><td>(　)</td><td>共计5人</td></tr>
<tr><td colspan="3">必须采取的安全措施(本栏由发票人填写):
1. 断开的断路器和隔离开关:断101DL、断2011、2021GK;
2. 安装接地的位置:101DL出线侧1组3根,2011和2021GK进线侧1组4根;
3. 装设防护栅、悬挂标示牌的位置,在101DL、2011和2021GK机构箱各挂禁合、禁攀牌;
4. 注意作业地点附近有电的设备是:1011和1001GK带电 2011和2021GK出线侧带电;
5. 其他安全措施
(1)断101DL机构箱电机电源,控制开关打到"当地"位;
(2)断2011、2021GK机构箱电机电源;
(3)断+CE.3,1B主变压器控制盘控制电源开关+K1.21。</td><td colspan="2">已经完成的安全措施:
1. 已经断开的断路器和隔离开关:101DL、2011和2021GK;
2. 接地线装设的位置及其号码:101DL出线侧1组3根编号01、02、03,装设位置2011和2021GK进线侧1组4根编号04、05、06、07装设位置:√
3. 防护栅、标示牌装设的位置:√
4. 注意作业地点附近有电的设备是:√
5. 其他安全措施:√</td></tr>
</table>

发票日期：××××年 07 月24 日 发票人：××××（签字）

根据电力调度员的第××××号命令准予在××××年 07 月24 日15 时20 分开始工作，要求在××××年 7 月24 日17 时30 分结束工作

值班员： I （签字）

经检查安全措施已做好，并于××××年 07 月24 日15 时40 分开始工作

工作领导人： W （签字）

变更作业组成员记录：

发票人：　　（签字）

工作领导人：　　（签字）

经电力调度员　　同意工作票有效期延长到　　年　月　日　时　分

值班员：　　（签字）

工作领导人：　　（签字）

工作已于　　年　月　日　时　分全部结束。

工作领导人：　　（签字）

接地线共　组和临时防护栅、标示牌已拆除，并恢复了常设防护栅和标示牌，工作票于　　年　月　日 时　分结束。

值班员：　　（签字）

图 7-11　　第 7-4 号工作票

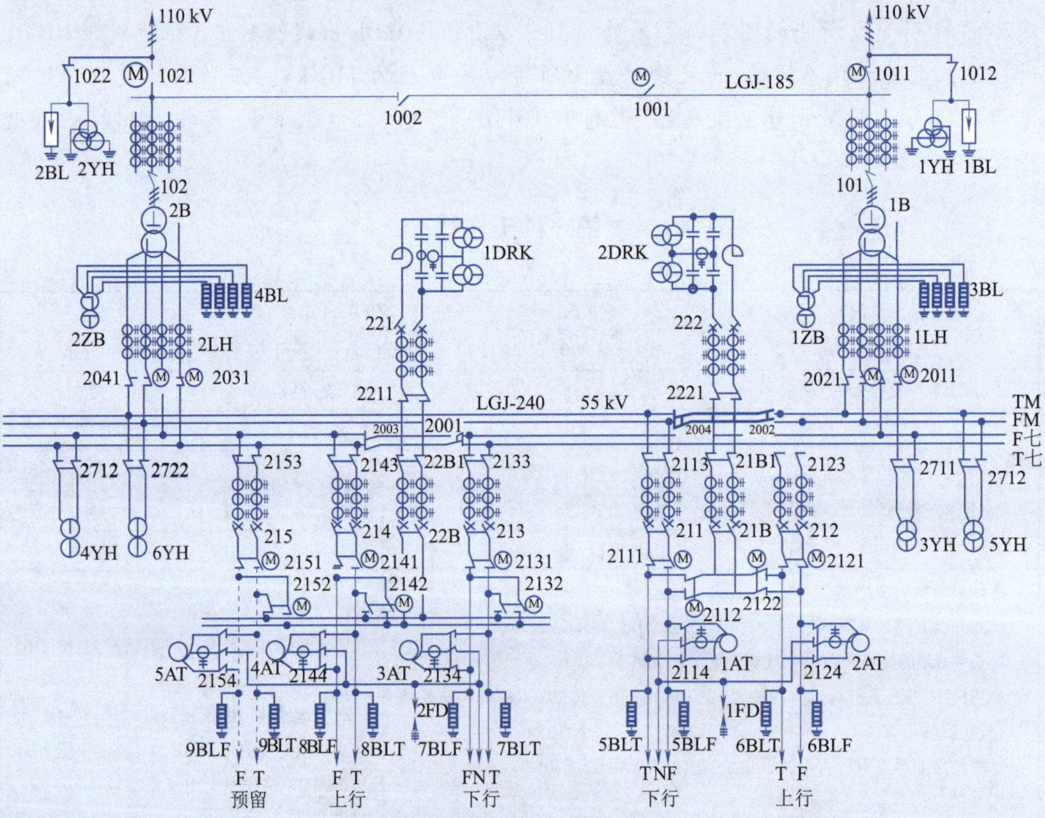

图 7-12　牵引变电所一次主接线

7 月 24 日 14 时牵引变电所值班员在审核工作票时未发现工作票中“断开的断路器和

隔离开关”，以及“接地线位置”不当错误，随后向电力调度办理作业手续。14时54分电力调度员在办理停电作业有关手续时，也未发现7-4号工作票错误。15时整牵引变电所值班员、助理值班员开始办理安全措施，但在接101DL出线侧地线时未进行验电。15时40分变电所安全措施布置完毕，通知电器组检修作业组工作领导人开工作业。在通知作业组作业前，工作领导人既没有认真审票发现问题，又没有会同值班员共同检查作业地点的安全措施。

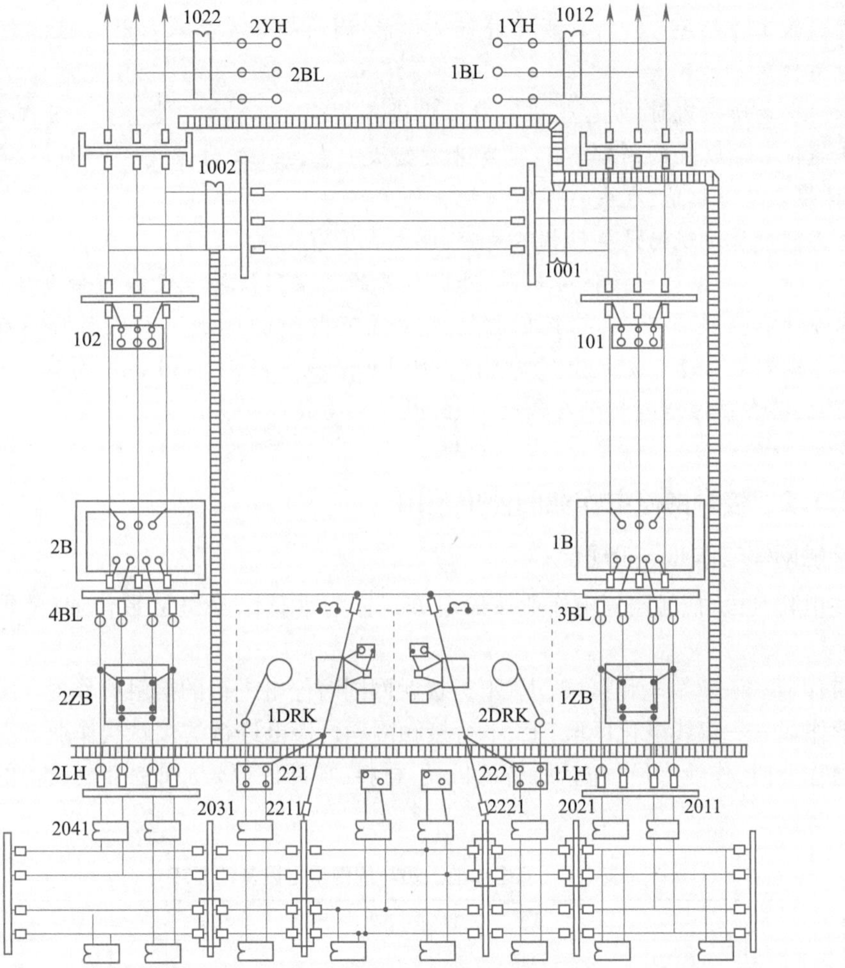

（a）牵引变电所110 kV进线及主变压器进出线俯视图

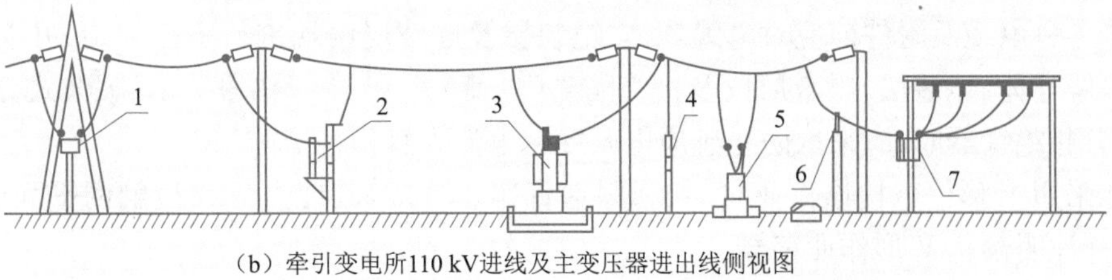

（b）牵引变电所110 kV进线及主变压器进出线侧视图

1—1011进线电动隔离开关；2—101断路器及电流互感器；3—1号主变压器1B；

4—避雷器3BL；5—自用变1ZB；6—电流互感器1LH；7—2011、2021电动隔离开关。

图7-13　牵引变电所断面图（部分）

在检修作业组人员开始准备工作过程中，15时47分1号系统跳闸，造成全所失压停电，101DL出线侧1组3根地线右二根从中部烧断。16时17分用“2号系统带2号主变”恢复全所供电，停电影响时间30 min。

案例分析：

从本次事故形成过程来看，造成本次跳闸全所失压停电事故的原因有以下几个方面的因素：

电器组工长发票人对班组分管设备构造及运行方式认识不清，工作票签发接地线位置和断开的断路器和隔离开关错误；

电器组工作领导人没有按规定进行工作票审核，而让发票人代替办理工作票，失去了审核把关作用；

牵引变电所值班员、助理值班员对所内设备构造也不清楚，没有审核出工作票当中存在接地线位置和断开的断路器和隔离开关错误。在办理工作票安全措施时，简化作业程序，不按规定验电接地，也失去了审核把关作用；

电力调度员对现场设备结构不清楚，也失去了审核把关作用。

综上所述，一系列审核把关不严，造成断开的断路器使停电设备与带电设备之间电气连接部分没有明显断开点，导致因接地线位置不当而使接地线因风力作用触及带电的101DL进线侧法兰盘而使1号系统跳闸，110 kV进线失压停电30 min，并因为地线距带电部分较近，易在接撤地线时触及带电部分，所以又构成人身伤亡危及事故。

7.4.1.2 接触网停电作业的停电范围

1. 接触网停电作业一般规定

双线电化区段，接触网停电作业按停电方式分为垂直作业和V形作业（V形作业也称V停作业）。

垂直作业——双线电化区段，上、下行接触网同时停电进行的接触网作业。

V形作业——双线电化区段，上、下行接触网一行停电进行的接触网作业。

停电作业时，作业人员（包括所持的机具、材料、零部件等）与周围带电设备的距离不得小于表7-6规定。

表7-6 停电作业人员与周围带电设备的距离

电压/kV	500	330	220	110	25、35	≤10
距离/mm	6 000	5 000	3 000	1 500	1 000	700

检修各种电缆及附件前应对电缆导体、铠装层及屏蔽层两端进行安全接地，并充分放电。当断开电缆导体、铠装层、屏蔽层以及检修隔离（负荷）开关、绝缘锚段关节、关节式分相、分段绝缘器、分相绝缘器时，应采取防止感应电及穿越电流人身伤害措施。

不能采用V形停电检修作业时，须利用垂直作业方式，其地点应在接触网平面图上用红线框出，并注明禁止V形作业字样。

接触网停电作业应采取行车限制办法，防止电力机车（动车组）将电带入停电区段。

2. 进行V形停电作业应具备的条件

（1）一行接触网设备距离另一行接触网带电设备间的距离大于2 m，困难时不小于

1.6 m。

(2)一行接触网设备距离另一行通过的电力机车(动车)受电弓瞬时距离大于2 m,困难时不小于1.6 m。

(3)上、下行或由不同馈线供电的设备间的分段绝缘器其主绝缘爬电距离不小于1.6 m;分段绝缘器的空气绝缘间隙不应小于300 mm。

高速铁路接触网安全工作规则中本款规定为:上、下行或由不同馈线供电的设备间的分段绝缘器其主绝缘爬电距离不小于1.2 m。

(4)上、下行或由不同馈线供电的横向分段绝缘子串,爬电距离不小于1.6 m。

高速铁路中本款规定为:上、下行或由不同馈线供电的横向分段绝缘子串,爬电距离须保证在1.2 m及以上,污染严重的区段应达到1.6 m。

(5)同一支柱(吊柱)上的设备由同一馈线供电。

典型案例 7-2

8月10日,某接触网工区在A车站上行分2个组进行处理缺陷、检调线岔作业。处理缺陷作业监护人为甲,操作人为乙、丙。作业内容为更换车站32号软横跨支柱下部固定绳花篮螺栓。更换完毕后,甲让操作人丙下网;让乙在接触网上拆除32号软横跨Ⅱ道直吊弦。乙于14时15分拆除完毕,甲让乙下网。乙摘掉安全带,沿软横跨下网时误入下行有电区,造成触电坠落死亡。

案例分析:

操作人乙,作业前参加了工作票宣读和作业分工、安全措施布置,知道是V形作业,上行停电,下行有电。却在作业结束下网时走向下行有电部分,导致触电后坠落死亡。

监护人甲中断了对乙的监护。在乙结束作业下网时,甲忙于安排人员整理工具材料,清理现场,中断了对乙的监护。最终酿成事故。

7.4.1.3　铁路电力作业的停电范围

(1)电力线路作业时,必须停电的设备如下:

①作业的线路,即断开发电所(车)、变、配电所向作业线路送电的断路器和隔离开关或熔断器或断开作业线路各端的柱上断路器和隔离开关或熔断器。

②断开有可能将低电压返送到高压侧的开关。

③工作人员的正常活动范围与带电设备之间的安全距离小于表7-7中规定的检修线路和邻近、交叉的其他线路。

④与接触网合架的高压电力线路必须利用接触网停电“天窗”时间作业。

视频　停电作业

表7-7　电力线路检修时的安全距离　　单位:m

带电导线电压	检修的线路	邻近、交叉的其他线路
1 kV及以下	0.2	0.2
10 kV及以下	0.7	1.0
35 kV及以下	1.0	2.5
66 kV及以下	1.5	3.0

(2)在发、变、配电所内检修时,必须停电的设备如下:

①检修的设备。

②工作人员的正常活动范围与带电设备之间的安全距离小于表 7-8 规定的设备。

③带电部分在工作人员后面或两侧,且无可靠安全措施的设备。

表 7-8　人体与带电体之间最小安全距离

单位:m

带电体电压	有安全遮栏	无安全遮栏
6～10 kV	0.35	0.70
10～35 kV	0.60	1.00
35～66 kV	1.50	2.00

在全部停电作业和邻近带电作业,必须完成的安全措施(包括停电、验电、接地封线、悬挂标示牌及装设防护物)由配电值班员执行。对无人值班的电力设备(包括电线路),由工作执行人指定工作许可人执行。

停电、验电、接地封线工作必须由二人进行(一人操作,一人监护)。操作人员应戴绝缘手套,穿绝缘鞋(靴),戴护目镜,用绝缘杆操作(机械传动的开关除外)。人体与带电体之间应保持不小于表 7-8 规定的安全距离。

停电检修时,必须把各方面的电源完全断开(运用中的星形接线设备的中性线,应视为带电设备)。断开断路器、隔离开关的操作电(能)源。断路器、隔离开关的操作机构必须加锁。检查柱上断路器"分""合"指示器。禁止在只经断路器断开电源的设备上工作,必须拉开隔离开关,使各方面至少有一个明显的断开点。与停电设备有关的变压器和电压互感器,还必须从低压侧断开,防止向停电设备反送电。

典型案例 7-3

2 月 28 日,水电段大修队按计划对 A 站与 B 站间 121 号杆至 B 站与 C 站间 1 号杆自闭线路施工,工作领导人是大修队长孙×,工作执行人王×。8 时 47 分,验电接地完毕,8 时 52 分,孙×向电力调度汇报后发布开工命令。电力工侯×等 4 人被安排在 122 号杆上作业,侯×与另 1 名电力工负责更换零克及变压器上部金具,另 2 名电力工负责变压器下部工作。122 号杆是设备杆,上面安装有一台 5 kV·A 变压器,一路供公安所 B 站警务区,一路供 B 站自闭电力工区。变压器放电确认无电后,4 人开始作业。约 9 时 57 分,侯×上部作业更换零克完毕后,站在变压器上调整身位准备更换上部金具时,在杆下监护的工长王×听到"哎呀"一声,看到侯×右手接触横担放电,便立即让在变压器下部工作的电力工将低压引下线 4 根全部剪断,剪断以后侯×的头低了下来,工长立即组织将侯×从杆上背下,进行心脏按压和人工呼吸,并联系急送附近的卫生院抢救,因伤势过重抢救无效死亡。尸表检验侯×右手拇指和左小腿处有明显放电痕迹。

案例分析:

事后经现场勘察,122 号设备杆上变压器低压引入线有明显接线和事发后剪断痕迹,而大修队在此次施工中未将变压器低压侧断开,造成低压侧反送电至变压器高压侧。作业中停电、验电不彻底是造成这次触电死亡事故的主要原因。

大修队安全管理薄弱,责任制不落实,重施工进度、轻安全生产,是导致这次触电死亡事故在管理上的原因。

对于低压设备停电作业，应从各方面断开电源，将配电箱加锁。没有配电箱时应取下熔断器。在多回路的设备上进行部分停电作业时，应核对停电的回路与检修的设备，严防误停电或停电不彻底。

为了保证设备检修中的安全，《铁路电力安全工作规程补充规定》中对于停电进一步规定：检修设备停电，应把各方面的电源完全断开（任何运行中的星形接线设备的中性点，应视为带电设备）。禁止在只经断路器（开关）断开电源的设备上工作。应拉开隔离开关（刀闸），手车开关应拉至试验或检修位置，应使各方面有一个明显的断开点，若无法观察到停电设备的断开点时，应有能够反映设备运行状态的电气和机械等指示。与停电设备有关的变压器和电压互感器，应将设备各侧断开，防止向停电检修设备反送电。

7.4.2 验电

7.4.2.1 牵引变电所作业的验电

牵引变电所高压设备验电及装设或拆除接地线时，必须由助理值班员操作，值班员监护。操作人和监护人须穿绝缘靴、戴安全帽，操作人还要戴绝缘手套。

验电前要将验电器在有电的设备上试验，确认良好方准使用。验电时，对被检验设备的所有引入、引出线均须检验。牵引变电所高压设备验电如图7-14所示。

表示设备断开和允许进入间隔的信号，以及常设的测量仪表显示无电时，不得作为设备无电压的根据；若指示有电，则禁止在该设备上工作，应立即查明原因。

图7-14 牵引变电所高压设备验电

7.4.2.2 接触网停电作业的验电

接触网作业组在接到停电作业命令后须先验电接地，然后方可进行作业。

典型案例 7-4

7月6日，按照××××号批复计划，供电车间下属某接触网工区在A站下行线K206+113~K207+723处1、3道及1号、7号、11号、10号、6号、4号道岔位置进行接触网缺陷整治，计划停电作业时间13时20分至15时30分。

13时22分，行车调度下达封锁命令，命令编号57060。

13时52分，供电调度下达停电命令，命令编号9561。

14时00分，工作领导人孔×下达设置接地线命令。

14时10分，接地线操作人员王×、穆×在4号道岔分段绝缘器下行无电侧设置接地线过程中，误将接地线设在分段绝缘器上行带电侧，造成接地短路，短路电弧将穆×灼伤。

案例分析:

接地线操作人王×在判断地线挂设位置时,将分段绝缘器有电侧错误判断为无电侧。在判断出现错误后,执行验电环节时,验电器未触及接触线,造成验电器没有发出声、光信号,进一步促使王×将带电侧误判为无电侧。接地线操作人王×违反拆除地线"验电接地,当验明确已停电后,须……装设接地线"的规定,是造成此次人身事故的直接原因。

监护人郭×违反"验电和装设、拆除接地线必须由两人进行,一人操作,一人监护"的规定,在王×进行验电接地时,没有认真履行监护职责,对验电器未触及接触线没有及时指出和制止,没有起到监护提醒的作用,是造成此次人身事故的主要原因。

地线辅助人员穆×在接地线设置的辅助工作中,身体触及接地线,违反了"装设接地线时,人体不得触及接地线"的规定,从而使短路电弧灼伤身体。地线辅助人员穆×安全意识差,作业中不严格执行作业标准化,是造成此次人身事故的重要原因。

1. 接触网验电接地命令程序

每个作业组停电作业前,由工作领导人指定一名安全等级不低于三级的作业组成员作为要令人员,向供电调度员申请停电命令,并说明停电作业的范围、内容、时间、安全和防护措施等。

几个作业组同时作业时,每一个作业组必须分别设置安全防护措施,分别向供电调度申请停电命令。

典型案例 7-5

某相邻供电臂分属2个接触网工区管辖,以四跨绝缘锚段关节划界。四跨及四跨以东属于A工区;四跨以西属于B工区。

5月1日B工区在四跨西边进行接触网停电作业,A工区在四跨东边进行带电车梯巡视。甲为A工区带电工作领导人,当带电作业车梯巡检到四跨转换支柱处时,操作人乙检查转换支柱处设备时,将工作支、非工作支接触线空气间隙短接,乙被电击,受伤面积20%。

案例分析:

A、B两个接触网工区分属2个供电调度台管辖,相邻两供电臂亦分属2个供电调度台管理。当多个作业组同时作业时,每个作业组要分别要点,分别制定安全措施,此时要互相联系、充分预想、各自把关,在工作票签发和执行时应认真考虑相邻工区以四跨分界处四跨设备是否有电的特殊情况,制定详细完备的安全措施,杜绝此类事故的再次发生。

供电调度员在发布停电作业命令前,要做好下列工作:

(1)将所有的停电作业申请进行综合安排,审查作业内容和安全防护措施,确定停电的区段。

(2)通过列车调度员办理停电作业的手续,对可能通过受电弓导通电流的部位采取行车封锁或限制措施,防止来电的可能。

(3)确认有关馈电线断路器、开关均已断开。

(4)进行接触网上网电缆、上网隔离(负荷)开关停电作业时,确认上网电缆在牵引变电所(亭)侧已接地。

以上工作中强调接触网停电作业时严禁电力机车闯入接触网停电作业无电区,是因为当电力机车受电弓经过分段绝缘器的一瞬间,受电弓会短接分段绝缘器绝缘部分,将未停电区域高压电带入已经停电的有人作业无电区域,危害人身、设备安全,大概率可能造成人身触电死亡事故。

典型案例 7-6

9月15日上午9时55分,接触网工区检修作业组根据供电调度下达的V形停电接触网作业命令,在A车站南咽喉区检调线岔,地线位置在139号和303号支柱(两组接地线间距虽然大于1 000 m,但由于当时还没有公布相关V形停电作业规定,中间并没有增设接地线)。接触网检修作业于10时40分完成,作业组工作领人通知撤除两端接地线,当南端139号支柱接地线通知已经撤除后,仍未得知北端303号支柱接地线是否撤除。工作领导人多次联系并命令座台防护人员多次联系,仍未得到回信(事后才得知303号支柱接地线监护人所持无线对讲机电池电能耗尽),11时05分地线监护人徒步跑到信号楼才得知操作人触电。当有关人员跑到事故地点时,操作人已经死亡。

案例分析:

地线操作人在撤除正馈线上地线时(此时接触网303号支柱腕臂上地线已撤除),违反验电接地拆除地线程序中的规定,擅自在地线没有脱离接触网设备情况下,先行拆除地线的接地端,并在撤除地线且地线还没有脱离接触网设备过程中,手触及地线(由于303号支柱上正馈线肩架高,且距303号支柱距离较远,撤除地线时操作人手够不着接地杆,采用了右手拉着接地线去带动接地杆摆过来便于抓住的错误措施);又违反验电接地过程中人体不得触及接地线的规定,造成因电力机车闯无电区(此时车站正违反规定,排进路允许调车作业的电力机车闯入无电区,瞬间短接上、下行间分段绝缘器),使下行接触网瞬间带电,拆地线操作人员触电造成职工死亡事故。

供电调度员发布停电作业命令时,受令人应认真复诵,经确认无误后,方可给命令编号和批准时间。在发、受停电命令时,发令人将命令内容进行记录,受令人要填写“接触网停电作业命令票”。

2. 抛线法验电

使用抛线法验电时按下列顺序进行:

(1)检查所用抛线的技术状态,抛线须用截面积6~8 mm^2的裸铜软绞线做成。

(2)接好接地端。

(3)抛线时要使之不可能触及其他带电设备,抛线抛出后人体随即离开抛线,抛出的抛线不得短接钢轨。

(4)抛线的位置应在作业区两端接地线的范围内。

(5)接地线装设完毕后,方准拆除抛线。

采用抛线法验电,抛线接地的一端先行接地(一般接钢轨),接地位置一般应在接地线位置靠作业地点侧,抛线时应站在内侧使抛线抛至接地线位置内侧接触网停电导体上。因为当接地线装设完毕后,要拆除抛线,若抛线抛至接地线位置外侧接触网停电导体上,当抛线缠绕在接触网上,在地面无法拆除时,人员若上网拆除,由于抛线位置不在地线保护范围内,就无法保证上网上员安全,所以必须将抛线抛至地线位置内侧接触网停电导体上。

抛线验电时,若抛出的线没有挂在接触网停电导体上落下时,为了避免短接轨道电路而出现红光带,影响正常铁路运输,须立即捡起抛线。

3. 验电器验电

使用验电器验电的有关规定:

(1)必须使用同等电压等级的验电器验电,验电器的电压等级为25 kV。

(2)验电器具有自检和抗干扰功能,自检时具有声、光等信号显示。

(3)验电前自检良好后,现场检查确认声、光信号显示正常(有条件的,可在同等电压等级有电设备检查其性能),然后再在停电设备上验电。

(4)在运输和使用过程中,应确保验电器状态良好。

7.4.2.3 铁路电力设备的验电

验电工作应在停电以后进行。验电时应使用电压等级合适的验电器,并先在其他带电设备上试验,确认良好后进行。

变、配电设备的验电工作,应在所有断开的线端进行。对断路器或隔离开关应在进出线上进行。电力线路的验电应逐相进行。同杆架设的多层电力线路,应先验低压,后验高压,先验下层,后验上层。对架空线路局部作业,应在工作区段两端装接地线处进行。对低压设备的验电,除使用验电笔外,还可使用携带式电压表进行。用电压表验电时,应在各相之间及每相对地之间进行检验。

典型案例 7-7

电力工区计划于4月7日对A站至B站间电力贯通线维修。为保证C站不间断供电,停电检修分两段进行。第一段是:1号杆至C站40号杆。其停电范围是:配电所5号东贯通柜至41号杆隔离开关。第二段检修范围是:C站41号杆至B站116号西侧杆。其停电范围:40号隔离开关杆至116号东侧杆。10点40分左右第一阶段工作全部结束。第二段停电检修的安全措施是:拉开B站116号东侧杆,隔离开关加锁;拉开C站40号杆隔离开关加锁,在116号西侧杆隔离开关东侧和41号杆隔离开关西侧分别检电后,各设接地、封线一组方可开工。工作票签发人没有把40号停电工作票发给工作执行人,而工作执行人在没有工作票的情况下,盲目与B站电话联系采取安全措施。工长刘×在B站拉开116号东侧杆隔离开关并在116号西侧杆隔离开关东侧设接地封线后,又盲目电话联系场站设封线之事,没有按工作票的要求交代拉开40号杆隔离开关后,在41号杆隔离开关西侧检电设接地封线一组。工作执行人也没有详细交代给刘×就盲目派他去设接地封线。由于刘×对工作票要求采取的安全措施不清楚,没有确认40号杆的隔离开关是否开口,便盲目登上41号杆,在没有验电的情况下设接地封线,结果触电坠落死亡。

案例分析：

按安全工作规则要求，检电工作应在停电后进行，本次作业未按要求进行检电工作，工作许可人在未确认40号杆隔离开关位置的情况下违章作业，在未经检电的电力设备上挂接地封线。

作业过程中没有严格执行工作监护制度。

没有严格进行停电工作票制度，违章作业，是造成这死亡事故的根本原因。

工作执行人在未拿到停电工作票的情况下进行停电作业，臆测40号杆隔离开关应该断开，而实际没有断开。

验电器上不得装接地线。但在木杆、木梯或木架上使用特殊验电器不装地线不能显示，可不在此限。

表示开关设备断开的指示信号、经常接入的电压表，不能作为设备无电的依据。但如果指示有电，则未经采取安全措施，禁止在设备上工作。

高压验电必须戴绝缘手套，并有专人监护，如在室内高压设备上验电，还需穿绝缘靴或站在绝缘台上。

对于无法进行直接验电的设备，《铁路电力安全工作规程补充规定》中也有明确规定，对于对无法进行直接验电的设备，可以进行间接验电。即检查隔离开关（刀闸）的机械指示位置、电气指示、仪表及带电显示装置指示的变化，且应有两个及以上指示已同时发生对应变化；若进行遥控操作，则应同时检查隔离开关（刀闸）的状态指示、遥测、遥信信号及带电显示装置的指示进行间接验电。

7.4.3 装设接地线

装设接地线的作用是防止工作人员在设备操作中受到误送电的伤害，消除临近高压线路带来的感应电压、线路或设备上可能残存的静电，以及防止雷电的侵袭。

7.4.3.1 牵引变电所作业接地线的装设

（1）对于可能送电至停电作业设备上的有关部分均要装设接地线。在停电作业的设备上如可能产生感应电压危及人身安全时应增设接地线。

所装的接地线与带电部分应保持规定的安全距离，并应装在作业人员可见到的地方。牵引变电所作业接地线如图7-15所示。

（2）变电所全所停电时，在可能来电的各路进出线均要分别验电和装设接地线。

部分停电时，若作业地点分布在电气上互不相连的几个部分时（如在以断路器或隔离开关分段的两段母线上作业），则各作业地点应分别验电接地。

当变压器、电压互感器、断路器、室内配电装置单独停电作业时，应按下列要求执行：

①变压器和电压互感器的高、低压侧，以及变压器的中性点均要分别验电接地。

②断路器进、出线侧要分别验电接地。

③母线两端均要装设接地线。

④在室内配电装置上，接地线应装在该装置导电部分的规定地点，这些地点的油漆应刮去

并标出记号。配电装置的接地端子要与接地网相连通,其接地电阻须符合规定。

(3)当验明设备确已停电,则要及时装设接地线。装设接地线的顺序是先接接地端,再将其一端通过接地杆接在停电设备裸露的导电部分上(此时人体不得接触接地线);拆除接地线时,其顺序与装设时相反。

接地线须用专用的线夹,连接牢固,接触良好,严禁缠绕。

(4)每组接地线均要编号并放在固定的地点。装设接地线时(图7-16)要做好记录,交接班时要将接地线的数目、号码和装设地点逐一交接清楚。接地线要采用截面积不小于25 mm^2的裸铜软绞线,且不得有断股、散股和接头。

(5)根据作业的需要(如测量绝缘电阻等)必须拆除接地线时,经过工作领导人同意,可以将妨碍工作的接地线短时拆除,该作业完毕要立即恢复。拆除和恢复接地线仍需由牵引变电所值班人员进行。

当进行需拆除接地线的作业时,必须设专人监护,其安全等级:作业人员不低于二级,监护人不低于三级。

图7-15 牵引变电所作业接地线

图7-16 装设接地线

7.4.3.2 接触网作业接地线的装设

1. 接触网接地线的装设

接触网接地线应使用截面积不小于25 mm^2的裸铜绞线制成并有透明护套保护。接地线不得有断股、散股和接头。

接地线应可靠接在同一侧钢轨上,且不应跨接在钢轨绝缘两侧、道岔尖轨处。必须跨接在钢轨绝缘两侧时,应封锁线路。地线穿越或跨越股道时,必须采取绝缘防护措施。

当验明确已停电后,须立即在作业地点的两端和与作业地点相连、可能来电的停电设备上装设接地线。如作业区段附近有其他带电设备时,作业人员(包括所持的机具、材料、零部件等)与周围带电设备的距离不得小于规定的安全距离(见表8-4),并在需要停电的设备上也装设接地线。

在装设接地线时,先将接地线的一端接地;再将另一端与被停电的导体相连。拆除接地线时,其顺序相反。接地线要连接牢固,接触良好。如图7-17所示。

图7-17 接地端的连接

装设和拆除地线时，必须严格按照程序进行。在接地线没有脱离接触网停电导体情况下，严禁人身触及接地线，若接地线侵入建筑接近限界或接地杆离支柱较远时，必须借助绝缘工具处理。因为虽然接触网已经停电，但还存在静电、感应电，以及电力机车闯无电区等危险情况，因此，违反装拆接地线程序和人身触及接地线，都将严重危及人身安全。

典型案例 7-8

8月3日6时02分，接触网工区在某站Ⅲ道V形作业完毕，工作领导人命令78号杆处的甲、乙拆除该处的接触网地线，乙用扳手先拆除钢轨上的地靴，在地靴脱离钢轨的瞬间，乙被感应电打翻，恰巧其身后是一折断的轨枕，钢筋外露，插入乙的左后腰，造成重伤。

案例分析：

乙违章操作是造成此次事故的直接原因。

甲作为监护人，没尽到及时制止乙违章操作的责任，是此次事故的原因之一。

“典型案例7-6”中接触网工区的接地线操作人也是在撤除地线时违反撤地线程序，手触地线被电击致死的案例——接地线操作人在撤除地线时，将接地线接地端先行拆除。

装设接地线时，人体不得触及接地线，接好的接地线不得侵入未封锁线路的限界。作业范围内加挂的接地线不得影响正常作业。装设或拆除接地线时，操作人要借助于绝缘杆进行。绝缘杆要保持清洁、干燥。

当作业内容不涉及正馈线、回流线（保护线），及其他停电线路及设备时，对这些不涉及的线路和设备可不装设接地线，但要按照有电对待，保持规定的安全距离。

停电天窗时间内，使用接触网作业车或专用车辆进行接触网巡视或检测作业，可不装设接地线。未装设接地线时，禁止攀登平台、车顶和支柱。

验电和装设、拆除接地线必须由两人进行，一人操作，一人监护。

接地线位置应处在停电范围之内，作业地点范围之外。在停电作业的接触网附近有平行带电的高压电力线路或接触网时，为防止感应电压，除按规定装设接地线外，还应增设接地线。

关节式分相检修时，除在作业区两端装设接地线外，还应在中性区上增设地线，并将断口进行可靠等位短接。

2. V形停电作业时的接地线

双线电气化区段，上、下行接触网一行停电进行的接触网作业称为V形作业。在进行V形停电检修作业时，尤其强调防止感应电伤人的安全技术措施——接地线的重要性。V形作业的接触网设备上高压电是如何产生的呢？一方面停电的接触网上存在剩余电荷等静电荷；另一方面由于V形作业时接触网检修作业方式是双线中一线接触网停电而另一线接触网仍然带电，根据电磁感应原理，有电接触网上的电流在周围产生的电磁场影响到停电的接触网，在已停电接触网中产生感生电动势，也就是平常所说的感应电。几方面的效应叠加，就会使V形作业的接触网设备上带上危险的高压电。

因为受外界条件影响因素很多，停电接触网上的危险电压大小的理论分析、计算是比较复杂的。为此西安铁路科研所在京广线郑武段薛店至新郑区间进行测量试验，测量不同V形作业下危险电压的数值,其结果见表7-9。

表7-9 V形作业接触网设备上危险电压参考表

序号	接触网线路情况	接触网电压/V	正馈线电压/V	保护线电压/V
1	区间上行停电没有接接地线,下行带电无电力机车取流	3 300	—	—
2	区间上行停电,但没有接接地线;下行带电,有一台电力机车取流	3 410	3 650	—
3	区间上行停电且地线间距300 m,下行带电有一台电力机车取流	1.4	0.2	0.7
4	区间上行停电且地线间距780 m,下行带电有一台电力机车取流	1.8	8.1	1.5
5	区间上行停电且地线间距1 980 m,下行带电有二台电力机车取流	2	1	18
6	站场上行停电且地线间距1 000 m,下行有二台电力机车取流	5.2	3	18.5
7	区间上行停电且地线间距1 537 m,下行带电接地	5	12.5	5

V形作业时接触网设备上危险电压参考表说明:采用V形停电作业,如果停电检修的接触网没有接接地线,不管另一线接触网是否有电力机车取流,接触网都可能存在3 000 V以上的危险电压,而国家标准规定的人身安全电压是36 V。所以在没有接地线保护的情况下进行接触网检修,极易发生高电压危及人身安全事件,甚至引发死亡事故。

典型案例 7-9

9月20日,接触网工区利用V形作业处理某车站13道下行55号与59号间跨中拉出值和13道55号及49号承力索缺陷时,因中途撤除地线,感应电致死造成责任职工伤亡事故。

事件经过:

如图7-18所示,某站场13道55号—59号间跨中拉出值因设计原因严重超标达到586 mm。网工区利用9月20日上午下行V形作业在13道55号—59号跨中立钢柱执行设备改造计划以从根本上消除拉出值超标缺陷,并调整13道55号和49号承力索,其中一处地线位置在43号隔离开关柱分段绝缘器南侧与45号锚柱之间接触线上。10时32分接触网工区接到停电命令,接地线位置接好地线后开始作业。作业组成员在立完55号—59号跨中钢柱后,按分工由监护人带领3人调整55号承力索。10时55分座台人员通知作业组13道有调车机通过,由于地线接在接触线上,所以工作领导人通知高空作业人员撤离(其中调整55号承力索高空操作人上到55号钢柱上),车梯下道,撤除了43号—45号支柱间接触线上地线。当调车机车通过后、还没有重新接好地线前,55号柱高空操作人在没有接到可以开始上网作业命令情况下沿着55号—57号软横跨从接地侧跨越分段绝缘子串向接触网侧移动,监护人发现制止时已为时过晚,高空操作人在跨越分段绝缘子串瞬间受到感应电电击,从软横跨坠落地面死亡。

案例分析:

高空操作人触电致死的直接原因是作业过程中,调车机车通过时撤除了地线,在没有重新接好地线情况下,跨越分段绝缘子串触及接触网,身体短接分段绝缘子串,因感应电压通过人身而触电死亡。

从这次感应电触电死亡事故看，违章违纪情况很严重，违反规则的地方很多，单从感应电方面看，虽然接触网已停电，但是采用V形停电检修作业时，已停电的接触网在没有接接地线情况下，感应电在3 000 V以上，因此在V形停电检修作业时，必须加强防护措施。在V形停电作业时要做到：无论在任何情况下，人员必须撤离到安全地带才能撤除地线；在检修作业过程中，地线因某种原因而临时撤除，人员必须在地线重新接好、安全措施完备才能重新作业。

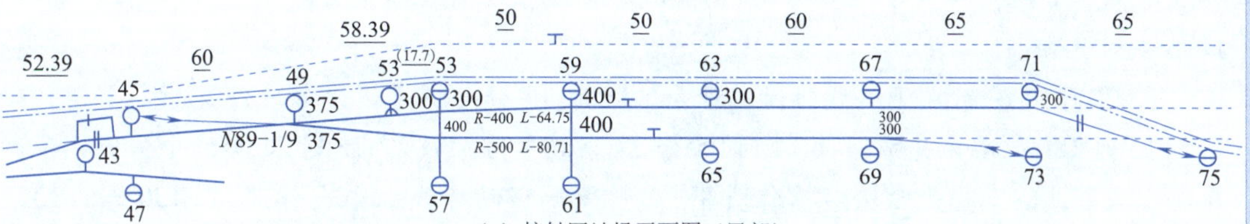

（a）接触网站场平面图（局部）

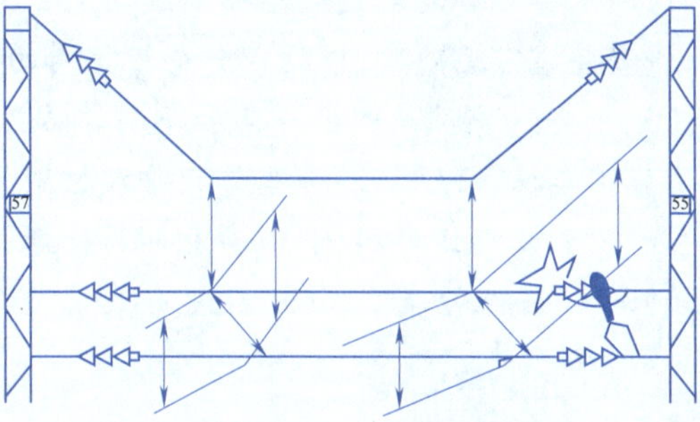

（b）跨越分段绝缘子串

图7-18　案例现场示意

利用V形停电作业时，应遵守下列要求：

（1）接触网停电作业前，须撤除向相邻线供电的馈线开关保护重合闸，断开相应可能向作业线路送电的所（亭）开关。

（2）作业人员作业前，工作领导人（监护人员）应向作业人员指明停、带电设备的范围，加强监护，并提醒作业人员保持与带电部分的安全距离。任何情况下作业人员及所持的机具和材料不得侵入邻线建筑限界。

（3）在断开导电线索前，应事先采取旁路措施。更换长度超过5 m的长大导体时，应先等电位后接触，拆除时应先脱离接触再撤除等电位。

（4）检修吸上线、PW线、回流线（含架空地线与回流线并用区段）、避雷线等附加导线时不得开路；如必须进行断开回路的作业，则须在断开前使用不小于25 mm^2铜质短接线先行短接后，方可进行作业。

在变电所、分区所、AT所处进行断开吸上线、电缆及其屏蔽层的检修时应采用垂直作业。

吸上线与扼流变中性点连接点的检修，不得进行拆卸，防止造成回流回路开路。确需拆卸处理时，须采取旁路措施，必要时请电务部门配合。

（5）遇有雨、雪、大雾、重度霾、强风及以上恶劣天气时，一般不进行V形停电作业。遇有特殊情况需停电作业时，应增设接地线，并在加强监护的情况下方准作业。

(6)检修隔离(负荷)开关、绝缘锚段关节、关节式分相和分段绝缘器等作业时,使用不小于25 mm^2的等位线先连接等电位后再开始作业。

典型案例 7-10

8月24日下午,接触网工区按照图定V形停电作业计划在某铁路线A站检修接触网分相和线岔。工作票号08-28,作业地点为A站上行线92号~132号支柱,装设地线位置为A站90号支柱Ⅱ道正线、渡线、回流线各1组,98号、104号支柱渡线分段绝缘器靠上行侧3 m处各1组,134号支柱接触网、回流线各1组、132号上网点馈线1组,随车移动地线1组,共计9组。

在13时08分行调下达线路封锁命令。13时17分电调下达停电准许作业命令,批准时间13时18分,要求完成时间14时05分,命令编号为51789。13时21分验电接地完毕,车梯上道作业。车梯平台检修操作员甲、乙带随车移动地线上平台作业,在130号~132号支柱间检修电连接完毕,两人摘下移动地线后车梯继续向132号支柱侧行进,乙蹲在车梯栏筐内的线路侧,低头检查导线有无硬弯,甲站在车梯栏筐内的田野侧检查承力索及吊弦,行进了约7 m时,乙听到甲突然"啊"地叫了一声后停在车梯上不动了,赶紧抓住甲,叫工作领导人和其他人把甲背下车梯。13时25分工作领导人把甲背下车梯,检查发现其右臂有一处被电击,有心跳和呼吸、发呓语。14时30分把甲送上急救车,途中一直在进行抢救;到达医院后,甲已没有心跳,医院抢救25 min后没有效果,医生告知抢救失败,病人死亡。

案例分析:

接触网工区在分相处进行V形停电检修作业时,未执行"接触网上的任何操作均不得造成电位差或作业区段开口,有中性区的地方必须短接和接地""在作业区段内有绝缘元件(如分段、分相、绝缘锚段关节)在作业前应将绝缘件短接(如合并联开关、打短接线等)或在绝缘件两侧加挂两组地线""在长度超过5 m中性区检修时应在其内单独装设接地线""检修分段、分相、绝缘锚段关节时应将相应隔离开关闭合或用相当容量的软铜绞线短接"的有关规定,未在126号支柱处分隔绝缘子两侧加挂地线、未短接130号支柱隔离开关,盲目蛮干是造成此次事故的直接原因。

车梯平台作业人员在130号~132号支柱间检修电连接完毕,摘下滑动地线后向132号支柱方向行进的过程中,从132号~126号支柱为单端接地,相当于在126号支柱分隔绝缘子处出现断口,由于与邻线形成的危险电压在平台操作人手臂与导线接触时形成回路后放电造成人身伤亡。

(7)两接地线间距大于1 000 m时,需增设接地线。

(8)一般情况下,接触悬挂和附加导线及同杆架设的其他供电线路均需停电并接地。但若只在接触悬挂部分作业,不侵入附加导线及同杆架设的其他供电线路的安全距离时,附加悬挂及同杆架设的其他供电线路可不接地,但须按有电对待并保持足够的安全距离。

(9)在电分段、软横跨等处作业,中性区及一旦断开开关有可能成为中性区的停电设备上均应接地线,但当中性区长度小于10 m时,在与接地设备等电位后可不接地线。

(10)接地线应可靠安装,不得侵入邻线限界,并有防风摆措施。

(11)120 km/h 以上区段且线间距小于6.5 m时,V形停电作业一般不使用车梯和梯子。特殊情况下必须使用车梯或梯子作业时,应办理邻线列车限速120 km/h及以下限制条件后,方可上道作业。当列车通过时,应停止操作。

(12)2条及以上并行股道本线作业时相邻股道(线间距小于6.5 m)接触网未停电,比照V形停电作业办法办理。

3. 接触网接地线的拆除

工作票中规定的作业任务完成后,由工作领导人确认具备送电、行车条件,清点全部作业人员、机具、材料撤至安全地带,拆除接地线。

典型案例 7-11

某接触网工区10月28日进行接触网停电作业,计划停电时间为:6时20分至7时50分,作业内容为处理接触网硬点、清扫绝缘子。电调准许作业时间为:6时10分至7时35分。6时13分工区开始作业。7时23分左右,工作领导人甲用对讲机询问乙:清扫绝缘子的人下来没有,乙经过瞭望后回答"下来了",甲随即通知撤除地线并消令。丙不知道已消令,又安排丁上040号支柱清扫绝缘子。大约7时34分,丁上支柱高空作业,造成触电电弧烧伤。戊经验不足,在未停电的情况下攀杆救助,触电坠落造成局部烧伤。

案例分析:

工作领导人甲作业前没有向全体作业成员宣布停电起止时间,造成作业人员对作业时间模糊。作业结束,在没有确认全部人员、机具撤离至安全地带的情况下,盲目通知撤地线消令,严重违反了"工作票中规定的作业任务完成后,由工作领导人确认具备送电、行车条件,清点全部作业人员、机具、材料撤至安全地带,拆除接地线"的规定,是此次事故发生的主要原因。

工作票签发人不认真执行工作票签发制度,明知工作领导人超范围安排工作,不纠正制止,在作业现场不认真掌握监控关键岗位的安全措施,工作失职,是此次事故发生的重要原因。

清扫绝缘子作业监护人丙,在不清楚停电时间的情况下,擅自安排超出工作票作业范围的作业,是事故发生的次要原因。现场作业通信工具严重不足,清扫绝缘子小组没有通信联系工具,不能及时与工作领导人取得联系,人身安全卡控存在安全隐患,是此次事故的间接原因。

作业人戊在未确认停电的情况下,经验不足,缺乏接触网设备突发情况的专业救助知识,违章登杆对丙实施救助,是触电坠落的间接原因。

7.4.3.3 铁路电力作业接地线的装设

(1)架空线路停电作业时,经检明无电后,应立即将已接地的接地线对已停电的设备进行三相短路封线。短路封线的安装位置如下:

①施工区段两端临近断路的电杆。

②有可能返送电到作业线路的分歧线和有关开关。

③从其他方面无来电可能时,可仅在电源侧接地封线。

④施工场所距断路器及接地封线处较远,且联系不便时,应加挂接地封线。

⑤有感应电压反映的停电线路应加挂接地封线。

(2)接地线与作业设备之间不应连接开关或熔断器。对在分段母线上作业时,应将分段母线分别验电和接地封线。

(3)室内高压设备应在适当位置上设固定接线端子及接地线,以备停电检修时需要。接地线的数量、号码应登记注册,交接班时注意交接。

在线路上装设接地线所用的接地棒(接地极)应打入地下,其深度不得少于 0.6 m。

(4)接地线应用多股软铜线和专用线夹固定在导线上。导线截面积应符合短路电流要求,但不得少于 25 mm^2。使用前应经过详细检查,损坏的接地线应及时修理或更换。严禁使用其他导线代替。禁止使用缠绕的方法进行接地或短路封线。

(5)在高压回路上需要拆除一部分或全部接地线进行工作时(如测定母线和电缆的绝缘电阻,检查开关触头是否同时接触),必须征得值班员的许可方可进行。工作完毕后立即恢复。

(6)装设接地线应接触良好,必须先接接地端,后接导体端。同杆架设的多层电力线路同时挂接地线时,应先挂低压后挂高压,先挂下层后挂上层。拆除接地线的顺序与此相反。在导线上装拆接地线时,应使用绝缘棒并戴绝缘手套。

(7)低压线路的停电作业,在工作地点验明无电后,将各相短路接地,如图 7-19 所示。

(8)停电线路与带电线路交叉跨越时,应挂接地线的地点如下:

①停电线路在带电线路上方交叉,不松动导线时,应在停电线路交叉档处挂一组。

②停电线路在带电线路下方交叉,松动导线时,应在停电线路的交叉档处挂一组。

③停电线路在带电线路的上方交叉,松动导线时,应在停电线路交叉档内两侧,各挂接地线一组。

④因停电线路撤换电杆或松动导线而停电的其他线路也应挂接地线。

图 7-19　将各相短路接地

(9)《铁路电力安全工作规程补充规定》中对铁路电力工作中对接地做了进一步的要求:

①对于可能送电至停电设备的各方面都应装设接地线或合上接地刀闸,所装接地线与带电部分应考虑接地线摆动时仍符合安全距离的规定。

②接地线、接地刀闸与检修设备之间不得连有断路器(开关)或熔断器。若由于设备原因,接地刀闸与检修设备之间连有断路器(开关)时,在接地闸刀和断路器(开关)合上后,应有保证断路器(开关)不会分闸的措施。

7.4.4　设置标示牌及防护栅栏

设置标示牌及防护栅栏是为了创造一个安全、有序、清晰的作业环境,保证供电设备检修作业处于受控、在控状态,防止作业人员误进带电区域、非作业人员误入作业区域。在结束作业之前,任何人不得拆除或移动标示牌和防护栅栏。严禁工作人员未经许可擅自移动或拆除临时遮栏和标示牌。装设防护栅要考虑发生火灾、爆炸等事故时，作业人员能迅速撤出危险区。

典型案例 7-12

8月9日9时20分，某电厂三期扩建工程施工现场。班长交给刘×小组到厂用高压段接5号盘电缆端子（属非带电作业）任务。9时20分，刘×（男，32岁，四级工，本工种工龄十年）一人到主控室办好工作票后，由主控值班人员领到厂用高压段间开门，并向刘×交代6号盘已带电，就转身走了。刚走几步就听见响声，并见到弧光，刘×被电击倒在6号盘边，造成右手重伤。

案例分析：

事后进行调查中发现该次施工存在诸多问题隐患：各种标示牌悬挂不完善；工作盘两侧的带电盘周围没放置围栏，并悬挂警告牌；作业地点未挂“在此工作”标志牌。班长在分配任务时，没有安排专职监护人。刘×工作时思想不集中，误入6号盘。

7.4.4.1 铁路电力作业设置标示牌及防护栅栏

视频 设置标示牌及防护物

铁路电力检修作业防护标示牌分为“警告类”“禁止类”“准许类”“提醒类”等。各种标示牌式样见表7-10。严禁工作人员未经许可擅自移动或拆除临时遮栏和标示牌。

表7-10 标示牌式样

名称		禁止合闸，有人工作	在此工作！	止步，高压危险！	从此上下！	禁止攀登，高压危险！	已接地
式样	尺寸/mm	200×100 或80×50	200×200	200×200	200×200	200×200	80×50
	颜色	白底	绿底，中有直径180 mm白圆圈	白底红边	绿底，中有直径180 mm白圆圈	白底红边	白底
	字样	红字	黑字，写于白圆圈中	黑字，有红色箭头	黑字，写于白圆圈中	黑字，有红色箭头	黑字
	样例	禁止合闸 有人工作	在此工作	止步 高压危险	从此上下	禁止攀登 高压危险！	已接地

电力作业中各种标示牌悬挂场所如下：

（1）变、配电所和线路上停电作业，对一经合闸即可送电到工作地点的断路器或隔离开关的操作把手上，悬挂“禁止合闸、有人工作”的标示牌。

（2）邻近带电线路，在室内高压设备的工作地点两旁间隔和对面间隔的遮拦上，在室外工作地点四周的围栏上和禁止通行的过道上，在架空导线断线处，以及被试验的高压设备的遮栏或围栏上，悬挂“止步！高压危险”的标示牌。

（3）在工作地点悬挂“在此工作”的标示牌，如图7-20所示。

图 7-20　工作地点悬挂标示牌

(4)在工作人员上下用的铁架或梯子上悬挂“从此上下”的标示牌。

(5)在可能攀登的带电设备的架构上悬挂“禁止攀登,高压危险!”的标示牌。

(6)在开关柜内挂接地线后,应在开关柜的门上悬挂“已接地”的标示牌。

7.4.4.2　牵引变电所检修时的标示牌及防护栅栏

牵引变电所检修时的标示牌及防护物的使用与铁路电力中的使用相类似。例如以下几个使用场景:

(1)在工作票中填写的已经断开的所有断路器和隔离开关的操作手柄上,均要悬挂“有人工作,禁止合闸”的标示牌。

若接触网和电线路上有人作业,要在有关断路器和隔离开关操作手柄上悬挂“有人工作,禁止合闸”的标示牌。

(2)在室外设备上作业时,在作业地点附近,带电设备与停电设备要有明显的区别标志,例如装设防护栅栏。

(3)在室内设备上作业时,与作业地点相邻的,分间栅栏上要悬挂“止步,高压危险!”标示牌,并在检修的设备上和作业地点悬挂“有人工作”的标示牌。

在禁止作业人员通行的过道或必要的处所要装设防护栅栏,并悬挂“止步,高压危险!”的标示牌。

(4)在部分停电作业时,当作业人员可能触及带电部分时,要装设防护栅栏,并在防护栅栏上悬挂“止步,高压危险!”的标示牌。

此外,牵引变电所安全工作规则还规定:牵引变电所工长和值班员要随时巡视作业地点,了解工作情况,发现不安全情况要及时提出,若属危及人身、行车、设备安全的紧急情况时,有权制止其作业,收回工作票,令其撤出作业地点;必须继续进行作业,要重新办理准许作业手续,并将中断作业的地点、时间和原因记入值班日志。在结束作业之前,任何人不得拆除或移动防护栅栏和标示牌。

典型案例 7-13

根据供电段 3 月份检修计划,甲客专供电车间和乙检修车间于 3 月 21 日 8 时 30 分至 17 时,对××牵引变电所 1011 进线侧至 1B(B 指牵引变压器,下同)、3B、5B 绝缘子清扫,隔离开关引线端子、引线各部螺栓检查紧固,变压器检修。参加作业 29 人,其中,客专供电车间 25 人,检修车间 4 人。作业领导人是客专供电车间主任陈×,监控干部是段技术科牵引变电专职魏×，工作监控人是检修车间副主任杨×（男，45岁）。设备绝缘清扫由客专供电车间人员负责，隔开引线端子、引线各部螺栓检查紧固、变压器检修作业由检修车间人员负责。

3月21日8时20分，供电调度下达第92666号命令。8时37分，工作领导人陈×组织在作业区域设置安全警示带。10时12分，客专供电车间和检修车间正按照检修计划对牵引变电所设备进行检修和清扫作业时，2、4号牵引变压器主保护动作跳闸，作业人员发现负责现场监控的杨×身上着火，躺在2号变压器上。作业人员立即断电、挂地线、使用灭火器灭火，将杨×抬下变压器，送往附近烧伤医院救治，经医院诊断为全身多处高压电击伤，烧伤面积60%，深度Ⅱ至Ⅳ度。

事故造成牵引变电所上、下行供电臂接触网跳闸后，导致变电所负责供电的接触网全部无电，10时33分由相邻变电所越区供电，恢复接触网供电。影响D8047、D8005、D35、D1309等次列车造成晚点。

2B变压器上的T线(27.5 kV)母排固定端子和压力释放计外壳分别有放电点，2B变压器顶面留有衣服烧焦的灰烬。

案例分析：

牵引变电所停电检修作业过程中，检修车间副主任杨×离开负责监控的有电区域和停电区域隔离警示带处，擅自参与作业，误登停电作业区外正常运行的2B，造成变压器带电部位通过人体与变压器壳体导通，产生弧光放电，导致全身多处高压电击伤。

牵引变电所内由东向西依次有5B、1B、3B、2B、4B、6B六台变压器，当日停电检修的是5B、1B、3B三台变压器。作业现场在3B、2B之间的隔离防火墙北侧设置了一条警示带将有电区和停电区隔开，防火墙南侧到牵引变电所墙体间通道处未设置警示带，所以两条警示带只是防护了变压器前部，变压器后部的通道上没有设置警示带。两条警示带从事故后监控视频上看约有300 mm高，不能起到有效的防护作用。警示带围栏在有电区域和停电区域留有缺口、警示带设置高度不能有效阻止作业人员误入有电区域，为现场人员作业安全埋下了隐患。

检修作业分组和具体分工中没有重点强调停电区域变压器排列顺序为5B、1B、3B，以及3B与2B间为有效隔离区域，且2号牵引变压器北侧标有变压器“2B”等设备编号，南侧没有设置编号，正是因为这些错误，误导了杨×对停电设备的判断，以为在3B后面还有1B，误把带电运行的2B变压器当作停电的1B变压器而错误登上，最终酿成触电事故。

7.4.4.3 接触网的标示牌

接触网的设备标志较为复杂，除了为人员安全而设置的“高压危险”标之外，还有为检修作业、电力机车运行等提供安全可靠的或者必要参考的接触网设备标志，包括支柱号码、“接触网终点”标、电分相“断”“合”标、电力机车禁停标、“升降”弓标、轨面标准线（亦称红线）、道口揭示牌、坠砣参数标识、磁型枕标识等。

各种标示牌均应清晰明显、牢固、可靠，便于瞭望，并不得侵入基本建筑限界，与行车有关的标志牌设于列车运行方向的左侧。对于设计、施工有明确要求的，按设计、施工有关要求执行。

1. “高压危险”标

(1)站内和行人较多的接触网每根支柱上，在距离轨面1.5～2.5 m高的处所，以及安全挡板或上跨立交桥防护网的细孔网栅上均要有“高压危险”警示标志。

(2)支柱上的“高压危险”标志安装应在站内支柱、货场内支柱、未封闭线路上行人能够到达的支柱、封闭线路上封闭网以外的供电线支柱或接触网支柱。

(3)在安全挡板或细孔网栅上悬挂的“高压危险”牌,尺寸为400 mm×300 mm。

(4)混凝土支柱、H形钢柱、圆钢柱安装标准。

在支柱上喷刷高压危险标志,在距离轨面1.5~2.5 m高的支柱处所左右居中喷刷200 mm×200 mm方框,白底黑框,黑框宽5 mm;黑色黑体字:高50 mm,宽50 mm,字距黑框20 mm;中间喷刷红色闪电符号:高100 mm,宽50 mm,具体标志尺寸如图7-21所示。

(5)格构式钢柱安装高压危险标安装方式参照混凝土支柱安装标准执行。

(6)粘贴式铝质反光标志牌安装。

①标志牌表面采用质量良好的反光膜,中间为铝板,底面带可粘贴背胶,并有防粘层,施工前进行现场培训示范安装。

②阴雨天气或粘贴面潮湿不得施工安装。

③支柱粘贴处必须平整、干净、干燥,对有可能影响粘贴强度的浮尘必须使用抹布或细砂纸清除干净。

④标志牌背面带有粘贴胶,并附有防粘层,粘贴前可直接用手去除防粘层,严禁使用利器。

图7-21 “高压危险”标

⑤对于钢柱可以在规定位置直接粘贴;对于钢筋混凝土支柱必须在粘贴位置刷涂速成胶后再粘贴标志牌。

⑥标志牌粘贴后,必须用手按压,进行加压处理,确保接触面充分黏结。

⑦必须粘贴准确,一次到位,避免粘贴后移动位置强行撕扯,影响使用寿命。

2. 支柱号码

(1)编号原则(一般编号)

①支柱和隧道内悬挂点按线路公里标方向依次编号。双线区段下行线为单数,上行线为双数。

②每个区间、车站(机务段或折返段)、隧道均应分别编号,车站两端锚段关节处的支柱应编入车站。

③供电线、回流线、专用线、货物线、牵出线等支柱单独编号,并在号码数字前冠以“供”“回”“专”“货”“牵”或字母等字样。

④供电线编号从牵引变电(开闭)所引出的第一根杆开始以干线编号,分支电杆以分支的杆号为标准再以分支线重新编号。对于从牵引变电(开闭)所引出供电线较少(不超过4条),且距离较短,两路及以下支柱按供电臂分开编号,一条供电臂为单数,另一条为双数编号。

⑤对接触悬挂与供电线、回流线等同杆架设的标识接触网支柱号码;供电线与回流线等同杆架设的标识供电线支柱号码。

⑥接触网支柱的号码一律采用白底黑字的阿拉伯字码,字迹整齐、端正、清楚,号码按区间或站场分别编号,号码(含汉字)共三位,若号码数达不到该区间或站场最大数字位时,以“0”补充前面空位。

⑦对于新增支柱,应以所在跨距内支柱号小的为依据进行附加编号,如在130与132之间的新增支柱编号“130-1”。一般不应出现附加编号。

（2）号码喷刷（钢筋混凝土支柱）

供电线圆杆：杆号位置应以巡视时查看方便为准，一般设在面向铁路侧距地面1.8 m处，标志为白底黑体字。

（3）双面号码牌悬挂

①单支撑装置的支柱号码牌悬挂于棒式（或悬式）绝缘子内侧300 mm处的平腕臂（或水平拉杆、压管）上。

②双支撑装置的支柱号码牌悬挂于靠近正线侧的棒式（或悬式）绝缘子内侧300 mm处的平腕臂（或水平拉杆、压管）上。

③软横跨号码牌悬挂于上部定位索上距回头600 mm处。

④双软横跨装置的支柱号码牌悬挂于靠近正线侧上部定位索上距回头600 mm处。

⑤单独锚柱（无悬挂）号码牌悬挂于承力索带电侧距回头300 mm处。

（4）非带电侧号码牌安装

按照安装图要求方式固定在支柱上或安装在支柱田野侧。

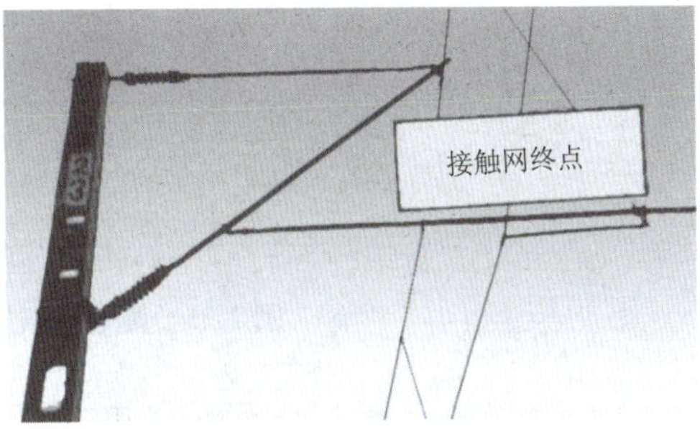

图7-22 悬挂“接触网终点”标示意

3.“接触网终点”标

（1）在接触网终端应设置“接触网终点”标。“接触网终点”标应设在接触网边界处，悬挂在承力索上时，其下沿距接触线250 mm以上，接触网锚支距受电弓中心线400 mm处接触线的上方，如图7-22所示；埋设在接触网锚支距受电弓中心线400 mm处对应的线路路肩处时，埋设的标志牌不得侵入建筑限界，如图7-23所示。

图7-23 埋设接触网终点标示意

（2）“接触网终点”标牌白底黑框，黑色黑体字。

4.“（T）断”“合”“禁止双弓”标及“电力机车禁停”标

（1）对于最高运行速度大于120 km/h的旅客列车、行邮列车及最高运行速度为120 km/h的货物列车、行包列车运行的线路，在断电标的前方75 m处增设特殊断电标，在分相绝缘器后方设合电标。在双线电气化区段，按规定组织反方向行车时，为引起司机注意，在“合”“断”电标背面，可分别加装“断”“合”字标，作为反方向行车的“断”“合”电标使用。普速铁路接触网电分相标志设立如图7-24所示，高速铁路接触网电分相与普速铁路相比增大了相应距离，如图7-25所示。

（2）在锚段关节式的电分相处和以绝缘锚段关节作为接触网电分段处，宜设置“电力机车禁停”标志。标志牌的样式、大小、颜色、字体与“断”标相同。显示分三个区域，上部标明“电力”、中部标明“停”（左上、右下方向打红色斜杠）、下部标明×××m。在锚段关节式电分相处所，该标志设在“断”电标的下方；在以绝缘锚段关节作为接触网电分段的处所，禁停标应设在列车正常运行方向的左侧，考虑反方向行车，该标志设在接触网锚柱与转换柱之间，距转换柱中心 1 m 处分别设置(受现场条件限制,禁停标安装位置、禁停区长度应相应进行调整),禁停标内侧边沿距线路中心距离应不小于 5 m。

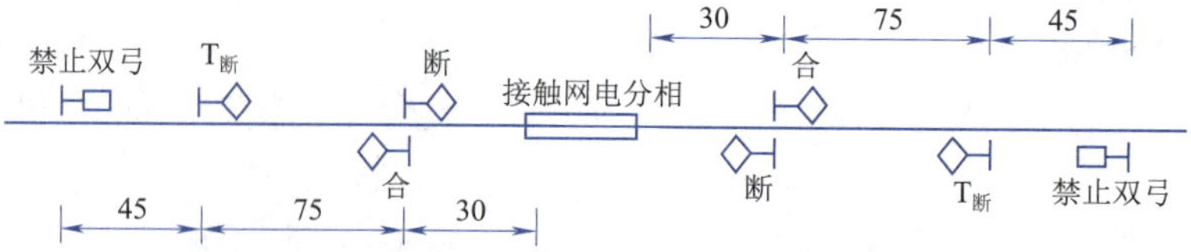

图 7-24　普速铁路接触网分相标志设置(单位:m)

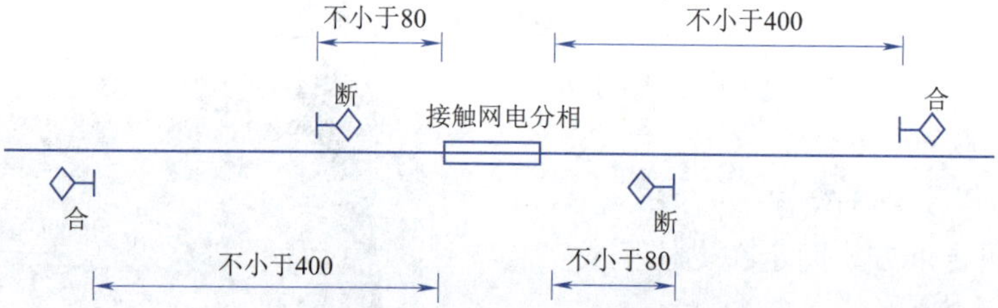

图 7-25　高速铁路接触网分相标志设置(单位:m)

(3)“(T)断”“合”“禁止双弓”“电力机车禁停”等标牌均为白底、黑字、黑框,如图 7-26 所示。

(a)“T”断

(b)断

(c)合

(d)禁止双弓

(e)电力机车禁停

图 7-26　分相标志示意图(单位:mm)

（4）标志检修进行遮挡或移动时，应在“天窗”点内进行；或做好行车防护，利用行车间隙进行，避免电力机车在通过分相绝缘器时发生事故。

（5）在行车标志调整到位后应恢复路基原状。

5. “准备降弓”“(T)降”“升”标

在电气化线路接触网因故障降弓地段的前方，分别设准备降下受电弓标、降下受电弓标；对于最高运行速度大于120 km/h的旅客列车、行邮列车及最高运行速度为120 km/h的货物列车、行包列车运行的线路，在降下受电弓标的前方增设特殊降弓标。在降弓地段后方，设升起受电弓标，如图7-27所示。

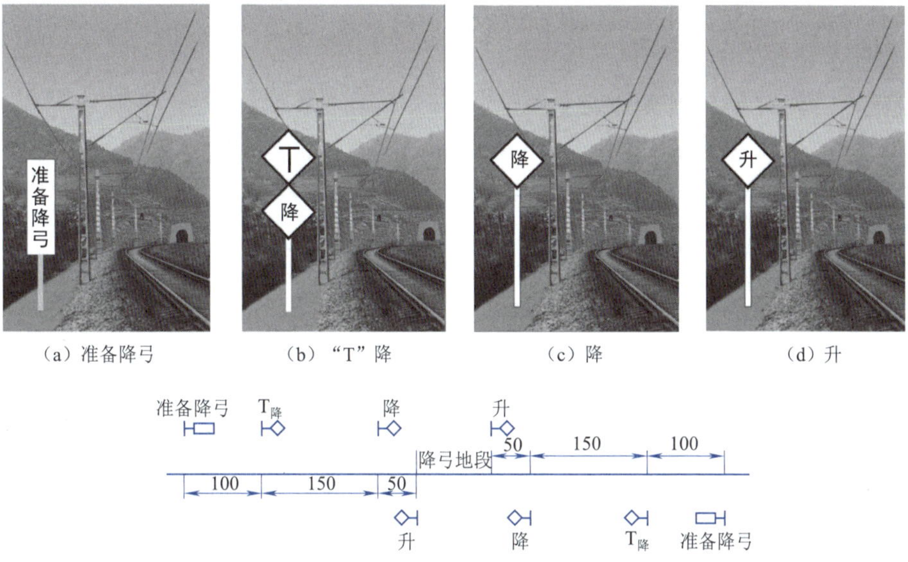

（a）准备降弓　（b）“T”降　（c）降　（d）升

（e）设置位置

图7-27　“准备降弓”“(T)降”“升”标及设置位置（单位：m）

6. 轨面标准线（简称“红线”）

（1）为保持接触网与线路的相对位置，接触网和工务部门应会同在隧道边墙的一侧或接触网支柱内侧画一条红横线（轨面标准线）。在其上方标明设计的轨面至接触网导线的高度和线路超高；在其下方标注设计的侧面限界；红横线的高程为钢轨顶面设计标高。新建电气化铁路，由施工单位标出，开通前由供电和工务部门共同确认，以后供电和工务部门共同每年复测一次，实际轨面标高（包括施工时标高的改变）与轨面标准线高程之差在任何情况下，不得大于±30 mm；实际侧面限界与标明的侧面限界之差在任何条件下不得大于±30 mm，且实际侧面限界不得小于《铁路技术管理规程》规定的限值；实际超高和标明的超高之差在任何情况下不得大于±7 mm，作为线路和接触网维修时共同遵守的标准。如因改建、大修需将线路或接触网支柱起高、下落或横向平移时，由工务会同供电设计部门共同核实，接触网改造应随线路同步设计改造，施工前供电和工务部门应会同按批准的施工文件测量复核；竣工后复查并重新测定。测量的各数据，均须经双方签认并报铁路局备查。

（2）在改建、大修设计、施工时，如降低接触网的规定高度，由所属铁路局集团公司报国铁集团审批后方可施工。

工务部门在线路上进行施工作业时,应严格按照《铁路工务安全规则》的规定办理,在曲线变更原设计超高时,对拨道量应有所限制:其超高度每增加 10 mm,向下股一侧年累计拨道量应减少 40 mm;超高度每减少 10 mm,向上股一侧年累计拨道量应减少 40 mm。但总的超高度变更,不得超过 30 mm。

(3)红线的长度为 200 mm,钢柱上不短于 45 mm,宽度为 8 ~ 12 mm,高程以红线的上缘为准。

(4)轨面标准线标画的依据。

①隧道内:(外轨顶面的设计标高)靠近边墙的钢轨顶面的设计标高,单线线路以面向公里标增大方向的左侧轨顶面的设计标高。

②站线:靠近站台或支柱侧钢轨顶面的设计标高。

③其他情况下:靠近支柱侧钢轨顶面的设计标高。

(5)标画的位置。

①隧道内:标画在曲线外侧边墙上。

②站线:标画在站台或支柱侧面(同一条线路的标划在同一侧)。

③其他情况下:标画在支柱内侧面上。

(6)标画的尺寸。

①钢筋混凝土支柱、H 形钢柱、圆钢柱、隧道边墙、高站台侧面,其规格和标准如图 7-28(a)所示。

当轨顶面对应的位置无法标画时,可上移后标画在悬挂点下方的适当位置(必要时用灰砂浆抹面),同时在红线下方标注上移距离,如图 7-28(b)所示。

②格构式钢柱:同一区段的轨面标准线绘制在同一侧的主角钢上,自红线以上 1 500 mm 处开始向下刷白并顺序涂写有关参数。当实际轨面低于外露的主角钢时,可上提至适当的高度标画,并在红线下方标注上提距离。

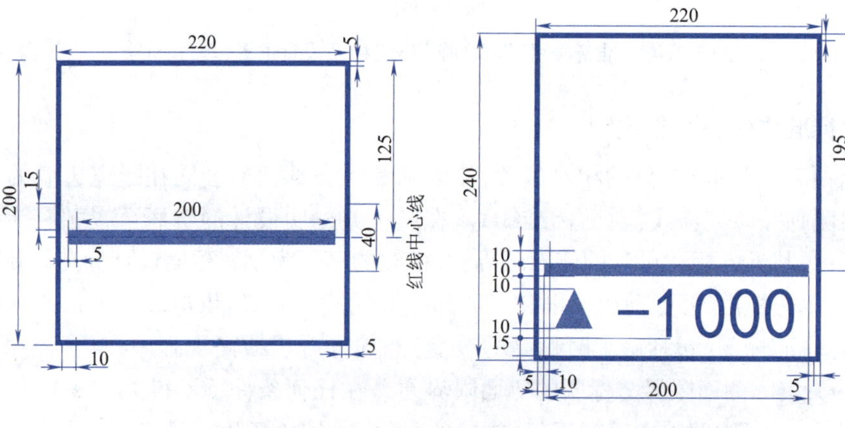

(a) 正常描画　　(b) 上提描画

图 7-28　红线规格与标准(单位:mm)

(7)粘贴式铝质反光标志牌安装方法同"高压危险"标。

7. 道口安全揭示牌

(1)道口安全揭示牌用 500 mm × 600 mm 厚度为 1.0 ~ 2.0 mm 钢板制成,正面白底黑字用宋体书写。

（2）安全揭示牌设于限界门汽车前进方向右侧的立柱上。

（3）揭示牌的内容一般为：

①通过道口车辆限界及货物装载高度（从地面算起）不得超过4.5 m，超过时，应绕行立交道口或进行货物倒装。

②通过道口车辆上部或其货物装载高度（从地面算起）超过2 m通过平交道口时，车辆上部及装载货物上严禁坐人。

③行人持有长大、飘动等物件通过道口时，不得高举挥动，应与牵引供电设备带电部分保持2 m以上的距离。

（4）揭示牌应完整无损，安装牢固，字迹清晰，便于瞭望。

8. 坠砣参数

（1）坠砣参数可采用“坠砣编号+坠砣实际重量”编号。如：“01-24.48”表示第一块坠砣、实际质量为24.48 kg。

（2）坠砣块自上而下编号依次标注，坠砣参数朝线路侧。

（3）标注标准：

①混凝土坠砣：第一块和最后一块坠砣通圈涂白，中间坠砣垂直于开口方向涂刷260 mm宽白底，居中打印坠砣参数，参数黑色黑体字，高50 mm，宽30 mm，如图7-29所示。

②铁坠砣、复合坠砣：第一块和最后一块坠砣通圈涂白，中间坠砣垂直于开口方向涂刷180 mm宽白底，居中打印坠砣参数，参数红色黑体字，高30 mm，宽20 mm，如图7-30所示。

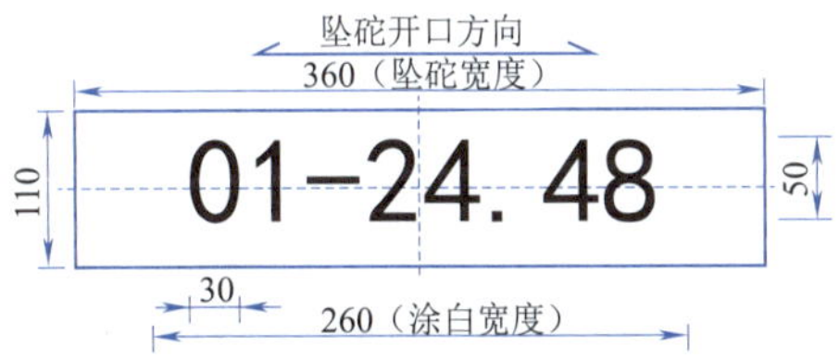

图7-29　混凝土坠砣参数示意（单位：mm）

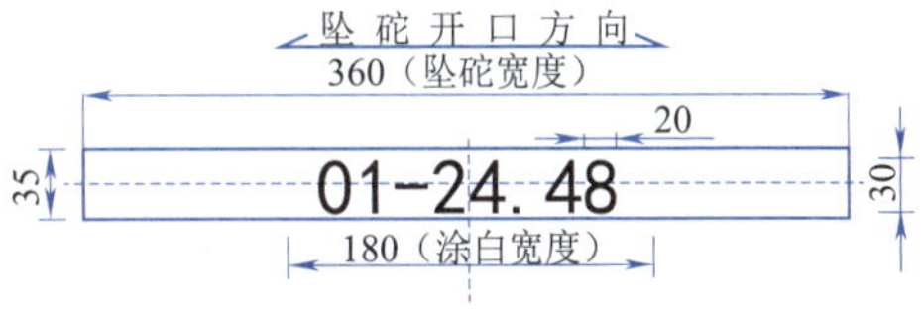

图7-30　铁坠砣参数示意（单位：mm）

9. 磁型枕标识

为了区别其他轨枕，引起相关人员注意，避免特制轨枕被误更换，在特制轨枕正上方中间位置涂刷“磁型枕勿动”标志，并保持标志清晰。

（1）标志位于两轨中间轨枕正上方，红框、红色黑体字。

（2）标志边框尺寸500 mm×160 mm，边框宽10 mm，位于轨枕上方中间位置，用红色油漆喷涂，线条清晰。

（3）“磁型枕勿动”为红色黑体字，字高120 mm，字宽70 mm，字间距25 mm，字迹清晰。

10. 接触网设备标志的检查、检修

接触网设备标志常年暴露在野外，受自然条件（风、雨、冰、雾、温度）的影响较大，列车运行时引起的振动、铁路各种设备检修时对接触网设备标志的磕碰，都会造成标志出现异常，所以需要经常对接触网设备标志检查、检修。

（1）周期及作业条件

接触网设备标志检查、检修通常随巡视或全面检查进行。根据实际情况，一般采取停电作

业或远离作业方式开展。

(2)接触网设备标志的检查、检修项目

①标志牌的位置是否正确,否则进行改移设置。

②标志牌是否损坏、端正,否则进行更换、修正。

③标志牌是否脏污、显示是否清晰,否则进行清扫、重新制作或更换。

④标志牌的固定螺栓是否松脱,松脱时进行紧固、整修。

⑤检查确认标志牌是否侵入机车车辆限界及受电弓动态包络线。

7.4.5 停电作业命令的办理

7.4.5.1 牵引变电所作业命令的办理

1. 申请停电作业

对牵引变电所有权停电的设备,值班人员可按规定自行验电、接地,办理准许作业手续;对牵引变电所无权自行停电的设备要按下列要求办理:

(1)属供电调度管辖的设备,作业前由值班员向供电调度申请停电,申请时要说明作业内容、时间、安全措施、班组和工作领导人的姓名。供电调度员审查无误后发布停电作业命令。供电调度员在发布停电作业命令时,受令人要认真复诵,经确认无误后,方可给命令编号和批准时间。

发令人和受令人同时填写作业命令记录(填写格式见表7-11),并由值班员将命令编号和批准时间填入工作票。

表7-11 作业命令记录(填写样表)

牵引变电所停电作业命令记录

××××年

日期	命令内容	发令人	受令人	要求完成时间	命令号	批准时间	消令时间	报告人	电力调度员
9月19日	批准××变电所9-6号第一种工作票室外102断路器小修	赵Y	钱G	14:30	57506	10:20	16:37	钱G	赵Y
…									

(2)对不属于供电调度管辖、给非牵引负荷供电的设备停电时,由值班员向用电主管单位办理停电作业的手续,并将准予停电的设备、时间、范围、作业内容及双方联系人的姓名记入值班日志或有关记录。

(3)在同一个停电范围内有几个作业组同时作业时,对每一个作业组,值班员必须分别办理停电作业申请。

2. 消除作业命令

(1)当办完结束工作票手续后,值班员即可向供电调度请求消除停电作业命令。

供电调度员确认该作业已经结束,具备送电条件时,给予消除作业命令时间,双方记入作业命令记录中。

同一个停电范围内有几个作业组同时作业时,对每一个作业组,值班员必须分别向供电调度请求消除停电作业命令。

(2)只有当在停电的设备上所有的停电作业命令全部消除完毕,值班员方可按下列要求办理送电手续:

①属供电调度管辖的设备,按供电调度命令送电。

②对不属供电调度管辖的供电给非牵引负荷的设备要与用电主管单位联系,确认作业结束,具备送电条件,方准合闸送电。并将双方联系人的姓名、送电时间记入值班日志或有关记录中。

③对牵引变电所有权倒闸的设备,值班员确认所有的工作票已经结束、具备送电条件后方可合闸送电。

7.4.5.2　接触网作业命令程序

1. 办理停电作业命令

(1)每个作业组停电作业前,由工作领导人指定一名安全等级不低于三级的作业组成员作为要令人员,向供电调度员申请停电命令,并说明停电作业的范围、内容、时间、安全和防护措施等。

几个作业组同时作业时,每一个作业组必须分别设置安全防护措施,分别向供电调度申请停电命令。

(2)供电调度员在发布停电作业命令前,要做好下列工作:

①将所有的停电作业申请进行综合安排,审查作业内容和安全防护措施,确定停电的区段。

②通过列车调度员办理停电作业的手续,对可能通过受电弓导通电流的部位采取行车封锁或限制措施,防止来电的可能。

③确认有关馈电线断路器、开关均已断开。

④进行接触网上网电缆、上网隔离(负荷)开关停电作业时,确认上网电缆在牵引变电所亭侧已接地。

(3)供电调度员发布停电作业命令时,受令人应认真复诵,经确认无误后,方可给命令编号和批准时间。在发、受停电命令时,发令人将命令内容进行记录(作业命令记录见表7-12),受令人要填写"接触网停电作业命令票"(填写格式见表7-13)。

表7-12　接触网停电作业"作业命令记录"(填写样表)

接触网停电作业命令记录　　××××年

命令号	月日	命令内容	发令人	受令人	要求完成时间	批准时间	消令时间	消令人	电力调度员
57506	4.5	允许五小区间下行接触网设备综合检修,注意下行分相,分相以北以及上行接触网设备有电,保持安全距离	赵Y	钱G	14:30	10:20	16:37	钱G	赵Y
…									

表 7-13　接触网停电作业命令票(填写样表)

××　工区　　　　　　　　　　　　　　　　　　　　　　　　　　　　　　第 4-1-2 号

命令编号:57520
批准时间:××××年 04 月 05 日 09 时 30 分
命令内容:允许五小区间下行接触网设备综合检修,注意下行分相,分相以北以及上行接触网设备有电,保持安全距离
要求完成时间:××××年 04 月 05 日 10 时 30 分
发令人:赵 Y　　　　　　　　　受令人:钱 G
消令时间:××××年 04 月 05 日 10 时 28 分
消令人:钱 G　供电调度员:赵 Y

2. 作业结束

(1)工作票中规定的作业任务完成后,由工作领导人确认具备送电、行车条件,清点全部作业人员、机具、材料撤至安全地带,拆除接地线,宣布作业结束,通知要令人请求消除停电作业命令。

接地线拆除后,人员、机具必须与接触网设备保持规定的安全距离。作业车辆驶出封锁区间(站场进入指定位置后)或人员及机具撤离至铁路建筑限界以外后,方可申请取消行车封锁。几个作业组同时作业,当作业结束时,每个作业组须分别向供电调度申请消除停电作业命令。

(2)供电调度送电时按下列顺序进行:

①确认整个供电臂所有作业组均已消除停电作业命令。

②按照规定进行倒闸作业。

③通知列车调度员接触网已送电。

典型案例 7-14

5 月 10 日 7 时,接触网工区工长马××按计划向供电调度申请停电检修 A 站至 B 站间接触网设备。10 时 24 分行调通知供电调度值班员余×“A-B 供电臂 10 时 25 分到 11 时 25 分为停电作业时间。”10 时 25 分余×给牵引变电所发布 6785 号令“A-B 供电臂 213 馈线停电”。10 时 28 分余×给在 A 站座台要令人任××发出 6690 号“A-B 臂已停电,可以作业”的命令。任××将停电命令通知了在22 号支柱区间电话处等候的作业组成员赵×,赵×通知了工作领导人马××。马××安排作业组成员冯××验电、接地,33 号地线尚未接好就安排钟×、宋×、常×上作业车平台。10 时 30 分余×接到行调通知:A-B 供电臂停电通知错误,K1××次旅客列车现已停在 A 车站内,要求送电,让 K2××次客车通过 A-B 供电臂。这时余×错误的给牵引变电所下达了“向 A-B 供电臂倒闸送电命令”。直接造成接触网短路放电,致使正在网上作业的钟×受到电击烧伤,作业组立即组织抢救,11 时 15 分将钟×送进医院救治,病情稳定。

案例分析:

供电调度员余×已经发出了接触网停电检修作业命令,再送电时未“确认整个供电臂所有作业组均已消除停电作业命令”是导致本次事故发生的主要原因。

视野拓展

接触网V形作业的干扰因素

接触网V形作业时，一线停电进行接触网检修作业，另一线仍正常供电，列车在该线正常运行，对停电作业的线路存在着电气干扰和行车干扰两大类干扰因素。

一、电气干扰

1. 静电干扰

停电的接触网会由于线索与空气摩擦或接触等因素发生电子转移现象，导致所带电荷不平衡，或者附近带电接触网高压静电场的影响改变其表面或局部区域电荷的分布，形成带电状态。虽然静电的特点是电荷不流动，但具有较强的电场作用力，其大小与上、下行线路的间距、平行长度及气象状况有关，有时可高达数千伏。

2. 电磁感应

接触网通过牵引电流时，交变电磁场对停电线路接触网各线索产生的感应电势，其大小同样与上、下行线路的间距、平行长度有关，同时还与牵引电流的大小有关，当发生短路时影响更大。

3. 穿越电流

V形作业时，停电线路与不停电线路的接触网利用绝缘装置可以隔开，但由于上、下行钢轨通过车站渡线及道岔，以及大地是互相连通的，所以牵引电流通过钢轨回流时，上、下行钢轨均有牵引电流流过。当停电线路的接触网作业挂接地线（通常是要和钢轨相连）时，作业区两端的地线将钢轨与接触网并联，必然在接触网上产生分流，现场称其为“穿越”电流，穿越电流的大小，则与接触网、钢轨和大地的电气参数以及电力机车运行位置有关。

4. 强电侵入

接触网的标称电压为25 kV。V形作业时，停电线路与不停电线路的接触网之间是依靠上、下行隔断绝缘子和渡线分段绝缘器来隔开的。当绝缘闪络、击穿或电力机车受电弓从有电侧通过分段绝缘器闯入停电区时，高压电将通过受电弓侵入停电区。强电侵入会给作业人员的安全及设备安全带来严重威胁。

二、行车干扰

V形作业时，虽然停电线路的接触网可以进行检修，电力机车因此而停止运行，但非电力牵引的列车及重型轨道车、车站的内燃调车机等可能仍在运行，邻线的列车也可能因车站值班员错排进路而误入作业区段。以上情况均会给线路上的作业人员带来行车防护的问题。

三、V形作业的安全防护措施

1. 电气干扰的防护

(1)静电感应的防护

静电感应是邻线高压电场通过空气介质感应过来的，电压有时高达数千伏（现场测试为2 000余伏），但通常能量有限，且只要将停电侧接触网上的各线索可靠接地，危险电压值急剧下降，几乎为零。理论计算及实测结果证明了这一点，故对人身不会造成危害，只要在作业区两端装设接地线就可安全防护。

(2)电磁感应的防护

电磁感应在停电的接触网各线索上产生纵向感应电势。同样，理论计算及现场测试结果表明,将各线索可靠接地后,在邻线电力牵引的列车多种运行方式下,感应电势有效值在10 V以下。而邻线发生金属性短路试验的结果表明,最大的感应电势有效值的数量级为数十伏左右。以上值均未超过且远小于《四部(注:四部指国家机构改革前的原铁道部、交通部、邮电部和通信兵部等机构)原则协议》所规定的电磁感应有效值,即“正常不应超过60 V,短路时不应超过430 V”的标准值。因此,电磁感应的防护措施仍然是在作业区两端装设接地线。

(3)穿越电流的防护

V形作业时,作业区两端挂接地线后,尽管有穿越电流流过,但如前所述,接触网上的剩余电压很低,而作业人员包括作业机具的阻抗远大于接地线的阻抗,因此穿越电流对作业组人员产生的分流可视为开路,不会对作业组人员造成危害,但若作业区段内的接触网与接地线构成的回路有开路的情况发生时,则穿越电流将会通过作业人员,对人身产生危害。

(4)强电侵入的防护

停电作业的实践证明,对强电侵入的最有效的防护措施是在作业地点两端装设可靠的接地线。此外,要求行车部门不得将电力机车放入无电区段。对于双线区段的站场,软横跨的上、下行隔断绝缘子的绝缘水平设计时应加强。应比该区段正常绝缘水平加大一级,即一般污秽区爬距为1 200 mm,重污秽区为1 600 mm,以防止V形作业时绝缘子发生闪络或击穿。此外在站场内作业也可适当增设接地线。

2. 行车干扰的防护

关于作业区的行车防护问题在《铁路技术管理规程》《行车组织规则》《普速铁路接触网安全工作规则》《高速铁路接触网安全工作规则》等诸多规程、规则中都有明确规定,只要认真贯彻落实,正确设置行车防护措施,包括驻站联络员、行车防护员等在内的全体作业组成员谨守岗位职责,就能做到作业安全。

1. 提问思考

作为一名接触网工,面对接触网V形作业的诸多干扰因素,只依靠自己遵章守纪能否实现作业安全?

2. 分享讨论

欧洲国家很早就开始铁路电气化的尝试,工业发达的德国、法国等国更是电气化铁路大国、强国,他们是如何保障接触网工的作业安全的?请查阅相关资料。

综合练习

练 习

项目7
综合练习

答 案

项目7
综合练习答案

项目8 带电作业

项目引言

带电作业是指在高压及低压电气设备上不停电进行检修、测试的一种作业方法，如图 8-1 所示。电气设备在长期运行中需要经常测试、检查和维修，带电作业是避免检修停电、保证正常供电的有效措施。带电作业的内容可分为带电测试、带电检查和带电检修等几方面。电力企业开展带电作业能在不影响用户用电的情况下进行必要的操作，有效减少停电时间和范围；在自然灾害、设备故障等紧急情况下，开展带电作业可以在不断电的情况下对损坏的设备进行抢修或更换，以最快的速度恢复供电；通过带电作业，电力企业可以更灵活地安排检修和维护计划，避免在用电高峰期进行停电作业，从而减少对用户的影响。

铁路供电部门带电作业的对象包括牵引变电所电气设备、接触网和铁路电力设备等。按照规定，现阶段铁路供电部门在高压带电设备上只开展借助绝缘工具进行的间接带电作业。例如《普速铁路接触网安全工作规则》规定不进行接触网直接带电作业，并且规范了可开展的接触网间接带电作业项目：利用绝缘测杆进行接触网设备参数测量、利用专用除冰杆除冰、利用绝缘杆去除接触网上异物等，如图 8-2 所示。

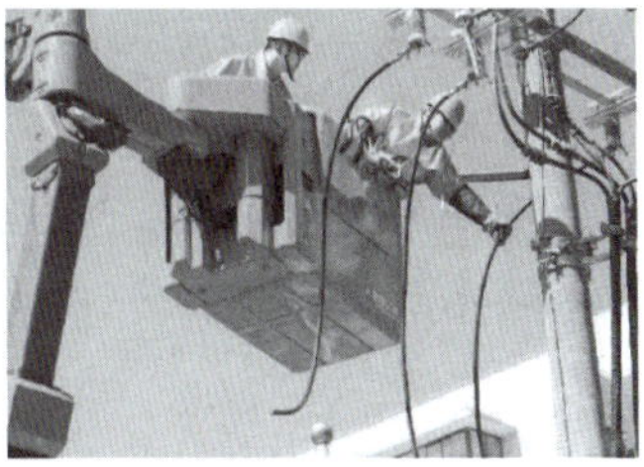

图 8-1　地方电力企业带电检修作业

（a）接触网用绝缘测杆　（b）除冰

图 8-2　接触网间接带电作业

（c）去除网上异物

（d）带电清扫绝缘子

图 8-2　接触网间接带电作业（续）

学习目标

1. 知识目标

（1）掌握间接带电作业的基本原理和安全要求。

（2）掌握电气化铁路牵引变电所、接触网和电力岗位间接带电作业的安全规则。

（3）熟悉常用绝缘工器具。

（4）熟悉接触网间接带电作业联系用语。

2. 能力目标

（1）掌握绝缘工具的基本操作要求，具备正确、安全使用绝缘工具的能力。

（2）具备参加接触网间接带电作业的能力。

3. 素养目标

（1）了解带电作业的注意事项和危险点，以及如何避免危险点。

（2）增强安全意识，遵守安全规程，确保自身和他人的安全。

（3）培养团队协作能力，提高工作效率和质量。

8.1　知识准备

绝缘工器具主要包括手套、绝缘靴和绝缘鞋等。

8.1.1　绝缘手套

绝缘手套又称高压绝缘手套，是采用绝缘橡胶或乳胶经压片、模压、硫化或浸模成型的五指手套，是电力设备运行维护和检修试验中常用的安全工器具和重要的绝缘防护装备，如图 8-3 所示。

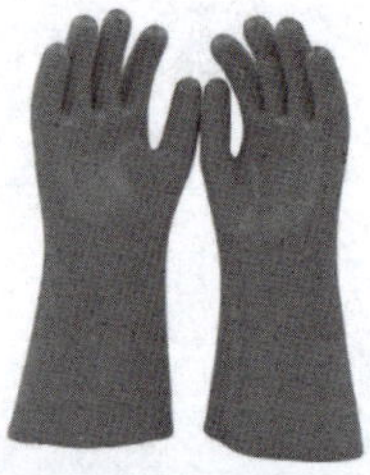

图 8-3　绝缘手套

1. 绝缘手套的使用要求

（1）使用前必须检查绝缘手套是否在有效期内。

（2）在使用前必须进行充气检验及外观检查，用吹气摇动挤压法进行气压测试，确定是完好无损，发现有任何破损则不能使用。如果发现手套未储存好，发生霉变，应及时送检，检测电性能复核试验。

(3)工作人员佩戴绝缘手套，须确保佩戴牢固、十指吻合、将衣袖口套入筒口内。

(4)使用后，应将内外污物擦洗干净，待干燥后，撒上滑石粉放置平整，以防受压受损，且勿放于地上。

(5)绝缘手套应储存在干燥通风室温 -15 ~ +30 ℃、相对湿度50% ~80%的库房中，远离热源，离开地面和墙壁200 mm以上。避免受酸、碱、油等腐蚀品物质的影响，不要露天放置以避免阳光直射。

(6)每使用6个月必须进行预防性试验。

2. 绝缘手套的清洁

当手套变脏时，可用肥皂和温度不超过65 ℃的清水冲洗，然后彻底干燥并涂上滑石粉。洗后如发现仍然黏附有像焦油或油漆之类的混合物，可用清洁剂清洁此部位(清洁剂不能过多)然后立即冲洗掉，再按照前述办法处理。

8.1.2 绝缘靴和绝缘手套

在生产、生活中，足部受到的主要伤害因素包括：物体砸伤或刺割伤害、高温或低温伤害、化学物质引起的伤害、触电伤害和静电伤害。绝缘靴(鞋)的主要作用就是保护足部免受触电伤害和静电伤害。铁路电力和牵引供电作业中绝缘靴主要作为高压电力设备作业时的辅助安全用具，在1 kV以下可作为基本安全用具；停电检修作业中也常采用绝缘鞋作为安全用具，如图8-4所示。

图8-4 绝缘靴和绝缘鞋

1. 相关安全工作规则中需要穿绝缘靴(鞋)的规定

(1)高压系统倒闸操作，高压验电、放电，装设、拆除接地线，分合接地开关。

(2)雷雨天巡视室外设备。

(3)发生单相接地，需要进入规定安全半径内时。

(4)停电检修高压设备。

(5)其他需要人体可靠绝缘的情况。

2. 绝缘靴(鞋)标志和包装

(1)在每双电绝缘鞋的内帮或鞋底上应有标准号、电绝缘字样(或英文的缩写EH)、闪电标记和耐电压数值。

(2)制造厂名、鞋号、产品或商标名称、生产年月日及电绝缘性能出厂检验合格印章。

(3)每双电绝缘鞋应用纸袋、塑料袋或纸盒包装。在袋或盒上应有的内容是:产品名(例:6 kV 牛革面绝缘皮鞋、5 kV 绝缘布面胶鞋、20 kV 绝缘胶靴等)、标准号、制造厂名称、鞋号、商标和使用须知等。

绝缘使用注意事项:

(1)耐电压15 kV以下的电绝缘皮鞋和电绝缘布面胶鞋适用于工频电压1 kV以下的作业环境;耐电压15 kV以上的电绝缘胶靴和电绝缘塑料靴适用于工频电压1 kV以上的作业环境。在使用时必须严格遵守电业安全工作规则的有关规定。

(2)穿用电绝缘皮鞋和电绝缘布面胶鞋时,其工作环境应能保持鞋面干燥。

(3)穿用任何电绝缘鞋均应避免接触锐器、高温和腐蚀性物质,防止鞋受到损伤,影响电性能。凡帮底有腐蚀、破损之处,不能再作为电绝缘鞋穿用。

(4)经预防性检验的电绝缘鞋耐电压和泄漏电流值应符合标准要求,否则不能使用。每次预防性检验结果有效期限不超过6个月。

8.2 接触网间接带电作业联系用语

8.2.1 作业开始过程

8.2.1.1 要令人员办理间接带电作业命令

(要令人负责向供电调度申请间接带电作业命令。几个作业组同时作业时,每一个作业组必须分别向供电调度申请间接带电命令)

钱乙:供电调度,我是×××工区钱乙,在××处所座台要令,申请在××线××区间(站)上(下)行×××支柱—×××支柱,公里标K×××+×××—K×××+×××开展间接带电作业命令,作业内容……

(供电调度审核间接带电作业申请,对作业地点、作业内容、安全措施等全面审核,审核正确后发布申请间接带电命令)

吴己:准许×××工区在××线××区间(站)上(下)行×××支柱—×××支柱,公里标K×××+×××—K×××+×××开展间接带电作业,作业内容……批准时间××××年××月××日××时××分,要求完成时间××××年××月××日××时××分,命令编号×××,发令人吴己。

(供电调度下达命令,要令人员应正确无误地复诵并记录)

钱乙:(随电调发布命令同步进行复诵)准许×××工区在××线××区间(站)上(下)行×××支柱—×××支柱,公里标K×××+×××—K×××+×××间接带电作业,作业内容……批准时间××××年××月××日××时××分,要求完成时间××××年××月××日××时××分,命令编号×××,发令人吴己,要令人钱乙。

8.2.1.2 要令人通知工作领导人

(要令人员接受调度命令后,要及时、准确、完整地将命令号及内容通知工作领导人,相互确认无误)

钱乙:赵甲,钱乙呼叫,供电调度已下达×××号作业命令,准许在×××区段开展间接带电作业。要求完成时间××时××分。

赵甲:供电调度已下达×××号作业命令,准许在×××区段开展间接带电作业。要求完成时间××时××分。赵甲明白。

8.2.1.3　作业组开工

赵甲:全体作业组成员注意,现在开始在×××区段间接带电作业,要求完成时间××时××分,注意安全。

作业组成员:现在开始在×××区段间接带电作业,要求完成时间××时××分,注意安全,×××明白。

8.2.1.4　通知其他小组开工

(如果作业组存在多个作业小组,工作领导人还要将开工信息通知其他小组)

赵甲:周戊,赵甲呼叫,可以开工作业,要求完成时间××时××分,注意安全。

周戊:可以开工作业,要求完成时间××时××分,注意安全,周戊明白。

8.2.1.5　行车和调车信息通报

[间接带电作业过程中,凡是本线或邻线有列车通过、停车或调车作业时,防护人员都要按要求提前通知工作领导人(或监护人),并督促工作领导人(或监护人)及时将人员、机具撤至限界以外安全地带避车]

钱乙:赵甲,钱乙呼叫,××站上行(下行)××道[或××—××区间上(下)行]××××次列车接近,及时下道避让列车。

赵甲:××站上行(下行)××道[或××—××区间上(下)行]××××次列车接近,下道避让列车。赵甲明白。

(工作领导人及时向其他作业小组通报列车通过信息)

赵甲:周戊,赵甲呼叫,××站上行(下行)××道[或××—××区间上(下)行]××××次列车通过,及时下道避让列车。

周戊:××站上行(下行)××道[或××—××区间上(下)行]××××次列车通过,及时下道避让列车。

(当作业组其他小组成员、机具、材料全部下道后,小组监护人及时通知工作领导人)

周戊:赵甲,周戊呼叫,人员、机具已全部下道。

赵甲:人员、机具已全部下道,赵甲明白。

(当在较大车站作业时,行车防护人员向工作领导人通报调车信息)

钱乙:赵甲,钱乙呼叫,××站上行(下行)有调车作业,通过××道、××号道岔,进××道停车(或通过),请注意避让。

赵甲:××站上行(下行)有调车作业,通过××道、××号道岔,进××道停车(或通过),注意避让。赵甲明白。

8.2.1.6　变更作业地点

作业组变更作业地点时,工作领导人向驻站联络员通报。

赵甲:钱乙,赵甲呼叫,作业组××站上行(下行)××道作业任务已完成,现转移至上行(下行)××道作业。

钱乙:作业组××站上行(下行)××道作业任务已完成,现转移至上行(下行)××道作业,钱乙明白。

(转移股道完成后,开始作业前,工作领导人同样要通报防护人员)

赵甲:钱乙,作业组在××道开始作业。

钱乙:作业组在××道开始作业,钱乙明白。

(驻站联络员接到通报,要依据股道变化调整防护信息)

8.2.2 作业结束过程联系用语

8.2.2.1 其他小组完成作业任务

(间接带电作业结束,其他作业小组人员、机具已撤至安全地带,作业小组监护人通知工作领导人)

周戊:赵甲,周戊呼叫,作业已结束,作业组人员、机具已撤至安全地带。

赵甲:作业已结束,周戊作业组人员、机具已撤至安全地带,赵甲明白。

8.2.2.2 工作领导人与要令人联系消令

赵甲:钱乙,赵甲呼叫,间接带电作业任务已完成,人员、机具已下道(或出网),可以消令。

钱乙:间接带电作业任务已完成,人员、机具已下道,可以消令,钱乙明白。

(把间接带电命令消除后,要立即通知工作领导人)

钱乙:赵甲,钱乙呼叫,×××号间接带电命令已消除,消令时间××点××分。

赵甲:×××号间接带电命令已消除,消令时间××点××分。赵甲明白。

8.3 技能训练——接触网异物处置

8.3.1 训练目的

(1)了解接触网间接带电作业的相关知识。

(2)掌握普速铁路接触网间接带电作业的操作程序。

(3)掌握接触网间接带电作业的人员组织要求。

(4)熟悉接触网间接带电作业工具、材料的准备。

(5)掌握接触网间接带电作业安全措施的设置要求。

(6)掌握间接带电作业过程中的联控用语。

8.3.2 人员组织和训练用工具、材料

1. 人员组织

接触网异物处置技能训练人员准备见表8-1。

表 8-1 人员准备

序号	岗位	人数	备注
1	工作领导人	1人	安全监护人
2	座台防护人	1人	兼任间接带电作业命令要令人、驻站联络员
3	现场防护人	2人	
4	异物处置操作人	1人	

2. 工具、材料准备

技能训练参与人员穿戴好个人劳动保护用品，按照表8-2准备好需要的安全工具、材料。

表 8-2 训练用安全工具、材料

序号	名称	规格或型号	单位	数量	备注
1	兆欧表	—	只	1	
2	异物处置杆	绝缘	根	1	用于异物处置
3	清洁干燥的抹布	—	块	若干	擦拭异物杆
4	对讲机	—	部	5	
5	照明工具	—	套	5	夜间或隧道内使用
6	个人劳保	—	套	5	安全帽、工作服等
7	防护用具	—	套	2	信号旗(昼间)、信号灯(夜间)
8	影像设备	—	套	1	拍照取证
9	绝缘手套	—	副	1	
10	绝缘靴	—	双	1	

8.3.3 训练内容与操作步骤

“最近华北地区的大风天气，经常将异物吹挂到铁路接触网上，导致供电故障，从而影响铁路行车。过去10天中，北京局铁路管内的京沪高速铁路、京雄城际、京广高速铁路、京广线、京哈线、津山线等线路，陆续发生接触网挂异物事件，其中仅5月4日一天就发生了5起。”小铁正坐在工区餐厅里边看央视新闻、边吃午饭，忽然工长急匆匆向你跑来，“刚接到通知，我们工区粮城北至海西区间也发生接触网挂塑料膜问题，需要马上就处理，赶紧准备工具材料出发。”

已经成长为接触网工区骨干力量的你需要按下面操作步骤展开行动！

1. 检查工、机具

领取绝缘工具前要检查工、机具有无损坏，并用清洁干燥的抹布擦拭有效绝缘部分，再用2 500 V兆欧表分段测量（电极宽2 cm，极间距2 cm）有效绝缘部分的绝缘电阻，不得低于100 MΩ，或测量整个有效绝缘部分的绝缘电阻不低于10 000 MΩ，确认状态良好后方可使用。检查对讲机、照明工具、影像设备电池是否电量充足。

2. 接触网异物处置操作程序

(1) 分工

接到接触网上有异物、需要处理的通知后，按处理故障对待。工作领导人根据作业组成员情况进行分工。

(2)准备工、机具

作业组成员根据分工情况准备工、机具,确认齐全、状态良好。

(3)办理作业手续

驻站联络员提前到车站运转室(或信号楼)按规定办理“运统-46”登记等手续。驻站联络员“运统-46”登记完毕后,应及时通知工作领导人,相互确认无误。

处置异物时,驻站联络员向供电调度申请撤除有关馈线断路器的重合闸。

(4)设置行车防护

作业人员进网或到达作业区段后,应确认异物状态,并立即按规定设置行车防护。当作业地段瞭望条件不良时,应增派行车防护人员。

(5)开工

工作领导人确认驻站和现场行车防护已设置妥善,确认通信工具状态良好后,方可按顺序开始接触网异物清除作业。

组装异物杆,如图8-5所示;穿戴好绝缘手套、绝缘鞋(靴),如图8-6所示;使用异物杆处理网上异物,如图8-7所示。

图8-5　组装异物杆

图8-6　穿戴安全用具

图8-7　处理异物

在处理网上异物过程中,注意控制异物的下落路径,使异物从田野侧脱离接触网设备,避免异物侵入邻线限界、再次搭在邻线接触网设备上,或直接碰触作业人员。

(6)“运统-46”销记

工作领导人确认现场满足行车条件,人员和工、机具撤至安全地带后,通知驻站联络员进行“运统-46”销记。

驻站联络员接到工作领导人通知后,应及时办理“运统-46”销记。驻站联络员向供电调度申请恢复相关馈线断路器的重合闸。

(7)作业结束

工作领导人确认“运统-46”已销记,即可宣布现场作业结束,并撤除驻站行车防护。

(8)收工

工作领导人组织召开收工会。

(9)填写相关资料

根据本次作业完成情况,在值班日志中填写相关资料。

安全注意事项:

在真实的铁路线路上处置接触网异物时,要遵守以下规定:

(1)严禁利用速度160 km/h及以上的列车与前一趟列车之间的间隔进行处理异物作业。

(2)严格执行“三清点、一确认”制度,防止工具或其他物品遗留在线路上影响行车。

“三清点、一确认”制度指:入网前、下道后、出网前要对工机具、材料、人员进行清点;作业完毕,施工负责人对设备状态、工机具清理、人员撤离、防护撤除等进行检查,确认开通条件,并将照片传递到驻站联络员,驻站联络员确认后方可销记。

(3)驻站联络员要掌握作业组具体位置、列车运行图和列车运行情况,对运行速度120 km/h以上的关键列车运行情况要重点掌握。在站内作业时,得到关键列车邻站通过或发车的信息,立即通知人员和机具下道避车;在区间作业时,得到关键列车来车方向的邻站列车接近的信息,立即通知人员和机具下道避车。

(4)现场防护员应根据现场地形和天气条件、列车运行特点、

作业人员和机具布置等情况确定站位和移动路径,并做好自身防护,提前确定下道避车安全区位置。作业中现场防护员与作业组人员应保持适当距离,严禁扎堆聊天或做与防护无关的工作。无列车通过时,现场防护员与驻站联络员要执行每3~5 min 1次的主叫联系制度。

(5)当邻线有机车通过时,应停止作业,防止处理异物过程中异物飘至邻线影响行车。

(6)清除接触网上及附近异物时,应撤除有关馈线断路器的重合闸。

(7)当异物较大、较长、较重时,为保证人身安全,应按停电作业的程序办理处理异物的相关事宜。

8.3.4 项目考评

经过项目训练后,熟练掌握接触网异物处置操作要领,并限时进行训练考核评定。考核评分标准见表8-3。

表8-3 接触网异物处置操作考核评分参考

项目	配分	评分标准	减分标准	存在问题	减分	得分
工具材料	10分	工具齐全	不齐全每件扣5分			
		选用材料正确	不正确扣10分			
时间	10分	3 min内完成	每超过1 min扣3分,超过5 min为失格			

续上表

项目	配分	评分标准	减分标准	存在问题	减分	得分
		测量绝缘电阻,确认状态良好	未测量、确认扣 10 分			
		检查对讲机、影像设备电池电量充足	未检查扣 2 分			
		根据作业组成员情况进行分工,准备工、机具,确认齐全、状态良好	未分工、确认扣 10 分			
		按规定办理“运统-46”登记等手续	未办理扣 10 分			
		申请撤除有关馈线断路器的重合闸	未申请扣 10 分			
		作业人员进网或到达作业区段后,应立即按规定设置行车防护	未设防护扣 10 分			
		确认驻站和现场行车防护已设置妥善,确认通信工具状态良好后,方可开工	未确认扣 10 分			
质量	50 分	处理异物快速准确	不符合扣 2 分			
		作业结束确认“运统-46”已销记,申请恢复重合闸	未销记、恢复扣 5 分			
		收到列车邻站通过或发车的信息,通知人员和机具下道避车;区间作业时得到列车来车方向的邻站列车接近的信息,立即通知人员和机具下道避车	未通知扣 10 分			
		无列车通过时,现场防护员与驻站联络员要执行每 3 ~5 min 1 次的主叫联系	未执行扣 5 分			
		执行“三清点一确认”制度,防止工具或其他物品遗留在线路上影响行车	未执行扣 10 分			
		作业过程中人员不得受伤	受伤为失格			
安全	30 分	按规定穿戴好劳保用品	未按规定穿戴好劳保用品,每件扣 10 分			
		按规定正确使用工具	未按规定使用工具每次扣 2 分			

8.4 项目拓展

8.4.1 牵引变电所带电作业

视频

高压设备带电作业

8.4.1.1 牵引变电所高压设备带电作业

牵引变电所高压设备带电作业按作业方式分为直接带电作业(用绝缘工具将人体与接地体隔开,使人体与带电设备的电位相同,从而直接在带电设备上作业)和间接带电作业(借助绝缘工具,在带电设备上作业)。

注意事项：

牵引变电所一般不应采用高压设备直接带电作业。确需高压设备间接带电作业时需经供电调度批准、签发牵引变电所第二种工作票，并参照国家有关标准执行。

1. 带电作业命令程序

除了值班员有权自行倒闸的设备外，对属供电调度管辖的设备，在作业前由值班员向供电调度申请带电作业，申请时要说明作业的地点、内容、时间、安全措施、班组和工作领导人的姓名。供电调度员审查符合条件后，发布带电作业命令。

供电调度员在发布带电作业命令时，受令人要认真复诵，经确认无误后，方可给命令编号和批准时间。发令人和受令人同时填写作业命令记录，并由值班员将其填写在工作票内。

值班员接到供电调度员发布的带电作业命令后，方可实施安全措施、办理准许作业手续。作业结束后，值班员要向供电调度请求消除带电作业命令，由供电调度给予消除作业命令时间，双方记入作业命令记录中。

2. 安全距离

间接带电作业时，作业人员（包括所持的非绝缘工具）与带电部分之间的距离，均不得小于表8-4规定。

表8-4 间接带电作业设备带电部分距工作人员距离

电压等级/kV	330	220	110	55	27.5、35	6～10
安全距离/mm	2 200	1 800	1 000	700	600	400

3. 绝缘工具

（1）带电作业用的绝缘工具材质的电气强度不得小于3 kV/cm；其有效绝缘长度不得小于表8-5规定。

表8-5 绝缘工具材质的有效绝缘长度

电压等级/kV	330	220	110	55	27.5、35	6～10
有效绝缘长度/mm	3 100	2 100	1 300	1 000	900	700

（2）绝缘工具要有合格证并进行下列试验：

①对使用中绝缘工具定期进行试验，试验标准和试验周期见表8-6。

表8-6 绝缘安全工器具试验项目、周期和要求

序号	名称	周期/月	电压等级/kV	试验电压/kV	试验长度/m	负荷/N	时间/min	泄漏电流/mA	合格标准及说明
1	绝缘棒、杆、滑轮	6	330	380	3.2	—	5	—	无过热、击穿和变形。若试验变压器电压等级达不到试验的要求，可分段进行试验，最多可分成4段，分段试验电压应为整体试验电压除以分段数再乘以1.2倍的系数
			220	440	2.1	—	1		
			110	220	1.3	—	1		
			27.5	120	0.9	—	5		
			6～10	44	0.7	—			

续上表

序号	名称	周期/月	电压等级/kV	试验电压/kV	试验长度/m	负荷/N	时间/min	泄漏电流/mA	合格标准及说明
2	绝缘手套	6	高压	8	—	—	1	9	无过热、击穿和变形。若试验变压器电压等级达不到试验的要求,可分段进行试验,最多可分成4段,分段试验电压应为整体试验电压除以分段数再乘以1.2倍的系数
			低压	2.5		—		2.5	
3	绝缘靴	6	高压	15	—	—	1	7.5	
4	绝缘绳	6	105/0.5 m	—	—	—	5	—	
5	绝缘梯	6	—	2.5/cm	—	—	5	—	
6	验电器	6	启动电压值不高于额定电压的40%,不低于额定电压的15%,试验时接触电极应与试验电极相接触						
7	金属梯	12	—	—	—	2 205	5	任一级梯蹬加负荷后不得有裂损和永久变形	
8	竹木梯	6	—	—	—	1 765	5		
9	绳子	6	—	—	—	2 205	5	—	无破损断股
10	安全带	6	—	—	—	2 205	5	—	无破损

②绝缘工具的机电性能发生损伤或对其怀疑时,进行相应的试验。禁止使用未经试验或试验不合格或超过试验周期的绝缘工具。

(3)使用工具前应仔细检查其是否损坏、变形、失灵,并使用2 500 V兆欧表或绝缘检测仪进行分段绝缘检测(电极宽2 cm,极间宽2 cm),阻值应不低于700 MΩ。操作绝缘工具时应戴清洁、干燥的手套,并应防止绝缘工具在使用中脏污和受潮。

(4)带电作业工具应设专人保管,登记造册,并建立每件工具的试验记录。

(5)带电作业工具应置于通风良好、备有红外线灯泡或去湿设施的清洁干燥的专用房间存放。

(6)绝缘工具在使用中要经常保持清洁、干燥、切勿损伤。使用管材制作的绝缘工具,其管口要密封。

4.(间接)带电作业需要遵守的安全规定

(1)在进行带电作业前必须撤除有关断路器的重合闸(测量绝缘子的电压分布除外)。在作业过程中如果有关断路器跳闸或发现设备无电时,值班员均要立即向供电调度报告,供电调度员必须弄清情况后再决定送电。

(2)在使用绝缘硬梯作业时,除遵守使用梯子作业的有关规定外,还要注意扶梯的部位要尽量靠近地面,以保持足够的有效绝缘长度。

(3)雷电时禁止在室外设备,以及与其有电气连接的室内设备上作业。遇有雨、雪、雾、风(风力在五级以上)的恶劣天气时,禁止进行带电作业。

(4)在全部或部分带电的盘上进行作业时,应将有作业的设备与运行设备以明显的标志隔开。

(5)在牵引变电所内作业时,严禁用棉纱(或人造纤维织品)、汽油、酒精等易燃物擦拭带电部分,以防起火。

(6)带电更换低压熔断器时,操作人要戴防护眼镜,站在绝缘垫上,并要使用绝缘夹钳或绝缘手套。

(7)值班员在做好安全措施后,要到作业地点进行下列工作:

①会同工作领导人按工作票的要求共同检查作业地点的安全措施。

②向工作领导人指明准许作业的范围、接地线和旁路设备的位置、附近有电(停电作业时)或接地(直接带电作业时)的设备,以及其他有关注意事项。

③经工作领导人确认符合要求后,双方在两份工作票上签字后,工作票一份交工作领导人,另一份值班员留存,即可开始作业。

(8)当进行电气设备的带电作业和远离带电部分的作业时,工作领导人主要是负责监护作业组成员的作业安全,不参加具体作业。

8.4.1.2 牵引变电所低压设备上的作业

(1)在变压器至钢轨的回流线上作业时,一般应停电进行,填写第一种工作票,但对不断开回流线的作业且经确认回流线各部分连接良好时,可以带电进行。

对断开作业的回流线,必须有可靠的旁路线。

在回流线上带电作业时,要填写第三种工作票。严禁1人单独作业,作业人员的安全等级不低于三级。

(2)在低压设备上作业时一般应停电进行。若必须带电作业时,作业人员要穿紧袖口的工作服,戴工作帽,手套和防护眼镜,穿绝缘靴或站在绝缘垫上工作;所用的工具必须有良好的绝缘手柄;附近其他设备的带电部分必须用绝缘板隔开。

在低压设备上作业时,严禁1人单独作业。带电作业时作业人员的安全等级不得低于三级;停电作业时至少有1人的安全等级不低于二级。

(3)严禁将明火或能发生火焰的物品带入蓄电池室。在蓄电池室进行作业时,作业前要先检查并确认室内无异常现象,在作业过程中禁止对蓄电池充电,室内所有的通风机均应开动,保持通风良好。

在向蓄电池中注电解液或调配电解液时要戴防护眼镜。当稀释酸液(或碱液)时要将酸液(或碱液)徐徐注入蒸馏水中,并用耐酸棒(或耐碱棒)不停地搅拌,严禁把蒸馏水倒入酸液(或碱液)中。

典型案例 8-1

5月25日,B牵引变电所对蓄电池进行小修,发票人按二月份蓄电池更换电解液时的工作票,签发了蓄电池小修工作票。二月份蓄电池检修工作票是根据当时自带一组24 A·h备用蓄电池情况签发的,工作票中将运行电池组选择开关K5打到另一“通”位(K5为三位开关,“断、通、通”,其中一“通”位是运行电池组接入,而另一“通”位是备用电池组接入,如图8-8所示)。由于2月份蓄电池更换电解液时将自带备用蓄电池事先接在了9-10RD端子D3、D4上,当K5打到备用电池接入位时,将24 A·h备用蓄电池接入。5月25日,蓄电池小修结束后,恢复安全措施时,也没有将K5恢复。致使蓄电池从5月25日到事故发生的6月8日长达15天时间没有投入运行,蓄电池作为直流电源装置核心设备,在直流负载陡增或交流电源电压陡降时提供补充能源,维持正常的工作电压并在交流电源停电或充电机故障时给直流负荷提供电源。

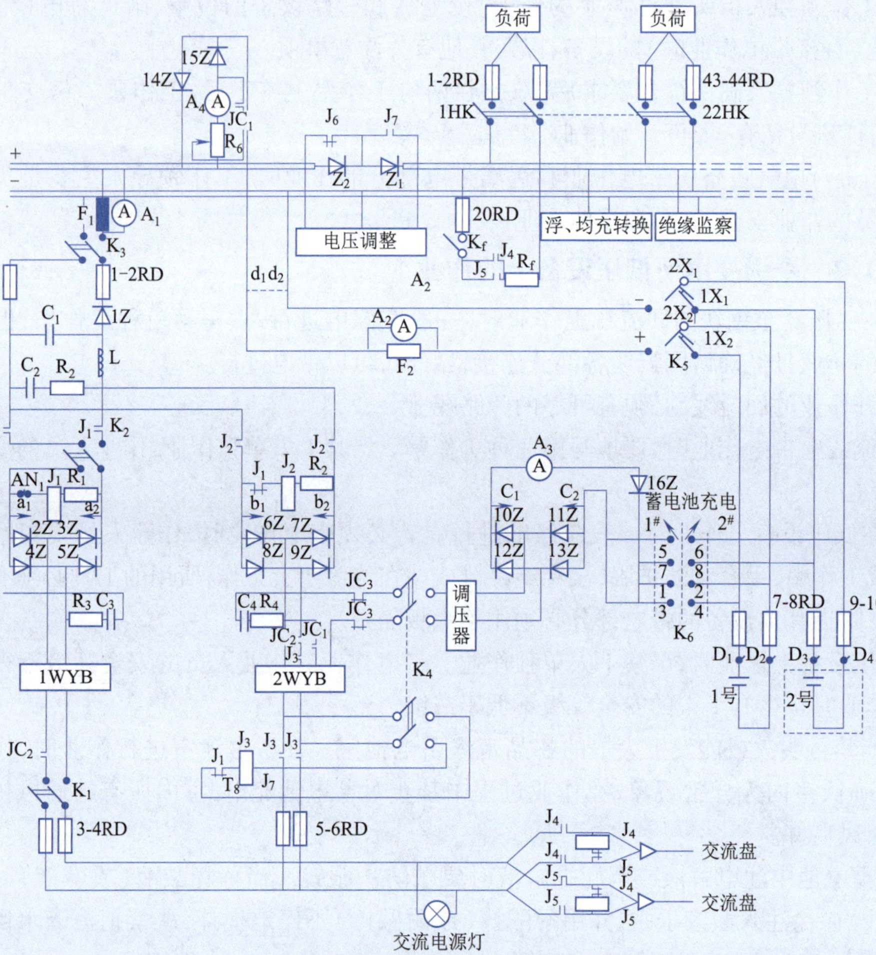

图 8-8　直流电源装置接线图

6月8日14时~15时,接触网工区在下行作业,14时45分作业结束消令后,A开闭所值班员在14时46分执行供电调度37303命令时,误将2314GK下行接地线作为2311GK下行接地线撤除(图8-9),导致接触网下行作业结束后,14时50分B牵引变电所213断路器合闸时带地线合闸。此时,变电所蓄电池运行电池组选择开关K5打在备用蓄电池位,蓄电池无法向直流母线供电。由于短路接地,变电所高压母线电压较低,自用交流电源电压不正常,浮充电压低,使直流盘浮充起动直流接触器JC2吸合不上,造成直流母线无电压,保护装置无保护电源,102DL、213DL无法跳闸切除故障,形成持续的大短路电流,直至14时55分地方供电局电力系统开关跳闸,造成变电所全所失压停电。短路电流使A开闭所开关、二次盘及接触网设备严重烧损,长时间不能投入使用。

此次事故造成A开闭所213DL、2311GK、2312GK、2321GK机构箱的不同程度烧损,与之相连的电缆严重烧损;2311GK瓷瓶炸裂,引线烧断;2811GK瓷瓶击穿,引线烧断,1ZB熔断器及T线支持悬式绝缘子炸裂;直流配电箱和地网等毁坏程度不等;三面保护盘、控制盘都有短路着火痕迹;故标盘、远动盘、交流盘烧损;接触网设备中架空地线烧断落地4跨,

AF 线悬式绝缘子击穿 1 处,AF 线与 PW 线烧伤。

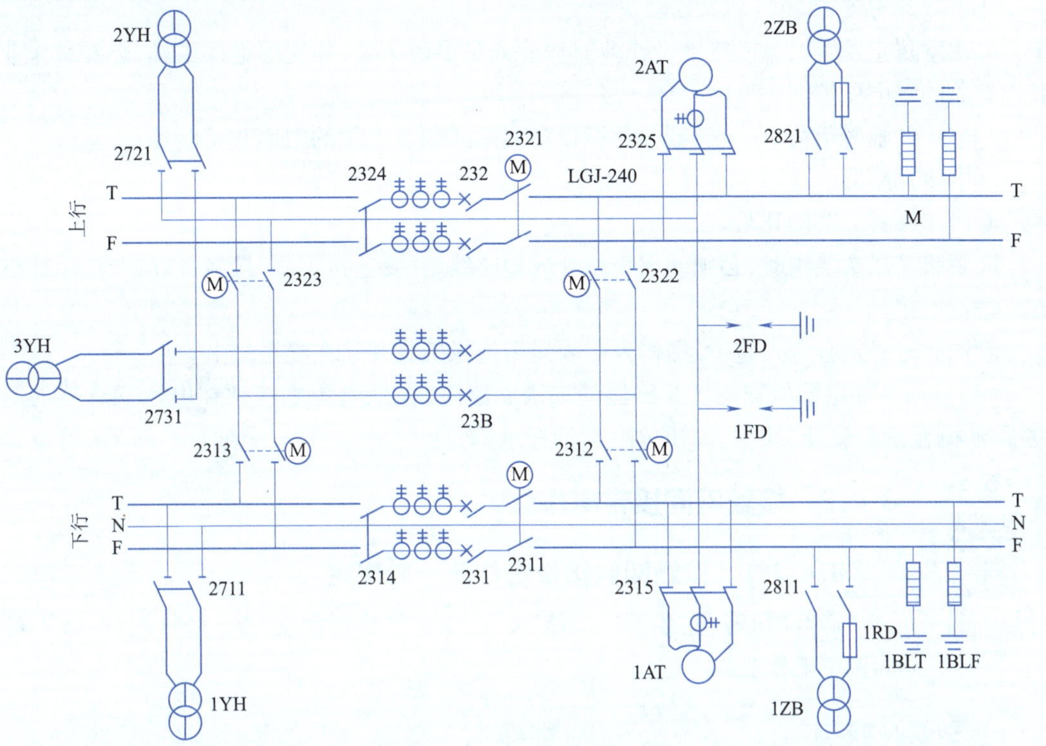

图 8-9 A 开闭所主接线

8.4.1.3 牵引变电所二次回路上的不停电作业

视 频

二次回路上的作业

(1)在确保人身安全和设备安全运行的条件下,允许有关的高压设备和二次回路不停电进行下列工作:

①在测量、信号、控制和保护回路上进行较简单的作业。

②改变继电保护装置的整定值,但不得进行该装置的调整试验,作业人员的安全等级不得低于三级。

③当电气设备有多重继电保护,经供电调度批准短时撤出部分装置时,在撤出运行的保护装置上作业。

(2)在二次回路上进行作业时必须遵守下列规定:

①人员不得进入高压分间或防护栅内,同时与带电部分之间的距离要等于或大于规定的数值。

当作业地点附近有高压设备时,要在作业地点周围设围栅和悬挂相应的标示牌。

②所有互感器的二次回路均要有可靠的保护接地。

③直流回路不得接地或短路。

④根据作业要求需进行断路器的分合闸试验时,必须经值班员同意方准操作。试验完毕时,要报告值班员。

（3）在带电的电压互感器和电流互感器二次回路上作业时除执行“在二次回路上进行作业时必须遵守下列规定”外，还必须遵守下列规定：

①电压互感器

a. 注意防止发生短路或接地。作业时作业人员要戴手套，并使用绝缘工具，必要时作业前撤出有关的继电保护。

b. 连接的临时负荷，在互感器与负荷设备之间必须有专用的刀闸和熔断器。

②电流互感器

a. 严禁将其二次侧开路。

b. 短路其二次绕组时，必须使用短路片或短路线，并要连接牢固，接触良好，严禁用缠绕的方式进行短接。

③作业时必须有专人监护，操作人必须使用绝缘工具并站在绝缘垫上。

（4）当用外加电源检查电压互感器的二次回路时，在加电源之前须在电压互感器的周围设围栅，围栅上要悬挂“止步，高压危险！”的标示牌，且人员要退到安全地带。

视频

间接带电作业

8.4.2 接触网间接带电作业

8.4.2.1 接触网间接带电作业一般规定

遇有雨、雪、重雾、霾等恶劣天气，或空气相对湿度大于 85% 时，一般不进行间接带电作业。

典型案例 8-2

5 月 14 日接触网工区计划在区间进行车梯巡视及清扫绝缘子作业。13 时，工长在工区院内对 14 名职工进行了点名及作业分工，随后便带领职工准备“要点”后乘坐工区轨道车进入区间作业。轨道车由 A 车站 7 道转入 1 道停车运转室门口时，司机向工长报告：轨道车出现故障，今天不能出去了。工长立即向供电调度做了汇报，并取消了作业计划。工长宣布取消作业后，职工们都陆续回到工区休息。15 时 10 分左右，年仅 24 岁的刘 × 向工友李 ×（工区兼职业务教员）表达请教操作技术的请求，李 × 答应后在去厕所过程中，刘 × 从轨道车内擅自取出测杆，盲目将测杆挂在 4 道 20 号支柱的带电设备上，当即被电击倒在地。

案例分析：

事故发生后，有关部门经调查分析，得出造成刘 × 触电死亡的直接原因：一是测杆表面脏污潮湿，致使测杆放电，造成触电伤亡。二是工区对工具管理不严，按要求工作结束后应将工具及时入库，特别是与人身安全紧密相关的绝缘工具，而工区由于怕麻烦，没有将工具及时入库，为刘 × 擅自动用工具创造了条件。

间接带电作业人员在接触工具的绝缘部分时应戴干净的手套，不得赤手接触或使用脏污手套。

间接带电作业时，作业人员（包括其所携带的非绝缘工具、材料）与带电体之间须保持的最小距离不得小于 1 000 mm，当受限制时不得小于 600 mm。

典型案例 8-3

4月13日，接触网工区在某区间65号支柱进行带电作业时，作业人甲（在接触网上）向地面作业组成员要工具，乙没有多想便攀上65号支柱向甲传工具，造成空气间隙击穿，乙触电坠地，甲被送到医院后截去右臂。

案例分析：

在此案例中甲、乙二人没有清醒地认识到除作业人员外，所持的所有机具、材料、零部件等同样不得侵入带电部分的安全限界内。在实际接触网检修中，严禁把一些通常意义上的绝缘物体如棕绳、木槌、木杆等没有经过试验（或者没有按绝缘工具进行管理）的材料、工具当成绝缘材料、工具来使用。

8.4.2.2　接触网间接带电作业命令程序

（1）每次作业前，由工作领导人指定安全等级不低于三级的作业组成员作为要令人员向供电调度员申请作业命令。在申请作业命令时，要说明间接带电作业的范围、内容、时间和安全防护措施等。

几个作业组同时作业时，每一个作业组须分别设置安全防护措施，分别向供电调度申请作业命令。

（2）供电调度在发布间接带电作业命令前，要做好下列工作：

①将所有的间接带电作业申请进行综合安排，审查作业内容和安全防护措施，确定作业地点、范围和安全防护措施。

②根据作业需求，撤除有关馈线断路器的重合闸。

③在发布间接带电作业命令时，经受令人认真复诵并确认无误后，方可发布命令编号和批准时间。每次进行间接带电作业时，发令人将命令内容进行记录，受令人要填写“接触网间接带电作业命令票”，如图8-10所示。

接触网间接带电作业命令票

________接触网工区　　　　　　　　　　　　　　第　　　　号

命令编号：	
批准时间：　　　年　　月　　日　　时　　分	
命令内容：	
要求完成时间：　　　年　　月　　日　　时　　分	
发 令 人：	受 令 人：
消令时间：　　　年　　月　　日　　时　　分	
消 令 人：	供电调度员：

注：本票用白色纸印红色格和字。

图8-10　接触网间接带电作业命令票

(3)在作业过程中如果发现馈电线的断路器跳闸,供电调度员在未查清作业组情况前不得送电。作业组如果发现接触网无电时,要立即向供电调度报告。

8.4.2.3 接触网间接带电作业结束

(1)作业任务完成,清点全部作业人员、机具、材料并撤至安全地带后,由工作领导人宣布结束作业,通知要令人向供电调度员申请消除间接带电作业命令。

几个作业组同时作业时,要分别向供电调度申请消除间接带电作业命令。

(2)供电调度员确认作业组已经结束作业,不妨碍正常供电和行车后,给予消除作业命令时间,双方均记入记录中,整个间接带电作业方告结束。

供电调度员确认供电臂内所有的作业组均已消除间接带电作业命令,方能恢复有关馈线断路器的重合闸。

8.4.2.4 接触网间接带电作业安全措施

(1)间接带电作业工作领导人不得直接参加操作,必须在现场不间断地进行监护。

(2)工作领导人在作业前检查工具良好,确认联络员和行车防护人员已全部就位,通信联络工具状态良好,间接带电作业命令程序办理完毕,所采取的安全及防护措施全部落实后,方能向作业组下达作业开始的命令。

8.4.3 铁路电力设备带电作业

铁路电力设备检修中的带电作业,系指采用各种绝缘工具带电从事高压测量工作,检修或穿越低压带电线路,拆、装引入线等工作,以及在高压带电设备外壳上的工作。

8.4.3.1 高压电力设备带电作业

在下列高压电力设备上进行带电作业,应遵守工作票制度,填用带电作业工作票:

(1)在高压线路和两路电源供电的低压线路上的带电作业。

(2)在控制屏(台)和二次线路上的工作,无须将高压设备停电的作业。

(3)在旋转的高压发电机励磁回路上,或高压电动机转子电阻回路上的工作。

(4)用绝缘棒和电压互感器定相,以及用钳形电流表测量高压回路的电流。

8.4.3.2 低压设备带电作业

(1)两路电源供电的低压线路带电工作应填用带电作业工作票。低压带电作业和穿越低压带电线路的作业,工作人员必须穿紧口干燥的工作服、绝缘靴、戴工作帽和干燥整洁的线手套。低压带电作业应使用绝缘钳子。禁止使用刀子、锉刀、金属尺和铁刷子等带有金属的工具。绝缘靴每年应进行一次绝缘强度试验,绝缘强度不应低于出厂的耐压标准。

(2)低压带电作业不允许带负荷接续导线。如必须带电更换电气器具时,应先作好旁路线。在自动闭塞低压线路上,允许在不受张力的处所接续导线,但必须设可靠的旁路线。

(3)在杆上进行低压带电作业时,一般一根杆只允许一人工作。当线路不复杂,且采取了可靠的安全措施时,可以两人同时工作。

(4)登杆时应当先分清火线和地线,选好工作位置。断开导线时,应先断火线、后断地线,接续导线时顺序相反。工作时只允许接触一根导线,不许同时接触邻相导线或一相一地导线。

视野拓展

铁路版《芳华》，曾经的宝成线上有最美的她们……

1958 年，宝成铁路正式开通，结束了“蜀道难”的历史，六十多年以来，这条“新蜀道”见证着一代代铁路人敢为人先的开拓精神和自强不息的拼搏精神，其中就有这样一群为了这条蜀道的安全畅通挥洒青春芳华的“不眠人”。她们巾帼不让须眉飞驰在当时我国最难走的铁路线上，在新中国铁路发展史上书写了辉煌的一页。

站在十几米高的高压线路上，穿着带电作业屏蔽服，脚下是一列列呼啸而过的列车（图 8-11）……

很难想象这是一群青春芳华的年轻姑娘在进行电力机车的供电线路——接触网维修。20 世纪 70 年代初，宝成线电气化铁路分段开通，作为牵引电力机车的供电线路——接触网维修，因为是高空高压作业，难度系数非常大，如果单线运行，停电维修就会影响运营能力。

图 8-11　接触网直接带电检修作业

应着当时“男女都一样”的时代背景和女同志有耐力，胆大细心的优点，1974 年 3 月 8 日，略阳供电段“三八女子带电作业班”正式成立，当时的成员平均年龄只有 22 岁。今年 63 岁的于华是当年“三八女子带电作业班”的一名成员，她告诉记者，虽然已经时隔数十年，但是当年她和同事们一起学习、工作的场景经常在她眼前浮现。

于华说：“我们是 41 个女孩子，承包的是 32 公里 3 站 2 区的维修任务，有的时候下大雨，塌方我们还要接受抢险的任务，让铁路永远是畅通无阻的，我们用什么时间去补我们的缺失，晚上段上的工程师给我们讲电路、电学、业务，12 点钟之前没有睡过觉，早晨 4 点起来我们还要练兵，所以那个时候的年轻人就是要有一种精神。”

凭借着不服输的劲头，略阳供电段“三八女子带电作业班”的成员们每天都在进行着单手剪铁线、比赛做吊弦、抬铁塔、换导线等工作和训练，手磨出泡了，咬牙接着干，腿上淤青了，忍着疼往前冲，在她们不畏艰险，不怕吃苦的奉献精神下，练就了过硬的业务技术，保障了铁路的正常运输。

原“三八女子带电作业班”朱桂英回忆这段往事时说：“面对十几米高的接触网铁塔作业，面对高压电流，从来没有退缩过，而且还面对呼啸而过的列车，我们在上面干，下面列车在过，心里头只有一个信念就是好好干，而且‘三八班’可以说成就了我，以至于在后面我选择了坚守，干了 40 年的供电职业。”

1979 年，“三八女子带电作业班”的成员们陆续结婚生子，相继调到变电所等部门工作。同年 9 月“三八女子带电作业班”分编完毕解散。如今，当年的女子班成员都已退休，但是她们当年不畏艰险、不怕吃苦、不抱怨、乐于奉献的精神风貌仍然能够激励当代的年轻人书写属于自己的芳华。

接触网直接带电检修作业对人员、绝缘工具、天气、安全距离等多方面要求严格，电气化铁路线路上的带电作业还要受到高速行驶列车的干扰。随着时代进步、技术创新有力地推动中国铁路事业腾飞的同时，运输任务与接触网、牵引变电所设备检修之间的矛盾也得到了有效的缓解，直接带电检修作业不再像之前那样迫切，在此情况下铁路部门逐步停止了接触网、牵引变电所设备直接带电检修作业,但一代又一代铁路人忠诚祖国、拼搏奉献的本色,艰苦奋斗、不怕困难、敬业爱岗、无私奉献等崇高精神,汇聚形成的“人民铁路为人民”的精神谱系,激励着当代铁路人传承红色基因,继续为“人民铁路为人民”的伟大宗旨而奋斗不息。

1. 提问思考

铁路部门当年为什么要开展供电设备直接带电检修作业?这种检修方式有哪些优缺点?在科学技术更为发达、安防措施更完备的今天又为什么停止了这种检修方式呢?请查阅相关资料。

2. 分享讨论

略阳供电段“三八女子带电作业班”通过“岗位建功 - 集体成长 - 社会认同”的闭环,构建了特殊历史时期的职业价值体系。时代变迁了,供电设备直接带电检修作业停止了,但祖国电气化铁路事业的发展永不停息,正如宝鸡供电段老职工所言:“我们放下绝缘杆,拿起便携式计算机,改变的只是工具,不变的是让列车安全飞驰的初心”?,今天的我们该如何通过“岗位建功 - 集体成长 - 社会认同”的闭环实现我们的人生价值?

综合练习

练习

项目8
综合练习

答案

项目8
综合练习答案

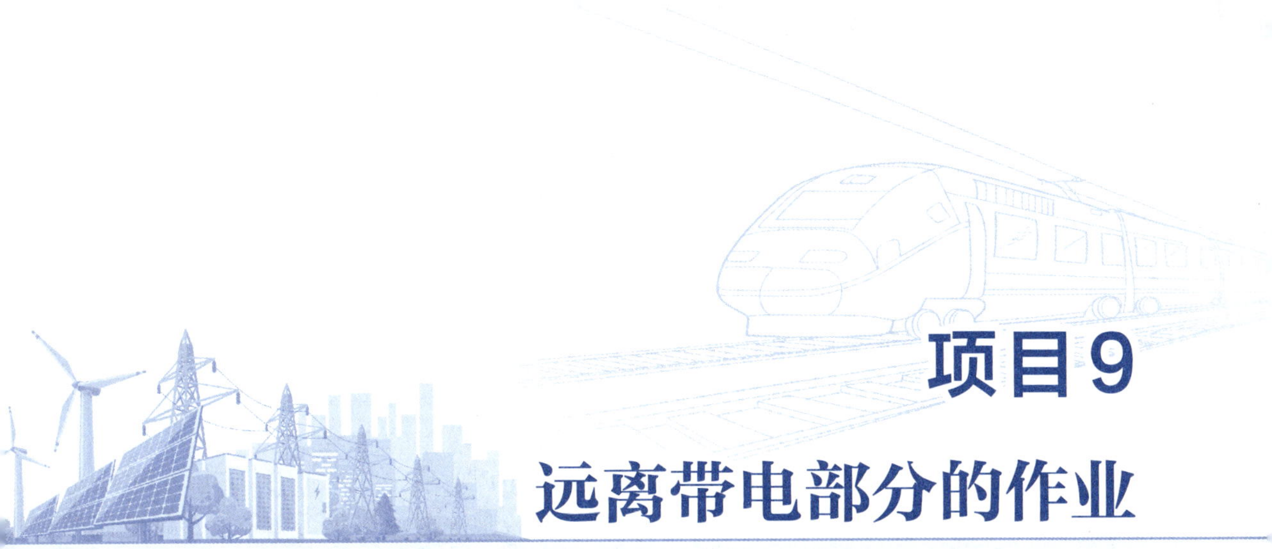

项目9

远离带电部分的作业

项目引言

电力设备的检修中，除了进行设备停电作业和带电作业，还存在其他类型的作业方式，比如《牵引变电所安全工作规程》中规定的高压设备远离带电部分的作业、《普速铁路接触网安全工作规则》中规定的远离作业，以及《铁路电力安全工作规程》中规定的邻近带电作业和不停电的作业等作业方式，这些作业方式都可看作是远离带电部分的作业。所谓远离带电部分的作业是指在运行中的电压等级在250 V及以上的发电、变电、输配电（线路保护区内）和带电运行的电气设备附近进行的可能影响电气设备和人员安全的一切作业。表面上看来距带电部分有一定距离，但作业施工过程中仍然存在触电伤害、机械伤害、车辆伤害、起重伤害等危险因素。所以进行远离带电部分的作业依然要组织施工、安全、电气等有关人员针对不同作业项目，进行危害辨识，制定作业程序、防范控制措施和应急预案；对作业人员应进行电气安全知识教育，掌握相应电气安全知识，才能上岗作业；作业用工具、劳动防护用品应符合有关要求。

学习目标

1. 知识目标

（1）掌握远离带电部分的作业的概念，熟悉其安全风险点。

（2）掌握远离带电作业的基本知识。

（3）熟悉接触网远离带电部分作业联系用语。

2. 能力目标

（1）熟悉远离带电部分的作业的安全措施设置。

（2）掌握远离带电部分的作业的操作技能。

（3）具备参加接触网远离带电部分的作业的能力。

3. 素养目标

（1）培养严谨的工作态度和操作习惯。

（2）提高应急处理能力，降低事故风险。

（3）树立安全意识，提高自我保护能力。

9.1 知识准备

接地电阻测量是供电工作人员必须掌握的技能之一,也是远离带电部分的作业常进行的项目。例如《普速铁路接触网运行维修规则》第六十八条规定,每12个月检查1次避雷装置(雷雨季节前,含接地电阻测量);第一百七十四条中规定,27.5 kV电缆、开关、避雷器、架空地线接地电阻值不应大于10 Ω,零散的接触网支柱接地电阻值不应大于30 Ω。牵引变电所、电力检修规则中也有类似规定。这里以ZC-8型系列接地电阻测试仪为例介绍接地电阻的测量。

接地电阻表

9.1.1.1 概述

ZC-8型系列模拟式接地电阻表功能全、准确度高,操作方便可靠,自带发电机,适合野外使用。可用于测量各种电力系统、电气设备、通信铁塔、高层建筑等接地系统的接地电阻,还可以测量低电阻导体的电阻值及土壤的电阻率,如图9-1所示。

9.1.1.2 规格、性能及技术指标

(1)ZC-8型系列接地电阻表规格见表9-1。

(2)使用温湿度:温度 -20 ~ +40 ℃;相对湿度≤80%。

(3)检验温湿度:温度(23 ± 5)℃;相对湿度≤75%。

(4)摇柄额定转速:120 r/min。

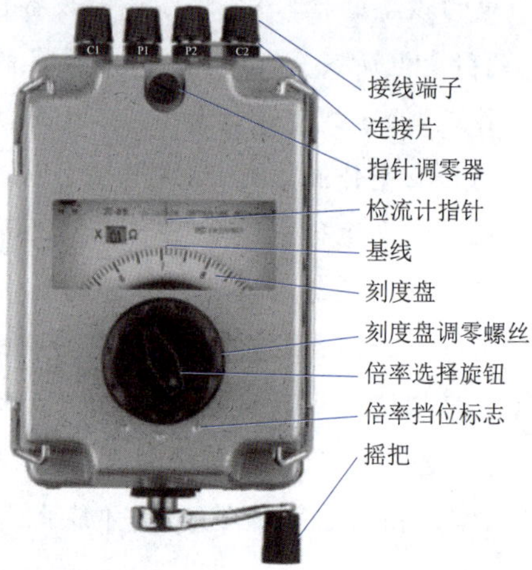

图9-1 ZC-8型系列模拟式接地电阻表

表9-1 接地电阻测量仪的规格

型号	测量范围/Ω	最小分度/Ω	辅助接地电阻/Ω	准确度/%
1 000 Ω	0 ~ 10	0.1	≤1 000	3
	0 ~ 100	1	≤2 000	3
	0 ~ 1 000	10	≤5 000	3
100 Ω	0 ~ 1	0.01	≤500	3
	0 ~ 10	0.1	≤1 000	3
	0 ~ 100	1	≤2 000	3

(5)倾斜影响:仪表向任何一方倾斜5°时,其指示值的改变量不超过准确度的50%。

(6)外磁场影响:当外界磁场强度为0.4 kA/m时,仪表指示值的改变量不超过准确度的100%。

(7)绝缘电阻:在常温常湿下不小于30 MΩ。

(8)绝缘强度:线路与外壳之间的绝缘能承受 50 Hz 的正弦波交流电压 1 kV 历时 1 min。

(9)外形尺寸:170 mm×110 mm×164 mm。

(10)质量:约4.0 kg(包括接地电阻表1台,辅助探棒2根,导线5 m、20 m、40 m各1根)。

9.1.1.3　接地电阻表结构、工作原理和使用

1. ZC-8 型接地电阻表的主要结构

ZC-8 型接地电阻表由手摇发电机、电流互感器、滑线电位器及检流计等组成。全部机构装在箱体内,辅助探棒及导线等装于背包内,携带极为方便。当手摇发电机以 120 r/min 以上的速度转动时,可产生交流电压供仪表内部电路使用。

2. 接地电阻表的工作原理

接地电阻表一般需要借助两个辅助电极:一个用于注入电流,称为电流电极;另一个用于取样电压,称为电压电极。如图 9-2 所示,用手摇发电机产生的交流电源的电压施加在 C 电极与 E 电极之间,测试这时流过的交流电流 I;用交流电压计测试电流流通的 P 电极与 E 电极间的电压 U;用这个电流和电压即可求得 E 电极的接地电阻 $R_x = U/I$。

如果电流源的负载能力很大,电流电极的接地电阻不影响测量结果;如果取样电压端的输入阻抗很大,则电压电极的接地电阻不影响测量结果。

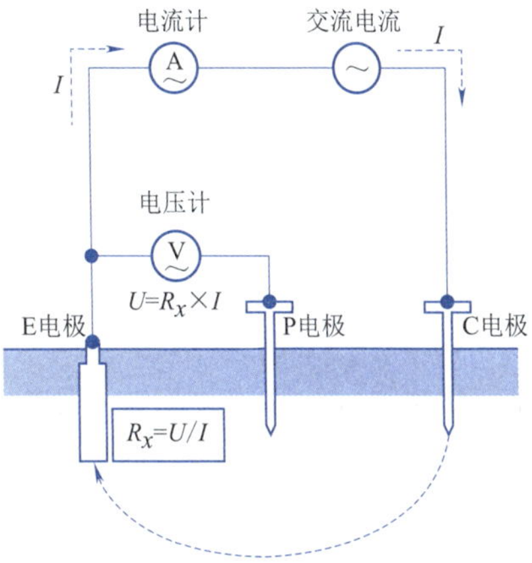

图 9-2　接地电阻表的工作原理

3. 接地电阻表的接线和使用

(1)ZC-8 型接地电阻表有四端钮仪表和三端钮仪表两种结构外形,按照所提供的接地电阻表端钮不同选择正确的接线形式,如图 9-3 所示。沿被测接地极 E′使电位探针 P′和电流探针 C′依直线彼此相距 20 m,且电位探针 P′插于接地极 E′和电流探针 C′之间。

(2)用导线将 E′、P′和 C′与仪表相应的端钮相连接。

(3)将仪表放置水平位置,检查检流计是否指在中心线上,否则可用调零器将其调整至中心线。

(4)将“倍率开关”置于最大倍数,慢慢转动发电机摇柄,同时旋转“测量标度盘”使检流计指针指于中心线。

(5)当检流计的指针接近平衡时,加快发电机摇柄的转速,使其达到 120 r/min 以上,调整测量标度盘使指针指于中心线上。

(6)如“测量标度盘”的读数小于 1 时,应将“倍率标度”置于较小倍率,再重新调整“测量标度盘”以得到正确读数。

(7)用“测量标度盘”的读数乘以“倍率标度”盘的倍数即为所测的接地电阻值。例如“测量标度盘”读数为 0.6,“倍率标度”倍数是 10,则被测的接地电阻是 6 Ω。为了保证所测接地电阻值的可靠,应改变方位重新进行复测。取几次测得值的平均值作为接地体的接地电阻。

(8)清理场地,工具材料摆放有序。

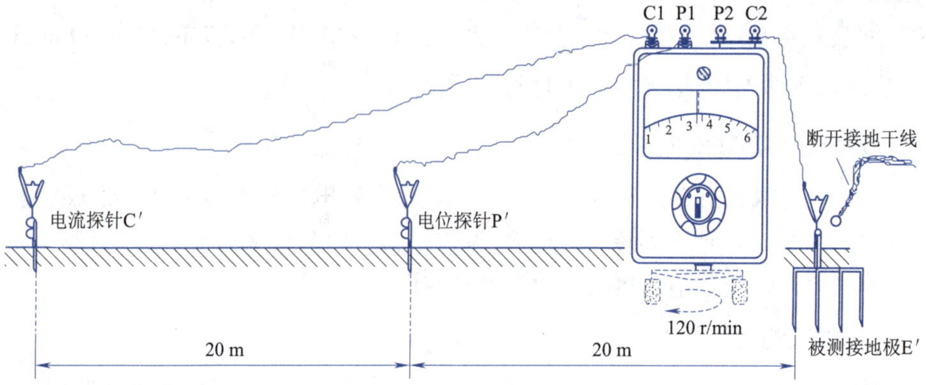

(a) 四端钮仪表接线

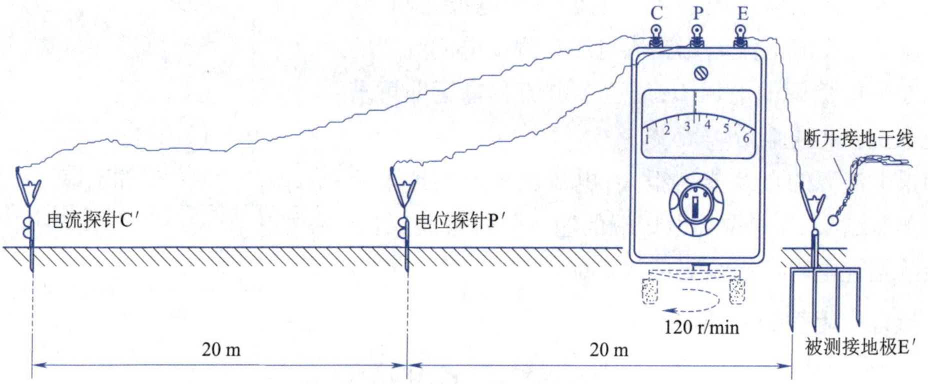

(b) 三端钮仪表接线

图9-3 接地电阻的测量

使用注意事项:

(1)当检流计的灵敏度过高时,应将插入土壤中的二极探棒浅一些,当检流计的灵敏度过低时,可沿探棒注水使其湿润。

(2)当大地干扰信号较强时,可以适当改变手摇发电机的转速提高抗干扰能力,以获得平稳读数。

(3)当接地极E′和电流探针C′之间的距离大于40 m时,电位探针P′的位置可插在离开E′与C′中间直线几米以外,其测量误差可忽略不计。当接地极E′和电流探针C′之间的距离小于40 m时,则应将电位探针P′插于E′与C′的直线中间。

(4)当测量接地电阻小于1 Ω时,选择ZC-8型(0~100 Ω)的接地电阻表把倍率开关置于最小挡(×0.1)挡,将C2和P2间的连接片打开,增加一根5 m(0.75 mm^2)的导线,分别连接到被测接地体上,以消除测量时连接导线电阻而产生的误差。

4. 接地电阻测量仪的运输与保管

(1)仪表运输及使用时应小心轻放避免剧烈、长期的振动,以防表头、轴尖和轴承中的宝石受损而影响仪表的准确度。

(2)仪表在不使用时应放于固定的柜内,环境气温不宜太冷或太热,切忌放于污秽、潮湿的地面上,并避免置于含腐蚀作用的空气(如酸、碱等蒸汽)之中。

9.2　接触网远离作业联系用语

这里以接触网步行巡视及支柱基础整治项目来说明。接触网步行巡视及支柱基础整治不需要向供电调度申请作业命令,由工长或工作领导人安排好工作任务后即可展开工作,但作业过程中要做好行车防护。

9.2.1　临线有车通过信息通报

钱乙:赵甲,钱乙呼叫,××站上行(下行)××道[或××—××区间上(下)行]××次列车接近,及时下道避让列车。

赵甲:××站上行(下行)××道[或××—××区间上(下)行]××××次列车接近,及时下道避让列车,赵甲明白。

(当作业组成员、机具、材料全部下道后,工作领导人及时通知行车防护人)

赵甲:钱乙,赵甲呼叫,作业组人员、机具全部下道,列车正常通过。

钱乙:作业组人员、机具全部下道,列车正常通过,钱乙明白。

(当在较大车站作业时,行车防护人员向工作领导人通报调车信息)

钱乙:赵甲,钱乙呼叫,××站上行(下行)有调车作业,通过××道、××号道岔,进××道停车(或通过),请注意避让。

赵甲:××站上行(下行)有调车作业,通过××道、××号道岔,进××道停车(或通过),注意避让,赵甲明白。

9.2.2　变更作业地点

赵甲:钱乙,赵甲呼叫,作业组××站上行(下行)××道××号支柱作业任务已完成,现转移至上行(下行)××道作业。

钱乙:作业组××站上行(下行)××道××号支柱作业任务已完成,现转移至上行(下行)××道××号支柱作业,钱乙明白。

9.3　技能训练——测量接地电阻

9.3.1　训练目的

(1)了解接地电阻仪的工作原理和操作要领。

(2)掌握接地电阻的测量方法。

(3)掌握接触网远离作业的人员组织要求。

(4)熟悉接触网远离作业工具、材料的准备。

(5)掌握接触网远离作业安全措施的设置要求。

(6)掌握远离作业过程中的联控用语。

9.3.2 人员组织和训练用工具、材料

1. 人员组织

接地电阻测量技能训练人员准备见表9-2。

表9-2 人员准备

序号	岗位	人数	备注
1	监护人	1人	兼行车防护人
2	测量操作人	1人	

2. 工具、材料准备

技能训练参与人员穿戴好个人劳动保护用品,按照表9-3准备好需要的安全工具、材料。

表9-3 训练用安全工具、材料

序号	名称	规格或型号	单位	数量	备注
1	接地电阻测量仪	ZC-8型系列	把	1	
2	锤子	—	把	1	将接地极打入地下
3	接地极	—	根	2	即电流探针、电位探针
4	记录本	—	本	1	记录接地电阻值

9.3.3 训练内容及操作步骤

接地电阻是电流由接地装置流入大地再经大地流向另一接地体或向远处扩散所遇到的电阻。接地电阻值体现电气装置与"地"接触的良好程度和反映接地网的规模。通过对接地电阻的测量和评估,可以保障人身安全,提高用电设备运行质量和减少故障损失,这对于电力牵引供电系统的安全稳定运行至关重要。分派的工作任务是使用ZC-8型接地电阻表测量某铁路线路区间接触网避雷器接地装置的接地电阻,请按照知识准备中的相关知识按步骤操作完成。

9.3.4 项目考评

经过项目训练后,熟练掌握接地电阻测量的操作要领,并限时进行训练考核评定。考核评分标准见表9-4。

表 9-4　接地电阻测量操作考核评分参考

项目	配分	评分标准	减分标准	存在问题	减分	得分
工具材料	10	工具齐全	不齐全每件扣 5 分			
		选用材料正确	不正确扣 10 分			
时间	10	8 min 内完成	每超过 1 min 扣 3 分,超过 15 min 为失格			
质量	50	将仪表放平、调零,使指针指在中心 0 位	未放平、未调零扣 10 分			
		金属接地棒打入大地要稳固结实,确保接地良好	金属棒打入大地不稳固,每处扣 5 分			
		将仪表的 E 端子与接地体连接,将仪表的 P 端子与 20 m 处的金属棒连接,将仪表的 C 端子与 40 m 处的金属棒连接	端子每接错 1 处扣 5 分			
		匀速摇发电机手柄	速度不均匀扣 5 分			
		准确读数	不准确扣 10 分			
安全	30	作业过程中人员不得受伤	受伤为失格			
		按规定穿戴好劳保用品	未按规定穿戴好劳保用品,每件扣 10 分			
		按规定正确使用工具	未按规定使用工具每次扣 2 分			

9.4　项目拓展

9.4.1　牵引变电所远离带电部分作业的规定

1. 牵引变电所远离带电部分作业项目

当作业人员与高压设备带电部分之间的距离等于或大于表 8-4 规定数值时,允许不停电在高压设备上进行下列作业:

(1)清扫外壳,更换整修附件(如油位指示器等),更换硅胶,整修基础等。

(2)补油。

(3)取油样。

(4)能保证人身安全和设备安全运行的简单作业。

2. 远离带电部分作业安全规定

牵引变电所内进行远离带电部分的作业时,必须遵守下列规定:

(1)作业人员在任何情况下与带电部分之间必须保持规定的安全距离。

(2)作业人员和监护人员的安全等级不得低于二级。

(3)在高压设备外壳上作业时,作业前要先检查设备的接地必须完好。

9.4.2　接触网远离作业规定

视频
远离带电部分作业

接触网远离作业，即远离接触网带电部分的作业，指在距接触网带电部分1 m及其以外的处所进行的作业。

1. 接触网远离作业项目

常见的接触网远离作业项目包括距带电部分1 m及其以外的高空作业、较复杂的地面作业（如安装或更换火花间隙和地线、开挖支柱基坑）、未接触带电设备的测量等，如图9-4所示。开展接触网远离作业要开具接触网第三种工作票。

（a）地线检修　　（b）基坑开挖　　（c）接触网参数测量

图9-4　常见接触网远离作业

典型案例 9-1

某施工队在线路改迁工作中，对新建的1号杆塔基础开挖时，当坑深挖到1.8 m后，挖坑作业人员杨×在坑内休息，不慎被坑口堆积的土石回落砸伤。

案例分析：

在超过1.5 m深的基坑内作业，为防止回落土石伤人，抛土时坑内工作人员应戴安全帽，亦应特别注意基坑塌方对人造成的伤害。作业人员严禁在坑内休息，防止土石回落或基坑坍塌，造成人身伤害。

2. 接触网远离作业安全监护的规定

接触网作业中，作业人员及所携带的物件、作业工器具等与接触网带电部分距离小于3 m的远离作业，每个作业地点均要设有专人监护，其安全等级不低于四级。

9.4.3　铁路电力邻近带电作业和不停电的作业

1. 铁路电力邻近带电作业项目

铁路电力邻近带电作业系指变配电所内停电作业处所附近还有一部分高压设备未停电；停电作业线路与另一带电线路交叉跨越、平行接近，安全距离不够者；两回线以上同杆架设的线路，在一回线上停电作业，而另一回线仍带电者；在带电杆塔上刷油、除鸟巢、紧杆塔螺丝等的作业。

典型案例 9-2

某供电局安装队在进行0.22 kV低压线路紧线过程中，未采取防止导线、地线产生跳动的相关安全措施，导线弹跳到与之交叉跨越的带电10 kV高压线路某村支路C相上，造成正在拉线的8名民工触电，其中6人死亡、2人重伤。

案例分析：

作业中，由于导线、地线展放过程中张力的不均衡会产生振幅较大的跳动，接近或触碰上层带电线路，无法满足安全距离的要求，造成作业人员触电伤害。

2. 邻近带电作业安全规定

(1)在变、配电设备上进行邻近带电作业，作业组员不超过三人，且无偶然触及带电设备可能时工作执行人可参加具体工作。

(2)在全部停电作业和邻近带电作业，必须完成下列安全措施：

①停电。

②检电。

③接地封线。

④悬挂标示牌及装设防护物。

上述措施由配电值班员执行。对无人值班的电力设备(包括电线路)，由工作执行人指定工作许可人执行。

典型案例 9-3

6月9日，供电所某电力运行工区，按照检修计划对车辆段院内车间变电所进行检修，执行工作票10-0608号，工作执行人张×，盯岗干部曹×。停电范围：车辆段变电室西侧进线隔离开关至车辆段变电室1～5号高压柜及低压线路末端；作业范围：车辆段变电室1～5号高压柜至低压线路末端。8点45分停电安全措施采取完毕，8点50分宣布开工。

按照当天工作分工，高压间内共有三名作业人员，祝×负责清扫1～5号高压柜母排；孙×负责更换高压柜指示灯泡及检修上部隔离开关；李×负责处理2号、3号柜接点。祝×由5号柜登上柜顶，往1号柜方向清扫高压母排。9点20分左右，祝×清扫完高压母排，在1号柜北侧下高压柜时，左手不慎碰到带电的高压进线隔离开关静触头，触电坠落，头东南、脚西北方向倒在1号柜前地面上。在场其他作业人员将祝×急送医院医治，经医生检查诊断为："电击伤、多发软组织损伤"，造成轻伤事故。

案例分析：

电力工祝×自我保护能力不强，思想麻痹大意，违反作业标准，在清扫完1～5号柜高压母排后，没有按原路线返回至5号柜，盲目在1号柜下柜，超出停电作业范围，不慎触及高压带电部位，违章作业是造成触电伤害事故的直接原因。

祝×清扫1号柜时，活动范围距带电的高压进线隔离开关静触头仅1 m左右，尽管设置了接地封线，但邻近带电作业没有专人进行监护；祝×违章作业，超出停电范围和封线范围从1号柜下柜无人提示，造成触电坠落，无专人监护，是造成触电伤害事故的重要原因。

盯岗干部安全监控不力，虽有形式上的干部盯岗，却没有严格落实干部盯岗的责任，盯岗干部自身责任意识不强、定位不准，用顶岗作业代替盯岗监控；在开始作业时也作过安全提示，但作业开始后便投入维修作业中，没有对安全关键进行监控。对安全关键作业失控负有直接责任。是造成触电伤害事故的另一个的重要原因。

(3)在带电线路杆塔上工作（即邻近带电作业时），应遵守下列规定

①在带电杆塔上刷油，除鸟巢，紧杆塔螺钉，查看金具、瓷瓶更换外灯保险和灯泡等作业人员活动范围及其所携带工具、材料等，与带电导线间的最小安全距离不得小于表7-7的规定。

②在电力线路上作业时，不得同时触及同杆架设的两条及以上带电低压线路。

③工作人员使用安全腰带，风力不大于五级，并有专人监护。

(4)停电检修线路与其他带电线路交叉时，应遵守下列规定：

①工作人员的活动范围与另一回带电线路间的最小安全距离不得小于表7-7的规定，否则另一回线亦应停电并接地。

②停电检修线路与另一回带电线路的距离虽大于安全距离，如果作业过程中仍有可能接近带电导线在安全距离以内时，作业导线、绞车或牵引工具必须接地。

③在交叉档撤线、架线、调整弛度只有停电线路在带电线路下面时才能进行。但必须采取防止导线跳动、滑跑或过牵引而与带电导线接近的措施。

④停电检修线路在另一回带电线路上面，而又必须在该线路不停电的情况下进行调整弛度、更换瓷瓶等工作时，必须使检修线路导线、牵引绳索等与带电线路导线之间有足够的安全距离、并采取防止导线脱落、滑跑的后备保护措施。

⑤停电检修线路走廊或径路附近与另一回杆塔结构相同的线路平行接近时，各杆塔下面作好标志，设专人监护，以防误登杆塔。

典型案例 9-4

4月29日，供电所为配合升压工程，新架设一条10 kV的电线路“红铁线”，在架设中跨越一条380 V的农电线路（已全部停电），刘×在拉着线条跨越农电线路时，造成农电本点下压，190.2 m处的低压线升高，触及跨越此线路并交叉跨越距离只有0.47 m的“红九线”，造成接地放电，致使刘×触电死亡。

案例分析：

供电局线路“红九线”与农电线路交叉跨越距离不能达到国家电网公司《电力安全工作规程（线路部分）》中规定的安全距离。

(5)在同杆架设的多回线路上进行邻近带电作业时，应按下列规定进行：

①工作人员在作业过程中与带电导线间的最小安全距离不得小于表7-7的规定。

②登杆和作业时每基杆塔都应设专人监护，风力应在五级以下。严禁在杆塔上卷绑线。

③应使用绝缘绳传递工具、材料。如上层线路停电作业时，在传递过程中要有防止工具、材料构成下层导线短路的措施。

④下层线路带电，上层线路停电作业时，不准进行撤线和架线工作。

⑤当穿越带电的低压联络线对已停电的自动闭塞高压导线进行作业时，填用停电作业工

作票，但在应采取措施栏内，注明穿越低压带电导线和符合低压带电作业条件的安全措施。

（6）在合架于接触网支柱上的低压电力线上工作时，应遵守下列规定：

①电力线路检修时，应充分利用接触网检修“天窗”，必要时可办理接触网停电手续。

②在接触网带电的情况下进行电力线路检修时，工作人员的活动范围与接触网之间的安全距离不小于 1 m。

③应在电力线路作业区段两端加挂接地封线。

（7）砍伐树木时，应遵守下列规定：

①在线路带电情况下，砍伐靠近导线的树木时，工作负责人应向工作人员说明线路有电。工作人员不得使树木和绳索接触导线。

上树砍剪树枝时，工作人员不应攀抓脆弱和枯死的树枝，应站在坚固的树干上，系好安全带，面对线路方向，并应保持表 7-7 的安全距离。

②为防止树木（枝）倒落在导线上，应用绳索将被砍剪的树枝拉向与导线相反的方向。绳索应有足够的长度和强度，砍剪树枝应有专人防护，防止打伤行人。树枝接触高压带电导线时，严禁用手直接去取。

3. 不停电的作业

不停电的作业，系指本身不需要停电和没有偶然触及带电部分的作业。如更换绑桩、涂写杆号牌、修剪树枝、更换灯泡、检修外灯伞等的作业。

综合练习

练 习

项目 9
综合练习

答 案

项目 9
综合练习答案

项目10
作业防护

项目引言

牵引变电所和铁路电力设备检修的作业防护一般只需采取“悬挂标示牌和装设防护物”等防护措施，而接触网设备的施工和维修是在铁路线路上进行。按照铁路施工维修、上道作业(即在铁路线路上作业)劳动安全管理要求，上道作业必须按规定设置驻站联络员、现场防护员；驻站联络员和现场防护员必须持证上岗，同时还应具备相应专业的上岗资格。所以接触网作业(无论停电作业、间接带电作业，还是远离作业)都必须设置驻站联络防护、作业现场防护等防护措施。作为防护员，要熟悉有关行车知识和防护要求，熟悉防护用品及通信工具的使用方法；熟悉各种行车防护信号的显示方法(如移动停车信号牌、信号灯、防护旗、各种手信号等)；熟悉应急情况下拦车的有关规定。

学习目标

1. 知识目标

(1)熟悉接触网检修作业防护的概念。

(2)熟悉铁路上道作业的安全风险。

(3)熟悉驻站联络员、现场防护员的工作要求。

(4)掌握各种行车防护信号的知识。

2. 能力目标

(1)掌握各种行车防护信号的显示方法。

(2)具备接触网检修驻站联络防护、作业现场防护的能力。

(3)具备正确传递接触网作业防护信息的能力。

3. 素养目标

(1)培养作业防护人员的安全意识和操作技能。

(2)培养良好的工作态度和职业素养，遵守工作纪律和操作规程。

(3)培养爱岗敬业、忠于职守的职业操守。

10.1 知识准备

接触网设备检修全过程的沟通联络是保障安全的关键,如何保证各种信息能够准确无误地传递是关键中的关键。铁路线路上信息传递方式是多样的,大体上可划分为面对面直接对话沟通、信号沟通和无线电沟通传递几种。

铁路信号是指示列车运行及调车作业的命令,行车有关人员必须严格执行,铁路信号分为视觉信号和听觉信号。色灯、信号旗、火炬等属于视觉信号,响墩、号角、口笛发出的音响和机车、自轮运转特种设备的鸣笛声属于听觉信号。对讲机是常采用的无线电沟通工具。铁路供电部门作业区防护中常选择信号旗、信号灯、各种手信号和对讲机等进行信息传递。

10.1.1 信号灯、信号旗

铁路信号灯、信号旗为视觉信号,如图10-1所示。红色灯光、红色旗表示停车,黄色灯光、黄色旗表示注意或降低速度,绿色灯光表示按规定速度运行。它们是指示列车运行和调车作业的命令,有关行车人员必须严格执行、正确显示,例如显示停车信号时昼间展开红色旗,夜间用红色灯光。

视觉信号从使用时机上分为昼间、夜间及昼夜通用信号。在昼间遇降雾、暴风雨雪及其他情况,致使停车信号显示距离不足1 000 m,注意或减速信号显示距离不足400 m,调车信号及调车手信号显示距离不足200 m时,应使用夜间信号。

隧道内只采用夜间或昼夜通用信号。

(a) (b) (c)

图10-1 铁路信号灯和信号旗

10.1.2 移动停车信号牌和移动停车信号灯

移动停车信号牌又称防护红牌(简称红牌),是昼间在铁路线路上进行铁路行车设备检修时的行车防护用品,指示车辆不得进入红牌防护区域。移动停车信号牌是表面有反光材料的红色方牌,红牌反光等级不低于国标二级,红牌单面涂红,清洁无污,背面为灰色。设置红牌防护时红牌面向作业区反方向设置,灰白色朝向作业区,如图10-2所示。

夜间及在隧道中进行铁路行车设备检修时使用移动停车信号灯(柱上红色灯光)。

(a)　　　　(b)

图 10-2　移动停车信号

10.1.3　手信号

1. 停车信号

封锁的线路上停电检修接触网时,非电力牵引的列车及重型轨道车等仍可能在运行,邻线的列车也可能因进路错排而误入作业区段,此时需要行车防护人员显示停车信号阻止列车闯入作业区。

昼间——展开的红色信号旗。无红色信号旗时,两臂高举头上向两侧急剧摇动,如图 10-3(a)所示。

夜间——红色灯光。无红色灯光时,用白色灯光上下急剧摇动,如图 10-3(b)所示。

(a) 昼间停车信号　　　　(b) 夜间停车信号

图 10-3　停车信号

2. 升降弓手信号

(1)降弓

发现接触网故障,需要机车临时降弓通过时,发现的人员应在规定地点显示降弓手信号,提醒机车乘务员降下受电弓,惰行通过接触网故障区段。显示降弓信号人员与故障点的距离由机务部门提供,应能保证机车(或动车组)及时在故障地点前降下受电弓。一般要求列车运行速度 120 km/h 以下区段,显示手信号地点在距降弓地段前方 50 m 处;列车运行 120 km/h 及其以上区段,显示手信号地点在距降弓地段前方 200 m 处。

昼间——左臂垂直高举,右臂前伸并左右水平重复摇动,如图 10-4(a)所示。

夜间——白色灯光上下左右重复摇动，如图 10-4(b)所示。

(2)升弓

列车通过接触网故障点后，显示人员应显示升弓手信号，提醒机车乘务员升起受电弓，恢复正常行驶。

昼间——左臂垂直高举，右臂前伸并上下重复摇动，如图 10-4(c)所示。

夜间——白色灯光作圆形转动，如图 10-4(d)所示。

(a) 昼间降弓信号　(b) 夜间降弓信号　(c) 昼间升弓信号　(d) 夜间升弓信号

图 10-4　降弓、升弓手信号

10.1.4　响墩、火炬信号

响墩、火炬信号都是紧急铁路信号装置，一般在铁路线路发生灾害故障、列车在区间发生事故，以及其他紧急情况下被迫临时停车时使用。响墩爆炸声及火炬信号的火光，均要求列车紧急停车，如图 10-5、图 10-6 所示。

(a)　(b)

图 10-5　响墩

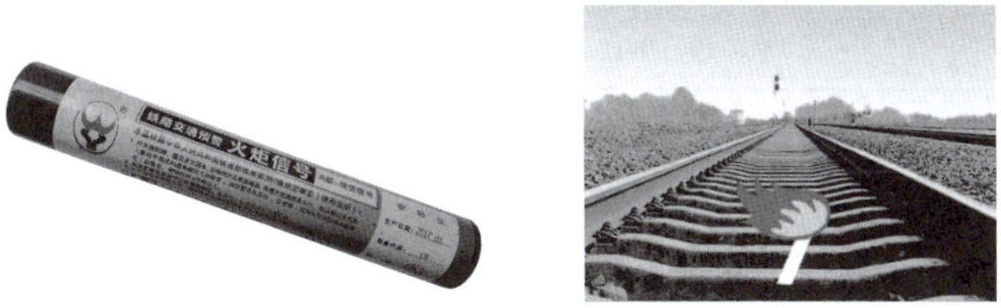

(a)　(b)

图 10-6　火炬

响墩是铁路听觉示警信号专用器材，红色的铁壳里装有火药，外形酷似“飞碟”。新式响墩底部镶有强力磁铁，轻轻一放就可以紧紧吸附在钢轨上。响墩主要成分为黑色炸药，通过火车碾爆产生巨响，以提醒司机紧急停车。响墩设置每组三枚，其中两枚扣在来车方向的左侧钢轨上，一枚扣在右侧钢轨上；其次彼此间隔 20 m，如图 10-7 所示。

火炬是视觉信号。使用时首先检查是否完好,然后取下火炬保护塑料筒、擦皮盖和擦皮,用擦皮与火药头迅速滑擦,直到火炬燃烧。最后将燃烧的火炬(磁铁型可吸置在钢轨上,脚叉型则插入道砟中)朝向来车方向点燃,可发出强烈红色光亮,要求开来列车见到火光立即停车。火炬作为铁路交通预警信号,在狂风暴雨中仍能继续燃烧,夜间在一公里以外也能可见红光。

图 10-7　响墩设置

响墩、火炬信号的试验、保管的要求:

使用中的响墩、火炬,每次使用前检查外观状态,有无破损、损坏等;检查是否超出使用寿命期;检查火炬是否完整,是否受潮;引火是否完好,固定是否良好。备用的响墩、火炬信号必须分别标明收到的年、月、日,并注明试验日期。每年3、4月份,由使用单位对保管的响墩、火炬按批次进行抽样检查试验,注明试验日期。在抽检中发现不良的响墩和火炬时,该批次应立即更换。内部短路铜线电阻值不大于0.06 Ω,使用电阻计量检测设备每年检定一次,并标注检测合格标识。

响墩、火炬与信号旗等一样,曾经都是列车运行中必不可少的示警工具。不过随着铁路通信信号技术不断升级,现在响墩、火炬已经很少用到了,偶尔会用在抢险应急演练上。有不少刚上车学习的副司机,会在毫不知情的情况下被"安排"轧一次响墩,突如其来"惊吓"让他们终生难忘,也帮助他们牢固树立安全行车理念,用责任托起旅客沉甸甸的信任。

响墩与火炬使用注意事项

(1)使用响墩时,应利用响墩底部磁铁(或将响墩扣环伸开),牢固地扣在钢轨面上;试验响墩时,可利用单机、调车机车或自轮运转特种设备,并事先通知司机及有关人员注意。

(2)使用插入式火炬信号时,应使信号体与地面成45°夹角,信号体的上端面向防护方向;点燃火炬时,不得对向他人或自己面部,以免烧伤。

10.1.5　口笛和号角

口笛、号角能发出听觉信号,长声为3 s,短声为1 s,音响间隔为1 s。重复鸣示时,须间隔5 s以上。口笛、号角鸣示方式见表10-1。

表10-1　口笛、号角鸣示方式

用途及时机	鸣示方式	
发车、指示机车向显示人反方向移动	一长声	—
指示机车向显示人方向移动	一短一长声	·—
试验制动机减压	一短声	·
试验制动机缓解	二短声	··
试验制动机结束及安全信号	一短一长二短声	·—··
一道	一短声	·
二道	二短声	··
三道	三短声	···
四道	四短声	····

续上表

用途及时机	鸣示方式	
五道	五短声	· · · · ·
六道	一长一短声	—·
七道	一长二短声	—· ·
八道	一长三短声	—· · ·
九道	一长四短声	—· · · ·
十道	二长声	——
二十道	二短二长声	· ·——
十、五、三车距离信号:十车	三短声	· · ·
十、五、三车距离信号:五车	二短声	· ·
十、五、三车距离信号:三车	一短声	·
连结及停留车位置	一长一短一长声	—·—
停车	连续短声	· · · · · · · · · ·
要求司机鸣笛	二长三短声	——· · ·
试拉	一短声	·
减速	连续二短声	· · · ·
溜放	三长声	———
取消	二长一短声	——·
再显示	二长二短声	——· ·
列车接近通报信号:上行	二长声	——
列车接近通报信号:下行	一长声	—

10.1.6 无线对讲设备和GSM-R手持终端

1. 无线对讲设备

无线对讲设备包括对讲机、无线车载移动设备、无线固定设备等。

无线对讲设备是一种一点对多点进行通信的终端设备,可使许多人同时彼此交流。无线电对讲机体积小、重量轻、功率小,适合于手持或袋装,便于设备检修工作人员随身携带,通信距离在无遮挡的开阔地带时一般可达到5 km以上,适合设备检修的各种场合下近距离通信联系。无线车载移动设备、无线固定设备与对讲机相比功能上是相同的,只是它们体积较大、重量较重,不便于随身携带,但功率大,通信距离可达到20 km以上。无线车载移动设备一般配置在接触网检修作业车、接触网检测车等自轮运转设备上,无线固定设备一般配置在供电段生产调度监控中心。

和其他通信方式相比,对讲机通信方式在处理紧急突发事件、进行调度指挥,以及需要集体协作的工作中,其作用是其他通信工具所不能替代的。相当部分铁路线路在茫茫荒野或者崇山隧道穿行,这些地段没有公共移动通信网络,而对讲机可以在不需要任何网络支持情况下通话的特点,更适用于铁路线路上进行接触网设备检修这种相对固定且频繁通话的场合。对讲机通信如图10-8所示。

无线电对讲机使用时以按键控制收和发的转换,当按下发射控制键时,发射处于工作状态,接收处于不工作状态,可以把自己的话语发送出去;反之,松开发射按键时,发射处于不工作状态,接收处于工作状态,能够听到接受半径范围内的通话内容。

图 10-8　对讲机通信

无线电对讲机只限于生产作业时使用,不得用无线电对讲机联系与生产无关的事情,不准随意借用。无线电对讲机的使用频率按中国国家铁路集团有限公司、各铁路局集团有限公司频率规划设置,不得擅自更换频率、改变用途,严禁擅自对无线电对讲机增加或改动收发频道。

2. GSM-R 手持终端

GSM-R 标准源于欧洲,是国际铁路联盟(UIC)和欧洲电信标准协会(ETSI)借鉴成熟的 GSM 标准内容,为欧洲铁路无线移动通信开发的新一代数字制的铁路指挥调度通信系统。与公网 GSM 相比,增加了相应的铁路专用调度通信功能,当列车速度高达 500 km/h(310 英里每小时)时,也不会丢失任何通信。2004 年,铁道部正式采用 GSM-R 标准作为我国新一代铁路无线通信国家标准。GSM-R 手持终端包括手持终端、SIM 卡和 SIM 卡数据,目前只在 GSM-R 区段配备。

GSM-R 手持终端属于数字无线通信系统、铁路内部网络移动终端,是专门为满足铁路通信运营和管理需求而开发的数字无线通信系统,可用于语音和数据传输并支持组呼叫以及电话拜访优先性等功能。GSM-R 信号超强,在隧道或其他普通手机没有信号的地方,也能保证正常通信。

在铁路区间作业的供电、水电、工务、信号、通信、桥梁守护等部门的内部通信,均可以使用 GSM-R 作业手持台,作业人员在需要时可与车站值班员、各部门调度员或自动电话用户联系。紧急情况下,作业人员还可以呼叫司机,与司机建立通话联络。

当发生自然灾害或突发事件等影响铁路运输的紧急情况时,在突发事件现场与救援中心之间,以及现场内部采用 GSM-R 通信系统,能够建立语音、图像、数据通信传输系统,加快紧急事件处理进度,GSM-R 手持终端如图 10-9 所示。

图 10-9　GSM-R 手持终端

10.2 技能训练

10.2.1 训练目的

(1)了解作业区防护的相关知识。

(2)掌握停车手信号的显示。

(3)掌握降弓、升弓手信号的显示及其显示位置要求。

(4)熟悉信号灯、信号旗的使用知识。

10.2.2 人员组织和训练用工具、材料

1. 人员组织

显示降弓、升弓信号及停车信号技能训练人员准备见表 10-2。

表 10-2 降弓、升弓信号及停车信号人员组织

序号	岗位	人数	备注
1	作业人	1 人	显示信号
2	监护人	1 人	安全监护

2. 工具

技能训练参与人员穿戴好个人劳动保护用品,按照表 10-3 准备好需要的安全工具、材料。

表 10-3 安全工具、材料

序号	名称	规格或型号	单位	数量	备注
1	信号旗	红色	面	1	昼间,停车信号用
2	信号灯	红色	台	1	夜间,停车信号用
3	信号灯	白色	台	1	夜间降弓、升弓信号用
4	对讲机	—	台	1	通信联系

10.2.3 训练内容及操作步骤

1. 停车信号显示技能训练

某天停电检修接触网设备的过程中,一辆重型轨道车朝着接触网检修封锁区域开来,正在执行现场作业防护任务的你要立即行动起来执行正确的操作。

(1)选择正确的站位。

(2)徒手或者手持相关工具,目视前方,按照要求显示相关信号。

(3)信号显示完成后清理场地,工具材料摆放有序。

2. 降弓、升弓信号显示技能训练

某铁路线路发生接触网断线事故,经抢修负责人判断,难以短时恢复到接触网正常技术状

态,决定临时处理后开通线路,申请列车以限速、降弓惰行方式通过故障地点,等待线路空闲时另行申请时间组织彻底恢复。由于抢修组出动匆忙,未携带降弓标和升弓标,你需要在降弓标和升弓标送来之前,立即行动起来执行正确的操作。

(1)选择正确的站位。

(2)徒手或者手持相关工具,目视前方,按照要求显示相关信号。

(3)信号显示完成后清理场地,工具材料摆放有序。

10.2.4 项目考评

经过项目训练后,熟练掌握停车手信号的显示和降弓、升弓手信号操作,并限时进行训练考核评定。考核评分标准见表10-4。

表10-4 降弓、升弓信号及停车信号显示考核评分参考

项目	配分	评分标准	减分标准	存在问题	减分	得分
工具材料	10	个人工具齐全	不齐全每件扣5分			
		选择材料正确	不正确扣10分			
时间	10	3 min内完成	每超过1 min扣3分,超过5 min为失格			
质量	50	人员根据列车运行方向选择正确站位	错误扣10分			
		手势正确	不规范每次扣5分,错误扣40分			
		汇报列车运行情况	未汇报扣10分			
安全	30	作业过程中人员不得受伤	受伤为失格			
		按规定穿戴好劳保用品	未按规定穿戴好劳保用品、每件扣10分			
		按规定正确使用工具	未按规定使用工具每次扣2分			

10.3 项目拓展

10.3.1 作业防护的意义

《铁路技术管理规程》规定,在区间或站内线路、道岔上封锁施工作业时,施工单位在车站行车室设驻站联络员,施工地点设现场防护人员。驻站联络员和现场防护人员应由指定的、经过考试合格的人员担任。施工负责人可指派驻站联络员负责在车站办理施工封锁及开通手续,向施工负责人传达调度命令,通报列车运行情况,并向车站值班员传达开通线路请求。驻站联络员和现场防护人员在执行防护任务时,应佩戴标志,携带通信设备;现场防护人员还应携带必备的防护用品,随时观察施工现场和列车运行情况。发现异常情况时及时通报车站值班员和施工负责人。

驻站联络员应与现场防护人员保持联系,如联系中断,现场防护人员应立即通知施工负责人停止作业,必要时将线路恢复到准许放行列车的条件。

接触网检修时的现场防护员通常设置在接触网作业区两端，作业范围较长时也会在作业区中部增设防护员。停电作业时，现场防护人由验电接地的监护人兼任，也就是说验电接地操作的安全监护人在操作人完成接触网接地以后至接触网作业结束前还需要在作业区两端行使行车防护职责。

驻站联络员和现场防护员的职责是保护所有作业人员的安全，是现场工作的重要防线和坚固壁垒，只参与作业过程的行车安全监督和信息反馈，不会分派具体的检修任务。

典型案例 10-1

7 月 16 日 8 时 30 分，某供电段下属接触网工区职工在某线路上行区间 34 号杆进行接触网参数测量时，人员背对来车方向作业，下行通过的货车声音淹没了上行开来的 K1 × × 次客车的鸣笛声。当作业人员发现时，K1 × × 次客车已到眼前，作业人员急忙下道，刘 × 由于手持测量工具，下道迟了一步，被列车气浪冲倒在道砟上，造成轻伤。

案例分析：

在作业人员中没有指定防护人员，其余人员也没有起到防护的责任。在邻线来车时，作业人员应停止作业或加强安全监控，而现场没有任何防护措施，且还是背向来车方向，这是造成此次事故的主要原因。

典型案例 10-2

6 月 4 日 5 时 18 分，某工务段下属某线路车间在 A 站至 B 站间下行线进行线路机械维修作业，因捣固稳定车临时故障，作业负责人在组织作业人员转场跨越铁路线路时，跨线人员与 K5 × × 次旅客列车发生相撞，造成 9 人死亡。

按照维修计划，此次维修作业共有两台捣固稳定车配合作业，分别从 K361 + 850、K364 + 500 开始自东向西进行机械维修作业。

6 月 4 日 2 时 54 分，车间副主任张 × 作为作业负责人，组织车间参与作业人员召开维修作业准备会，部署维修作业组织方案和人员分工，共有多名工务段职工参与 K361 + 850 处机械维修作业，指定周 × 为带班人员。因作业地段处于曲线和通信不良地段，将负责作业人员防护的防护员调整为中间防护员，将负责应急组的防护员调整为负责作业人员防护的防护员。

6 月 4 日 4 时 20 分，按照工务段驻站联络员登记请求，A 站车站值班员向列车调度员申请，列车调度员发布调度命令，自接令时起封锁 A 站至 B 站间下行线，准许工务段在 K360 + 000 至 K368 + 000 处进行线路机械维修作业，限 7 时 22 分维修完毕。

6 月 4 日 4 时 38 分，作业负责人张 × 带领作业人员从 K361 + 900 上行线一侧作业门进入防护网，跨越上下行线，沿路肩行走到 K361 + 850 作业地点。

6 月 4 日 4 时 48 分，捣固稳定车按作业计划从 A 站运行至 K361 + 850 处开始作业。

6 月 4 日 5 时 04 分，捣固稳定车发生蓄能器漏油故障，无法继续作业。

6 月 4 日 5 时 09 分，驻站联络员通知现场防护员，K5 × × 次旅客列车 A 站预告，05 时 10 分通过 A 站。

6 月 4 日 5 时 15 分，捣固稳定车作业现场防护员王 × 两次确认收到 K5 × × 次旅客列车接近信息。

6月4日5时16分，确认捣固稳定车故障无法修复，不能继续作业。作业负责人张×下达作业人员向K364+500处作业地点转移指令，安排带班人员周×带领15名作业人员跨越上下行线，从K361+900作业门出防护网乘汽车前往K364+500处参与作业，指定原跟随捣固稳定车移动防护的防护员王×负责转场跨线作业人员防护。之后，防护员王×、带班人员周×带领15名作业人员走到故障捣固稳定车东侧5 m位置（K361+820处）路肩上。准备跨越线路期间，作业负责人张×3次催促跨线。

6月4日5时18分，负责作业人员防护的王×仍在与中间防护员联控K5××次旅客列车位置，在中间防护员没有应答的情况下，没有下达禁止跨线的指令，没有阻止人员跨线。带班人员周×在没有确认有无列车通过的情况下，盲目组织跨线人员跨线。由于瞭望视线被故障捣固稳定车阻挡，跨线人员跨越线路前未看到接近的K5××次旅客列车，在跨越上行线过程中，与通过的K5××次旅客列车相撞，9名作业人员当场死亡，3名作业人员已跨越通过上行线，另3名作业人员被带班人员周×阻拦在上下行线路间。

案例分析：

维修作业过程中，捣固稳定车发生故障，作业人员在转场跨线过程中，有关人员盲目指挥、联控不彻底、现场防护失效、违章跨越线路是事故发生的直接原因。

带班人员周×违反《普速铁路工务安全规则》"通过桥梁、道口或横越线路时，应'手比、眼看、口呼'，做到'一停、二看、三通过'，严禁抢越线路""严禁未确认本线或邻线来车，盲目跨越线路""在作业人员上道及跨线前应选择瞭望条件良好地点跨线"等规定，在带领作业人员跨越线路时，没有确认有无列车通过，违章盲目带领作业人员跨越线路。

现场防护员王×违反"防护员在作业时应集中精力，认真瞭望，正确显示和使用信号备品，准确掌握列车运行情况，及时、清晰地向所有作业负责人和带班人员通知开向作业地点的各次列车的预告、开车时分，监督作业人员（机具）及时下道避车"等规定，在明知×××列车接近、再次联控未得到答复并确认安全的情况下，没有下达禁止跨线的指令，没有阻止跨线人员跨越线路。

作业负责人张×违反《铁路营业线施工安全管理办法》"施工负责人的主要职责是负责施工现场的组织指挥工作，指挥现场施工、安排施工防护，确认放行列车条件；负责总结分析施工组织、进度和安全等情况，对施工现场的安全负责"等规定，没有布置跨越线路安全注意事项，不遵守现场防护规定，盲目催促转场人员跨越线路。

10.3.2 接触网安全工作规则中关于作业区防护的规定

1.《普速铁路接触网安全工作规则》中关于作业区防护的规定

视 频

接触网作业区防护

（1）进行接触网施工或维修作业时，应在车站（机务段、机务折返段、机车检修段、车辆段等）行车室设联络员，施工及维修地点设现场防护人员。要求如下：

①联络员和现场防护人员应由指定的、安全等级不低于三级人员担任。

②在车站行车室设联络员时，区间作业，联络员设在该区间相邻车站的行车室；车站作业，联络员设在本站行车室。在机务（折返）段、机车检修段、车辆段内进行作业时，应根据现场情况，联络员可设在机务（折返）段、机车检修段、车

辆段行车室或车站行车室。

③作业区段按照规定距离设置(一般区间作业时作业区两端800 m设专职行车防护人员,站内作业时作业区两端50 m设专职行车防护人员)现场防护人员,防护人员担当行车防护同时可负责监护接触网停电接地线状态。防护人员不得侵入机车车辆限界。

(2)接触网施工维修作业防护按照《铁路技术管理规程》相关规定执行。接触网维修作业,现场防护人员应站在维修地点附近且瞭望条件较好的地点进行防护,显示停车信号。

(3)在双线区段、枢纽站场进行作业时,现场防护员除按规定做好本线防护外,还应监视邻线列车运行情况并及时报告工作领导人。

(4)作业过程中,联络员、现场防护人员与工作领导人之间必须保持通信畅通并定时联系,确认通信良好。一旦联控通信中断,工作领导人应立即命令所有作业人员下道,撤至安全地带。

不同作业组分别作业时,不准共用现场防护人员。在未设好防护前不得开始作业,在人员、机具未撤至安全地点前不准撤除防护。

2. 高速铁路设备故障防护区规定

高速铁路中当设备发生故障,需在双线区间的一线上道检查、处理设备故障时,本线应封锁、邻线列车限速160 km/h及以下,并设置行车防护。设备管理单位应在“行车设备检查登记簿”内登记,提出本线封锁、邻线列车限速160 km/h及以下的申请,在得到列车调度员(车站值班员)签认后,方可上道作业,本线、邻线可不设置防护信号。司机应加强瞭望。

典型案例 10-4

8月3日,接触网检修工作领导人甲带领1个作业组在某区间1号至38号支柱间停电进行车梯巡检。1号与38号支柱间有6个隧道。14号隧道较长,处于曲线上,两隧道口不能通视。15号隧道较短。

作业组巡检到16号隧道第10悬挂点时,看到由15号隧道方向开来一辆重型轨道车。抬车梯下道已经来不及了,众人只好放下车梯跑开。大部分人有经验,沿限界外向来车方向跑,而只有乙和丙顺着轨道车开行方向跑,轨道车撞上了车梯后,车梯框架坠落将乙的小腿砸断。车梯的主架一段被撞飞后打断了丙的胳膊。车梯上2名操作人员丁、戊,发现轨道车开来时,立即爬上承力横杆和绝缘子串上,丁反应较快没受任何损伤。戊反应慢一些,被车梯框架划破左脚出血。

案例分析:

该事故主要因防护人员遇突发变故处置不当酿成。14~15号隧道间设了一位行车防护员,虽然14号隧道是曲线看不见车来,但能听见声音。防护员注意力不集中,来车时未听见声音。看见车来后又十分慌张,不是迎着轨道车给红旗拦车,而是拼命地向作业组所在的15号隧道跑,通知作业组。但人是跑不过轨道车的,事故就这样发生了。

防护人员在防护时一定要精力集中,遇事不要紧张,头脑保持冷静。如这次事故,防护员如果不是跑向作业组,而是迎着轨道车施以红旗拦车,事故可能会避免。

发现列车来时,车梯又来不及下道,作业组人员应赶快下道,在限界外迎着列车来的方向规避,离车梯停放点越远越好,若与列车同方向跑着规避,列车撞挂车梯后会伤及人员。

3. 接触网检修过程中驻站联络员、现场防护人员要求

(1)具备基本的行车知识,熟悉有关行车防护知识,联络员还应熟悉行车室有关设备显示。

(2)熟悉有关防护工具、通信工具的使用方法及各种防护信号的显示方法,每次出工前应检查通信工具状态良好,行车防护用品携带齐全、有效。

(3)作业期间坚守岗位,精力集中,及时、准确、清晰地传递行车信息和信号,作业未销记前,不得擅离工作岗位。

(4)不得影响其他线路上列车正常运行。

典型案例 10-5

7时30分,某铁路线某次货物列车以72 km/h速度运行至A区间K132+200处,司机发现运行前方的轨道线路道心有一名穿防护服的人员,立即采取紧急停车措施,并连续鸣笛警示。在制动停车过程中,该人下道并显示了红灯信号,列车7时31分停于区间K132+686处,7时48分恢复行车。经调查,显示红灯人员为擅自提前进入线路并违章在道心行走的作业人员。

案例分析:

该作业人员为供电段接触网小修作业验电接地监护人员,在尚未接到工作领导人通知的情况下,主观臆测天窗作业给点时间接近,擅自提前进入线路,影响到未封锁线路上的列车正常运行,且违反规定在轨道线路道心行走,发现列车接近匆忙下道后又错误地向司机显示红灯,是造成事故的直接原因。

10.3.3 驻站联络防护

1. 对驻站联络防护的要求

(1)驻站联络员现场防护应由经过培训、考试合格的人员(安全等级达到三级及以上)担当。

(2)施工封锁前40 min须到达控制施工区段安全的车站运转室(信号楼),并向车站签到,登记施工单位、姓名、到达时间、联系电话、作业内容等,严格按规定在“行车设备施工登记簿”(运统-46)上分别办理登记。

(3)驻站联络员与现场防护员要随时保持通信状态,掌握施工现场和列车运行情况,做好邻线通过列车时的安全防护,把控重点,掌握好施工准备情况、人员机具、安全措施落实情况。

(4)时刻与施工负责人保持联系;发现施工存在问题、需要协调解决的事项等异常时,及时通知车站值班员和施工负责人或工作领导人。

典型案例 10-6

某供电段接触网工区计划执行09-08号接触网第三种工作票,工作内容为使用测杆进行接触网间接带电测量作业,工作领导人为工区副工长。

14时25分到达现场开始测量作业,当日作业最后一个测量点为K165+500处073号接触网支柱。17时35分工作领导人带领测量人员到达K165+500支柱处,为抢时间、

赶进度，在未和驻站联络员、现场防护员联系的情况下擅自指挥两名作业人员上道测量。

17 时 39 分列车接近，现场行车防护员使用对讲机向工作领导人通报列车运行情况时，发现没有回音（事后调查当日作业未携带对讲机备用电池。至事发时已作业 3 小时14 分钟，对讲机电量已不足）。17 时 40 分列车司机发现线路上有人，在距离测量地点 200 m 处采取紧急制动，测量人员在慌忙中跳下股道，挂在接触线上的绝缘测杆被列车撞飞。17 时 41 分列车越过测量地点 400 m 处停车，构成铁路交通一般 D 类事故。

案例分析：

此次事故的主要原因之一是工作领导人岗位职责不落实，简化作业程序，在没和驻站联络员、现场防护员通过呼唤应答的方式确认防护到位的情况下违章指挥两名接触网工上线测量。测量过程中工作领导人、驻站联络员、现场防护员之间没有定时联系，确认通话良好。

后续整改：一是事故发生后，铁路局集团公司供电管理部门配备了一批激光测量仪，进一步优化接触网测量作业方式，将使用测杆接触式测量改为非接触式测量。使用激光测量仪作业，不但降低劳动强度，提高了作业效率，还便于下道避车。二是研发列车接近无线防护预警系统，该防护系统全天候运行，为各单位上线作业人员实时提供列车运行准确位置和动态，并发出语音预警提示上线作业人员按规定距离及时下道避车。三是事故单位给现场防护员、驻站联络员和工作领导人配备了一批具有自动语音报警提示功能的对讲机，该对讲机每隔 3 min 发出声音报警，提醒驻站联络员和现场防护员及工作领导人之间相互联系。四是对上线作业防护办法进行了修订，规定上线作业需携带备用电池。明确工作领导人、驻站联络员、现场防护员的岗位职责，作业过程中每隔 3 ~ 5 min 必须联系一次，联系中断立即停止作业，并组织人员下道。

2. 到达驻站点时应向供电调度、车站值班员（列车调度）汇报的内容

（1）向车站签到；记录到达车站运转室的时间。

（2）向供电调度报到，汇报作业组成员及待命情况；作业地点的天气情况。

（3）与供电调度核对作业内容及作业地点（区间、杆号或隧道内定位号、公里标）、需停电牵引变电所及馈线、作业的安全措施等情况。

（4）向车站申请登记“行车设备施工登记簿”（运统-46），说明须封锁区间或站场占用股道，以及检修作业车运行及时间等情况；填好后与车站值班员确认。

3. 驻站防护的基本工作内容

（1）熟悉各种通信工具、信号显示的使用；掌握相关专业的防护及信号知识，能监控车站控制台的显示。

（2）熟悉本专业各项作业形式，清楚本次作业地点、范围、内容、防护措施；掌握本次作业车辆、车梯运行计划及范围。熟悉本专业各种工作票、命令票及相关记录簿等的填写格式。

（3）熟悉管内线路、站场运行线路，清楚本次作业防护员姓名、防护地点；接地线位置（支柱号、公里标），以及本次作业地点。

（4）在编组站、区段站，确认使用“行车限制卡片”办理施工登记和下达调度命令；中间站

确认供电臂停电里程、办理施工登记和下达调度命令。

（5）确认车站办理接触网停电（含使用隔离开关停电）或检修后，须在控制台有关按钮上揭示“区间停电”标示牌或线路“停电”安全帽。机务段（折返所/段）亦应揭示、悬挂相应的标示牌。

（6）确认实际停电范围与作业范围相符；及时向施工负责人传递各种命令；配合或多个单位作业时，及时报告各项情况。

（7）随时掌握列车运行情况。邻线通过列车时，及时通知现场防护员及工作领导人。

（8）出现突发事件时，能及时、准确地处理，并通知相关负责人，及时做好信息反馈。

（9）认真履行职责、坚守岗位。如有事确需短时离开，须经工作领导人同意，并与车站值班员取得联系的情况下，方可短时离开。

4. 驻站防护要令程序

（1）提前（一般40 min以上）到控制施工区段的车站运转室，向车站值班员签到，核对当天作业施工计划。

（2）向供电调度汇报作业组到达待命情况。

（3）向车站申请施工封锁或占用，填写“行车设备施工登记簿”，需说明所用时间。

（4）等待接令，并向工作领导人汇报驻站防护及要令情况，汇报相邻区段是否有其他单位、部门的施工及情况。

（5）接令：

①接供电调度发布停电命令，共同核对作业内容及作业范围、地点、时间；停电牵引变电所及停电馈线、停电范围。

②接列车调度发布命令，与车站值班员核对封锁区间或站场占用的范围（公里标）、封锁时间、返回时间、命令编号、发布人、签章人、施工主体单位及车次与车号相符。

③与停电的牵引变电所值班员核实停电牵引变及馈线；与施工负责人或跟班安全员共同确认。

（6）向工作领导人传达列车调度、供电调度发布命令内容，并核对。

（7）坚守驻站防护，将运转室控制台上反映的行车事项，或其他单位、部门在相邻区段的施工情况，及时通报工作领导人及现场防护员，并向工作领导人提醒停电、封锁剩余时间。

（8）消除命令：

①与工作领导人核对施工封线、设备、行车等防护已撤除，人员、机具已集中撤出；设备已送电具备行车条件；人员、机具（含车辆）是否正常返回。

②向供电调度申请本次作业已完成，请求消除本次作业命令。

③向车站值班员申请完成填写“行车设备施工登记簿”，解除本次作业封锁或占用命令；与车站值班员确认并签字消令；确认车站值班员与列车调度是否办理好消除封锁或占用手续。

（9）向工作领导人汇报本次施工作业消除封锁、停电时间情况，并与工作领导人确认驻站防护事项；得到工作领导人同意后方可离开。

10.3.4 现场作业防护

10.3.4.1 现场防护人员岗位条件与职责

现场防护人员岗位条件与职责包括以下内容：

（1）从事本工种工作三年以上且在班组管内工作不少于一年，经过考试评定安全等级达到三级及以上，取得《行车防护人员上岗合格证》方准从事行车防护工作。

（2）熟悉有关行车知识和防护要求，熟悉防护用品及通信工具的使用方法，每次出工前检查确认防护用品、通信工具等用具齐全、完好。

（3）熟悉各种行车防护信号的显示方法（含防护红牌、防护灯、防护旗、防护手信号等）、熟悉应急情况下拦车的有关规定。

（4）及时、准确、清晰地发出或传递行车信息和信号，列车来临前，按规定及时提醒工作领导人组织作业组人员、作业机具和材料下道或避让。

（5）执行任务时，要坚守岗位，思想集中，与作业组保持可靠联系，认真、及时、准确地进行联系和显示各种信号；一旦中断联系，须立即用手机等其他方式设法通知工作领导人停止作业、并将人员、机具、材料撤离到行车限界以外。

（6）熟悉本次作业时段、作业区段内列车的运行时刻；熟悉作业处所的地形和瞭望条件。遇有山区、隧道、曲线作业，以及雨雪雾天气瞭望条件不好，或者通讯联系距离较远联系不畅时，应视瞭望和通信情况在作业组两端增设防护人员，确保瞭望及时、防护到位。

（7）执行防护任务时，应按规定穿戴劳保用品，穿橘红色防护服，佩戴防护员证，携带对讲机，红、黄信号旗（夜间为信号灯），根据工作需要携带区间电话、防护喇叭、红牌等。现场防护员应随作业组提前到达现场，在与工作领导人（驻站联络员）联系无误、得到许可后开始实施现场行车防护。防护联系不可靠，严禁进入防护网内开始作业；作业人员、作业机具和材料未撤至可靠安全地带前，不准撤除行车防护。

（8）凡从事可能影响列车正常运行的作业，作业组两端必须根据作业内容需要设置现场防护人员，防护人员不得侵入未封锁线路的行车限界。区间作业时，站在本线行车限界外的田野侧，面向非作业方向；站内作业时，站在本线田野侧，面向非作业方向，不得侵入非作业线路行车限界。

（9）对作业时间、作业区段内确需外单位施工车辆、路用列车或调车通过作业区段时，必须在作业区两端按规定距离设置专人持旗（夜间持灯）进行现场行车防护。

（10）现场防护人员在作业前按表 10-5 准备工作防护用品。

表 10-5　工作防护用品表

序号	名称	单位	数量	备注
1	现场防护员臂章	个	1	
2	岗位培训合格证书	本	1	
3	对讲机（GSM-R 手持终端）	台	1	
4	区间电话	个	1	视具体作业情况
5	红色、黄色防护旗	套	1	昼间
6	双色信号灯	盏	1	夜间或隧道内
7	橙红色反光防护服	件	1	

10.3.4.2　现场防护程序

接触网作业现场防护包括封锁上道作业和不封锁线路上道作业两种情况。

1. 封锁上道作业

(1)根据分工要求,现场防护人员到达指定防护地点后,及时向工作领导人汇报。

(2)站在列车前进方向的左侧,保持3 m以上限界(速度大于160 km/h区段需保持3.3 m以上限界),且不影响瞭望。

(3)时刻与工作领导人间保持联系,随时注意接收作业组传来的信号,注意监视本线和邻线有无列车向作业组开来;在未得到作业组清理就绪的信号,发现本线来车时,展开红旗(夜间或隧道内红色信号灯)拦停来车。

(4)作业结束后,按工作领导人要求返回作业组。

2. 不封锁线路上道作业

(1)根据分工要求,现场防护人员到达指定防护地点后,及时向工作领导人汇报。

(2)作业开始后,面对可能来车方向站立,保持3 m以上限界(速度大于160 km/h区段需保持3.3 m以上限界),且不影响瞭望。

(3)时刻与工作领导人保持联系,得知前方或邻线来车信号后,立即通知作业人员下道避让列车。

(4)特殊情况联系不上作业组成员或收到作业组成员来不及下道的信息时,果断展开红旗(夜间红色信号灯)拦停列车。

(5)作业结束后,按工作领导人要求返回作业组。

10.3.5 接触网停电作业现场防护

验电接地操作完成后,验电接地监护人即转变身份为现场行车防护人,需要按照图10-10中规定的行车防护办法执行行车防护职责。

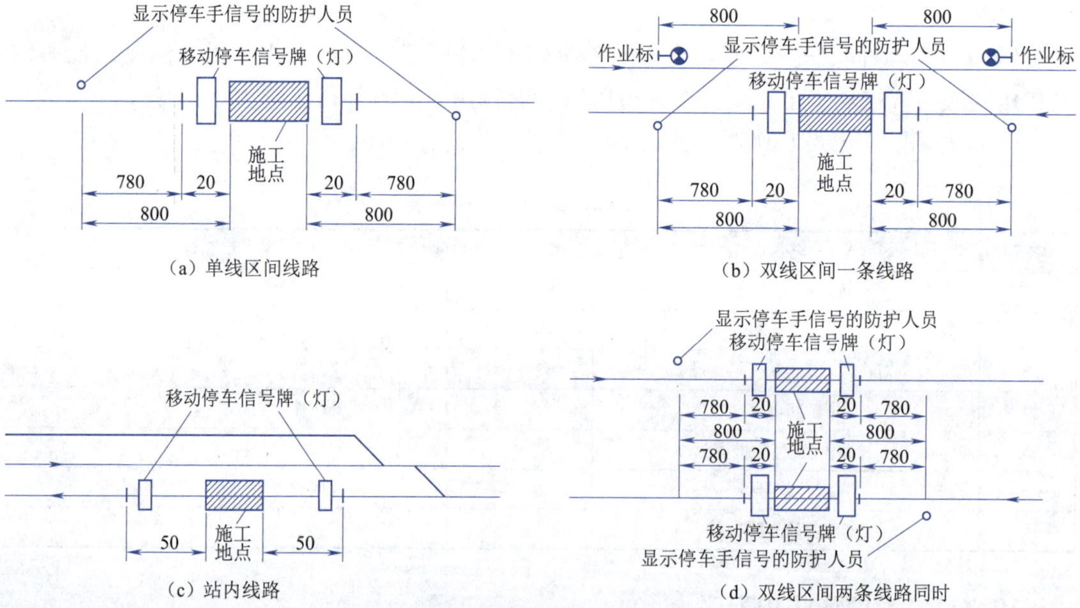

图10-10 接触网检修作业行车防护(单位:m)

10.3.6　非接触网停电作业现场防护

非接触网停电作业主要指:配合施工、间接带电作业清除网上异物、接触网步行巡视、上道测量等不需要接触网停电的作业。

非接触网停电作业现场防护除按《铁路技术管理规程》规定的防护要求设置驻站联络防护人员外,现场作业还在作业组两端外 50 m 内各设置 1 名行车防护员持旗(夜间持灯)进行来车方向防护,按规定携带防护用品,及时预告本线、邻线来车情况,督促作业组人员、作业机具和材料避让到安全地带。

10.3.6.1　配合施工防护

配合施工防护执行以下安全规定:

(1)配合立交顶进、防护棚搭建、上跨桥等临近营业线施工无须停电和检测设备的施工配合时,配合人员应穿黄色防护服,原则上不准侵入行车建筑限界。确需上道观察设备的,应按规定设好驻站和现场双防护,确认无车后方可上道观察设备,观察完毕立即下道。

(2)配合大机捣固、清筛、换轨、更换道岔等需测量设备参数和上道检查设备的配合施工,现场每个配合组应设专职防护人员 1 名,随配合人员开展移动防护并不得参与作业。

(3)配合外单位进行停电施工作业时,作业组接地线工作由接触网工区负责。有接触网作业的,接触网工区负责设现场防护员;无接触网作业的,行车防护工作由施工主体单位承担。

10.3.6.2　清除网上异物作业防护

清除网上异物作业防护执行以下安全规定:

(1)应在作业地点两端外、50 m 内各设置 1 名行车防护员,受地形限制时应根据需要设置远端防护员。

(2)现场防护员接到驻站联络员通报本线或邻线有列车通过时,要及时通知清除网上异物人员提前下道至安全地带避让列车。

(3)上道打冰作业行车防护、清除鸟窝行车防护可按照清除网上异物作业行车防护的有关规定做好行车防护。

10.3.6.3　接触网步行巡视作业防护

接触网步行巡视作业防护执行以下安全规定:

(1)应在巡视现场设现场防护员。

(2)现场巡视人员至少携带两台对讲机,分别与驻站联络员联系和监听车机联控信息,随时掌握来车情况,及时通报行车信息。

(3)在隧道、桥梁等区段巡视设备时,当收到本线或邻线有列车的通知时,要及时通知巡视人员到避车台避让列车。

(4)在设备巡视过程中,现场防护人员不得侵入行车建筑限界。如确需上道或跨越股道时,应及时与驻站联络员联系,确认无车后进行,完毕后应立即下道。

10.3.6.4　上道测量作业防护

上道测量作业防护执行以下安全规定:

(1)上道测量作业项目包括利用激光道尺、绝缘杆测量接触网参数和分相磁性轨枕检测等。

(2)除按《铁路技术管理规程》规定的防护要求设置驻站联络防护人员外,还应在作业地点两端外50 m内各设置1名行车防护员进行现场防护。

(3)在站场测量时，现场防护人员要随着测量人员的移动进行移动防护，防护距离不得大于50 m，且能监控到进入测量区域的相关道岔。

(4)现场防护员接到驻站联络员通报本线或邻线有列车通过时，要及时通知、监督测量人员提前下道至安全地带避让列车。

(5)在桥梁、隧道等区段测量时，现场防护员要确认避车台(洞)的位置。当本线或邻线有列车通过时，测量人员要提前到避车台避让列车。

(6)在瞭望条件不良的隧道、曲线区段、有障碍物区段测量时，现场防护员应选择瞭望条件好的地点进行防护，必要时增设中间防护人员，随时将列车运行情况通报测量人员及时避让列车。

10.3.6.5 其他上道作业防护

开挖、回填基坑(包括锚坑、支柱坑、接地极沟，下同)，浇筑基础、埋设接地极、测量接地电阻、在非带电部分检调、安装保安装置、标志、设备号码、参数牌，在站区检修电力设备、整修站台照明时，应遵循以下安全防护原则：

(1)作业组作业地点两端按规定距离各设置专职行车防护员1名，作业期间加强沟通联系，现场防护及作业人员严禁侵入行车限界。开挖基坑时，列车通过前需提前到坑外躲避。

(2)基坑开挖完成，在未回填前需设置警示标志，即在开挖基坑坑口外一米范围处设置反光防护带(1.2 m高)，并不得侵入建筑限界，以避免人员、物体坠落造成的伤害。

(3)作业期间及时通报行车信息，做到作业不结束，防护不间断。

10.3.7 “行车设备施工登记簿”信息填写

“行车设备施工登记簿”填写样表见表10-6。

1. “行车设备施工登记簿”填写基本要求

(1)施工登记前，由施工单位指定的驻站联络员负责登记、销记时，应向车站值班员提交“施工登销记委托书”，综合维修、紧急修和故障修时无须提交。持“施工登销记委托书”(样式见图10-11)履行登记、销记职责的驻站联络员在“行车设备施工登记簿”“施工负责人”项目栏签认时，均填记“施工负责人”单位及姓名，并在“备注”栏内注明“驻站联络员”单位及姓名。

施工登销记委托书

______车站：

______段______车间（工区）将于____年___月___日___时

___分至___日___时___分，在______线______________区间（站）

___km___m___至___km___m___处，进行____________施工。

施工负责人______职务______特指派驻站联络员______

代替施工登销记和签名。

________段（公章）

____年___月___日

图10-11 “施工登销记委托书”

运统-46（施工）

表 10-6 行车设备施工登记簿

请求施工（慢行及封锁）登记					承认施工	施工后开通检查确认、销记		施工开通	备注
本月施工编号	施工项目	月日时分	（1）影响使用范围（需要的慢行或封锁条件）。 （2）施工负责人签名时分。 （3）设备单位检查人签名。 （4）车站值班员签名	所需时分	（1）命令号及发令时间。 （2）慢行及封锁起止时间。 （3）车站值班员签名。 （4）施工负责人签名	月日时分	（1）恢复使用范围和条件（开通后恢复常速确认）。 （2）施工负责人签名。 （3）设备单位检查人签名。 （4）车站值班员签名	（1）开通（恢复常速）命令号及开通时间。 （2）施工负责人签名。 （3）设备单位检查人签名。 （4）车站值班员签名	
032	新线整治	5 月 1 日 7:20	（1）根据×月×日施工日计划，××供电段在××站至××站间进行新线整治施工，请求封锁××至××区间上（下）行线，××至××间上（下）行线加开路用列车，施工完毕后返回××站。××供电臂上（下）行同时停电。 （2）施工负责人：××段×××。 （3）设备单位检查人：××段×××。 （4）车站值班员：×××	60 min	一、（1）DX-7791 号，8:00 发令。 （2）8:00 至 9:00 区间封锁。 （3）车站值班员：×××。 （4）施工负责人：××段×××。 二、（1）DX-7792 号，8:02 发令。 （2）8:02 至 9:00 停电。 （3）车站值班员：×××。 （4）施工负责人：××段×××	5 月 1 日 9:00	（1）施工完毕，57002 次已整列到达××站，请求开通××至××区间上（下）行线恢复设备正常使用，同时××供电臂上（下）行恢复供电。 （2）施工负责人：××段×××。 （3）设备单位检查人：××段×××。 （4）车站值班员：×××	一、（1）DX-7793，9:02 区间开通。 （2）施工负责人：××段×××。 （3）设备单位检查人：××段×××。 （4）车站值班员：×××。 二、（1）DX-7794，9:02 分恢复供电。 （2）施工负责人：××段×××。 （3）设备单位检查人：××段×××。 （4）车站值班员：×××	（注：如为委托登销记时，此处须注明） 驻站联络员：××段×××

(2)施工登记前,施工负责人(驻站联络员)应先预拟草稿,经车站值班员确认无误后,方可正式登记。登记、销记过程中出现错误时,一律画圈以示抹消,重新填写,禁止随意涂改、撕页、粘贴。

(3)综合型施工及综合维修中,涉及其他施工(维修)单位时,由施工(维修)主体单位负责统一登记、销记(根据现场临时请求且与施工不同步进行的配合项目由配合单位自行登记、销记)。其他单位及设备管理单位负责人确认本单位登记、销记内容正确无误后,分别在"行车设备施工登记簿"上签认本单位及姓名。

(4)车站值班员必须认真审核"行车设备施工登记簿"上所有登记、销记内容,发现与施工计划不符、超出计划范围、施工配合单位签认不齐全时,不得办理登记、销记手续。

(5)现场实际施工负责人与施工日计划公布的施工负责人不一致时,不准施工。确需变更施工负责人时,施工单位必须在施工协调会或会前提出,按规定填写"施工负责人变更通知书"(样式见图10-12),报相关业务部门审核后,交调度所施工室备案,并提交登记站,调度所施工室审核后交相关台列车调度员。

施工负责人变更通知书

一、施工单位:

二、施工项目:

三、施工等级:

四、施工地点:

五、施工日期及时间:

六、原定施工负责人:

姓名:　　　　职务:

七、现定施工负责人:

姓名:　　　　职务:

段(公章)

年　月　日

图10-12 "施工负责人变更通知书"

列车调度员根据登记站的汇报及审核后的"施工负责人变更通知书",发布相关调度命令。

(6)"施工登销记委托书"和"施工负责人变更通知书"由登记站留存备查。

2."行车设备施工登记簿"内容填记说明

(1)请求施工(慢行及封锁)登记项目

第1栏:"本月施工编号"应填记"施工日计划号或综合维修计划号"。

第2栏:"施工项目",按施工日计划中的"施工项目"内容填写;综合维修时,按主体维修单位专业填写,例如:"供电综合维修"。

第3栏:"月日时分"按实际到站联系时间填写。

第4栏:涉及影响有关行车设备使用的施工,相关设备管理单位均应在"设备单位检查人”栏签认单位及姓名。

第 5 栏:“所需时分”按施工日计划批准的时间填写。因施工组织调整“所需时分”不能超过批准时间。

(2)承认施工项目

第 6 栏:命令号及发令时间、慢行及封锁起止时间,由车站值班员根据列车调度员下达的同意施工命令逐项填记。

(3)施工后开通检查确认、销记项目

第 7 栏:“月日时分”按实际申请开通时间填写。

第 8 栏:恢复使用范围和条件(开通后恢复常速确认),由施工负责人(持书面委托书的驻站联络员)根据施工放行列车的条件如实填记恢复的范围及行车速度。综合维修结束,在调度命令规定的时间内完成,无设备变化,登记站确认所有维修单位按时开通、设备恢复正常使用、维修销记的签认正确齐全,立即向请点站汇报后,方可签字确认开通。请点站确认所有登记站维修作业结束,再向列车调度员汇报开通情况。

(4)施工开通项目

第 9 栏:车站值班员根据施工单位在施工后开通检查、销记项填记的恢复使用范围和条件及设备单位检查人的签名,向列车调度员请求开通,并将开通的调度命令号码及时间填记后即可签字确认开通。

(5)备注项目

第 10 栏:“备注”,填写各种备注情况,如:驻站联络员持有“施工登销记委托书”到车站登记、销记时,备注栏中注明:“驻站联络员:×××单位×××”。

3. 其他

(1)取消施工前慢行的组织模式,所有施工前慢行全部纳入施工点内。

(2)工务逐级提速的施工,施工后达不到应有的提速条件。施工单位以实际限速条件销记,车站值班员应报告列车调度员,按重新下达的限速调度命令执行。列车调度员重新下达限速调度命令并废止运行揭示命令,其后无论限速条件是否与运行揭示命令相符,施工单位均须销记确认限速条件,由列车调度员下达限速调度命令。

(3)水电设备施工、维修作业不影响行车设备使用、作业地点远离车站和铁路,对不停止信号、通信、客车上水等行车设备使用的水电设备施工及维修作业不需到车站办理登记、销记手续。

视野拓展

这十种精神,最能代表铁路人!

在以“人民铁路为人民”为核心的伟大铁路精神谱系中,有这样十种精神,最具时代性、先进性、代表性。

1.“二七”精神:英勇、团结、牺牲、奉献

毛主席曾这样评价:中国工人运动还是从长辛店铁路工厂开始的。1923 年 2 月,郑州铁路工人领袖高斌拉响了二七大罢工的第一声汽笛,3 小时内,南到江岸,北至长辛店,京汉铁路全线 3 万多名工人参与其中。

二七大罢工充分显示了中国工人阶级坚定的革命性、坚强的战斗力和大无畏的气概，同时孕育出了英勇、团结、牺牲、奉献的“二七”精神。

2. “毛泽东号”精神：报效祖国、忠于职守，艰苦奋斗、永当先锋

“毛泽东号”精神源于“毛泽东号”机车。诞生于1946年的“毛泽东号”机车先后跨越蒸汽、内燃、电力3个时代，经历5次机车换型，被誉为“机车领袖”“火车头中的火车头”。

13任司机长和185名机车乘务员接续奋斗，截至2021年2月底，已经实现连续安全走行1 151万km，见证着铁路发展、国家巨变。

3. “铁牛号”精神：为国分忧，艰苦奋斗

1949年2月，在“死机复活”运动中被修复的96号机车正式命名为“铁牛号”机车，寓意“铁道线上昂首奋进、苦干实干、任劳任怨的老黄牛”。

“铁牛号”机车受命于困境之时，奉命于危难之际，只要有命令就擂鼓出征，只要有任务就开足马力，只要有动力就竭尽所能，“为国分忧、艰苦奋斗”的精神，成为一代代中国铁路人爱党爱国、求实创新、开拓进取的精神写照。

4. 小东精神：一点不差，差一点也不行

小东站是中国铁路沈阳局集团有限公司高新线上的一个四等站，已经连续保持安全生产70多年。七十余载的岁月中，“一点不差，差一点也不行”的小东精神在薪火相传的实践中不断丰富发展，成为中国铁路的一面旗帜。

5. 福生庄精神：不走样

福生庄线路工区隶属于中国铁路呼和浩特局集团有限公司集宁工务段，于1948年8月成立，担负着京包铁路干线咽喉要道的养护维修任务。迄今为止，福生庄线路工区创造了70多年无事故的优异成绩，成为载入共和国铁路史册的光荣纪录。

“福生庄人的眼里不揉沙子，对标作业永远‘不走样’！”是福生庄人严守规章的誓言。

6. 成昆精神：坚守实干，创新争先

成昆铁路建成通车，与美国宇宙飞船登月苏联第一颗人造卫星上天被称为“象征20世纪人类征服自然的三大奇迹”。

50余年风雨兼程，砥砺奋进的成昆铁路成为西南地区经济社会发展的大动脉，孕育出的成昆精神更是树立起了铁路人为之骄傲、接力前行的精神丰碑。

7. “158”精神：敬业爱岗甘当螺丝钉，无私奉献甘当践行者，温暖社会甘当一团火

在“学习雷锋好榜样”热潮中诞生的南京站158雷锋服务站，自觉坚持学雷锋做好事连续半个多世纪从未间断。

他们始终秉承“以服务为宗旨，待旅客如亲人”的理念，为南来北往的旅客提供优质服务，用四代人的甘愿奉献接力传承，诠释了雷锋精神的时代内涵。

8. 巴山精神：艰苦奋斗，无私奉献，务实创新

在大巴山腹地，巴山铁路站区的铁路人无惧恶劣的自然环境，无惧艰苦的工作生活条件，秉持着“在一天就要干好一天”的信念，专心养路，把襄渝铁路地质条件最复杂、基础最薄弱、病害最严重的“担心线”养护成了“放心线”，孕育出了巴山精神，高擎起一面铁路人的精神旗帜。

9. 大秦重载精神：负重争先、勇于超越

大秦铁路西起煤都大同，东至渤海之滨，横跨桑干峡谷，穿越燕山山脉，于1988年首段开

通运营，截至2024年底累计运量突破85亿t，是国家重大民生工程。

33年来，一代代大秦铁路人不负重托、勇争一流、砥砺先行，创造出了从无到有、由弱到强的骄人业绩，铸就了“负重争先、勇于超越”的大秦重载精神。

10. 青藏铁路精神：挑战极限、勇创一流

2006年7月1日，跨越世界屋脊的青藏铁路开通。面对极端恶劣的自然环境，青藏铁路人以不畏艰险的英雄气概和求真务实的科学态度，以惊人的毅力和勇气战胜了各种难以想象的困难，谱写了人类铁路发展史上的辉煌篇章。

在把青藏铁路建设和运营成为世界一流高原铁路的过程中凝聚而成的“挑战极限，勇创一流”的青藏铁路精神，是青藏铁路人扎根高原、无私奉献群体形象的真实写照。

一条条蜿蜒的铁路，印刻着中国铁路人忘我奋斗的坚实足迹、历久弥坚的红色基因，在铁路改革发展新征程中代代相传！

1. 提问思考

请课后线上自学新时代铁路榜样人物系列视频，感受榜样身上的工匠精神，感受铁路人精益求精、专注创新的职业精神，思考为什么“铁路人”就是要有不怕苦、不怕累、勤勤恳恳、乐于奉献的铁路精神？

2. 分享讨论

“是谁领导着中国铁路革命建设？是什么让中国铁路取得了辉煌的成就？”请分享交流对此的心得和体会。

综合练习

练习

项目10
综合练习

答案

项目10
综合练习答案

项目11 试验和测量

项目引言

电气试验和测量的主要目的是验证电气设备的各种性能是否符合国家规定的交接标准及厂家的技术条件，找出各种可能影响设备正常运行的缺陷并予以克服，为接收单位提供可靠、准确的试验数据，以便接收单位在预防性试验，以及日常运行中能够进行分析和比较，从而保证设备的正常运转。

铁路供电系统的安全运行，直接关系到供电、用电的安全，例如“运行维修规则”规定，新建(牵引)变电所、配电所、接触网、电力线路等在投运前，必须对所有电气设备按国家及相关标准进行交接性试验；同时，对于使用中的电气设备，应定期测定其绝缘电阻；对于各种接地装置，应定期测定其接地电阻；对于安全用具、避雷器、变压器油及其他一些保护电器，也应定期检查、测定或进行耐压试验等，以保证设备安全和工作人员的作业安全。

学习目标

1. 知识目标

(1)熟悉牵引变电所、接触网、电力线路设备试验常见危险点。

(2)熟悉各种试验和测量工具的工作原理。

(3)掌握牵引变电所、接触网、电力线路设备试验和测量的安全规定。

2. 能力目标

(1)掌握各种试验和测量工具的操作方法。

(2)具备使用激光接触网检测仪测量接触网参数的能力。

(3)具备参加工器具耐压试验作业的能力。

3. 素养目标

(1)理解试验和测量的定义、目的和意义，以及它们在铁路供电系统中的重要地位。

(2)培养独立思考和解决问题的能力，能够根据具体问题进行分析和解决。

(3)培养严谨的科学态度，树立科学的世界观和方法论。

11.1 知识准备

典型案例 11-1

某电力公司全年共烧毁变压器32台，这32台大部分都是一个厂家生产的，通过大量吊芯及油样取样检查，发现有80%的变压器油样中含有水分；再仔细分析，发现该型变压器的油枕的注油管的密封性不好。当降水时，管道上长期积水，水再渗透到变压器油中，经年累月，变压器油含水量不断增加，从而使绝缘油性能降低，造成变压器烧毁。通过试验测量及设备质量分析，电力公司采取一系列措施：一是每年对配变油样进行取样检测，发现指标不合格时，及时更换变换器油；二是在油枕的注油管上套上铁碗，避免油管与水的接触。在将该型变压器全部安上铁碗后，变压器未再发生烧毁情况。从本典型案例中可以看出试验和测量对于供电设备安全运行的重要性。

11.1.1 牵引变电所试验和测量工作规定

11.1.1.1 高压试验

《牵引变电所安全工作规程》中关于“高压试验”的规定包括下列内容：

(1)当进行电气设备的高压试验时，工作领导人的安全等级不得低于三级。在作业地点的周围要设围栅，围栅上悬挂“止步，高压危险！”的标示牌（标示牌要面向作业场地外方），并派人看守。

若被试设备较长时（如电缆），在距离操作人较远的另一端还应派专人看守。

因试验需要临时拆除设备引线时，在拆线前应作好标记，试验完毕恢复后要仔细检查确认连接正确，方可投入运行。

(2)在一个电气连接部分内，同时只允许一个作业组且在一项设备上进行高压试验。

必要时，在同一个连接部分内检修和试验工作可以同时进行，作业时必须遵守下列规定：

①在高压试验与检修作业之间要有明显的断开点，且要根据试验电压的大小和被检修设备的电压等级保持足够的安全距离。

②在断开点的检修作业侧装设接地线，高压试验侧悬挂“止步，高压危险！”的标示牌，标示牌要面向检修作业地点。

(3)试验装置的金属外壳要装设接地线，高压引线应尽量缩短，必要时用绝缘物支持牢固。试验装置的电源开关应使用有明显断开点的双极开关。

试验装置的操作回路中，除电源开关外还应串联零位开关，并应有过负荷自动跳闸装置。

(4)在施加试验电压前，操作人和监护人要共同仔细检查试验装置的接线、调压器零位、仪表的起始状态和表计的倍率等，确认无误后且被试设备周围的人员均在安全地带，经工作领导人许可方准加压。

(5)加压作业要专人操作、专人监护，其安全等级：操作人不低于二级，监护人不低于三级。加压时,操作人要穿绝缘靴或站在绝缘垫(试验周期和标准比照绝缘靴)上,操作人和监护人要呼唤应答。

在整个加压过程中,全体作业人员均要精神集中,随时注意有无异常现象。

(6)未装地线的具有较大电容量的设备应先进行放电再加压。

当进行直流高压试验时,每告一段落或结束时应将设备对地进行放电数次,并进行短路接地。

放电时操作人要使用放电棒并戴绝缘手套。

被试设备上装设的接地线,只允许在加压过程中短时拆除,试验结束要立即恢复原状。

(7)试验结束时,作业人员要拆除自装的接地线、短路线,检查被试设备、清理作业地点。

11.1.1.2 测量工作

视频

测量工作

《牵引变电所安全工作规程》中关于"测量工作"的规定包括下列内容:

(1)使用兆欧表测量绝缘电阻前后,必须将被测设备对地放电。放电时,作业人员要戴绝缘手套、穿绝缘靴。

(2)在有感应危险电压的线路上测量绝缘电阻时,将造成感应危险电压的设备一并停电后进行。

(3)使用兆欧表测量绝缘电阻前,必须将被测设备从各方面断开电源,经验明无电且确认无人作业时方可进行测量。

测量时,作业人员站的位置、仪表安设的位置及设备的接线点均要选择适当,使人员、仪表及测量导线与带电部分保持足够的安全距离。作业地点附近不得有其他人停留。测量用的导线要使用相应电压的绝缘线。

在高压设备上作业时,应派遣作业小组,其中一人安全等级不低于三级。

(4)使用钳形电流表测量电流时,其电压等级应符合要求。测量时可以不开工作票,但在测量前,须经值班员同意,并由值班员与作业人员共同到作业地点进行检查,必要时由值班人员做好安全措施方可作业。测量完毕要通知值班员。

在高压设备上测量时,应派遣作业小组,其中一人的安全等级不得低于三级。

(5)使用钳形电流表测量需拆除防护栅才能作业时,应在拆除防护栅后立即测量;测量完毕要立即恢复。

(6)测量时,作业人员与带电部分之间的距离要大于钳形电流表的长度,读表时身体不得弯向仪表面上。

在高压设备上使用钳形电流表测量时,测量人员要戴好绝缘手套、穿好绝缘靴,并站在绝缘垫上作业。

(7)当测量电缆盒处各相电流时,只有在相间距离大于300 mm且绝缘良好时方准进行;当电缆有一相接地时,严禁作业。

在低压母线上测量各相电流时,要事先用绝缘板将各相隔开,测量人员要戴绝缘手套。

(8)钳形电流表要存放在盒内且要保持干燥,每次使用前要将手柄擦拭干净。

(9)除专门测量高压的仪表外,其他仪表均不得直接测量高压。测量用的连接电流回路的导线截面积要与被测回路的电流相适应;连接电压回路的导线截面积不得小于1.5 mm^2。

(10)当使用携带型仪表、仪器是金属外壳时,其外壳必须接地。

在高压回路进行测量时,要在作业地点周围设围栅,悬挂相应的标示牌,人员与带电部分之间须保持足够的安全距离。

典型案例 11-2

10月16日某牵引变电所进行201A、201B断路器小车小修作业。在将201A、201B拉至试验位，对201B电流互感器进行放电时，因地线绝缘杆碰到带电的静触头上而产生电弧，将助理值班员的脸部烧伤，同时造成201A、201B跳闸。

案例分析：

本案例中断路器小车小修作业时未将201B断路器小车拉至检修位，也未放置绝缘挡板而直接对电流互感器进行放电是造成事故的直接原因；助理值班员班前未充分休息，作业时精神恍惚，操作不当，误碰带电设备，产生电弧将自身烧伤也是造成事故发生的原因之一。本案例告诉我们：要高度重视检修作业的安全防护，作业人员与带电部分之间保持足够的安全距离，同时全体作业组成员在岗时要保持旺盛的精力。

11.1.2 接触网试验和测量工作规定

作为一种特殊形式的输电线路，在接触网运行和检修过程中，不仅需要对其（包括检修过程中使用的工具、材料等）电气性能和机械性能进行试验和测量，对其几何参数同样需要检修检测和监测。

11.1.2.1 电气性能、机械性能的试验和测量

（1）各种受力工具和绝缘工具应有合格证并定期进行试验，做好记录，禁止使用试验不合格或超过试验周期的工具。

（2）各单位应制定受力工具和绝缘工具管理办法，专人负责进行编号、登记、整理，并监督按规定试验和正确使用。

此外，高速铁路中还特别规定：绝缘工具应粘贴反光标识，且反光标识应粘贴在明显且不影响绝缘性能的部位。

与试验记录对应的受力工具和绝缘用具上应有统一制定的编号标记（试验标准见表11-1、表11-2）。

表 11-1 常用工具机械试验标准

序号	名称	试验周期/月	额定负荷/kg	试验负荷/kg	试验时间/min	合格标准
1	车梯：1. 工作台 2. 工作台栏杆 3. 每一级梯凳	12	200 100 100	300 200 200	5 5 5	无裂损和永久变形
2	梯子：每一级梯凳	12	100	200	5	无裂损和永久变形
3	绳子（尼龙）、棕、麻绳钢丝绳	12	P_H	$2P_H$	10	无破损和断股
4	安全带	12	100	225	5	无破损
5	金属工具	12	P_H	$2.5P_H$	10	无破损和永久变形
6	非金属工具	12	P_H	$2P_H$	10	
7	起重工具	12	P_H	$1.2P_H$	10	

续上表

序号	名称	试验周期/月	额定负荷/kg	试验负荷/kg	试验时间/min	合格标准
8	脚扣	12	100	120	5	无破损和永久变形

注：P_H额定负荷。

表 11-2　常用绝缘工具电气试验标准

序号	名称	试验周期/月	使用电压/kV	试验电压/kV	试验时间/min	合格标准
1	绝缘棒、杆	6	25	120	5	无发热、击穿和变形
2	绝缘挡板	6	25	80	5	
3	绝缘绳、线	6	25	105/0.5 m	5	
4	验电器	6	25	105	5	
5	绝缘手套	6	辅助	8	1	
6	绝缘靴	6	辅助	15	1	
7	接地用的绝缘杆	6	25	90	5	
8	专用除冰杆	12(入冬前)	25	120	5	

(3)绝缘工具应具有良好的绝缘性、绝缘稳定性和足够的机械强度，轻便灵活，便于搬运。

(4)绝缘工具应按下列要求进行试验：

①新购、制作(或大修)后，在第一次投入使用前进行机械和电气强度试验。绝缘工具的电气强度试验一般在机械强度试验合格后进行。机械强度试验应在组装状态下进行。

②使用中的绝缘工具要定期进行试验。

③绝缘工具的机、电性能发生损伤或对其怀疑时，应中断使用并及时进行相应的试验。

(5)接触网作业用的车梯和梯子必须符合下列要求：

①结实、轻便、稳固。

②车梯的三个车轮采取可靠的绝缘措施。

③按表 11-1 的规定进行试验。

(6)严禁带负荷进行隔离开关倒闸作业。严禁利用隔离(负荷)开关对故障线路进行试送电。

隔离(负荷)开关可以开、合不超过 10 km(接触网延展公里)线路的空载电流，超过时应经过试验，并经铁路局批准。

典型案例 11-3

供电段接触网大修队更换接触线、放线从 243 号支柱起锚，在 189 号支柱落锚。当放线车放新线到 189 号支杆，用接触网作业车的紧线柱紧新线张力符合标准后，作业人员用手扳葫芦将新线向下锚方向紧线。同时接触网作业车紧线柱放松新线，当新线向旧线侧并拢，接触网作业车紧线器的大钩子尚未从新线摘下时，手扳葫芦突然松脱，险些发生人身伤害。

案例分析：

未按规定对手扳葫芦进行定期检查、试验。

典型案例 11-4

供电段进行设备整治，在 094 号杆上进行正馈线由下向上倒悬挂作业，双支正馈线连同三片悬式绝缘子由原肩架上摘出，地面辅助人员用大绳通过滑轮将双支正馈线连同三片悬式绝缘子吊起，升至新肩架安装位置时，直径 30 mm 的大绳突然断裂，馈线线索及悬式绝缘子砸在正准备进行连接作业的接触网工甲左腿上，发生人身伤害事故。

案例分析：

未按规定对绳子进行机械拉力试验。

11.1.2.2 接触网运行状态的检测和监测

1. 检测

检测是指利用仪器、设备或人工等方式，对接触网进行检查测量，掌握设备质量及运行状态的过程。包含监测、静态与动态检测、检查、零部件检验四部分。检测后必须进行分析诊断，并以此作为编制维修计划的依据。

2. 监测

监测是对接触网外观、零部件状态、主导电回路、绝缘状况、外部环境和弓网配合等运行状态进行监视测量的过程，分为移动视频监测和定点监测两种方式。

(1) 移动视频监测

移动视频监测是利用安装在检测车辆、机车或动车组上的监测设备对接触网进行外观检查，其主要包括接触网安全巡检装置(2C)、车载接触网运行状态检测装置(3C)、接触网悬挂状态检测监测装置(4C)。

①接触网安全巡检装置(2C)

接触网安全巡检装置主要监测接触网设备有无明显脱、断、偏移及其他异常情况，有无鸟巢、危树等可能危及接触网供电的周边环境因素，有无侵入限界、妨碍机车车辆运行的障碍等；巡检周期为 10 天。

②车载接触网运行状态检测装置(3C)

车载接触网运行状态检测装置主要监测接触网与受电弓运行状态、接触网温度等；一般实时或定期进行。

③接触网悬挂状态检测监测装置(4C)

接触网悬挂状态检测监测装置主要监测接触网设备零部件有无烧伤、缺失、断裂、松动及其他异常情况；周期一般为 6 个月。

(2) 定点监测

定点监测是利用安装在接触网关键处所、特殊地点的监测设备，监测列车通过时接触网或受电弓状态，接触网设备绝缘状态、温度、位移变化，以及外部环境是否存在异常。其主要包括受电弓滑板监测装置(5C)、接触网及供电设备地面监测装置(6C)。

①受电弓滑板监测装置(5C)

受电弓滑板监测装置主要监测受电弓有无异常状态；一般实时或定期进行。

②接触网及供电设备地面监测装置(6C)

接触网及供电设备地面监测装置包括绝缘部件状态监测、主导电回路电气节点监测两种类型。

绝缘部件状态监测对象为监测领示点的绝缘部件附盐密度或泄漏电流,一般在铁路线路沿线Ⅲ、Ⅳ污秽等级区段建立领示点,并优先采用在线实时监测装置;如果采用其他方式监测,则规定监测周期为6个月。

主导电回路电气节点数量众多,位置分散,其监测优先采用在线实时监测装置。采用示温贴片、红外热像仪等其他地面监测装置时的监测周期和监测内容各不相同,

利用红外热像仪监测电气节点状态,应选择在被测点有持续负荷电流时进行,周期为12个月,主要监测供电线(加强线、捷接线、正馈线)接续点、电连接线夹、隔离开关设备线夹及触头、吸上线接续点、电缆终端或中间接头等有无过热现象。有条件时也可利用紫外成像仪监测电缆终端或中间接头状态,周期为12个月。

利用示温贴片监测电气节点状态时,示温贴片应保持清洁,粘贴位置应能够准确反映线夹温度变化并宜于地面观察,监测结果利用全面检查、步行巡视等方式确认。

11.1.3 铁路电力试验和测量工作规定

(1)当进行电气设备的高压试验时,工作领导人的安全等级不得低于三级。在作业地点的周围要设围栅,围栅上悬挂"止步,高压危险!"的标示牌(标示牌要面向作业场地外方),并派人看守。

若被试设备较长时(如电缆),在距离操作人较远的另一端还应派专人看守。

因试验需要临时拆除设备引线时,在拆线前应作好标记,试验完毕恢复后要仔细检查确认连接正确,方可投入运行。

(2)在一个电气连接部分内,同时只允许一个作业组且在一项设备上进行高压试验。必要时,在同一个连接部分内检修和试验工作可以同时进行,作业时必须遵守下列规定:

①在高压试验与检修作业之间要有明显的断开点,且要根据试验电压的大小和被检修设备的电压等级保持足够的安全距离。

②在断开点的检修作业侧装设接地线,高压试验侧悬挂"止步,高压危险!"的标示牌,标示牌要面向检修作业地点。

(3)试验装置的金属外壳要装设接地线,高压引线应尽量缩短,必要时用绝缘物支持牢固。试验装置的电源开关应使用有明显断开点的双极开关。

试验装置的操作回路中,除电源开关外还应串联零位开关,并应有过负荷自动跳闸装置。

(4)在施加试验电压(简称加压)前,操作人和监护人要共同仔细检查试验装置的接线、调压器零位、仪表的起始状态和表计的倍率等,确认无误后且被试设备周围的人员均在安全地带,经工作领导人许可方准加压。

(5)加压作业要专人操作、专人监护,其安全等级:操作人不低于二级,监护人不低于三级。加压时,操作人要穿绝缘靴或站在绝缘垫(试验周期和标准比照绝缘靴)上,操作人和监护人要呼唤应答。

在整个加压过程中,全体作业人员均要精神集中,随时注意有无异常现象。

典型案例 11-5

3月2日，某变电站110开关电流互感器及刀闸进行预试、检修等工作。9时00分左右，工作执行人邓×办理好工作许可手续后，对工作人员进行了分工：胡×负责操作仪器及记录数据，赵×负责拆接试验接线，邓×负责监护，并在交代了有关安全注意事项后开始工作。这时，检修人员秦×（伤员）在没有征得试验负责人同意的情况下爬上了刀闸进行检修。由于电流互感器至刀闸的连接线没有拆除，邓×喊秦×下来，但秦×说："没关系的，你们加压时我让开就行了。"试验过程中加压、变更接线等环节都进行了呼唱，A、B两相的试验都是一次加压试验后完成。在做C相介质损耗试验时，秦×让到了刀闸的B相，第一次试验后，胡×发现试验结果不对，邓×怀疑是二次短接线接地不良，就喊赵×下来，自己爬上电流互感器构架重新接线。此时，试验工作失去了监护。9时30分左右，邓×接好线后，就喊胡×重新试验。胡×在未喊加压的情况下，就启动仪器进行加压。这时，站在刀闸上的秦×认为试验已结束，在没有询问试验人员的情况下，解开安全带移向C相，造成触电，从2 m多高的构架上落下，导致手腕粉碎性骨折。

案例分析：

检修人员秦×急于完成自己的工作，在没有得到工作执行人的许可的情况下开始作业，给事故的发生埋下了重大隐患；试验人员没有严格执行《铁路电力安全工作规程》中对电气试验的有关规定，加压部分与检修部分之间没有断开点，更谈不上有足够的安全距离；没有执行《铁路电力安全工作规程》中对加压前的一系列规定，第二次加压前没有认真进行呼唤应答。

这次事故与有关人员思想麻痹，监护人未认真做好监护有很重要的关系。秦×认为，虽然电流互感器在做试验，但只要不靠近加压部分就不会有事。邓×作为监护人对秦×的不安全行为监督不严，制止不力，工作中擅自放弃了监护职责，使试验工作失去了指挥和监护。

秦×没有养成良好的自我保护意识，没有意识到自己的不安全行为会带来什么样的后果，在移动工作位置时，也没有看清或询问自己有没有触及带电部分的危险。

（6）未装地线的具有较大电容量的设备应进行放电再加压。

当进行直流高压试验时，每告一段落或结束时应将设备对地进行放电数次，并进行短路接地。放电时操作人要使用放电棒并戴绝缘手套。

被试设备上装设的接地线，只允许在加压过程中短时拆除，试验结束要立即恢复原状。

（7）试验结束时，作业人员要拆除自装的接地线、短路线，检查被试设备、清理作业地点。

11.1.4 接触网激光检测仪

接触网是电气化铁路的重要供电设备，列车高速运行时通过受电弓和接触网滑动接触，向整个电力机车牵引系统和列车附属设备供电。它在空间架设的几何参数影响着列车的行车安全和接触网的使用寿命。接触网的空间几何参数检测变得尤为重要。为保证接触网供电的安全可靠，供电部门必须周期性地对接触网各项几何参数进行巡检和检修，以保证行车安全。

早期的接触网员工依赖车梯、绝缘测杆、线坠、钢卷尺等对接触网各项几何参数进行测量，该测量方式效率低、时间长。随着我国列车运行速度的不断提高,列车对接触网的参数测量精度的要求越来越高,传统的检测工具已不能满足要求,配合供电段检修工区接触网巡检的快速作业,现在多采用便携式的接触网参数激光测量仪。

11.1.4.1 接触网激光检测仪使用方法

下面以铁路供电部门配置较多的 DJJ-8 型接触网激光检测仪为例说明其使用方法,如图 11-1所示。

(a)测量仪主机　　(b)完成组装的测量仪

图 11-1　DJJ-8 型接触网激光检测仪

1. 准备工作

(1)仪器放置标准

将测量架放置于待测目标下方的轨道面上,拨动测量架右端的轨距手柄,使测量架两端的固定测脚和活动测脚都紧靠钢轨内沿。保持测量架与轨道基本垂直。将主机放置于测量架的定位盘上,并使旋紧旋钮处于旋紧状态。

(2)开机

打开电源开关后,按下键盘上“启动”按钮,显示屏出现“请向右旋转主机”,根据提示用手轻轻旋转主机头(禁止快速旋转),直至显示屏上出现视频图像,即表示仪器进入正常测量状态,可以开始测量。

(3)瞄准

仪器的显示屏中央有白色十字线,通过前后挪动测量架和旋转主机头,使十字线中心与待测目标完全重合。瞄准时,可先用手转动主机头进行粗调,然后根据需要可旋转微调旋钮进行微调,直到对准目标。在光线较弱的情况下也可以按“长光”键打开长光,用眼睛观察红色激光点辅助瞄准。

(4)测量

在正常测量状态下,瞄准目标后即可按下相应功能键进行测量,并显示测量结果。如果没有瞄准目标则提示“进入盲区或未对准目标请重新测量”。

2. 普通参数测量

(1)标准模式测量

正常测量状态下瞄准目标后,按下“测量”键,即可显示结果,如图 11-2 所示。

(2)自由测量

将仪器按“仪器放置标准”放置,在正常测量模式按下“自由测”键即可显示结果,如图 11-3所示。

24年09月16日10：58
导　高：6 023.0 mm
拉出值：+300.0 mm
轨　距：1 435 mm
超　高：+002.0 mm

图 11-2　显示结果 1

距离测量
水平距：31 786.6 mm
垂直距：28 897.3 mm

图 11-3　显示结果 2

3. 特定参数测量

(1)红线标高、侧面限界测量

将仪器按“仪器放置标准”放置，正常测量状态下瞄准支柱上的红线(没标注红线时瞄准目测近似点即可)，按下“红线”键，即可显示结果，如图 11-4 所示。

(2)500 mm 处高差测量

将仪器按“仪器放置标准”放置于“500 mm 处”下方的任意一对钢轨上，正常测量状态下按下“500 mm”键，进入 500 mm 处高差测量模式，仪器提示“请测量第一点”，瞄准第一条接触线后按下“测量”键，仪器提示“请测量第二点”，瞄准第二条接触线，按下“测量”键，即可显示结果，如图 11-5 所示。

红线标高
+005.0 mm
侧面限界
2 758.0 mm

图 11-4　显示结果 3

500 mm高差
高度1：6 100.0 mm
线　距：+502.0 mm
高　差：+015.0 mm

图 11-5　显示结果 4

(3)承力索、接触线高差测量

将仪器按“仪器放置标准”放置，正常测量状态下按下键盘上“承力索”键，仪器提示“请测量第一点”，瞄准承力索后按下“测量”键，仪器提示“请测量第二点”，瞄准接触线，按下“测量”键，按下“确认”键，即可显示结果，如图 11-6 所示。

(4)非支测量

将仪器按“仪器放置标准”放置，正常测量状态下按下键盘上“非支”键，仪器提示“请先测量工作支”，瞄准工作支后，按下“测量”键，仪器提示“请测量非支”，瞄准非支后，按下“测量”键，按下“确认”键即可显示结果，如图 11-7 所示。

承力索高差
高度1：9 000 mm
高度2：6 000 mm
高　差：3 000.0 mm

图 11-6　显示结果 5

非支抬高：−0010.0 mm
非支偏离：0030.0 mm
工支导高：6 000.0 mm
工支拉出：−0300.0 mm

图 11-7　显示结果 6

(5)定位器坡度测量

将仪器按“仪器放置标准”放置，正常测量状态下，按下“定位器”键，仪器提示“请测量第一点”，瞄准定位器的近端(即线夹点)位置，按下“测量”键，仪器提示“请测量第二点”，瞄准定位器的远端（即定位环位置）；按下“测量”键，按“确认”键，即可显示结果，如图 11-8 所示。

（6）支柱跨距测量

将仪器放置在两支柱中间位置（可以不用测量架），确保仪器在两支柱的连线上，即仪器发出的激光分别向左向右都能打在支柱上，正常测量状态下，按下“跨距”键，仪器提示“请测量第一个支柱”，瞄准第一个支柱后按“测量”键，仪器提示“请测量第二个支柱”，旋转主机瞄准第二个支柱后按“测量”键，按“确认”键，即可显示结果，如图 11-9 所示。

定位器坡度：1：10.0
高差：0300.0 mm

图 11-8　显示结果 7

支柱跨距：045.326 m

图 11-9　显示结果 8

（7）线岔中心测量

将仪器按“仪器放置标准”放置在其中任意一对钢轨上，瞄准岔心后，按下“岔心”键，仪器提示“请输入内轨距”，根据测量架上的内轨距刻度尺，正确输入内轨距，按“确认”键，按“测量”键，即可显示结果，如图 11-10 所示。

（8）支柱垂直度测量

将仪器按“仪器放置标准”放置，按下“菜单”键，再按下“岔心”键，进入支柱垂直度测量模式，仪器提示“请测量第一点”，瞄准支柱的高端按下“测量”键，仪器提示“请测量第二点”，瞄准支柱的低端，按下“测量”键，按“确认”，即可显示结果，如图 11-11 所示。

线岔中心
导　高：6 225.0 mm
偏离值：+010.0 mm
内轨距：0780.0 mm

图 11-10　显示结果 9

支柱垂直度：0003.9‰

图 11-11　显示结果 10

（9）锚段关节测量

将仪器按“仪器放置标准”放置。正常测量状态下按下键盘上“锚段”按钮，仪器会有“请先测量工作支”的提示语。然后瞄准锚段关节后，按下“测量”键，显示屏上出现结果如图 11-12 所示。

等待 1 s 后，有“请测量锚段”的提示语。后瞄准锚段关节后，按下“测量”键，显示屏上出现结果如图 11-13 所示。

导　高：6 000.0 mm
拉出值：+530.0 mm

图 11-12　显示结果 11

导　高：6 000.0 mm
拉出值：+530.0 mm

图 11-13　显示结果 12

此时，按下“确认”键显示屏上出现如图 11-14 所示结果并结束本次测量。

抬　高：10.0 mm
偏　离：30.0 mm

图 11-14　显示结果 13

用户说明：在每一个点测量完后，按下“↑”键，可以对该点重新测量。

在该测量过程中任何时候,按下“返回”键都可以退出该参数的测量,返回正常测量状态。

4. 数据修正

本仪器具有自动测量钢轨超高功能,默认情况下按实际超高测量接触网参数。根据需要也可输入设计超高,换算成设计超高状态下的接触网参数,这是一个非常实用的功能。

在每次测量完成后,如需数据修正,按下“←”键,弹出界面如图 11-15 所示。

此时输入该测量点的设计超高值,可按“↓”键可切换正负号,按下“确认”键后仪器会自动将测量的数据换算成设计超高值下的接触网参数。如果不输入任何数据按下“确认”键,则仪器默认换算成设计超高值为“0”的接触网参数。

请输入设计值:000 mm

图 11-15 显示结果 14

用户说明:输入数据时,按键盘上的数字键输入。如果输入错误,可按“→”键删除,每按一次,删除一位数。

警告:数据修正时应确保测量架基准轨端放置于铁路基准轨上,否则不仅不能修正数据,而且会使误差加倍。

输入钢轨超高设计值不可以大于 255 mm,大于此数值将出错。

5. 数据保存

在任何一个参数测量完成后都可以进行数据保存,保存的数据为当前杆号下的已测量参数,这组参数包括:杆号、导高、拉出值、轨距、超高、线岔中心导高、线岔中心偏离值、定位器坡度、定位器高差、红线标高、侧面限界、非支抬高、非支间距、工作支导高、工作支拉出值、500 mm处高差、承力索高差、自由测量水平距、自由测量垂直距离、支柱跨距、支柱垂直度等,保存时,先按下“保存”键,显示屏提示“请输入杆号”,输入杆号后按下“确认”键。

激光接触网检测仪使用中的安全注意事项

(1)使用接触网激光检测仪时,要轻拿轻放,严禁使用主机拖带测量架。使用完毕后,将电池取下,及时放回到激光检测仪包装箱中。

(2)日常应加强激光测量仪主机的维护保养,保持干燥清洁。

(3)作业结束后做到工完料清,防止测量仪遗留在线路上。

(4)作为精密仪器,要将激光测量仪纳入计量工具台账,严格按照“一台一档”管理,粘贴计量器具专用标签,每年进行一次计量检定。

11.1.5 常见电气设备试验常见危险点分析及安全预防措施

1. 电气设备试验管理安全预防措施(表 11-3)

表 11-3 电气试验管理安全预防措施

危险点分析	预防措施
没有对试验人员资质确认	确认人员资格符合要求。 试验人员不应少于 2 人,并应明确安全监护人和试验负责人
没有对测试设备状态及溯源确认	确认试验仪器均在鉴定有效期内且状态良好

续上表

危险点分析	预防措施
没有对环境条件进行确认	被试物与环境温度不应低于5 ℃,空气相对湿度不应大于80%,遇有雷雨、大雾或6级以上大风时应停止高压试验
没有正确佩戴防护用品	试验负责人及安全员落实监督
没有进行班前安全讲话	全体参加试验的人员列队宣讲作业票,明确作业票所列工作内容、工作范围和安全措施
既有运行所试验没有办理作业票	认真执行工作票制度和保证安全的组织措施
监护不到位	工作负责人正确、安全地组织作业,作好作业全过程监护。作业人员做到相互监护、照顾和提醒
人身触电	作业人员必须明确当天的工作任务、现场安全措施和停电范围。 现场搬运工具、长大物件必须保持与带电设备安全距离并设置专人防护。 加压时操作人应站在绝缘垫上,要征得试验负责人的许可后方可加压,加压过程中应有监护人并准确发令。 现场要使用专用的试验电源,使用合格的电线开关,熔丝的规格应合适。 大电容设备及直流项目试验后要充分放电,非工作成员不得进入工作围栏内
高空坠落	高空作业必须系好安全带,安全带的长度及系的位置必须合适。 严禁上下抛掷物品,防止失手坠落。 按规程要求正确使用梯子

2. 电力电缆试验安全预防措施(表11-4)

表11-4　电力电缆试验安全预防措施

危险点分析	预防措施
试验设备误接线 试验电压漏放电 试验电压感应电	注意试验装置的正确接线,试验装置的外壳应可靠接地,试验电源开关应有明显的断开点。 试验现场应装设遮栏或围栏,向外悬挂“止步,高压危险”标示牌,电缆的另一头应派专人看守,电缆连接其他设备时应分开试验,三芯电缆试验时其他两相应与外屏蔽一同接地。 加压前必须认真检查试验接线,试验仪表及调压起始状态正确无误后通知有关人员离开被试电缆,取得负责人许可后方可加压,加压过程中应有人监护并呼唱。 变更接线或试验结束后,应首先断开试验电源,对电缆进行反复放电,将升压部分的高压部分短路接地。 试验结束前禁止攀登户外电缆头所在的电杆
人身触电	在试验前应将电缆先行放电。 每完成一项试验或试验结束要将设备对地放电数次并短路接地。 被试电缆另一端派专人看守,与非被试设备保持足够距离,架空线路应有地线。 试验人员要与试验设备和被试验设备保持足够的安全距离
误入带电间隔	没有许可前,工作人员禁止进入高压设备区。 高压试验不得少于两人,试验负责人应对全体试验人员详细布置试验中的安全注意事项

3. 变压器试验安全预防措施(表 11-5)

表 11-5 变压器试验安全预防措施

危险点分析	预防措施
人身触电	核对试验设备名称,防止走错间隔。 检查仪器设备的金属外壳接地可靠令实验引线尽量短,控制箱必须有明显断开的双极开关。 试验人员与带电部位要保持足够的安全距离,不得触碰高压引线和屏蔽线。 更改试验接线时加压端必须先放电并挂接地线。 每试验完毕一个项目,必须将被试设备放尽剩余电荷。 试验人员必须站在绝缘垫上进行操作。 使用的绝缘工具应检验合格。 试验人员必须高声呼唱即将执行的试验范围和内容,以便配合和监护。直流试验应先放电再接触加压设备
高空坠落	拆接引线必须系好安全带,并穿防滑绝缘鞋。 进入现场的人员必须戴安全帽。 使用梯子应防止牢靠并有人扶持。 严禁上下抛掷物品
人员冒进试验区	加压前必须清除与试验无关的人员在试验区作业或停留。 设置临时遮栏。 安排专人防护

4. 互感器试验安全预防措施(表 11-6)

表 11-6 互感器试验安全预防措施

危险点分析	预防措施
电压互感器一次侧感应出高压,危及人员安全	加压前必须清除与试验无关的人员在试验区作业或停留。 设置临时遮栏。 安排专人防护
高压试验时误碰高压设备造成人员触电	加压前必须清除与试验无关的人员在试验区作业或停留。 设置临时遮栏。 安排专人防护
电压互感器短路引起人员触电	使用绝缘工具,站在绝缘垫上
电流互感器二次开路产生高压危及人员生命安全	不得将二次的永久接地断路。 工作时有人监护,使用绝缘工具,站在绝缘垫上
高空作业跌落	系好安全带。 正确使用梯子
高空坠物	地面人员戴好安全帽。 严禁上下抛掷物品

5. 其他单体设备试验安全预防措施(表 11-7)

表 11-7　其他单体试验安全预防措施

类型	危险点分析	预防措施
电容器	静电伤人	测量前后将电容器两极对地及极间放电数次。 严防误触碰带电部分。 与升压设备和被试品保持足够的安全距离
拆装引线、测试线	人员高处摔落	安全带绑在牢固的地方。 按规程要求检查梯子,使用时放置稳固,由专人扶持。 作业时必须戴好安全帽
	引线、工具高处坠落	地面人员躲避开下放和引线运动方向。 现场人员戴好安全帽
	感应电引发摔落	作业地点加装临时接地线。 作业人员应戴手套
低压临时用电	低压交流触电	低压电源应加装有漏电保护器。 接线端子的绝缘护罩齐全、导线接头应采取绝缘包扎措施
	设备外壳漏电	设备外壳应可靠接地
	更换熔丝时低压触电	更换熔丝时或在负荷侧接线时严防误合开关
	拉合开关时电弧烧伤	拉合低压开关应戴于套和护目镜。 严禁使用不合格的电线电缆和开关
绝缘测试	误碰试验设备电击伤害	清除与试验无关的人员,被试验设备周围装设临时遮栏或设专人看守。 测试线应采用绝缘导线,导线端头装设绝缘套。测试应有两人以上进行
	残余电荷引发伤害	测试完毕对被试品进行充分放电
拆低压、二次线	低压触电	拉开电源开关并在开关上挂“禁止合闸,有人工作”牌。 确认无压后方可工作
	交、直流回路短路	接地二次线拆线前做好标记,接线端头拆开后即采取绝缘包扎。所使用的工具必须与电源部分采取有效的绝缘隔离措施
测量微水	有毒气体毒害作业人员	室内开启强力通风装置进行通风。 开机前检查各管路接头是否密封。 作业人员身体站在上风口
取油样	工具使用不当造成伤害	使用活口扳手要卡牢

6. 系统试验安全预防措施(表 11-8)

表 11-8　系统试验安全预防措施

类型	危险点分析	预防措施
保护装置绝缘测试	插件或芯片损坏	防止人身静电损坏芯片。 严禁带电插拔插件。 防止操作不当损坏插件。 防止带电遥测绝缘

续上表

类型	危险点分析	预防措施
二次接线检查	电流互感器开路,防止电压互感器短路 误碰运行设备 直流短路 极性接反造成保护误动隐患	防止电流互感器开路,防止电压互感器短路。 防止误碰运行设备。 防止直流短路。 防止极性接反
开关量输入回路	直流回路短路接地 强电进入弱电回路损坏插件	防止直流回路短路接地。 防止强电进入弱电回路损坏插件
模数变换检查	电流热效应致使元件损坏	防止电压回路短路。 输入 10 倍额定电流时施加不能大于 2 s,输入 5 倍额定电流时施加不能大于 10 s
定值整定	定值错误	防止定值通知单内容与实际装置不一致或定值超出整定范围。 核对定值的正确性防止整定错误
做六角图	电流回路开路、电压回路短路 恢复接线错误 临时用电不安全因素	防止电流回路开路、电压回路短路。 防止恢复接线错误。 临时用电时,加强安全防护

11.2　技能训练——接触网设备参数测量

11.2.1　训练目的

(1)熟悉接触网激光检测仪的工作原理。

(2)掌握使用接触网激光检测仪测量接触网参数的方法。

(3)具备接触网激光检测仪测量接触网参数的能力。

11.2.2　人员组织和训练用工具、材料

1. 人员组织

接触网设备参数测量人员准备见表 11-9。

表 11-9　接触网设备参数测量人员准备

序号	岗位	人数	备　注
1	测量人员	1 人	
2	辅助测量人员	1 人	
3	现场防护员	1 人	
4	工作领导人	1 人	
5	要令人	1 人	
6	驻站联络员	1 人	驻站联络员可由要令人兼任

2. 工具、材料准备

接触网设备参数测量参与人员穿戴好个人劳动保护用品，按照表 11-10 准备好需要的安全工具、材料。

表 11-10　接触网设备参数测量用工具

序号	名称	规格或型号	单位	数量	备　注
1	接触网激光测量仪	DJJ-8	台	1	
2	防护用具	—	套	2	防护旗、对讲机等
3	测量记录本	—	本	1	结构高度测量表、锚段关节测量表等

11.2.3　训练内容及操作步骤

“同志们，京台高速铁路明年即将开通运营，这条交通大动脉穿越千山万水，把国家中东部经济带更紧密地连接起来，其政治、经济、军事意义重大。铁路局集团公司要求我们提前介入这条铁路建设项目管理工作，充分发挥工程建设单位和我们的综合优势，推进铁路建设与运营一体化管理，建设放心工程和精品工程。诸位作为各自岗位的业务精英，经过层层推荐，才进入到我们京台高速铁路建设提前介入组队伍中……提前介入作为新线优质开通的重要关卡，容不得半点疏忽。让我们行动起来，将隐蔽问题、高风险隐患消灭在建设环节，保证新线建设施工质量优良。”

听着接触网设备参数测量小组组长慷慨激昂的动员令，你暗暗下定决心，一定要把接触网设备参数测量工作做好。

今天的专项测量对象是悬挂结构高度和锚段关节，测量操作方法如下：

(1)以接到驻站联络员通知的时刻为准，准许测量人员进入现场测量，防护人员做好防护。

(2)测量人员按照测量表 11-11、表 11-12 上的数据采集需求进行测量。表 11-12 为四跨锚段关节测量表，如果测量三跨锚段关节，中心柱不填，如果测量五跨关节，增加两个转换柱的数据。

表 11-11　结构高度测量记录表

单位：mm

支柱号	承力索高度 H_1	接触线高度 H_2	结构高度值 H_1-H_2

表 11-12　锚段关节测量记录表

单位：mm

<table>
<tr><th rowspan="3">锚段号</th><th rowspan="3">测量项目</th><th colspan="6">水平距离</th><th colspan="6">垂直距离</th></tr>
<tr><th colspan="2">转换柱</th><th colspan="2">中心柱</th><th colspan="2">转换柱</th><th colspan="2">转换柱</th><th colspan="2">中心柱</th><th colspan="2">转换柱</th></tr>
<tr><th>标准值</th><th>实测值</th><th>标准值</th><th>实测值</th><th>标准值</th><th>实测值</th><th>标准值</th><th>实测值</th><th>标准值</th><th>实测值</th><th>标准值</th><th>实测值</th></tr>
<tr><td rowspan="2"></td><td>承力索</td><td></td><td></td><td></td><td></td><td></td><td></td><td></td><td></td><td></td><td></td><td></td><td></td></tr>
<tr><td>接触线</td><td></td><td></td><td></td><td></td><td></td><td></td><td></td><td></td><td></td><td></td><td></td><td></td></tr>
<tr><td rowspan="2"></td><td>承力索</td><td></td><td></td><td></td><td></td><td></td><td></td><td></td><td></td><td></td><td></td><td></td><td></td></tr>
<tr><td>接触线</td><td></td><td></td><td></td><td></td><td></td><td></td><td></td><td></td><td></td><td></td><td></td><td></td></tr>
</table>

(3)在测量结构高度时,将测量架放置于待测承力索的轨道面上,拨动测量架右端的轨距手柄,将测量架的测脚紧靠钢轨沿,将主机放置于测量架的定位盘上,并旋紧旋钮。按下键盘上“承力索”键,仪器提示“请测量第一点”,瞄准待测承力索后按下“测量”键;仪器提示“请测量第二点”,瞄准接触线,按下“测量”键。按下“确认”键,即可显示结果(承力索高度、接触线高度、高差)。

(4)在测量锚段关节时,采用标准测量即可。仪器安放方法同上,瞄准待测目标按下“测量”键,即显示结果(高度、拉出值),例如分别测得工作支承力索和非工作支承力索的高度及拉出值,再将两支承力索的高度及拉出值分别相减后所得的结果即是两支承力索的垂直距离和水平距离,填入表 11-12 中。

注意事项

(1)加强驻站人员和现场防护员之间的联控,防止来往车辆伤害。

(2)测量结构高度时,如遇承力索接触线在一个垂面上图像重合,可以将测量架旋转 180°再进行测量。

(3)测量关节时,如遇到将测量架旋转,要注意拉出值发生正负值的变化,记录过程中进行纠正。

11.2.4　项目考评

经过项目训练后,熟练掌握接触网设备参数测量技能,并限时进行训练考核评定。考核评分标准见表 11-13。

表 11-13　结构高度、锚段关节测量

项目	配分	评分标准	减分标准	存在问题	减分	得分
工具材料	10	工具齐全	不齐全每件扣 5 分			
		选择材料正确	不正确扣 10 分			
时间	10	每个测量点 5 min 内完成	每超过 1 min 扣 3 分,超过 10 min 为失格			
质量	50	与驻站人员及现场防护员联控到位	不到位扣 20 分			
		正确选择测量点	选择错误为失格			
		正确读数(测量关节时,如遇到将测量架旋转要注意拉出值正负值的变化)	错误扣 10 分			
		现场防护人员不得参与测量作业	参与为失格			
安全	30	作业过程中测量人员不得受伤和在线路上随意摆放物品作为标记	受伤或随意放物品为失格			
		按规定穿戴好劳保用品	未按规定穿戴好劳保用品、每件扣 10 分			

11.3 项目拓展

11.3.1 常用安全工器具耐压试验

11.3.1.1 绝缘手套试验

1. 试验目的

判断绝缘手套是否符合使用条件,防止使用中的绝缘手套性能改变或存在隐患而导致在使用中发生事故,保证工作人员的人身安全。

2. 试验方法

(1)仪器选择

试验变压器及操作箱、毫安表。

(2)试验接线

由电极引出一根导线,串入一个标准电流表,接至升压变压器高压头处,金属器皿与升压变压器高压尾短连接地,试验接线如图 11-16 所示。

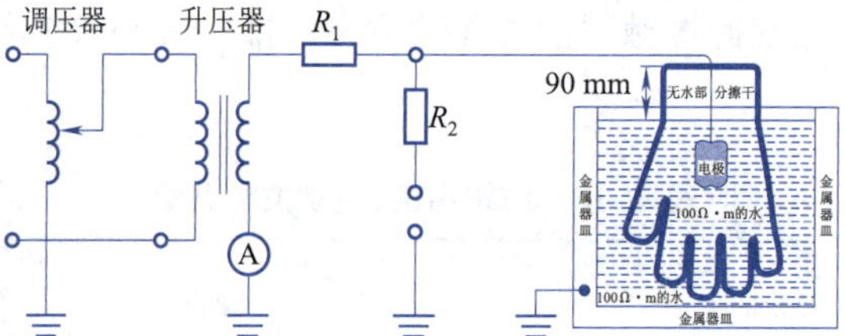

图 11-16　绝缘手套试验装置示意

(3)试验步骤

在被试手套内部放入自来水,然后浸入盛有相同水的金属盆中,使手套内外水平面呈相同高度,手套应有 90 mm 的露出水面部分,这一部分应该擦干,接线。以恒定速度升压至表 11-14 规定的电压值,保持 1 min。

3. 试验标准

绝缘手套的试验项目、周期和要求见表 11-14。

表 11-14　绝缘手套的试验项目、周期和要求

项目	周期	要　求			
		电压等级	工频耐压/kV	持续时间/min	泄漏电流/mA
工频耐压	半年	高压	8	1	≤9
		低压	2.5	1	≤2.5

试验完毕后,试验人员应该及时出具试验报告,贴上“安全工器具试验合格证”不干胶标志牌。标志牌样式如图 11-17 所示。

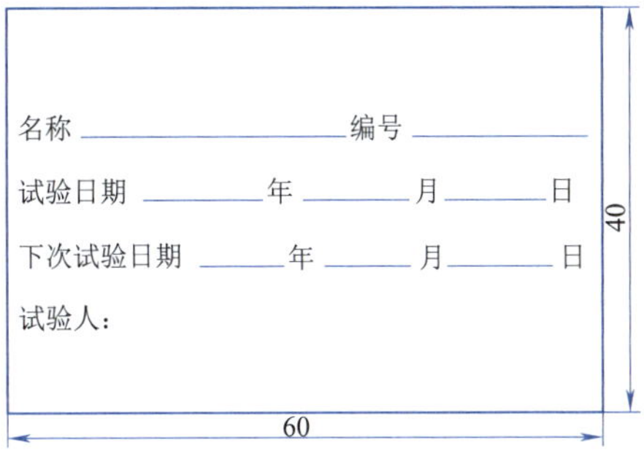

图 11-17　安全工器具试验合格证标志牌(单位:mm)

4. 试验结果判断

试验中被试验绝缘手套不发生电气击穿,泄漏电流测量值满足表 11-10 中规定的数值,即认为试验通过。

安全注意事项

(1)试验场地应设置好防护围栏,做好安全防护措施。

(2)试验设备要有良好的接地点。

(3)泄漏电流的测量应在高压端测量,毫安表的位置应距离操作者有足够的安全距离。

(4)对于试验不合格的试品,应当场做出不合格标记,防止误用。

11.3.1.2　验电器试验

1. 试验目的

检查验电器声光报警的完好性,检查绝缘杆的绝缘强度是否符合要求,保证验电结果的正确性和操作者的人身安全。

2. 试验方法

(1)仪器选择

试验变压器及操作箱。

(2)试验接线

可参照图 11-18 进行接线。

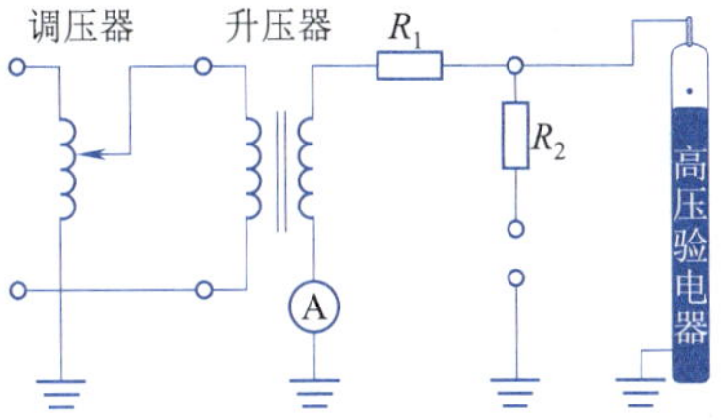

图 11-18　高压验电器启动电压试验电路示意

(3)试验步骤

①验电器启动电压试验

将验电器的接触电极与试验变压器的高压电极相接触,逐渐升高试验变压器的电压,当验电器发出有电的信号时,如"声光"指示等,记录此时的启动电压值。

②验电器绝缘手柄工频耐压试验

参照绝缘杆的试验方法执行。

3. 试验标准

验电器绝缘手柄工频耐压试验标准见表11-15。

表11-15　验电器绝缘手柄工频耐压试验标准

序号	项目	周期	要求			说明
1	启动电压试验	1年	启动电压值不高于额定电压的40%,不低于额定电压的15%			电极应与试验电极接触
2	工频耐压试验	1年	额定电压/kV	试验长度/m	工频耐压/(kV/mm)	
			10	0.7	45	
			35	0.9	95	
			63	1.0	175	
			110	1.6	220	
			220	2.1	440	

4. 试验结果判断

如果测量得到的启动电压在0.1~0.4倍额定电压之间,则认为启动电压符合要求。验电器绝缘手柄在耐压中应不发生闪络或击穿,试验后手柄应无放电、灼伤痕迹和发热现象。

试验完毕后,试验人员应该及时出具试验报告,贴上"安全工器具试验合格证"不干胶标志牌。

安全注意事项

(1)首先对验电器进行自检,自检完好后进行启动电压的测试,若验电器不能通过自检,应检查验电器的电池是否有电等。

(2)验电器绝缘手柄的其他注意事项同绝缘杆试验注意事项。

11.3.2　设备(分段绝缘器)试验与测量

分段绝缘器和分相绝缘器是电气化铁路接触网的重要设备,分段绝缘器是衔接相邻两个馈电区段的架空接触式绝缘组件,在结构上既要保证机车受电弓平滑通过,又要满足两端接触网电气隔离要求。分相绝缘器是用来解决接触网不同供电臂之间的电分相问题。故分段绝缘器和分相绝缘器绝缘状况如何,直接影响铁路供电系统的安全可靠运行。

11.3.2.1　交流耐压试验

1. 试验目的

交流耐压试验是电气试验中最常见的试验,也是发现分段绝缘器和分相绝缘器等电气设备绝缘缺陷的最有效试验手段,故分段绝缘器也要进行此项试验。

2. 试验方法

(1)仪器选择

现场采用高压试验变压器及控制箱。

(2)试验接线

可参照图 11-19 所示接线测试。

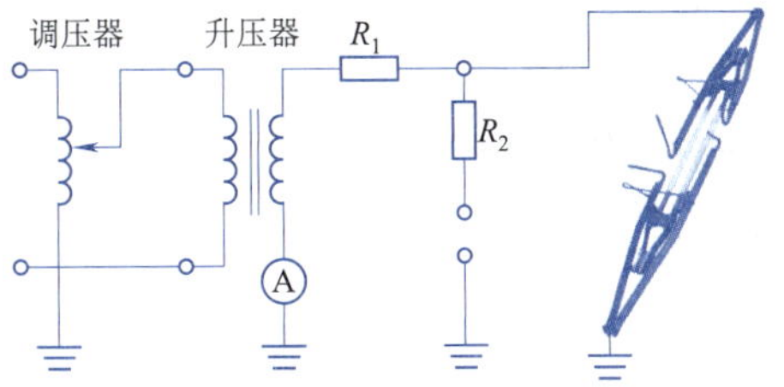

图 11-19 分段绝缘器交流耐压试验接线示意

(3)试验步骤

①试验人员应穿好绝缘靴、戴好绝缘手套操作、站在绝缘垫上操作。

②连接被试绝缘器,检查调压器是否在零位,零位开关是否正常。

③接线前应用专用地线作良好接地,经工作负责人确认方可开始试验。

④接通电源后,试验负责人发出"将要合闸"命令,其他人员退至防护围栏以外,指定操作人员合上闸刀开关后开机,操作者一只手应放在开关板旁边,另一手速度均匀(2 ~ 3 kV/s)地将电压升至试验标准电压,为了避免"容升现象",以阻容分压器指示为准。开始计时(一般要求 1 min),时间到后,迅速均匀地将试验电压降至零,断开电源。试验过程中,其他试验人员应站在安全地带注意被试设备有无异常声音和弧光,如有异常现象,应高声呼喊"降压",操作人应立即停止试验查找原因。

3. 试验标准

试验电压设置为出厂试验电压的 80% 。

安全注意事项

(1)测试前确认安全范围,拉好安全警戒带,挂好警戒标牌"高压危险",并派专人防护好以防其他人员误入高压区。

(2)测试过程中测试人员应穿好绝缘靴,戴好绝缘手套,站在绝缘垫上进行。测试过程中精力集中,发现有异常情况赶紧切断电源。放电后再检查原因。

(3)试验过程中,电流表的指示突然上升或突然下降,电压表指示突然下降,都是被试品击穿的象征。

(4)试验过程中,若由于空气湿度或被试品表面脏污等影响,引起表面污闪放电,不应视为被试品不合格,应对被试品表面进行清擦、烘干处理后,再重新进行试验判断其合格与否。

11.3.2.2 测量绝缘电阻

1. 试验目的

分段绝缘器常因装卸货物、设备检修等因素而处于对地耐压状态;分相绝缘器则承受两相间电压(正常运行时)或者对地耐压状态(接触网天窗时)。除了进行交流耐压试验外,也可通过测量绝缘电阻获知二者绝缘状况如何。

2. 试验方法

(1)仪器选择

绝缘电阻值测试需使用兆欧表。

(2)试验接线

将兆欧表正负极分别引至分段绝缘器两极,必要时接入“G”段,在分段绝缘器中间瓷杆处加一屏蔽环,如图11-20所示。

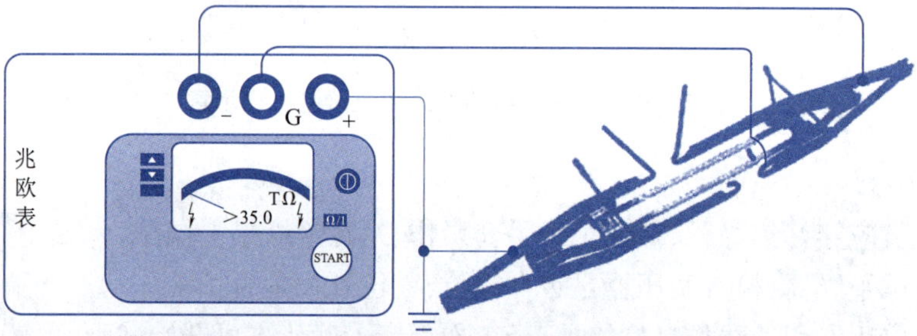

图11-20　分段绝缘器绝缘电阻测试接线示意

(3)试验步骤

①进行测试前应将绝缘器用干燥清洁的棉纱擦拭表面。

②应将兆欧表放在绝缘垫上,操作人应站在绝缘垫上,工作负责人负责安全防护。

③按“测试”键,至60 s时,记录绝缘电阻的数值(记录试验时环境温度、湿度)。

④读取数值后,按“停止”键停止测试,测试仪自动放电。

3. 试验结果判断

绝缘子的绝缘电阻值受温度、湿度、绝缘子表面的清洁程度等影响很大,如果排除上述影响,绝缘子的绝缘电阻是很高的。一般绝缘子损坏、有裂纹时,其绝缘电阻也不会降低多少,只有当潮气、灰尘进入裂纹中时,绝缘电阻才会明显降低,由此可知,绝缘电阻的测试,并不能真正保证绝缘子的绝缘程度,但其数值对于实际绝缘的好坏程度,仍有一定的参考作用。

安全注意事项

(1)绝缘电阻试验应在良好的天气,且试品温度及周围环境温度一般不低于+5 ℃条件下进行。

(2)空气相对湿度较大时,绝缘体由于毛细管的作用,吸收较多水分,使得导电率增加,绝缘电阻下降,湿度对于表面的泄漏电流的影响更为明显,所以湿度也是影响绝缘电阻的因素之一,因此试验时应引起足够的重视并采取相应措施:如增加屏蔽环。

(3)兆欧表的引线要绝缘良好,还应与地绝缘,测量时“L”端与“E”端的引线不能碰在一起。如引线要经其他支持物连接时,支持物必须绝缘良好,否则影响测量结果的准确性。

视野拓展

铁路“新八级”职业技能等级制度

2023年10月,《国铁集团关于健全完善新时代铁路技能人才职业技能等级制度的意见》印发实施,标志着铁路“新八级”职业技能等级制度建立。这是国铁集团深入贯彻习近平总书记关于技能人才工作的重要指示批示精神和党的二十大精神,落实党中央、国务院关于新时代人才工作部署要求的一项重要举措,更是铁路技能人才工作的一次历史性变革。

1."新八级"具体指什么?

在现有的初级工、中级工、高级工、技师、高级技师5个技能等级基础上,在初级工之下增设学徒工1个技能岗位,在高级技师之上增设特级技师、首席技师2个技能岗位,建立由学徒工、初级工、中级工、高级工、技师、高级技师、特级技师、首席技师等8个层级构成,技能等级与技能岗位相互衔接、互为补充的铁路职业技能等级岗位序列,这就是铁路"新八级工"。

2."新八级"技能等级岗位界定

学徒工:指处于学徒阶段、尚未取得拟从事职业(工种)最低技能等级的新职人员。

初级工/中级工/高级工/技师/高级技师:指通过技能等级认定取得初级工/中级工/高级工/技师/高级技师职业技能等级证书的人员。

特级技师:指铁路企业专业技能精通、业绩贡献突出的优秀高技能人才。

首席技师:指铁路企业专业水平领先、业绩贡献重大的高技能领军人才。

3."新八级"技能等级岗位设置

学徒工、初级工、中级工、高级工4个技能等级岗位,不设置岗位比例或数量限制,凡符合条件或具有相应职业技能等级的操作技能岗位人员,均可担任。

技师、高级技师、特级技师、首席技师4个技能等级岗位则有明确相应的岗位设置标准,总体比例为:技师岗位设置数量不超过技能人才总数的15%,高级技师岗位设置数量不超过技能人才总数的5%,特级技师岗位设置数量不超过高级技师岗位设置总数的10%,首席技师岗位设置数量不超过特级技师岗位设置总数的5%。

4."新八级"技能等级岗位认定

"新八级"技能等级岗位认定考评程序:个人申报→单位初审→集团公司级复审→技能认定→技术答辩→综合评审→组织公示。

学徒工的转正定级考核,由基层单位在其学徒期满和试用期满后,依据有关规定进行。

初级工、中级工、高级工、技师、高级技师,通过参加职业技能等级认定的方式实行逐级晋升,其中技师、高级技师实行考评结合、评聘分开。技能人才在取得技师、高级技师职业技能等级后,还需参加所在单位组织的技能岗位竞聘。

特级技师和首席技师分别从在聘高级技师、特级技师中,经单位推荐、专业评议、综合评审等程序由集团公司评审产生后公布名单予以聘任。

技师、高级技师、特级技师、首席技师均实行聘任制,人员在获聘后,由所在单位与其签订不超过三年的聘任协议,明确聘任期限、权利义务以及解聘等事项。

5."新八级"技能津贴标准

取得高级工及以上技能等级岗位认定后,待遇上可享有全路统一明确、规范的技能津贴标准。

(1)取得高级工技能等级并从事本工种工作的,技能津贴每月100元。

(2)技师聘任后技能津贴每月200元。

(3)高级技师聘任后技能津贴每月300元。

(4)特级技师聘任后技能津贴每月800元。

(5)首席技师聘任后技能津贴每月1 600元。

6."新八级"技能等级认定申报

分为正常申报、破格申报和直接认定。正常申报是指申请认定人员按照国家职业标准的申报条件,申报相应职业(工种)等级的职业技能等级认定。破格申报和直接认定,是指申请认定人员符合国家和国铁集团对优秀技能人才职业技能等级认定有关规定,突破申报年限或技能等级等限定,申报某一等级的职业技能等级认定,或直接晋升某一职业技能等级。

(1)破格申报条件

具备下列条件之一的,由个人申请和基层单位推荐,经集团公司级审核同意,可破格参加上一等级的技师、高级技师考评,三年内免理论知识考试、操作技能考核。

①掌握高超技能、复合技能且有突出业绩,对集团公司级做出重大贡献。

②作为主要研制人员,近三年内获得集团公司级及以上科技成果三等及以上奖。

③得国家级、省部级和国铁集团级职业技能竞赛名次证书。

④取得集团公司级职业技能竞赛前三名。

(2)直接认定条件

具备下列条件之一的,由个人申请和基层单位推荐,经集团公司级审核同意,可直接认定上一等级的技师、高级技师。

①获得全国技术能手称号的,可直接晋升技师;已具有技师技能等级的,可直接晋升高级技师。

②获得全路、省部级技术能手称号。

③经国铁集团同意参加国际职业技能竞赛取得名次证书。

1. 提问思考

我们在各种媒体中常见到“技术员”“工程师”“高级工程师”等岗位说法,这些岗位与这里的高级工、技师、高级技师等有什么区别和联系?请查阅相关资料。

2. 分享讨论

相较于原五级体系职业技能等级制度,实施“新八级工”为铁路技能人才成长和企业发展带来的多重利好,主要体现在哪些方面?

综合练习

练习

项目11
综合练习

答案

项目11
综合练习答案

项目12
事故管理

项目引言

事故是发生在人们的生产、生活等活动中的意外事件。事故这种意外事件除了影响人们的生产、生活活动顺利进行之外，往往还可能造成人员伤害、财物损坏或环境污染等其他形式的严重后果。事故管理是安全管理中一项非常重要的工作，有些工作要求有很高的技术性和严格的政策性。搞好事故管理，对提高企业安全管理水平，防止重复事故发生，具有非常重要的作用。

铁路交通事故处理是铁路安全管理的重要内容，事关人民群众的生命财产安全，事关铁路大动脉的安全畅通。全面统一规范铁路交通事故应急救援和调查处理工作，充分体现了贯彻落实科学发展观，构建社会主义和谐社会，实现安全发展、和谐发展的要求，对加快和谐铁路建设，推动铁路又好又快发展，充分发挥铁路这一国家重要基础设施、国民经济大动脉、大众化交通工具的重要作用，具有十分重大的意义。本项目主要学习铁路交通事故调查处理中所遵循的规则以及供电事故的应急处置。

学习目标

1. 知识目标

(1) 熟悉铁路交通事故的概念和分类。

(2) 熟悉各类型铁路交通事故的特征。

(3) 熟悉牵引变电所、接触网、电力常见故障(事故)应急处置方案。

2. 能力目标

(1) 掌握事故原因分析的方法。

(2) 掌握常见接触网故障判断查找的方法。

(3) 具备参加牵引变电所、接触网、电力常见事故抢修的能力。

3. 素养目标

(1) 提高事故应急响应能力。

(2) 增强对安全重要性的认识，形成预防为主的安全观念。

(3) 培养沟通、协调和团队合作的能力。

12.1 知识准备

12.1.1 铁路交通事故调查处理

遵守铁路运输安全管理的各项规定,防止和避免事故发生是对每名铁路运输从业人员的基本要求。发生铁路交通事故后,及时、准确地报告事故情况,防止次生事故发生,尽快恢复铁路正常行车,把事故损失控制在最低程度,是每名铁路运输从业人员必须履行的责任和义务。

保障铁路运输安全,一方面需全力做好安全预防,避免事故的发生;另一方面,对已发生的铁路交通事故,需及时正确处理,减少事故的损失和影响。

铁路运输特点决定了一旦发生事故,将直接影响铁路运输正常秩序,为此及时救援和尽快开通线路成为首要任务。为了满足铁路交通事故应急救援、恢复通车的紧迫性和重要性的要求,能够及时启动救援和调查,国务院发布了《铁路交通事故应急救援和调查处理条例》,对我国铁路交通事故的应急救援、调查处理等方面作了详细规定。铁路部门在运输生产过程中,一方面贯彻"安全第一、预防为主、综合治理"的方针,严格落实铁路运输安全的有关规定和要求,同时也相应制定了《铁路交通事故调查处理规则》,严肃追究事故责任,防止和减少铁路交通事故的发生,并对事故报告的时限做了规定,以保证在事故发生后的第一时间,用最快捷的方式进行报告。

12.1.1.1 铁路交通事故有关规定

1.铁路交通事故调查处理规则

为了及时正确处理铁路交通事故,维护铁路运输秩序,贯彻"安全第一、预防为主、综合治理"的方针,使铁路运输更好地为国民经济建设服务,国务院发布了《铁路交通事故应急救援和调查处理条例》。为及时准确调查处理铁路交通事故,严肃追究事故责任,防止和减少铁路交通事故的发生,根据《铁路交通事故应急救援和调查处理条例》,铁道部发布了《铁路交通事故调查处理规则》。

《铁路交通事故应急救援和调查处理条例》是我国第一部全面规范铁路交通事故应急救援和调查处理的行政法规,其颁布实施,充分说明了党中央、国务院对运输安全工作的高度重视。《铁路交通事故应急救援和调查处理条例》在总结多年铁路交通事故处理实践经验的基础上,对事故等级、事故报告、事故应急救援、事故调查处理及事故赔偿等做出了全面规定,是开展铁路交通事故应急救援和调查处理的重要法律依据。

《铁路交通事故调查处理规则》是严格按照《铁路交通事故应急救援和调查处理条例》而制定的,是在《铁路交通事故应急救援和调查处理条例》基础上的细化和补充,体现了防范为主、从严管理的目的,满足了铁路运输新形势、新技术、新设备的要求,坚持了铁路安全管理的基本特点,保留了铁路事故种类的表现形式。

铁路机车车辆在运行过程中与行人、机动车、非机动车、牲畜及其他障碍物相撞的事故,或者铁路机车车辆发生冲突、脱轨、火灾、爆炸等影响铁路正常行车的事故,均为铁路交通事故。《铁路交通事故调查处理规则》是调查和处理铁路交通事故的基本依据,对铁路交通事故的调查处理、定性、定责和统计分析具有鲜明的法规性和权威性。

铁路运输从业人员必须认真学习《铁路交通事故调查处理规则》,在发生铁路交通事故后,及时、准确的报告事故情况,防止次生事故发生,尽快恢复铁路正常行车,把事故损失控制在最低程度。

2. 铁路交通事故的一般分类

铁路交通事故一般分为行车类事故、相撞类事故和作业人员伤亡类事故。

(1)行车类事故

铁路机车车辆在运行过程中发生的冲突、脱轨、火灾、爆炸等影响铁路正常行车的事故,简称行车类事故。

其中,"影响铁路正常行车"是指影响列车按铁路运行图正常行车,导致中断行车、列车临时停车、列车延误晚点或列车停运、合并、保留、影响调车作业等情形。

(2)相撞类事故

铁路机车车辆在运行过程中与行人、机动车、非机动车、牲畜及其他障碍物相撞导致的事故,简称相撞类事故。

铁路机车车辆与行人、机动车、非机动车、牲畜及其他障碍物相撞是指机车车辆在运行过程中与行人、机动车、非机动车、牲畜及其他障碍物直接发生正面、侧面碰刷、撞击。这里所指的"行人"是指在铁路线路上行走、停留的自然人(包括有关铁路作业人员)。"其他障碍物",是指侵入铁路限界及线路,并影响铁路行车的动态及静态物体。

(3)铁路作业人员伤亡类事故

铁路行车相关作业过程中发生的,与企业管理、工作环境、劳动条件、生产设备等有关的,违反劳动者意愿的人身伤害,含急性工业中毒导致的伤害事故,简称作业人员伤亡类事故,也称人身事故。

3. 工伤认定

为了保障因工作遭受事故伤害或者患职业病的职工获得医疗救治和经济补偿,促进工伤预防和职业康复,分散用人单位的工伤风险,国务院制定《工伤保险条例》(国务院令第 375 号),明确了工伤认定的相关规定。

(1)职工有下列情形之一的,应当认定为工伤:

①在工作时间和工作场所内,因工作原因受到事故伤害的;

②工作时间前后在工作场所内,从事与工作有关的预备性或者收尾性工作受到事故伤害的;

③在工作时间和工作场所内,因履行工作职责受到暴力等意外伤害的;

④患职业病的;

⑤因工外出期间,由于工作原因受到伤害或者发生事故下落不明的;

⑥在上下班途中,受到非本人主要责任的交通事故或者城市轨道交通、客运轮渡、火车事故伤害的;

⑦法律、行政法规规定应当认定为工伤的其他情形。

工作时间原则上以现行各种班制、乘务交路规定的工作时间和铁路综合计算工时工作制为依据。若不在规定的工作时间内,但属于因生产经营、工作需要而临时占用的时间,也视为工作时间。

(2)职工有下列情形之一的,视同工伤:

①在工作时间和工作岗位,突发疾病死亡或者在48 h之内经抢救无效死亡的;

②在抢险救灾等维护国家利益、公共利益活动中受到伤害的;

③职工原在军队服役,因战、因公负伤致残,已取得革命伤残军人证,到用人单位后旧伤复发的。

职工有第①项、第②项情形的,按照《工伤保险条例》的有关规定享受工伤保险待遇;职工有第③项情形的,按照《工伤保险条例》的有关规定享受除一次性伤残补助金以外的工伤保险待遇。

(3)有下列情形之一的,不得认定为工伤或者视同工伤:

①故意犯罪的;

②醉酒或者吸毒的;

③自残或者自杀的。

12.1.1.2 铁路交通事故等级划分标准

铁路作为特殊行业,其交通事故的等级划分既要符合相关综合性法律法规的要求,又要结合铁路交通事故的特点。除人员伤亡、经济损失等常用指标外,还考虑了结合铁路特点的重要指标,如事故发生后列车脱轨辆数的多少最容易初步判明事故的严重程度;中断铁路行车时间的长短可直接反映事故对铁路网络运输秩序、经济损失及造成的影响程度;铁路的繁忙干线是铁路网中的大动脉,它的安全畅通对整个铁路网的正常运转的至关重要,繁忙干线上一旦发生事故,将可能造成路网运行秩序的混乱乃至瘫痪,对社会经济生活的正常运转也将造成重大影响。

典型案例 12-1

某机务段司机马×、学习司机阎×,驾驶DF3型0194号内燃机车,牵引由西安到徐州的K5××次旅客列车,按照列车运行图规定,应在A车站停车6分,会让由南京开往西宁的K4××次旅客快车。由于司机、学习司机在行车中打瞌睡,承担运转车长职责的车辆乘务员擅离岗位,与别人聊天,未能担负监控列车运行状态、保障列车运行安全的职责。当列车进入A车站后,没有停车,继续以40 km/h的速度前进,以至越出出站信号机43 m,在一号道岔处与正在以65 km/h的速度进站通过的K4××次旅客快车第六节车厢侧面相撞,造成重大旅客列车伤亡事故,如图12-1所示。

图12-1 重大旅客列车伤亡事故

事故损失：

旅客伤亡惨重。

经济损失重大。背侧面冲撞的 K4××次旅客列车的第 6、7、8、9 节车厢颠覆，第 10 节车厢脱轨，其中第 8、9 节车厢被撞碎，0194 号机车脱轨。中断行车 9 小时 3 分，影响客车 36 列、货车 34 列。机车中破 1 台，客车报废 3 辆、大破 2 辆，损坏钢轨 14 根、枕木 308 根、电动道岔一组。

事故性质及处理：

造成事故中两列旅客列车高速相撞的根本原因，完全是由于担任乘务工作的司机、学习司机和承担运转车长职责的车辆乘务员严重违反劳动纪律。

事后，当地中级人民法院召开事故案审判大会，根据我国有关法律规定，对重大事故直接责任人司机马×判处有期徒刑 10 年；判处事故直接责任人学习司机阎×有期徒刑 5 年；判处事故直接责任人承担运转车长职责的车辆乘务员王×有期徒刑 3 年，缓刑 3 年。同时对有关铁路局集团公司（分局）、站段的领导给予相应的行政处分。

为了充分体现铁路行业特点、促进铁路部门对安全重点工作的防范，有利于事故发生时迅速对事故等级做出判定、启动相应应急救援和调查处理程序，同时有利于促使有关部门及时组织救援、尽快恢复铁路行车秩序，《铁路交通事故应急救援和调查处理条例》和《铁路交通事故调查处理规则》中综合事故人员伤亡、直接经济损失、客运列车、货运列车在不同线路的脱轨辆数和中断行车时间作为标准来确定铁路交通事故等级。

1. 人员伤亡

从实践来看，人员伤亡应当包括以下情形：发生事故造成的铁路作业人员的伤亡；持有效乘车凭证的人员（包括享受免费乘车待遇的儿童）的伤亡；铁路机车车辆运行和调车作业中撞轧行人或与其他道路车辆碰撞造成的人员伤亡；急性工业中毒及其他事故中造成的人员伤亡。人员伤亡不包括在事故抢险和救援中伤亡的人员。

有作业人员伤亡的，直接经济损失统计范围、计算方法等按《企业职工伤亡事故经济损失统计标准》（GB 6721—1986）执行。伤害程度及事故伤害损失工作日按以下标准执行：

（1）作业人员轻伤：指造成人员肢体、某些器官功能性或器质性轻度损伤，致使劳动能力轻度或暂时丧失的伤害。其事故伤害损失工作日等于或超过 1 个工作日，等于或小于 299 个工作日。

（2）作业人员重伤：指造成作业人员肢体残缺或某些器官受到严重损伤，致使人体长期存在功能障碍或劳动能力有重大损失的伤害。按照《事故伤害损失工作日标准》（GB/T 15499—1995）查定，其伤害部位及受伤害程度对应的事故伤害损失工作日或多处负伤其损失工作日合并计算等于或超过 300 个工作日的，属于重伤。该标准未做规定的，按实际歇工天数确定，实际歇工天数超过 299 天的，按 299 天统计；各伤害部位计算数值超过 6 000 天的，按 6 000 天统计。

（3）作业人员死亡。其事故伤害损失工作日按 6 000 个工作日计算。

2. 直接经济损失

从实践来看，直接经济损失主要包括机车、车辆、线路、桥隧、通信、信号、供电、信息、安全、给水等技术设备损失费用及事故救援、伤亡人员(不含人身保险赔偿)处理费用及中断铁路行车的损失。还包括其他固定资产(事故造成相关的建筑物、设备等)和流动资产(事故造成相关货物、包裹等)的损失。

3. 中断铁路行车

中断铁路行车是指铁路区间或站内发生事故,造成铁路单线、双线区间或双线区间之一线不能行车的情形。中断行车的时间,由事故发生时间起(列车火灾或爆炸由停车时间算起)至实际恢复连续通行客货列车行车条件的时间止。

恢复连续通行客货列车行车条件的时间,以事故现场实际的开通时间为准。

施工封锁区间发生冲突或脱轨的行车中断时间,从事故发生前原计划开通的时间起计算。

线路修复后如需进行试运转的,以试运转完了的时间作为线路开通的时间。如试运转后不能通车需要继续整修时,以线路实际达到连续通行客货列车行车条件时为线路开通的时间。破损的机车、车辆没有移开线路而影响行车时,不能作为线路开通。

救援列车停留地点距离事故发生地点超过 100 km 时,每增加 40 km,按实际中断行车时间扣除 30 min 确定事故性质。

4. 列车脱轨辆数

列车脱轨辆数包括列车中机车和每个车辆,或动车组、自轮运转设备(包括拖车),只要有 1 个车轮脱轨,即按 1 辆计算。

综合上述人员伤亡、经济损失、列车脱轨辆数及中断铁路行车等因素,《铁路交通事故应急救援和调查处理条例》将铁路交通事故确定为特别重大事故、重大事故、较大事故、一般事故四级,同时由于在铁路交通事故管理中,铁路运输按自身特点形成了一整套的管理制度和办法。尤其铁路行业长期坚持“抓小防大”,对大量未造成人员伤亡或重大财产损失的险情严格按事故管理,对强化安全基础发挥了十分重要的作用。同时,铁路具有点多线长、机车车辆不间断运行的特点,且铁路不能做到全部封闭式运营,大量列车在人口稠密的城市、乡村中运行,事故发生的情形十分复杂,不可能在行政法规中一一列举。因此,《铁路交通事故应急救援和调查处理条例》第十二条第二款规定,国务院铁路主管部门可以对一般铁路交通事故的其他情形作出补充规定。据此,《铁路交通事故调查处理规则》结合铁路的特点,又将一般事故按照事故原因细分为一般 A 类事故、一般 B 类事故、一般 C 类事故和一般 D 类事故。

12.1.1.3 铁路交通事故等级划分

1. 特别重大事故

有下列情形之一的,为特别重大事故:

(1)造成 30 人以上死亡。

(2)造成 100 人以上重伤(包括急性工业中毒)。

(3)造成 1 亿元以上直接经济损失。

(4)繁忙干线客运列车脱轨 18 辆以上并中断铁路行车 48 h 以上。

(5)繁忙干线货运列车脱轨 60 辆以上并中断铁路行车 48 h 以上。

2. 重大事故

有下列情形之一的,为重大事故:

(1)造成10人以上30人以下死亡。

(2)造成50人以上100人以下重伤(包括急性工业中毒)。

(3)造成5 000万元以上1亿元以下直接经济损失。

(4)客运列车脱轨18辆以上。

(5)货运列车脱轨60辆以上。

(6)客运列车脱轨2辆以上18辆以下,并中断繁忙干线铁路行车24 h以上或者中断其他线路铁路行车48 h以上。

(7)货运列车脱轨6辆以上60辆以下,并中断繁忙干线铁路行车24 h以上或者中断其他线路铁路行车48 h以上。

3. 较大事故

有下列情形之一的,为较大事故:

(1)造成3人以上10人以下死亡。

(2)造成10人以上50人以下重伤(包括急性工业中毒)。

(3)造成1 000万元以上5 000万元以下直接经济损失。

(4)客运列车脱轨2辆以上18辆以下。

(5)货运列车脱轨6辆以上60辆以下。

(6)中断繁忙干线铁路行车6 h以上。

(7)中断其他线路铁路行车10 h以上。

4. 一般事故

在《铁路交通事故应急救援和调查处理条例》对事故等级定义的基础上,《铁路交通事故调查处理规则》结合铁路特点,将一般事故又分为:一般A类事故、一般B类事故、一般C类事故、一般D类事故。

(1)一般A类事故

有下列情形之一,未构成较大以上事故的,为一般A类事故:

A1. 造成2人死亡。

A2. 造成5人以上10人以下重伤(包括急性工业中毒)。

A3. 造成500万元以上1 000万元以下直接经济损失。

A4. 列车及调车作业中发生冲突、脱轨、火灾、爆炸、相撞,造成下列后果之一的:

A4.1 繁忙干线双线之一线或单线行车中断3 h以上6 h以下,双线行车中断2 h以上6 h以下。

A4.2 其他线路双线之一线或单线行车中断6 h以上10 h以下,双线行车中断3 h以上10 h以下。

A4.3 客运列车耽误本列4 h以上。

A4.4 客运列车脱轨1辆。

A4.5 客运列车中途摘车2辆以上。

A4.6 客车报废1辆或大破2辆以上。

A4.7 机车大破1台以上。

A4.8 动车组中破1辆以上。

A4.9 货运列车脱轨4辆以上6辆以下。

(2)一般B类事故

有下列情形之一,未构成一般A类以上事故的,为一般B类事故:

B1. 造成1人死亡。

B2. 造成5人以下重伤(包括急性工业中毒)。

B3. 造成100万元以上500万元以下直接经济损失。

B4. 列车及调车作业中发生冲突、脱轨、火灾、爆炸、相撞,造成下列后果之一的:

B4.1 繁忙干线行车中断1 h以上。

B4.2 其他线路行车中断2 h以上。

B4.3 客运列车耽误本列1 h以上。

B4.4 客运列车中途摘车1辆。

B4.5 客车大破1辆。

B4.6 机车中破1台。

B4.7 货运列车脱轨2辆以上4辆以下。

(3)一般C类事故

有下列情形之一,未构成一般B类以上事故的,为一般C类事故:

C1. 列车冲突。

C2. 货运列车脱轨。

C3. 列车火灾。

C4. 列车爆炸。

C5. 列车相撞。

C6. 向占用区间发出列车。

C7. 向占用线接入列车。

C8. 未准备好进路接、发列车。

C9. 未办或错办闭塞发出列车。

C10. 列车冒进信号或越过警冲标。

C11. 机车车辆溜入区间或站内。

C12. 列车中机车车辆断轴,车轮崩裂,制动梁、下拉杆、交叉杆等部件脱落。

C13. 列车运行中碰撞轻型车辆、小车、施工机械、机具、防护栅栏等设备设施或路料、坍体、落石。

C14. 接触网接触线断线、倒杆或塌网。

C15. 关闭折角塞门发出列车或运行中关闭折角塞门。

C16. 列车运行中刮坏行车设备设施。

C17. 列车运行中设备设施、装载货物(包括行包、邮件)、装载加固材料(或装置)超限(含按超限货物办理超过电报批准尺寸的)或坠落。

C18. 装载超限货物的车辆按装载普通货物的车辆编入列车。

C19. 电力机车、动车组带电进入停电区。

C20. 错误向停电区段的接触网供电。

C21. 电化区段攀爬车顶耽误列车。

C22. 客运列车分离。

C23. 发生冲突、脱轨的机车车辆未按规定检查鉴定编入列车。

C24. 无调度命令施工，超范围施工，超范围维修作业。

C25. 漏发、错发、漏传、错传调度命令导致列车超速运行。

(4) 一般 D 类事故

有下列情形之一，未构成一般 C 类以上事故的，为一般 D 类事故：

D1. 调车冲突。

D2. 调车脱轨。

D3. 挤道岔。

D4. 调车相撞。

D5. 错办或未及时办理信号致使列车停车。

D6. 错办行车凭证发车或耽误列车。

D7. 调车作业碰轧脱轨器、防护信号，或未撤防护信号动车。

D8. 货运列车分离。

D9. 施工、检修、清扫设备耽误列车。

D10. 作业人员违反劳动纪律、作业纪律耽误列车。

D11. 滥用紧急制动阀耽误列车。

D12. 擅自发车、开车、停车、错办通过或在区间乘降所错误通过。

D13. 列车拉铁鞋开车。

D14. 漏发、错发、漏传、错传调度命令耽误列车。

D15. 错误操纵、使用行车设备耽误列车。

D16. 使用轻型车辆、小车及施工机械耽误列车。

D17. 应安装列尾装置而未安装发出列车。

D18. 行包、邮件装卸作业耽误列车。

D19. 电力机车、动车组错误进入无接触网线路。

D20. 列车上工作人员往外抛掷物体造成人员伤害或设备损坏。

D21. 行车设备故障耽误本列客运列车 1 h 以上，或耽误本列货运列车 2 h 以上；固定设备故障延时影响正常行车 2 h 以上(仅指正线)。

因事故死亡、重伤人数 7 日内发生变化，导致事故等级变化的，相应改变事故等级。

注：本节所称的“以上”包括本数，所称的“以下”不包括本数。

12.1.1.4　铁路交通事故的报告

每个铁路从业人员，无论哪种岗位和专业，事故发生后均应立即向单位领导及相关单位报告，如实提供相关证据，积极配合事故调查工作。

1. 事故报告的主要内容

铁路交通事故报告应当包括八个方面的主要内容。

(1) 事故发生的时间、地点、区间(线名、公里、米)、线路条件、事故相关单位和人员

事故发生的时间、地点是报告的最基本要素，报告事故发生区间可以明确铁路交通事故发生的具体位置，包括线名、车站、区间、公里、米；线路条件是指线路平纵断面情况(钢轨及轨

枕、坡度、曲线要素等)和线路外部自然情况(桥梁、隧道、涵洞、路堑、路堤等);事故相关单位和人员是指与所发生事故的单位和事故当事人。

(2)发生事故的列车种类、车次、机车型号、部位、牵引辆数、吨数、计长及运行速度

发生事故的列车种类,是指货车、客车;机车型号是指电力机车,内燃机车,动车组;车次是指对客、货列车编组后开行车次的名称;事故发生部位,是指事故发生在列车中的具体位置,如发生在第几车厢等。列车编组包括列车牵引辆数、吨位、车辆换算长度(计长)以及是否编有特种车辆等。

(3)旅客人数,伤亡人数、性别、年龄以及救助情况,是否涉及境外人员伤亡

对事故伤害涉及人员情况的报告越详细越好,包括事故已造成的人员伤亡情况和事故涉及的人员情况。

①人员伤亡情况。

发生事故中的具体人员伤亡的数字及伤势情况,包括死亡人数,受伤人员情况,现场救助情况及是否需要外部医药救助支援等。

②涉及人员情况。

事故发生现场涉及的人员总数、旅客人数、职工人数,人员名称、年龄、性别、职务,是否涉及境外人员等。

(4)货物品名、装载情况,易燃、易爆等危险货物情况

对货运列车要求报告货物的具体品名、数量和实际的装载状况,有易燃、易爆等危险物品时,还应报告以下事项:

①造成火灾、爆炸,易燃、易爆、有毒和有害、化学、放射性物品的品名、性能、数量、装载位置布置。

②对人体危害程度及扩大事故或扩大影响范围的可能性。

③事故地点的环境。

(5)机车车辆脱轨辆数、线路设备损坏程度等情况

机车车辆脱轨辆数、线路设备损坏程度等情况主要是报告机车车辆脱轨、颠覆的辆数,以及机车车辆、线路设施、道路车辆等设备设施的损坏数量、损坏程度和损坏状况。

(6)对铁路行车的影响情况

报告事故对铁路行车的影响情况,包括对本列车、临线列车及事故现场周边安全情况的影响。

(7)事故原因的初步判断,事故发生后采取的措施及事故控制情况

这部分包括三方面的内容:

①事故原因的初步判断。

铁路管理机构是铁路运输安全的区域监管主体,其接到事故报告后,要及时赶赴现场,除履行组织抢救伤员等事故救援职责外,还要利用专业知识、工作经验和监察手段,对事故原因做出一个初步的判断。如:事故性质、事故等级和是否有人员伤亡,以及是否为违章违纪、设备不良、社会治安、自然灾害等原因造成。

②事故发生后采取的措施及事故控制情况。

事故发生后采取的措施及事故控制情况是由铁路管理机构对事故初步处理情况和事态控制的一个综合性报告。这个情况报告是由专业运输管理部门对事故处理的初步情况和对事故的初步控制情况进行的全面的描述和反映,是对事故进行下步救援和处理的一个重要依据和参考。

③具体救援请求。

事故救援请求事项包括：是否请求出动铁路救护车、救援队、救援列车、起重机或地方消防车、医务人员、交通工具，是否请求当地驻军、武警部队参与救助，以及需要救助的各类物资等。事故救援请求报告，可以让接受报告的机关及时了解事故的救援需求，准确及时制定或启动救援方案，及时调集救援力量和救援物资，积极组织开展事故救援。

(8)应当立即报告的其他情况

根据事故的情况还应通报如下事项：事故地点的环境，如桥涵、隧道、水源、地形、道路、厂矿、居民、天气、风向等；是否需要预先卸空重车等。

事故报告后，人员伤亡、脱轨辆数、设备损坏等情况发生变化时，应及时补报。补报后续情况也是事故报告主体的义务和责任。

2. 事故报告的程序

(1)事故报告主体

根据《铁路交通事故应急救援和调查处理条例》和《铁路交通事故调查处理规则》的相关规定，对铁路交通事故负有报告责任的主体包括：事故现场有关人员、接受报告的有关单位和人员、铁路管理机构和人员、国务院铁路监管部门。

(2)事故报告流程和报告时限

《铁路交通事故调查处理规则》第十八条至第二十二条和第二十五条对事故报告流程做了规定。铁路一线职工须重点掌握以下内容：

①事故发生后，事故现场的铁路运输企业工作人员或者其他人员应当立即向邻近铁路车站、列车调度员、公安机关或者相关单位负责人报告。

②有关单位和人员接到报告后，应立即将事故情况向企业负责人和事故发生地安全监管办安全监察值班人员报告，安全监管办安全监察值班人员按规定向安全监管办负责人报告。

③铁路运输企业列车调度员，分别向事故发生地安全监察值班人员、国铁集团列车调度员报告。

12.1.1.5 铁路交通事故责任追究

铁路交通事故分为责任事故和非责任事故。

责任事故分为全部责任、主要责任、重要责任、次要责任和同等责任。

自然灾害原因导致的事故，因防范措施不到位，定责任事故。确属不可抗力原因导致的事故，定非责任事故。

典型案例 12-2

某车站84号柱为AT供电方式附加悬挂正馈线(AF线)和保护线(PW线)转角柱，正馈线悬式绝缘子串受转角AF线拉力作用，偏向钢柱84号柱方向，保护线与正馈线间连接跳线在前期施工调整时，跳线弛度过大，距正馈线较近(不足300 mm)。3月19日14时10分天气刮大风(风力达七级左右)，弛度过大的跳线在风力作用下与正馈线之间空气绝缘间隙时大时小。到14时15分当间隙不能保证绝缘需要时，空气间隙放电击穿，引起变电所保护动作，设备跳闸。14时16分接触网工区接到电力调度员事故抢修通知。在受影响的68 min时间内连续跳闸三次，累计停电时间61 min。影响列车6列(其中客车1列，货车5列)。

案例分析:

施工时正馈线和保护线间连接跳线与正馈线间空气绝缘间隙过小,有较大弛度的跳线在大风作用下使跳线与正馈线间空气绝缘间隙更小,以至于不能满足绝缘需要而放电直至击穿,引起变电所跳闸,中断供电,列设备管理单位责任跳闸事故。

典型案例 12-3

2007年2月28日2时05分,由乌鲁木齐开往新疆南部城市阿克苏的5807次列车运行至南疆铁路珍珠泉至红山渠站间公里标K42+300处时,因瞬间大风造成该次列车机后9至19位车辆脱轨,如图12-2所示。该起事故造成3名旅客死亡,2名旅客重伤,32名旅客轻伤,南疆铁路被迫中断行车近10 h。1 100余名旅客分别乘坐救援列车和大轿车转往目的地,受伤人员也被及时送到事发地附近的吐鲁番和托克逊医院进行救治。

图12-2 瞬时狂风致火车脱轨

乘客描述事故现象说,突然觉得身体腾空而起"没想到火车也会翻!没想到救援能来得那么快!也没想到出事后所有人的表现会如此镇定!",乘客宿×觉得身体忽然腾空而起,他重重地摔在对面的铺上。这时他才发现被风沙打烂的车窗一侧竟然成了车顶的"天窗"。行李物品重重地砸在旅客身上,车厢内顿时一片黑暗。营救车辆的大灯刺破了事故现场的黑暗,人们这才惊讶地发现,这列有20多节车厢的列车竟有11节车厢被大风吹翻。狂风给救援工作带来巨大困难,人在风中很难站住。记者看到,一位救援人员在狂风中被吹来吹去。只要张口说话,风沙立即灌入口鼻。12级大风夹杂着沙石狂扫一切,没有任何停歇的意思。记者露在风中的手背如被刀割。现场的营救人员,脸部也被风沙蹭破。最先赶到现场的是当地的铁路机务段职工。从4点一直到10点最后一名受困人员被救出的6个小时里,他们手拿铁锹、十字镐,一直不停地挖掘,为车厢里的乘客挖出一个个脱困的出口。托克逊县武警某部的干部战士,站在侧翻的车厢旁,用身体排起人墙,为脱险的乘客遮挡风沙。

案例分析:

火车脱轨应为瞬时狂风所致。新疆地处我国西北部,常逢大风季节,火车在经过新疆多处铁路时常常会碰到"百里风区"。据当地铁路部门介绍,出事的地点正好处于这样的地区。来自中央气象台的监测资料显示,吐鲁番市当时并未观测到沙尘暴天气,火车脱轨应是瞬时特大风力所致。气象部门表示,根据吐鲁番市两个观测站提供的气象资料分析,当时两个观测站只观测到浮尘天气,并没有沙尘暴的信息,因此如果火车脱轨是由于气象原因，应该是因为瞬时风力比较大。

教训和应对措施：

对南疆线三十里风口的风力变化规律研究掌握得不够，铁路部门要深入研究平均风速的变化状况和相互关系，掌握规律，科学确定放行列车的风速条件；将大风情况下无挡风墙地段放行列车的风速限制值由12级降至10级，确保列车的绝对安全。立项研究客车不同运行速度和客车玻璃不同程度破损带来的客车动力学特性的变化，以及对列车运行安全的影响，科学合理地确定客车玻璃破损后安全运行的办法。对瞬时风力风速变化大的风口地区科学合理地设置风速探测点，风口部位要规划设置连续挡风墙。

铁路交通事故违法行为主体包括两类：一类是铁路运输企业；另一类是铁路运输企业职工。

1. 因违法行为导致事故应承担的法律责任

铁路运输企业及其职工违反法律、行政法规的规定，造成事故的，依法追究行政责任。构成犯罪的，依法追究刑事责任。

(1) 违法行为

违法行为铁路运输企业和其他有关单位、个人应当遵守铁路运输安全管理的各项规定，防止和避免事故的发生。违法行为是指铁路运输企业及其职工违反法律、行政法规导致发生铁路交通事故的行为。

(2) 法律责任

法律责任分为行政责任和刑事责任。

①行政责任。

对单位、个人的行政处罚主要有：警告、通报批评；罚款、没收违法所得、没收非法财物；暂扣许可证件、降低资质等级、吊销许可证件；限制开展生产经营活动、责令停产停业、责令关闭、限制从业；行政拘留；法律、行政法规规定的其他行政处罚。

对个人的纪律处分一般包括：警告、记过、记大过、撤职、留用察看、开除。

②刑事责任。

对违反法律、行政法规的规定，造成事故构成犯罪的铁路运输企业及其职工，依法追究刑事责任。《中华人民共和国刑法》规定，铁路职工违反规章制度，致使发生铁路运营安全事故，造成严重后果的，处3年以下有期徒刑或者拘役；造成特别严重后果的，处3年以上7年以下有期徒刑。

2. 迟报、漏报、瞒报、谎报事故应承担的法律责任

铁路运输企业及其职工迟报、漏报、报、谎报事故的，对单位，处10万元以上50万元以下的罚款；对个人，处4 000元以上2万元以下的罚款；属于国家工作人员的，依法给予处分；构成犯罪的，依法追究刑事责任。

(1) 违法行为

事故发生后，铁路运输企业和其他有关单位应当及时、准确地报告事故情况，积极开展应急救援工作，减少人员伤亡和财产损失，尽快恢复铁路正常行车。《铁路交通事故应急救援和调查处理条例》对事故报告的主体、事故报告的程序和时限、事故报告的内容，以及事故报告后出现新情况应当及时补报等做出了明确规定。事故报告是一个自下而上的连锁系统中极为

重要的一环，如果出现迟报和漏报事故，必然会引起连锁反应，因此，迟报、漏报、瞒报或者谎报事故是违法行为。

(2)法律责任

①行政责任。

行政责任分为罚款和处分。

罚款：迟报、漏报、瞒报或者谎报事故的，应给予罚款的行政处罚。对单位处10万元以上50万元以下的罚款；对个人处4 000元以上2万元以下的罚款。

处分：对属于国家工作人员的铁路运输从业人员，除了给予罚款的处罚外，还应当依照《中华人民共和国行政监察法》《中华人民共和国公务员法》等法律法规规定，给予相应处分。

②刑事责任。

《中华人民共和国刑法》规定了不报或者谎报事故罪，铁路运输企业工作人员不报或者谎报事故，贻误事故抢救，情节严重的，处3年以下有期徒刑或者拘役；情节特别严重的，处3年以上7年以下有期徒刑。

3. 干扰、阻碍事故调查处理应承担的法律责任

(1)违法行为

《铁路交通事故应急救援和调查处理条例》分别对组织事故调查组的主体，事故调查的期限，事故调查过程中有关技术鉴定或者评估的要求，事故调查报告和事故认定书的制作期限与效力、事故现场证据的保存，事故责任单位和有关人员落实防范和整改措施的监督检查，以及事故处理情况的对外公布等做出了具体规定。干扰、阻碍事故调查处理的行为属于违法行为，应追究有关单位和人员的法律责任。

(2)法律责任

法律责任分为行政责任和刑事责任。

①行政责任。

行政责任包括罚款、处分、治安管理处罚。

罚款：对单位，处4万元以上20万元以下的罚款；对个人，处2 000元以上1万元以下的罚款；情节严重的，对单位，处20万元以上100万元以下的罚款；对个人，处1万元以上5万元以下的罚款。

处分：国家工作人员实施了干扰、阻碍事故调查处理的违法行为，除了给予罚款外，还应当受到纪律处分，包括：警告、记过、记大过、降级、撤职、开除六种。

治安管理处罚：违法主体的行为同时违反了《中华人民共和国治安管理处罚法》的规定，就应当给予治安管理处罚，包括警告、罚款和行政拘留。

②刑事责任。

《中华人民共和国刑法》规定了妨害公务罪，对于违法主体以暴力、威胁方法阻碍国家机关工作人员依法执行职务，从而干扰、阻碍事故救援、铁路线路开通、列车运行和事故调查处理的，处3年以下有期徒刑、拘役、管制或者罚金。

12.1.2 电气化铁路接触网故障抢修

12.1.2.1 总则

(1)接触网是电气化铁路重要的行车设备，是向电力机车、电动车组等移动设备安全可靠供电的特殊输电线路，一旦故障停电，将直接影响行车秩序。为了规范和加强接触网故障（或事故，下同）抢修工作，依据《铁路交通事故应急救援和调查处理条例》（国务院令第 501 号），制定《电气化铁路接触网故障抢修规则》。

（2）电气化铁路接触网故障抢修规则适用于电气化铁路接触网故障、事故抢修及自然灾害和其他事故引起的接触网修复、配合工作。

（3）铁路各级管理部门应按照各自的职责和分工，组织、参与接触网故障抢修工作。

牵引供电运行各级主管部门，必须牢固树立为运输服务的思想，做到常备不懈，一旦发生故障，迅速出动，快速抢修，尽快恢复供电和行车。

（4）接触网抢修要遵循“先通后复”“先通一线”和“先行供电”的基本原则，以最快的速度设法先行供电、疏通线路并及早恢复设备正常的技术状态。

（5）为满足铁路运输需要，必须强化接触网抢修基地建设，纳入铁路应急救援体系规划。抢修基地应配备先进装备、机具和材料，不断提高接触网抢修速度和质量。积极推广和应用集设备运行、技术资料、信息传递、抢修预案等功能于一体的牵引供电抢修辅助决策系统，不断提高接触网应急抢修工作效率与管理水平。

（6）电气化区段所有职工发现接触网故障和异状，应立即报告邻近车站、供电段（含基础设施段、综合段、供电外委维修管理单位等，下同），并尽可能详细地说清故障范围和损坏情况，必要时应在故障地点采取防护措施。

12.1.2.2　抢修组织

（1）牵引供电运行各级主管部门要加强接触网故障抢修工作的领导，建立健全各级责任制。铁路局集团公司应成立接触网应急抢修领导小组，建立健全应急抢修机制，加强人员培训、装备配置、物资储备、预案演练等基础管理工作。供电段和供电车间要成立接触网故障应急抢修组织。

（2）每个接触网工区应以比较熟练的工人为骨干组成抢修组，抢修组现场负责人由工长或安全技术等级不低于四级的人员担当，组内应明确分工，有准备材料工具的人员、防护人员、驻站联络员、网上作业人员和地面作业人员等。抢修时现场负责人、驻站联络员和防护人员应佩戴明显的标志，各司其职。平时作业应尽量按抢修组的分工组成作业组，以加强协调配合，一旦故障停电，可以配套出动抢修，当人员变动时要及时调整和补充。

（3）每个接触网工区在夜间和节假日必须经常保持一个作业组的人员（至少 12 人）在工区值班。工区应有值班人员的宿舍和卧具，并经常保持清洁、安静，保证值班人员休息好。

（4）铁路局集团公司供电调度、供电专业管理部门应备有局接触网抢修领导小组有关人员和供电段车间主任及以上人员的固定、移动电话号码。供电段生产调度应有局接触网抢修领导小组有关人员、段接触网抢修领导小组及有关机构、人员的固定、移动电话号码。

（5）对于较大的接触网故障，铁路局集团公司抢修领导小组成员、供电段负责人、车间主任及故障抢修领导小组成员要及时赶赴调度台或现场组织指挥抢修，及时协调解决存在的问题。必要时，应要求通信部门启动应急通信，开通现场至铁路局集团公司间多路电话和图像通信设备。

12.1.2.3　抢修处置

1. 故障判断与查找

（1）铁路局集团公司供电调度员得知接触网发生故障后，首先要根据故障的显示情况、保护动作类型及各方面信息,迅速判明故障地点和情况(当故障点标定装置失灵时,可采取分段试送电、派人巡视等方法查找),必要时通知列车调度员,请邻线通过列车司机加强瞭望,帮助确定故障地点和状态,尽可能详细地掌握设备损坏程度和波及范围,及时与列车调度员办理接触网停电及行车限制有关事宜,迅速通知就近的接触网工区和供电段生产调度,组织调动抢修队伍,并报告铁路局集团公司供电主管部门、铁路局集团公司调度所值班主任和国铁集团供电调度。

(2)双线区段,为防止故障扩大,当一个行别发生跳闸且重合失败时,供电调度员要立即根据故障点标定装置指示,将可能发生故障的地段通知列车调度员,列车调度员应迅速通知在线运行的邻线机车乘务员加强瞭望,必要时采取限速等安全措施。

(3)变电所馈线断路器跳闸重合失败后,为避免扩大故障范围,在未确认符合供电和行车条件,作业人员未撤至安全地带时,不准盲目强送电。

当故障跳闸重合失败后,在没有相应供电臂有关故障信息的情况下,为排除因电力机车短路接地等故障跳闸,供电调度员可通过列车调度员通知所在供电臂上的电力机车降下受电弓后,进行一次强送电。当变电所所在站区发生近点短路(故障点标定装置指示在3公里范围内),自动重合失败后,若跳闸区段供电臂末端有分区亭并联断路器,不得用故障供电臂上的变电所断路器强送电,应用同方向另一供电臂通过分区所的并联断路器向故障供电臂试送电。设有馈线故障性质判断装置的变电所,强送电前,还应先投入故障性质判断装置,判断馈线有无永久性故障。有永久性故障,不得强送电。

(4)接触网故障查找应以故障点标定指示为依据,向两侧扩大查找。要按照供电调度员的指令,参考车务、机务、工务、电务、公安等人员反映的情况,结合天气、温度、运行环境等因素有重点地组织查找。

(5)在发生供电设备故障时,机务、运输部门要密切配合。供电段抢修人员在步行查找接触网故障点的同时,也可通过车站值班员向列车调度员报告,采取临时要点登乘本线或邻线机车的查找方式,尽快确定故障点。

2. 抢修出动

(1)接触网工区接到抢修通知后,应按抢修组内部的分工,带好材料、工具等,白天15 min、夜间20 min内出动。工区值班人员及时将出动时间及相关情况报告铁路局供电调度、供电段生产调度和供电车间。

(2)接触网抢修车辆应按救援列车办理。抢修车辆出动前,供电调度员应将车号及到达的地点通知列车调度员,列车调度员应优先放行,使之迅速到达故障现场。

(3)双线区段,当故障线路有列车停留时,接触网抢修车辆可通过邻线运行到达故障现场。当故障现场有车辆占用时,接触网抢修人员应视情况登车顶处理,或请求列车调度员尽快安排腾空线路,为接触网抢修作业创造条件。

3. 抢修方案

(1)应本着先通后复的原则制定抢修方案,以最快的速度设法先行供电,疏通线路,必要时可采取迂回供电、越区供电、降弓通过或限制列车速度通过等措施,缩短停电、中断行车时间,并及时安排时间处理遗留工作,使接触网及早恢复正常技术状态。

在双线电化区段,除按上述先通后复的原则外,还应遵循先通一线的原则制定抢修方案,集中力量以最快的速度设法先通线，尽快疏通列车。

当故障停电区段有重点列车运行时，抢修方案还应遵循先重点，后一般的原则，首先使接触网脱离接地，尽快恢复送电，待重点列车离开故障供电单元时，再要点对故障地点进行恢复。

（2）为保证快速抢通，允许接触网满足最低技术条件开通运行。在开通线路、疏通列车后再申请天窗停电，尽快处理使设备达到运行技术标准。

（3）降弓距离应满足列车惰行运行要求。故障地段降弓时间一般不宜超过24 h。

4. 抢修指挥

（1）接触网故障抢修工作必须服从铁路局集团公司供电调度的统一指挥。抢修组设现场指挥一人，负责抢修方案的现场实施。所有参加现场抢修的人员都必须服从抢修指挥人员的统一指挥。当有两个及以上班组同时参加抢修时，应由供电段故障抢修领导小组指定一名人员任现场指挥。

（2）故障查找人员找到故障点后，应立即报告现场指挥，说明故障的位置、性质、损坏范围等情况。现场指挥应立即对现场损坏范围等情况核查清楚，组织制定抢修建议方案报供电调度员。

（3）供电调度员要根据故障破坏范围等情况及抢修组提报的建议方案、故障区段行车状况和运输要求，尽快确定抢修实施方案。抢修方案一经确定一般不应变动，确属必须变动时要经供电调度同意，并通知有关部门和单位。

（4）在铁路局集团公司（供电段）设备分界附近发生故障时，相邻的铁路局集团公司（供电段）应积极协助抢修，在参加抢修中服从故障所在铁路局供电调度和抢修指挥人员的指挥。

（5）在配合铁路交通事故救援时，接触网抢修指挥人员应服从事故现场负责人的调动，对接触网进行停电拆除或修复工作，并将工作情况及时报告事故现场负责人。事故救援结束，根据事故现场负责人的命令向供电调度申请办理接触网送电事宜。

（6）在接触网抢修过程中，抢修组要指定专人与铁路局集团公司供电调度、供电段生产调度经常保持通信联络，随时报告抢修进度等情况，同时供电调度要将运输要求及时传达给接触网抢修现场指挥。

5. 开通线路

（1）接触网修复过程中，对接触网主导电回路及受电弓动态包络线等关键部位要严格把关，确认符合供电行车条件后方准申请送电。送电后要观察1～2趟车，确认运行正常后抢修组方准撤离故障现场。

（2）需封锁线路、降弓通过或限速运行时，抢修人员应向供电调度报告起止位置（或范围）和列车运行注意事项，并按规定在相邻车站登记，现场设置标志或显示手信号。接触网限速值应由现场指挥人员根据抢修后接触网技术状态确定。

6. 安全作业

（1）在整个抢修工作中，要坚持安全作业，严格遵守“普速/高速铁路接触网安全工作规则”和有关规定，防止扩大故障影响范围和发生意外事故。

（2）抢修过程中要坚持设置行车防护，防护人员要思想集中，坚守岗位，履行职责，及时、准确地传递信号。

（3）抢修作业可以不开具工作票，但必须办理停电作业命令，采取安全措施。抢修指挥在抢修作业前要向作业人员宣布停电范围，划清设备带电界限。对可能来电的关键部位和抢修作业地段，要按规定设置可靠足够的接地线。

（4）在拆除接触网作业时，要防止支柱倾斜及线索断线、脱落等；在抢修恢复作业中，对安装的零部件特别是受力件要紧固牢靠，防止松脱、断线引起故障扩大。

接触线、载流承力索（含大电流区段非载流承力索）、供电线（正馈线）、加强线等主导电回路线索断线采取临时紧急送电方案抢修时，须加装短接线，短接线截面不得小于被连接导电线索截面。

（5）在线间距不足6.5 m的地段进行故障抢修作业时，邻线列车应限速至160 km/h以下，并按规定进行防护。

7. 后勤保障

为保证抢修工作的顺利进行，所在铁路局集团公司、供电段和供电车间必须做好后勤服务工作，保证抢修人员的饮食供应，必要的御寒衣物等并及时送到故障现场。

12.1.2.4 机具材料

（1）新建和改造电气化铁路，应结合线路运行要求和接触网设备特点，将抢修机构设置及人员、交通、通信工具、机具、材料配置纳入工程设计。开通前，人员、机具、材料应配置到位。

（2）为保证接触网故障抢修指挥人员能及时赶赴现场组织抢修，供电段、供电车间应配备故障抢修指挥汽车。

（3）供电段应设置抢修基地，配备接触网抢修车列。每组接触网抢修车列由放线车、轨道吊车各1台，平板车、综合检修作业车各2台组成。抢修列车的抢修半径一般为200运营公里。

综合检修作业车应具有邻线或桥支柱下部等全方位的作业功能，以适应邻线有货物列车滞留时其上部接触网抢修的需要。提速干线的放线车应具备恒张力放线的功能。

（4）接触网工区应配置2台接触网作业车、1台平板车、1辆电力抢险工程车（以保证当接触网作业车无法及时到达故障现场时，人员、机具能先行到达）。铁路枢纽接触网工区的作业应有1台为带高空作业吊篮的高空作业车；负责铁路大型客站接触网维护的工区还应配置高空作业汽车。

（5）接触网工区所在地、抢修车辆应配置通信手段，以适应管内接触网抢修的通信需要。

（6）供电段、供电车间、接触网工区均应配置夜间故障抢修用照明灯具，照度及数量应分别满足抢修线路2 000 m、1 000 m、200 m的充足照明需要（平均照度达到100 lx，4个小时内连续使用）。个人照明工具应满足夜间作业需要。

（7）交通机具是保证迅速出动抢修的先决条件，应有专人管理，做好日常维修保养，时刻处于良好状态，保证有足够的燃料，随时能出动抢修。

接触网抢修用轨道车辆、汽车，必须停放在能够保证迅速出动的指定地点。如必须变更停放地点，工区值班员要及时报告供电调度和供电段生产调度。

冬季取暖的地区，车库应有采暖设施，保证及时出动。

（8）铁路局集团公司供电调度和供电段生产调度必须随时掌握抢修列车和接触网工区交通机具的停放地点、整备情况，交接班时进行交接，接班后要复查。

（9）供电段、接触网工区及抢修基地（抢修列车）应按规定的标准配齐抢修材料、工具、备品、通信和防护用具等，并随时注意补充。供电车间抢修用工具、材料原则上存放于所在班组料库。

（10）抢修用料应尽量组装成套，并与日常维修用料分别造册登记，分架存放。对较小的零部件（如线夹等）应集中装箱存放在固定地点。

（11）接触网工区值班员应有材料库的钥匙，交接班时交接并清点抢修用料具，以便随时取出抢修用料具。用后抢修人员应负责将料、具及时放回原处。消耗的材料、零部件列出清单，交给值班员和材料员各一份，并共同确认。对抢修用料具，接触网工区工长每旬检查一次，车间主任每月检查一次，供电段材料、安全科（室）应组织抽查。

12.1.2.5 情况报告和总结

（1）接触网故障抢修过程中，铁路局集团公司供电调度员应按《铁路行车设备故障调查处理办法》，及时填写“牵引供电、电力故障速报”表电传或网络传送国铁集团供电调度和铁路局集团公司供电专业管理部门，并实时汇报抢修进度。

（2）注意保存接触网故障及抢修工作的原始资料，供电调度员应对故障处理过程中的通话进行录音，待故障调查处理结束一个月后方可消除。

（3）接触网抢修指挥人员要指定专人负责故障情况及其修复过程的写实，包括必要的拍照，有条件时可进行录像，收集并妥善保管故障拉断或烧坏的线头、损坏的零部件等，以利故障分析。

供电段应对典型故障的照片、故障报告、损坏的线头、零部件等作为档案资料长期保存。

（4）铁路局集团公司供电主管部门要对每件事故、故障按《铁路交通事故调查处理规则》和《铁路行车设备故障调查处理办法》认真分析原因，制定防范措施，逐级上报，同时还要分析抢修工作中的经验教训。对好人好事要及时表彰和奖励；对贻误时机，工作不得力者要严肃批评；对玩忽职守，不服从指挥者要给予处分。抢修中采用的先进方法、机具等应及时推广，存在的问题要认真研究制定改进措施，不断完善抢修组织、方法与抢修预案，提高工作效率。

12.1.2.6 人员培训

（1）供电段要加强抢修队伍的定期培训，积极开展故障预想和日常演练，务必使每个人都能掌握各类故障的抢修方法。每半年组织各级抢修领导小组成员、工区抢修指挥人员进行一次轮训，讲解故障抢修知识，学习有关规章命令，分析典型案例，总结经验教训，制定改进措施，不断提高指挥抢修能力。

（2）各工区应充分利用工余时间，发挥技术骨干传、帮、带的作用，经常进行各类故障抢修方法的训练，每季组织一次故障抢修出动演习（包括按时集合、整装出动和携带工具、材料等）。

供电车间每半年组织管内各工区进行一次故障抢修演习。供电段主管段长对上述规定的工作应经常督促检查。在学习、竞赛中取得优异成绩者，要适时给予表扬。

（3）为做好故障抢修的日常演练，供电段及接触网工区应设有供训练用的场地和必要的实物。

12.1.3 常见接触网故障判断查找方法

根据接触网运营管理部门多年的运行经验，这里列举一些故障的判断查找和临时供电抢修方法，鉴于线路条件、设备类型、故障情况不尽相同，各单位可根据当时当地的具体情况随机应变，灵活机动地采取相应最佳措施。

(1)永久性接地。变电所断路器跳闸，重合闸和强送均不成功，故障报告表现为电压低(17 000 V以下)、电流较大(1 000 A以上)、阻抗角在45°~75°之间，可能的原因包括：接触网、正馈线或供电线断线接地、绝缘子击穿、隔离开关处于接地状态下的分段绝缘器击穿、隔离开关引线脱落或断线、较严重的弓网故障、机车故障等。供电调度要根据故标显示状况，有重点地通过行车调度、车站询问列车乘务员等，以便进一步判断确定。

(2)断续接地。变电所断路器跳闸重合成功，过一段时间又跳闸，可能原因包括接触网或电力机车绝缘部件闪络、货车绑扎绳等松脱、列车超限、树木与接触网放电、接触网与接地部分距离不够、接触网断线但未落地、弓网故障等。

(3)瞬时性接地。变电所跳闸后重合成功，一般是绝缘部件瞬时闪络、电击人或动物等。

(4)过负荷跳闸。故障报告表现为，故障电压较高(20 000 V以上)电流较小(1 000 A左右)阻抗角在40°以下，故测仪指示数值超出供电范围，一般可以判断为过负荷。

(5)机车闯分相。故障报告表现为，故障电压较高(20 000 V以上)电流较大(2 000 A左右)阻抗角在0°附近，则有可能为机车带电过分相，此时故标指示数据不正确，不能作为查找故障点的依据。

(6)上下行同时跳闸，两个馈线跳闸报告基本一致，则可能发生上跨电力线或其他高空金属物同时坠落在上下接触网上并接地。

(7)跳闸报告中谐波含量较大且出现二次谐波，则可能是机车内部故障。

(8)同所同行(上行或下行)同时跳闸(阻抗角根据各所情况分析)，则可能为机车带电闯该所处分相。

(9)两相邻所同行(上行或下行)同时跳闸(阻抗角根据各所情况分析)，则可能为机车带电闯两所间分区亭处分相。

(10)连续跳闸，故标指示沿某电力列车运行方向变化，可判定为机车故障。

(11)故障电流小，电压为零，且能重合成功，变电所保护发出电压(电压互感器)回路断线信号，可判定为电压回路断线。

(12)重合或强送失败的跳闸报告数据一般较为准确，应相信故测指示数值。

(13)在AT供电区段接触网(包括接触线和承力索)或正馈线断线且一端接地时，AT供电网络短路电流的流通通道将发生变化，故障点的指示会产生很大的误差，最大可达一个AT区间。因为接触网第一次短路的瞬间，发生断线的可能性较小，若第一次跳闸与强送电跳闸故测仪指示存在较大差别，则可粗略判断接触网或正馈线发生断线事故，在此情况下，先以第一次跳闸故测仪指示为准。

(14)由于倒闸操作、检修试验等原因将某个AT撤除运行时，AT供电网络短路电流的流通通道同样可能发生变化，故障点的指示也会产生很大的误差，最大可达一个AT供电区间。调度应准确掌握AT的运行情况，一般情况下，一个供电臂不得同时解列两台AT。

(15)查找故障应根据季节、设备所处的环境有针对性地进行，例如大雾、阴雨及雨雪交加时易发生绝缘闪络故障，应重点查找隧道及污秽严重处所。

12.1.4 常见接触网故障抢修方案

常见的接触网故障抢修预案按照铁路局集团公司故障抢修应急预案执行。供电段要结合人员、工机具和设备的具体情况，针对不同区段的设备特点及外部环境、故障点下方停有不同机车、车辆,以及车辆装载有不同高度货物等情形,补充制定抢修预案,增强预案的针对性和实用性。

12.1.4.1 接触线断线

当发生导线断线时,首先应查明断线发生的确切位置,断口两侧的损坏情况,断线波及的范围等情况。

(1)导线断线损坏范围较小,断口两侧无较大损伤、变形,可以直接紧线对接。导线严重损伤在一个跨距以内,必须更换一段导线,这时可在地面上先做好一个接头,网上将新旧线紧起后作另一个接头。

(2)导线断线损坏范围较大时,可视具体情况确定方案,如果列车惰行可以通过故障区段时,可将接触网脱离接地采取降弓通过的方法,先行送电通车。具体应遵循如下原则:

①站场侧线断线,可先将线索紧起,保证咽喉区行车,送电先开通正线。站场正线或区间断线,可将线索紧起,采取降弓通过的办法送电通车。

②利用紧线方式送电时,必须加装分流短接线,严禁利用受力工具导通电流回路。

(3)导线断线处理后,必须将该锚段全部巡视一遍,特别是中心锚结、线岔、补偿装置、锚段关节等设备,同时应考虑季节、气温变化时对设备的影响,确定是否可以送电通车,

12.1.4.2 承力索断线

承力索断线可用紧线工具将承力索紧起后即送电通车,必要时降弓通过。载流承力索或大电流区段必须安装分流短接线。

承力索断线抢修后,应对整锚段进行巡视测量,特别要注意中心锚结、线岔、绝缘锚段关节等处是否达到要求。

12.1.4.3 支柱折断

支柱折断是接触网比较严重的故障,一般破坏比较严重,抢修难度大。抢修时一般是临时抢通,降弓通过,正式恢复时重新立支柱。断杆处有附加悬挂,要视具体情况采取措施保证安全距离,恢复送电。

1. 锚柱折断

(1)若相邻两锚段长度不大,可在两转换柱间将两锚段承力索和导线分别合并,合并后要保证张力平衡,必要时可取消一个中心锚结。在断杆处立抢修支柱,将悬挂挑起。

(2)如相邻两锚段长度均比较大,不宜延长锚段时,可借助附近容量足够的支柱下锚,但必须注意要上紧拉线。临时下锚可作硬锚,其下锚拉线紧固良好,且在受力方向上。

处理此类故障时必须注意,紧起后的导线高度必须达到规定要求值以上,锚段关节处的过渡要保证受电弓顺利通过,不能保证时要采取降弓措施,两条馈线间的绝缘锚段关节抢修后不能保证绝缘要求的可将其短接。要注意保证电气连接可靠,回路畅通。

2. 中心柱、转换柱折断

可立抢修支柱或利用附近建筑物挑起悬挂,降弓通过。当两悬挂间不能保证规定的绝缘距离时,可暂不作绝缘锚段关节用。

3. 中间柱折断

(1)直线区段的中间柱折断,接触悬挂高度在规定值以上时,可不立杆,接触悬挂在此处

不悬挂,不定位,即可送电。否则,需立抢修支柱,挑起悬挂。

(2)曲外支柱折断,在保证接触悬挂高度和电气安全距离条件下,可不立支柱。否则,需立抢修支柱挑起悬挂。在保证接触悬挂和电气安全距离条件下恢复供电。

曲内支柱折断,一般需立支抢修支柱,挑起悬挂。

(3)连续两根及以上中间支柱折断。承力索、接触线均断线或一支断线时,可适当降低所断线索的补偿张力后采取增设抢修支柱、将断线紧起或固定到另一行腕臂上等方案,保证行车限界、电气安全以及本线机车惰性运行距离的前提下,降弓通过。条件允许时,本锚段应限速通过。

4. 软(硬)横跨支柱折断

(1)当软横跨处在直线上时,可拆除该软横跨保证接触悬挂高度在规定值以上即可送电。

(2)当软横跨处在曲线上时,接触悬挂必须定位,此时在折断的支柱处立抢修支柱,将上下部固定索紧起,保证接触线高度满足行车要求后,即可送电。

(3)当可以封锁侧线股道时,可以在正线外侧立临时抢修支柱,优先保证正线行车。

注意事项:紧混凝土支柱软横跨上下部定位索时,应在支柱田野侧打多根临时拉线后进行,并在紧线时注意支柱和拉线受力时的变化,以防发生意外。

硬横跨支柱折断时一般视情况在拆除该组硬横梁及其支撑定位后比照软横跨支柱折断抢修方案(1)和(3)处理。

软(硬)横跨钢柱被撞弯或撞斜,可在其弯斜的反方向装两根拉线,维持其稳定后,提升邻近两侧各股道承力索悬挂点,机车降弓通过,调整接触网参数,临时恢复供电、开通。

12.1.4.4 供电线、加强线断线

1. 供电线断线

(1)供电线断线时,优先考虑甩掉故障的供电线或将供电线脱离接地,越区供电。

(2)供电线断线后,不能实行越区供电时,则必须将供电线接通。

2. 加强线断线

加强线断线后,将线紧起,采用同型号的线索,保证电气联结可靠,保证与接触网导电回路的畅通。

3. 供电电缆故障

(1)变电所馈线电缆故障

打开所内对应断路器、隔离开关及对应上网隔离开关,甩开故障电缆,闭合上、下行联络隔离开关供电方式供电,同时调整保护定值,限制列车对数。

(2)分区所馈线电缆故障

打开所内对应断路器、隔离开关及对应上网隔离开关,甩开故障电缆,开环运行。

(3)变电所上下行馈线电缆同时故障

打开所内对应断路器、隔离开关及对应上网隔离开关,甩开故障电缆,采取相邻变电所越区供电方式供电,同时调整保护定值,限制列车对数。

(4)AT所馈线电缆故障

打开所内对应断路器、隔离开关及对应上网隔开,甩开故障电缆,AT所退出运行。

12.1.4.5 正馈线断线

正馈线断线除可采取供电线断线抢修接通方案外,也可采用以下临时方案:

(1)将故障锚段正馈线撤除运行。在有故障的正馈线锚段末端下锚处,分别断开该锚段与相邻锚段正馈线对向下锚间的连接线,使该正馈线锚段撤出运行。条件允许时,也可只剪除故障跨距内正馈线。

(2)恢复送电。恢复送电时,同时闭合该供电臂末端分区亭或开闭所的上下行并联开关,实现末端并联供电。

(3)安全措施。正馈线故障所在供电臂,在正馈线没有恢复之前,邻线不得进行V形停电作业。

12.1.4.6 隔离开关故障

(1)常开开关故障时,可将引线甩掉送电。

(2)常闭开关故障时,拆除引线将其短接后送电。

(3)使用权不属供电部门的开关处理后要及时通知相关单位并在相关记录上签认。

12.1.4.7 分段绝缘器故障

分段绝缘器故障可视情况降弓通过或停电更换。

12.1.4.8 绝缘子故障

(1)绝缘子表面因脏污引起闪络,擦拭后送电。

(2)绝缘子内部击穿和严重破损的,必须更换。

12.1.4.9 补偿绳断线

补偿绳断线的,一般可将相应线索紧起后临时做硬锚。

12.1.4.10 分相绝缘器故障

1. 器件式电分相故障

(1)分相绝缘器接口处导线抽脱的,一般用紧线工具紧起后即可送电降弓通过,但主绝缘一般不少于两节。

(2)主绝缘烧损的,如果满足不了绝缘和机械要求,则必须更换。

(3)分相处打碰弓严重的,可临时降弓通过。

2. 锚段关节式电分相

(1)当分相关节处发生打碰弓等不影响供电的故障时,采取机车降弓通过的办法,机车可临时降弓通过。

(2)当发生断线、断杆等故障,应尽快争取恢复一组绝缘锚段关节,设置机车降弓区域后送电。

12.1.4.11 隧道内埋入杆件破坏

1. 悬挂点或定位点损坏

(1)个别悬挂点或定位点损坏时,若不侵入限界,且不影响送电的,可暂不处理。否则,降弓通过或停电处理。

(2)若必须修复悬挂、定位装置、杆件等,可用铁线将绝缘子固定在原杆件上,恢复悬挂和定位,若埋入杆件整体脱出或已松脱,可用高标号的快干水泥灌注。

(3)对短时间难以修复的故障,可设置无电区或无网区。

2. 隧道内下锚棘轮固定底座脱落

①如果线路未受到损坏且为单根下锚棘轮固定底座时,在两转换柱间将两锚段承力索或接触线分别合并,合并后要保持张力平衡,必要时可取消一个中心锚结,同时保证接触线高于规定最低允许高度,降弓通过。

②如果是列车脱轨造成线路受损且下锚固定底座脱落、故障影响较大时,采用一次性恢复的方法与工务的线路抢修同步进行,增加抢修人员。

3. 隧道内吊柱折断

(1)锚段关节处隧道吊柱折断

锚段关节处隧道吊柱折断可将接触线绑到承力索上,拆除腕臂及定位装置保证接触线高于规定最低允许高度,降弓通过。

(2)一般隧道吊柱折断、弯曲

将接触线绑到承力索上,拆除腕臂及定位装置,也可利用邻线吊柱将悬挂临时固定,保证接触线高于规定最低允许高度,降弓通过。

12.1.4.12 其他故障

(1)接触网零部件脱落或损坏,影响受电弓正常运行但不影响送电的情况下可降弓通过,否则需进行处理。

(2)接触网设备大面积损坏,不能满足电力机车降弓惰行条件时,要利用开闭所、分区亭、站场两端锚段关节,采取越区供电等措施最大限度减小停电范围,满足列车降弓运行条件。否则,可采取整区间接触网停电,依靠内燃机车牵引方式尽快恢复重点列车运行。

(3)当因覆冰、强风等原因引起接触悬挂舞动时,可根据频率及振幅大小采取限速措施,必要时登记“行车设备检查登记簿”,停止电力机车运行,采取内燃机车牵引过渡措施。

(4)当跨越电力线脱落搭接接触网时,供电调度应通知地方电力调度办理停电手续,同时搭接电力线时,还应联系办理电力线停电手续。接触网故障抢修应在地方电力抢修人员清除搭接接触网的电力线后,方可进行。

典型案例 12-4

4月27日,某接触网工区检修到A车站下行线135号支柱,发现定位器锈蚀严重,有断的可能,决定把该定位卸掉,却没有安装新的定位器。135号~137号支柱跨距为65 m,133~135号支柱跨距为70 m,这样133~137号支柱间形成了一个两定位器相距达135 m的长大跨距。

当K×××次列车的机车通过该车站下行线,由137号支柱运行到135号支柱时,因135号支柱处无定位,137号拉出值已拉到475 mm。133号支柱之字值是300 mm,而且137号与133号都拉向线路中心同一侧。在风吹、机车通过时造成的振动共同作用下会造成接触导线摆动量较大,加上本身拉出值大、长大跨距的影响,再适遇大风接触导线摆动量会更大,所以当跨中导线摆动量超过受电弓的有效长度时,受电弓钻到了导线上方,造成停电、刮弓事故。事故最终造成139号支柱处线岔刮坏,受电弓刷坏,135号、134号柱下部定位绳刷掉落地,135号支柱左右导线都刷伤痕迹。

案例分析:

A车站下行线135号支柱无定位器、133号~137号支柱间长大跨距以及适遇大风,引起135号支柱处接触导线摆动量过大是造成这起事故的主要原因。

设备故障处理或者事故处理中,一般要遵守"先通后复、先通一线、先行供电"等原则。但在实施过程中也要核查故障或事故现场的实际情况,综合分析,正确配置故障处理或事故抢修方案,不能盲目行事。比如处理中要考虑以下情况:

(1)虽然在直线上但也不能轻易把定位器去掉,更不能将两相邻定位器拉向同一侧。

(2)设计支柱跨距时虽已考虑到风的影响,但还应向维修单位了解当地情况,在多风或风速大的地方两定位点之间的定位器不能轻易去掉。

(3)路基情况对拉出值影响很大,如:路基一侧软弱,一侧坚实,雨季时路基可能发生不均匀下沉病害,虽不致翻车掉道,但却会影响受电弓的偏移值,此值过大时同样也使受电弓钻到导线上方形成刷网事故。因此路基不良地段导线拉出值更应注意调整至正确数值,并在下雨天加强巡视观测。

(4)在小半径曲线地段,不但要注意定位点的拉出值,还要注意跨中的拉出值,跨中也要进行测量,曾发生多起因跨中拉出值过大而钻弓的事故。

(5)四跨锚段关节,因拉出值不合格多次出现刮弓断线。四跨处的拉出值以工作支为主,但同时要注意非工作的导线在受电弓的工作面上的拉出值不能过大。

典型案例 12-5

6月3日11点,一辆农用车通过一无人看守的平交道口时不执行停车瞭望制度,与下行通过的货物列车相撞,造成农用车报废,农用车上所有人员死亡,机车前部排障器和附属物损坏严重,19号~27号5根接触网支柱全部从根部折断,断线区段将近400 m(接触线和承力索均断线),锚段两侧补偿装置均已落地,波及范围达整个锚段。该事故区段位于复线曲线区段,线路状况为路堑区段,线路两侧灌木丛生,瞭望困难。

事故发生后,负责向该区段供电的牵引变电所4号馈线于6月3日11点跳闸重合失败,供电调度通知A接触网工区和B接触网工区分别出动抢修。事故区段全部处于曲线区段,该区段部分平面布置如图12-3所示。

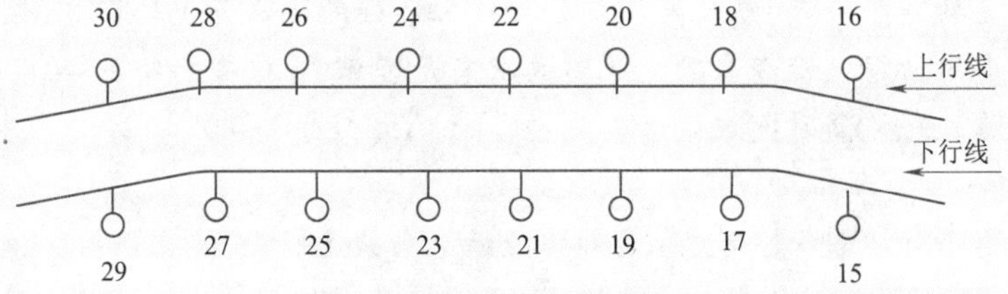

图12-3 事故区段部分平面布置

事故区段自然状况:所有折断支柱位于曲线内侧,支持定位装置为反定位,曲线外侧为上行正线。

抢修组根据现场实际,决定采用不立支柱,利用上行线支柱设立单拉定位进行临时性恢复。抢修组人员分两组进行线索接续和补偿装置的恢复工作(在线索接续工作之后进行,事先每组各派一人带通信工具观察接头时补偿装置状态的变化,其余人员制作吊弦,为吊弦的布置做好准备),其中先完成接续任务的作业组检查并恢复悬挂的吊弦布置,再作为单拉定位安装组人员的辅助工作;在上行支柱上安装单拉定位的作业组还需解决好上下行的绝缘和下行定位点的技术数据问题;抢修完成后,两组人员还专门分别从锚段关节处向事故点检查悬挂情况及其定位的恢复工作。虽然该次事故范围较大,但此次抢修用时一个小时零四十分钟即恢复供电通车,且不采用降弓通过的方式,对行车的影响较小。

本次抢修组织优秀之处在于:①最值得借鉴的经验是:抢修善于因地制宜,利用自然线路状况。②施工组织安排合理,包括施工作业人员操作的搭配。③各小组作业有条不紊,互不影响,又能相互辅助。

典型案例 12-6

12月4日阴雨天,牵引变电所4号馈线于凌晨2点跳闸、重合失败,故障标定地点在甲车站,供电调度通知A接触网工区出动抢修。

A接触网工区接到供电调度命令后,立即组织人员,分一组人员准备工具和材料准备前往事故现场,另一组人员向甲车站巡视,途中向甲车站信号楼值班员询问车站有无异常情况,得知在跳闸时刻运转室外勤人员注意到运转室后面有火球,亦曾外出查看,但火球过后接触网没什么异常情况。事故站场部分平面布置如图12-4所示。

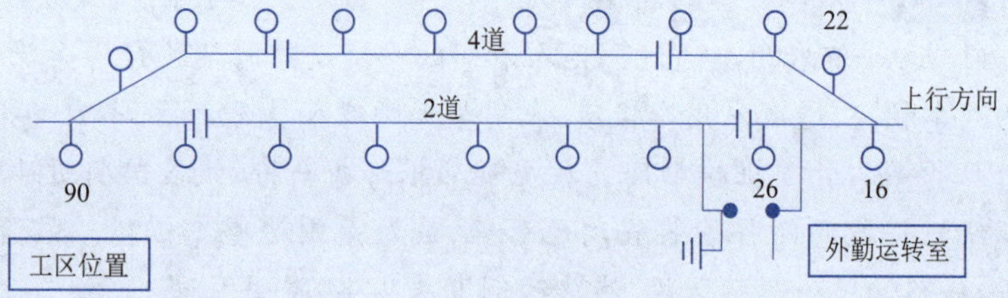

图12-4 事故站场部分平面布置

抢修组得到此消息后,立即判断故障点在分段绝缘器处,因为白天该股道有装卸作业,且当时正在下雨。工区立即派两人带上绝缘手套、操作棒和隔离开关钥匙向甲车站运转室后面分段绝缘器处跑去检查,结果发现该分段绝缘器处的隔离开关处于分闸位置。随后抢修组向供电调度申请停电检查分段绝缘器的状态是否正常,检查后将带接地闸刀的隔离开关合闸。该故障处理恢复时间仅用十五分钟。

案例分析:

装卸线带接地闸刀的隔离开关在装卸作业结束后未及时合闸,仍保持分闸位,导致分段绝缘器主绝缘长时间处于对地耐压状态是造成这次分段绝缘器绝缘击穿跳闸的主要原因。

该次故障处理的优秀之处在于:①最值得借鉴的经验是遇事不慌,故障点判断准确、迅速、果断;②善于对故障区段的有关人员进行询问;③工区抢修人员各执其事,安排有序;④先通后复,减少抢修时间(这一点在抢修中真正做到很不容易)。

12.1.5　牵引变电所故障(事故)处理

牵引变电所是牵引供电系统的唯一动力源,一旦发生故障,会造成行车中断或运输能力下降,直接影响着运输生产,所以牵引变电所发生故障后应尽快处理,恢复供电。除遇到危及人身、设备安全的紧急情况外,应急处置应在供电调度的统一指挥下进行,值班人员可根据现场实际情况向供电调度提出建议。应急处置过程中应注意做好人身安全防范措施。

12.1.5.1　牵引变电所处理故障(事故)的原则

(1)牵引变电所故障发生后的处理要遵循“先通后复”的原则:有备用设备,首先考虑先投备用,采用简便、易行、正确、可行的方案,沉着、冷静、迅速、果断地进行处理和事故抢修,以最快的速度及时向供电调度和供电段生产指挥中心汇报,在供电调度的统一指挥下,设法先行送电恢复正常运行状态。

(2)变电所发生故障时,首先要解除音响信号,确认故障性质,能复归的灯光信号应及时复归(如闪光信号),在发生重大事故时要及时切除事故处两侧的电源,尽量限制事故范围扩大;同时应消除事故可能危及人身及设备产生的威胁。

(3)故障处理及事故抢修,由当班值班员或所长任事故抢修总指挥,其余人员任组员,服从指挥。总指挥在处理事故前应简要向组员说明抢修方案,组员有不同见解时,应当场提出,总指挥可适当考虑。

12.1.5.2　牵引变电所事故应急送电的程序

1. 投入备用运行

当牵引变电所有设备故障时,值班人员应及时与供电调度联系,切除故障设备,投入备用回路或设备,以防故障扩大。随后对故障设备进行全面外观检查,初步分析判断故障位置和原因,并向供电调度报告。

2. 当地操作

当远动操作失灵时,值班人员应按供电调度命令在牵引变电所监控屏、控制盘上进行操作,如图 12-5 所示。若仍然不行,可在开关柜本体上手动操作。

图 12-5　控制方式转换手柄

3. 越区供电

当牵引变电所设备故障跳闸后不能倒备用运行,致使不能正常向接触网供电时,应及时与供电调度联系,由两相邻牵引变电所经分区所向无电区段越区供电。

12.1.5.3　牵引变电所故障判断的一般方法步骤

1. 一般方法

现阶段我国电气化铁路牵引变电所主要开关设备控制均为远动操作,且主变压器、馈线断路器及开关等为 100%备用。因此,要求供电调度和牵引变电所值班人员根据仪表指示、灯光显示、事故报告单,以及设备外观检查结果等情况,综合分析判断。

2. 一般步骤

(1)根据断路器的位置指示灯,确定是哪台断路器跳闸。

(2)根据继电保护装置动作指示灯显示,或信号继电器的掉牌及事故报告单确定是哪个设备的哪套保护动作。

(3)根据事故报告单及继电保护范围,判断故障范围,明确是所内故障,还是所外故障。

(4)结合设备外观检查情况,确定故障设备是否需要退出,如需要则立即投入备用设备。

12.1.6 牵引变电所设备事故应急处置方案

12.1.6.1 变电所全所失压停电故障

当变电所全所进线失压造成牵引变电所全所停电时,值班人员应根据仪表指示、信号显示、继电保护和自动装置动作情况、断路器位置信号等,确认全所失压停电。

(1)当供电的110 kV或220 kV进线失压时,牵引变电所失压保护动作,自动倒入至另一路进线及变压器。

(2)若失压保护未启动,值班员应立即报告供电调度,由供电调度远动操作完成倒进线程序。当远动操作失灵时,由变电所值班人员按照供电调度下达的倒闸命令,在控制盘上当地操作倒闸。

(3)备用供电进线失压,供电调度应立即与地方电力调度联系,了解原因,请求尽快恢复送电,同时通知相关部门。

(4)当牵引变电所两路进线全部失压时,由两侧相邻牵引变电所经分区所向无电区间越区供电。

(5)做好各项记录,通知供电段生产调度、技术科和供电车间,待供电段相关技术人员赶到后,再进行事故恢复。

12.1.6.2 牵引变压器故障

1. 主变压器需立即停止运行的故障

当发现主变压器有下列情况时,需要向供电调度汇报,立即停止运行,并在供电调度的指挥下进行故障处理。

(1)内部声响很大且不均匀,或有爆裂声。

(2)油枕、瓦斯继电器、防爆筒喷油或压力继电器有信号显示。

(3)大量漏油,造成油面很低或无油面。

(4)冷却装置完好而油温异常,并迅速不断上升。

(5)油色变化过甚,油内出现炭质。

(6)套管引线接头处严重过热,有烧损情况。

(7)套管有严重破损及放电现象。

(8)重瓦斯保护动作而未出口或开关未动。

(9)过流保护动作而开关未动。

(10)差动保护动作而开关未动。

2. 瓦斯保护动作

瓦斯保护动作时,值班员应对变压器进行外观检查,做好记录,并通过供电段生产调度通知检修(变电)车间。

(1)轻瓦斯动作时的检查项目

①变压器油面是否降低。

②检查瓦斯继电器(图12-6)中是否有气体。

③检查二次回路是否有故障及瓦斯继电器本体是否有故障。

(2)当重瓦斯动作跳闸时,在未查明保护动作原因并确认变压器状态正常前,不得投入运行,其动作原因可分为:

①变压器内部故障。

②油面下降或上升太快。

③二次回路故障。

图12-6　瓦斯继电器

④主变压器检修或补油后大量空气进入。

(3)在瓦斯保护动作后,若瓦斯继电器内有气体,应用排水集气法收集气体,并据下列现象判断:

①气体为黄色,不易燃,为木质故障。

②气体为淡灰色有强烈臭味可燃,为纸质故障。

③气体为灰色或黑色易燃,为油质故障。

④气体为无色、无味不可燃时,为空气侵入。

如判断为变压器内部故障后,化验人员应马上赶到现场采集气体,取油样进行化验分析,判断故障原因。供电段主管领导和技术人员根据化验结果和各项检查结果分析判断事故原因、决定处理意见。

3. 差动保护

(1)值班员应做好记录,对变压器进行外观检查,通过生产调度通知检修(变电)车间。

(2)差动保护动作后,在未查明原因之前或未接到主管技术人员的通知时,不得将主变压器合闸受电。应进行下列检查工作:

①仔细检查差动保护范围内的各电气设备的外观有无异常,主变压器油位、油温是否正常,瓦斯继电器有无气体。

②主变两侧母线有无短路迹象。

③差动保护二次回路有无故障。

④及时将检查情况向供电调度、生产调度汇报。

(3)主管技术人员根据初步检查结果,组织有关部门人员及时赶到现场进行必要的检查试验。

①主变压器有问题时,做绝缘电阻、变比、直阻、介质损失角、泄漏电流的试验项目,并取油样、气样化验。

②主变压器一次侧断路器出现故障时,应对其进行绝缘电阻、泄漏电流的试验,对断路器 SF_6 气体进行微水测量;2×27.5 kV SF_6 气体绝缘开关柜出现故障时,进行绝缘电阻检查,必要时进行交流耐压试验。

4. 低压启动过电流保护

①低压启动过流保护是主变和馈线的后备保护,其动作后,应做好记录,未查明原因之前

不得投入运行。

②当一次侧过电流保护动作时,检修人员应检查:主变一、二次侧设备有无短路点;对主变进行详细外观检查,判断差动、瓦斯保护有无拒动,瓦斯继电器中是否有气体存在;主变二次断路器有无异常;了解馈线供电臂列车情况,区间有无短路处;当上述检查未发现异常时,检查二次回路。

在未查明原因之前不得将主变投入运行,检修人员应记好有关记录,写出书面报告。

③当主变低压侧过电流保护动作时,检修人员应检查:馈线断路器有无异常,区间有无短路处。

检查保护回路,当确认保护回路故障,专业人员处理前又没有备用断路器时,征得供电调度同意后,可将27.5 kV母线过流保护撤除运行;在保护撤除运行期间,派专人对主变及27.5 kV断路器进行监视。

如果检查设备未发现问题,在确认馈线断路器在断开位置后,可将主变压器27.5 kV断路器进行空载投入,运行10 min未见异常可正式向馈线送电。

5. 过负荷保护

过负荷保护动作后,应进行以下工作:

①停止音响信号,记录负荷值(各馈线电流及主变一次电流值),记录时间。

②了解线路列车运行情况。

③加强设备监视。

6. 主变压器过热保护

主变压器过热保护动作,应做好下列工作:

①停止音响信号。

②检查温度控制器的温度指示,并与负荷、环境温度进行比较,若确认温度表故障时,值班人员可临时将过热保护退出,然后通知检修车间组织更换。

③检查主变压器散热片蝶阀位置是否正常。

上述检查均正常时,应通知检修车间对二次回路及本体保护插件进行检查,做主变压器必要项目的试验和油样的化验,以判断主变压器内部是否存在故障。

12.1.6.3 开关设备故障

1. 110或220 kV断路器故障

(1)当110或220 kV断路器拒绝合闸时,值班员应立即向供电调度申请切换运行方式,将故障断路器退出运行。

(2)当110 kV或220 kV断路器拒绝分闸时,应先手动分闸断路器;如断路器仍分不下闸时,值班员应向供电调度申请变电所所有馈线停电,断开所有馈线断路器和隔离开关,使主变压器空载。然后分开主变压器两侧的隔离开关,使断路器退出运行。

2. 主变压器二次侧断路器故障

当断路器拒绝合闸时,值班员应建议供电调度切换运行方式;当断路器拒绝分闸时,值班员应先手动使断路器分闸。

3. 变电所馈线断路器故障

(1)当上(下)行馈线断路器故障时,按照倒闸操作程序,合上接触网上、下行之间的联络开关,用下(上)行馈线断路器带上、下馈线运行,将故障GIS柜退出运行。此时一定要注意馈线保护整定值的大小是否满足运行要求。

(2)如果变电所上、下行馈线断路器同时故障,建议供电调度组织越区供电,同时切换保护整定值到相应区域,限制列车对数。

4. 无人所断路器故障

可直接将故障断路器退出运行。如断路器无法分闸时,由供电调度通知供电段组织人员到现场手动分闸断路器。如断路器仍无法分闸时,申请断路器两侧线路停电,然后分开故障断路器两侧的隔离开关,将故障断路器退出运行。

5. GIS柜故障

(1)GIS柜气室压力低下

气室压力低下时,值班人员应用压力表进行压力测试,若测试压力低于标准压力值表明高压柜存在漏气现象,值班人员应做好下列工作:

①请求供电调度改变运行方式,停止运行该高压柜,并汇报相关部门。

②做好气体防毒工作。启动高压室及电缆夹层的轴流风机,打开高压室窗户及大门通风。

③必须检查GIS柜时,值班人员应佩戴防毒面罩。

若测试气室压力正常时,应为误报信号,此时应对压力传感器的对接插头及压力报警二次回路进行检查。

(2)断路器拒动

①进行断路器分合闸操作时,若合闸(分闸)铁芯不动作,应检查断路器合闸闭锁回路及二次分合闸回路操作条件是否满足要求。

②进行断路器分合闸操作时,若合闸(分闸)铁芯动作但断路器拒合(拒分),应检查合闸(分闸)回路是否存在故障。

③检查高压柜内的控制回路电源空开是否脱扣。

④检查机构回路及储能回路是否正常。

(3)三工位开关拒动

三工位开关、接地开关拒动时,可先采取手动操作(图12-7),然后进行检查。

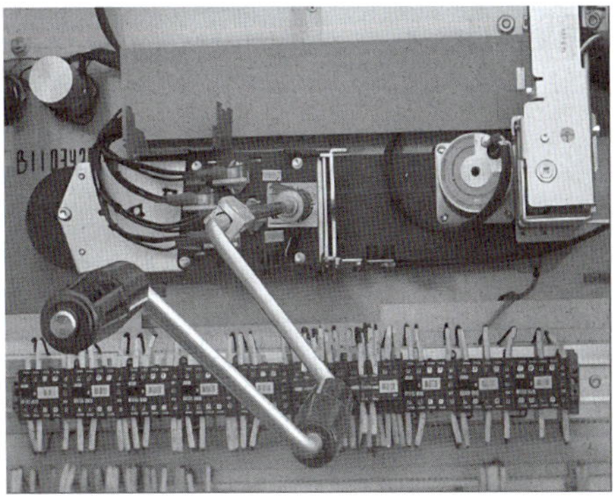

图12-7　手动操作三工位开关

①检查直流电源(控制、电机回路)的电压是否正常。若不正常,从直流盘馈出线到断路

器端子箱的顺序查找。

②检查控制、电机回路的空气开关有无烧损或接触不良。更换空气开关。

③检查控制、电机回路是否断线、接触不良。紧固端子和接线。

④检查操作机构(图12-8)辅助开关、限位开关转换是否到位,调整或更换辅助开关、限位开关。

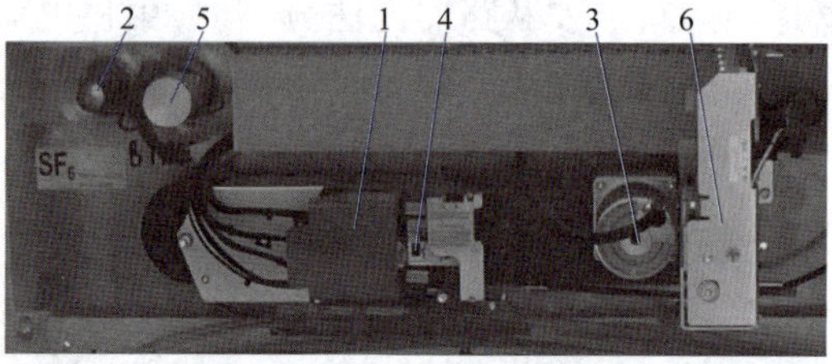

1—活页盖板;2—气压表插孔;3—驱动电机;4—三工位开关分合闸指示;
5—气体压力传感器(密度传感器);6—辅助开关。

图12-8　某型号三工位开关操作机构结构

⑤检查分合闸接触器是否烧毁、有异味。有则更换分合闸线圈。

⑥检查电机是否烧毁、有异味。有则更换电机。

⑦检查二次接线是否错误(新安装或检修变更二次接线后,首次投入时出现)。有则改正错误接线。

⑧检查机构有无卡滞现象。有则注润滑油、处理卡滞处所;检查操作机构各轴连接销是否脱落,有则安装连接销。

⑨端子排接线是否松动。

(4)电压互感器绝缘击穿

①牵引变电所的GIS柜电压互感器发生绝缘击穿时,主变压器二次侧低压过流保护将动作跳闸,此时必须实施半边越区供电。

②分区所(AT所)的GIS柜电压互感器发生绝缘击穿时,牵引变电所的馈线保护将动作跳闸并重合失败,此时必须断开分区所(AT所)的馈线上网隔开,然后恢复正常供电。

12.1.6.4　27.5 kV母线失压

(1)27.5 kV母线失压的原因:

①牵引网故障时馈线保护拒动造成27.5 kV母线断路器跳闸。

②主变压器二次侧低电压起动过电流保护误动。

③由220 kV系统失压而造成的。

(2)27.5 kV母线失压后,应建议供电调度立即将故障点进行隔离或临时处理,然后恢复送电,最后在天窗时间进行故障修复。

12.1.6.5　馈线失压

(1)馈线跳闸重合成功时,应确认并记录断路器跳闸时间、各种信号显示。

(2)馈线跳闸未重合成功时,可建议供电调度强送一次;重合闸未投或未动时可强送两次。强送后又跳闸不允许再强送。

12.1.6.6　互感器故障

(1)当互感器的油位过高或过低时,应及时向供电调度、生产调度汇报,派检修人员进行充放油处理。

(2)当互感器的二次测量回路发生故障,不能对运行设备进行监视时,值班人员应及时查找原因。电流互感器一般在停电后才能检查二次回路,以免开路产生高压,伤害人员和设备。

①检查互感器二次回路有无断线,各连接部位有无接触不良之处。

②如判定属于仪表本身问题,汇报供电调度、生产调度派检修人员处理。

③检查电压互感器时,必要时取下二次回路熔断器(或断开二次回路塑壳熔断器),防止电压互感器二次回路短路。

④如发生电压互感器一次侧绝缘损伤、放电、严重漏油、溢油、看不见油位、内部音响异常时,应立即通知供电调度、生产调度。

a. 当互感器有爆炸着火时,应立即撤除运行,然后向供电调度汇报,并做好记录及事故经过报告。

b. 当电压互感器一次回路熔断器(图 12-9)熔断时,未查明原因前可更换试合一次;若再次熔断,在未查明原因前不准投入运行。

图 12-9　高压熔断器

12.1.6.7　隔离开关故障

1. 拒合

(1)电动操作隔离开关拒合时,在机构无异常的情况下,可以根据供电调度的命令手动操作机构进行分闸。

(2)手动操作隔离开关拒合时,一般应停电检修;紧急情况下根据供电调度的命令进行临时修复或紧急处理后具备合闸条件时,可以强行扳动其传动连杆进行合闸。紧急情况如强行合闸仍然合不上,可以根据供电调度命令停电将该隔离开关短接,先保证送电,事后再进行处理。

2. 拒分

(1)电动操作隔离开关拒分时,在机构无异常的情况下,可以根据供电调度命令手动操作机构进行分闸。

(2)手动操作隔离开关拒分时,一般应停电检修;紧急情况下根据供电调度命令进行临时修复或紧急处理后具备分闸条件时,可以强行扳动其传动连杆进行分闸。

3. 合闸不到位

电动操作隔离开关进行合闸时,如合闸不到位,应立即手动操作使合闸到位,以防止烧坏触头。手动操作隔离开关合不到位时,应观察具体的刀闸位置,如相隔甚远未引起烧损时,可以再分开;如已引起触头烧损时,应设法将其合到正常位置,以防止进一步烧坏触头;紧急情况下,可以将其停电,然后再进行检修处理。

4. 分闸不到位

电动操作隔离开关进行分闸时,如分闸不到位,应立即手动操作使分闸到位。手动操作隔离开关分不到位时,应观察具体的刀闸位置,如相隔甚远未引起烧损时,可以进行临时修复或紧急处理,使其具备分闸条件,再进行分闸;如相隔不远且引起触头烧损时,应立即将其合上去,以防止进一步烧坏触头,然后再进行停电检修。

12.1.6.8　电缆故障

1. 主变压器次边高压电缆(高压电缆头)击穿

(1)差动保护动作,自动倒入至另一路进线及变压器。

(2)若差动保护动作未启动,值班员根据运行主变差动保护动作的现象,立刻对所内全部设备进行巡视,重点为运行中的电流互感器至主变压器低压侧高压电缆之间的设备,找出故障设备,并将故障情况迅速向供电调度进行汇报。由供电调度远动操作完成倒进线程序。当远动操作失灵时,变电所值班人员按照供电调度下达的倒闸命令,在控制盘上操作倒闸。

(3)做好各项记录、通知供电段生产调度、技术科和车间,待供电段相关人员赶到后,再进行事故恢复。

2. 变电所馈线电缆故障

(1)若上行或下行馈线电缆发生故障时,应断开所内对应断路器、隔离开关及对应上网隔离开关,甩开故障电缆,通过闭合上、下行联络隔离开关的供电方式来供电。

(2)若变电所上下行馈线电缆同时发生故障,则断开所内对应断路器、隔离开关及对应上网隔离开关,甩开故障电缆,采取相邻变电所越区供电方式供电,同时调整保护定值。

3. 分区所馈线电缆故障

打开所内对应断路器、隔离开关及对应上网隔离开关,甩开故障电缆,开环运行。

4. AT 所馈线电缆故障

打开所内对应断路器、隔离开关及对应上网隔开,甩开故障电缆。

12.1.6.9　避雷器故障

避雷器经常出现的故障有绝缘套管破裂或爆炸。发现绝缘套管有破损和裂纹时,在天气正常的情况下,应将该避雷器退出运行并及时更换;在雷雨天气,若避雷器出现绝缘套管瓷套裂纹造成闪络放电严重或避雷器发生爆炸时,应立即停用该避雷器,待天气正常时及时更换。在切断有故障的避雷器前,应检查有无接地现象。若有接地现象,则不能直接用隔离开关将避雷器退出运行,应先用电源侧断路器断开电源后,再拉开隔离开关或拆卸避雷器的引线。

12.1.6.10　母线故障

母线(引线)故障主要有过热、断股、局部烧伤等。当发现母线(引线)故障后,首先要先将该段母线(引线)退出运行,然后采取措施恢复部分或全部母线(引线)供电(投入备用设备),再对故障母线(引线)予以检修处理。

12.1.6.11　直流系统故障

1. 部分整流模块故障、监控系统故障、电压调整系统等故障

牵引变电所值班人员先行进行手动充电,同时密切监视蓄电池电压情况,随后再组织抢修。

2. 全所直流失压

应及时手动断开各断路器，对接触网实行越区供电，之后迅速检查整流装置、直流系统总保险、蓄电池等恢复正常供电；若部分控制、保护直流电流失压，应迅速检查分支回路熔丝或试投自动空气开关、检查断路器机构箱保险；若故障仍未消除，应断开有关断路器，投入备用设备。

3. 直流接地

发生直流接地（永久接地）故障时，值班人员应首先根据直流系统当时的运行方式、操作、检修及气象情况等进行综合分析，然后按下列方法进行排查处理。

（1）使用万用表分别测试正、负极对地电压，若电压正常时，可判断为直流绝缘监察装置故障，应对装置进行检查处理。

（2）若测试正、负极对地电压异常时，应按下列步骤进行查找：

①在直流屏上依次分合直流馈出回路空气开关（图 12-10），对双回路环供的直流回路应同时分断，判别接地点所处的总回路名称。每条回路的拉合试验时间不超过 3 s。

②依次分合综合自动化保护系统屏内各直流回路空开，进一步判别接地点所处的支路名称。

③通过分段甩线的方法，逐段排查出接地点并进行绝缘处理。排查时应遵循先室外后室内、先低压后高压、先备用后运行的原则。

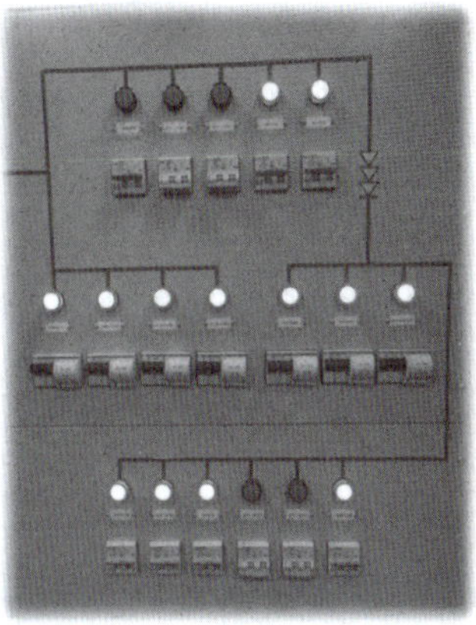

图 12-10　直流馈出回路

12.1.6.12　回流与接地故障

牵引变电所地回流远大于轨回流时，应检查集中接地箱，观察电流互感器二次有无开路、回流线示温片有无变色现象。如有端子松动等不正常，应穿绝缘靴、戴绝缘手套，使用带绝缘手柄的螺丝刀紧固端子；若流互故障或集中接地箱示温片变色、主变回流线和流互故障、或回流线接头不良等，应及时通知变电车间检查处理；若以上均无异常、集中接地箱示温片无变色，应考虑回流线接触网侧接头接触不良或断线，应及时报告供电调度通知接触网处理。若轨回流远大于地回流时，排除上述流互及二次回路和集中接地箱内接头原因外，还应考虑地回流线锈断，应立即通知检修人员判断确认，进行加固补强处理。

12.1.6.13　综合自动化设备故障

（1）如保护装置告警灯亮，事件显示 RAM、ROM 出错，采样出错、出口出错、定值出错、采样电压异常、CAN 通信异常信号时，将闭锁保护，值班人员应立即通知供电调度切换至备用断路器或主变运行，并通知变电车间处理。

（2）事件显示控制回路断线时，检查各插件是否松动，检查控制回路。

（3）事件显示馈线装置出现电压互感器断线时，先检查电压互感器回路空气开关、熔断器、电缆等，如仍不消失，则可能为交流插件故障，此时进行必要的倒闸，通知变电车间检查处理。

（4）当遇到雷击时，装置会出现过压保护，装置电源无输出，此时应关机，30 s 后再打开即可。

12.1.6.14 电气设备发生火灾时的应急处置

(1)值班人员立即切断发生火灾的设备电源。

(2)根据火灾类型及火情选择有效措施进行灭火。若变电所无能力自行控制火情时,应立即拨打消防急救电话,请求专业消防队进行灭火。在等待救援期间,值班人员应对火情进行监控,并提前做好消防车入所灭火的各项准备工作。

(3)将火灾发生的时间、地点、设备编号、影响范围、当前采取的措施等情况详细汇报供电调度、生产调度等有关部门,并做好有关记录。

典型案例 12-7

某日11点牵引变电所执行合闸操作时,虽然能够完成合闸操作,但万能转换开关打到“合位”时信号盘显示接地故障。

技术人员发现此现象后,根据故障现象判断故障点应在合闸线圈“负极”上。试验组将六氟化硫断路器合闸线圈固定盖打开,发现合闸线圈“负极”引线在安装时没有置入线槽,负极引线绝缘胶皮被固定盖压破造成永久性接地。正确安装后再次试验此现象消除。该故障的判断处理时间仅用20 min。

案例分析:

造成本次接地故障的主要原因是变电施工人员未按规定和工艺操作。

本次故障排除处理优秀之处在于:技术人员对段管内变电所二次接线图掌握熟练;故障点的判断准确、迅速、果断;对设备关键、薄弱、易发生异常的部位心中有数。

12.1.7 列车事故配合救援中的接触网处置

在电气化铁路区段,列车冲突、脱轨、线路塌方等事故,都可能造成接触网被破坏。有时虽然接触网没有被破坏,但在救援过程中也需要对接触网进行变动。随着铁路电气化的发展,行车事故救援与接触网抢修配合问题越来越引起人们的重视。列车事故配合救援处置要遵守以下要求:

(1)接触网配合起复时可不开工作票,但接触网所有停送电必须取得供电调度的命令。

(2)配合救援的接触网工作领导人应服从故障救援总指挥的调度。

(3)因配合需要,接触网需临时送电时,必须在故障救援总指挥人的统一指挥下,通知所有现场单位及作业人员,然后向供电调度消除作业命令;当再次停电作业时,仍须按停电程序重新办理停电手续,不得简化。

(4)一般情况下,不允许涉及改变故障现场接触网的供电运行方式。因救援或运输特别需要,需调整供电方式且又涉及故障现场时,供电调度应与现场接触网抢修指挥联系,在征得事故救援总指挥同意并采取相应措施后方可执行。

(5)在配合故障救援中,应尽量减少接触网的拆改工作量,力争故障救援工作结束,以最快速度达到送电开通条件。

(6)需要接触网停电的救援工作完毕,接触网送电前应取得故障救援总指挥的同意后方可执行。

12.1.8　高速铁路牵引供电设备应急处置办法

12.1.8.1　故障判断

1. 跳闸重合成功

(1)本线和邻线后续第一列动车组限速 160 km/h;列车调度员了解供电臂范围内的车站和动车组情况,本线或邻线后续第一列动车组司机观察接触网状态,若无异常,恢复正常行车速度。

(2)供电调度通知接触网工区登乘动车组巡视和线路防护栅栏外步行巡视设备。

2. 跳闸重合失败

(1)供电调度迅速了解供电设备情况,判断故障性质。

(2)通过列车调度通知供电臂范围内所有动车组降弓进行试送电。

(3)根据保护动作情况,判断正馈线或接触网故障情况,如确定是正馈线接地所引起的跳闸,可先断开正馈线有关开关,以直供方式恢复接触网供电。

(4)若馈线过电流保护动作,电流超过整定值且馈线电压不低于 19 kV,一般为过负荷跳闸,应在 2 min 内试送电。

12.1.8.2　抢修组织

(1)列车调度、供电调度紧密配合,供电抢修作业车比照救援列车办理,优先组织开行。

(2)为使供电抢修人员、机具尽快到达现场,可通过邻线动车组临时停车到达故障现场。

(3)接触网发生跳闸时,相邻的两个接触网工区均应做好抢修准备工作。

(4)接触网抢修作业时,邻线动车组限速 160 km/h。

12.1.8.3　处置办法

1. 变电

(1)牵引变电所两路外部电源系统同时失压时,迅速组织实施越区供电。

(2)牵引变电所主变压器、断路器、互感器等设备故障时,可切除或隔离故障设备,投入备用设备;当备用设备发生故障时,实施迂回供电或越区供电。

2. 接触网

(1)接触线断线

可对断线接触线进行临时处理,保证限界,动车组限速 160 km/h、降弓通过故障地点。

(2)承力索断线

承力索断线可用紧线工具将承力索紧起后即送电通车,必要时降弓通过,动车组限速 160 km/h。

(3)供电线断线或供电线电缆故障

优先考虑甩掉故障的供电线或将供电线脱离接地,迂回或越区供电。

(4)AF 线断线或 AF 线电缆故障

可将 AF 线脱离接地后,绝缘处置固定,牵引供电系统退出 AT 供电方式,采用直供方式供电,必要时限制列车速度和数量。

(5)隔离开关故障

①常开开关故障时,可将引线甩掉送电。

②常闭开关故障时,可将开关短接后送电。

③使用权不属供电部门的开关处理后要及时通知相关单位并在相关记录上签认。

(6)弹性吊索故障

弹性吊索故障时,可临时拆除弹性吊索及吊弦,但须保证接触网定位点处高度和坡度。

(7)绝缘子故障

绝缘子表面因脏污引起闪络,可擦拭后送电;绝缘子内部击穿和严重破损的必须更换。

(8)补偿装置补偿绳断线

补偿绳断线一般可将相应线索紧起后临时做硬锚,降弓通过。

(9)分段、分相故障

①分段绝缘器故障

分段绝缘器故障可视情况降弓通过、封锁渡线或停电更换。

②器件式电分相故障

分相绝缘器接口处导线抽脱的故障,用紧线工具紧起后即可送电降弓通过,但有效主绝缘一般不少于两节;主绝缘烧损的故障,如果满足不了绝缘性能和机械性能要求,则必须更换;分相处打碰弓严重的,可临时降弓通过。

③锚段关节式电分相故障

当分相关节处发生打碰弓等不影响供电的故障时,降弓通过;当发生断线等故障,应尽快争取恢复一组绝缘锚段关节,设置降弓区域后送电。

(10)钢柱倾斜

若满足降弓通过条件时,加固钢柱,保证限界,降弓通过;若不能满足降弓通过条件时,将承力索、接触线从支撑定位中脱离,拆除钢柱,保证限界后降弓通过。

(11)弓网故障

接触网、受电弓分别处理,接触网处理后,优先采取降弓通过措施,同时动车组限速160 km/h。

(12)双线隧道内接触网故障

双线隧道内接触网故障应在垂直停电情况下进行抢修。

(13)接触网设备大面积损坏或停电

接触网设备大面积损坏或停电,可采取降弓通过、迂回供电等措施最大限度减小停电时间、范围。

(14)接触网舞动

因覆冰、强风等原因引起接触网舞动时,可根据接触网舞动频率及振幅大小采取限速措施,必要时接触网停电。

(15)冰雪及冻雨等灾害性天气

发生冰雪及冻雨等灾害性天气,接触网导线结冰后影响受电弓正常滑动和取流,启动除冰应急预案。

(16)接触网异物处置

接触网悬挂塑料布、布条等异物时,根据异物大小的情况进行停电或带电处理。

12.1.8.4　配合

(1)当动车组发生火灾时,按列车调度指示办理停电。

(2)接触网抢修时原则上应垂直作业进行。当确因疏导车流需V形停电作业时,要注意人身安全,抢修人员及机具不得侵入邻线限界,故障抢修处所按照有关规定邻线限速。

隧道、禁止V形停电作业时处所以及遇雨、雪、雾、风力5级以上的恶劣天气时,接触网抢修必须在垂停状态下进行。

(3)铁路职工发现供电设备发生异常或故障时,要及时汇报调度所或供电设备管理单位,也可就近汇报车站转报相关单位。

12.2　技能训练——接触网事故抢修演训

12.2.1　训练目的

(1)全面检验所掌握的铁道供电技术专业知识。

(2)检验所掌握专业安全和专业理论知识的综合应用能力。

(3)普及应急管理知识,提高参演和观摩人员风险防范意识和自控、互控能力。

(4)熟悉应急预案,提高应急人员在紧急情况下妥善处置事故的能力。

(5)通过演练锻炼队伍,检验相互间的协同作战、临机处置能力。

12.2.2　人员组织和训练用工具、材料

1. 人员组织

接触网事故抢修演训人员准备见表12-1。

表12-1　接触网事故抢修演训人员准备

序号	岗　位	人数	备　注
1	抢修演训组长	1人	组织指挥
2	工具材料员	1人	负责抢修工具、材料的准备
3	工区值班员	1人	负责工区值班,信息传递
4	现场信息员	1人	负责现场信息的反馈
5	座台要令员	1人	负责抢修过程中与供电调度的联络
6	地线操作人员	2人	按照组长的要求验电、挂接和撤除地线
7	地线监护兼行车防护	2人	地线监护、行车防护
8	高空作业人员	2人	进行断线接续及调整作业
9	地面作业人员	2人	准备材料工具及地面工作准备
10	汽车司机	1人	负责运送抢修人员及工料具
11	轨道司机及副司机	2人	负责抢修作业车的运行

2. 工具、材料准备

接触网事故抢修演训参与人员穿戴好个人劳动保护用品,按照表12-2准备所需要的工

具,按照表12-3准备所需要的材料,按照表12-4准备所需要的安全防护工具。

表12-2 接触网事故抢修演训用工具

序号	名 称	规格或型号	单位	数量	备 注
1	链式手扳葫芦	3T	台	2	
2	链式手扳葫芦	1.5T	台	1	
3	钢丝套子	8×1.0 m	条	2	
4	钢丝套子	14×1.0 m	条	2	
5	紧线器	50~150 mm	套	2	
6	紧线器	16~70 mm	套	2	
7	铝合金紧线器	300~400 mm	套	2	
8	断线钳	1 050	把	1	
9	弧形断线钳	J13	把	1	
10	大绳	20 mm^2	根	1	
11	小绳	—	根	1	
12	换头螺丝刀	—	把	2	
13	钢锯弓	—	把	1	
14	板锉	350 mm	把	1	
15	滑轮	1.5T	只	1	
16	棘轮扳手	14~17	套	2	
17	棘轮扳手	24~27	套	2	
18	直弯器	—	套	2	
19	水平尺	600 mm	把	1	
20	钢卷尺	5 m	把	1	
21	手锤	4P	把	1	
22	直脚扣	—	副	2	
23	力矩扳手	—	把	2	14、16、17、18套筒
24	工具袋	—	只	2	
25	摇把	—	把	1	
26	开口滑轮	—	只	2	
27	导线扭面器	—	把	2	

表12-3 接触网事故演训用材料

序号	名 称	规格或型号	单位	数量	备 注
1	接触线接头线夹	通用型	套	2	
2	钢线卡子	Y15	套	10	
3	钢线卡子	Y20	套	5	
4	铁线	ϕ4.0	kg	5	
5	铁线	ϕ2.0	kg	5	
6	导线吊弦线夹	—	套	3	
7	承力索吊弦线夹	—	套	3	
8	弹性吊索线夹	—	套	4	

续上表

序号	名　称	规格或型号	单位	数量	备　注
9	定位线夹	—	套	2	
10	定位管卡子	GL35(1.5)-96	套	2	
11	定位环	JL12(60)-04	套	2	
12	定位环	JL12(45)-05	套	2	
13	承力索终端锚固线夹	120 型	套	1	
14	终端锚固线夹	95-120	套	2	
15	承力索	THJ-95	m	5	
16	弹簧销	—	只	5	
17	并沟线夹	JB-3/JB-4	套	各 2	
18	锯条	—	根	10	
19	砂纸	—	张	3	
20	导电膏	—	盒	1	
21	橡胶锤	—	把	2	
22	承力索中心锚结线夹	—	套	2	

表 12-4　接触网事故演训用安全防护工具

序号	名　称	规格或型号	单位	数量	备　注
1	信号旗	红色	面	1	昼间,停车信号用
2	信号灯	红色	台	1	夜间,停车信号用
3	信号灯	白色	台	1	夜间降弓、升弓信号用
4	验电器	27.5 kV	套	2	
5	接地线	25 mm^2	套	4	地线杆绝缘良好,接地线无断股、散股
6	对讲机	—	台	≥5	工作领导人、要令人、驻站联络员、验电接地监护人等每人 1 台
7	安全带	—	条	2	攀登支柱才能完成接挂地线时使用
8	绝缘手套	—	双	2	
9	绝缘靴	—	双	2	恶劣天气时使用
10	梅花扳手	—	套	2	
11	安全帽	—	顶	7	现场实训人员每人 1 顶
12	钢丝刷	—	把	2	清除接地端钢轨表面污渍
13	移动停车信号牌	—	个	2	昼间使用
14	移动停车信号灯	—	个	2	夜间使用
15	干净抹布	—	块	若干	擦拭清洁地线杆、验电器主绝缘部分

12.2.3　演训内容

深夜,急促的铃声把你从睡梦中惊醒,门外也响起了敲门声,“工长,刚刚接到供电调度通知:××高速铁路变电所 213、214 断路器 T-F 短路跳闸,213 断路器重合成功,214 断路器重合失败。短路电流 3 765 A,T-F 短路电压 36.75 kV,故障测距位置显示是我们工区管内××南至××西间上行 K838 +372,5 min 后 214 断路器强送电失败。要求我们立即行动,以最快的速度设法先行供电、疏通线路,并及早恢复设备正常的技术状态。"

请以上述信息为基础,综合使用所学习的专业知识和安全知识,组织人手开展一次接触网事故抢修演训,人数不少于人员组织中的要求,成员分饰"接触网事故抢修演训人员准备"中的各个角色,相互协作,完成从接受抢修命令、抢修出动、抢修作业过程、故障查找及汇报、制定抢修方案、抢修实施、抢修结束、抢修实施时间等子项目的考核评定。

演训中除工具准备和材料准备需要书写外,其他项目可以口述方式进行,所叙述内容要符合考核内容及评分标准的要求。

12.2.4 项目考评

接触网事故抢修演训以接触网断线故障抢修为背景,全过程演练故障发现、信息传递、快速出动、现场处置、恢复供电、后期加固等各阶段的限时应急救援处置,并进行训练考核评定,评定标准参考见表12-5。

表12-5 接触网断线事故抢修演训考核评定参考

项目	配分	考核内容及评分标准	减分标准	存在问题	减分	得分
接受抢修命令	7	值班员接到抢修命令,(开始计时)及时记录在值班日志上	未及时记录扣2分			
		值班员及时拉响抢修铃,并立即报告抢修负责人	未及时拉铃,并向抢修负责人汇报扣5分			
抢修出动	10	抢修组成员着装整齐,按规定穿戴劳保用品	未做到每1人次扣1分			
		根据故标指示,工区抢修负责人和技术员立即根据跳闸数据结合季节性工作、九防、登乘视频等初步判定故障原因、地点	未初步判断或判断错误扣2分			
		抢修组紧急集合,抢修负责人组织所有人员列队点名,进行具体分工及安全措施布置	未进行点名及分工扣1分			
		汽车司机、轨道车司机分别发动车辆	未做到扣2分			
		作业人员根据抢修分工分别准备工具材料,抢修组人员携带部分抢修材料、工具乘坐汽车出发,前往故障点查找故障	出动人员不合理扣2分;抢修材料、工具未携带扣3分			
		抢修工具、材料必须满足临时性恢复抢修的需要,具体见清单	多不扣分,少带、错带每项扣1分(总分中扣除)			
抢修作业过程	30	工区汽车出动后(以动车为准),值班员立即向生产调度汇报出发时间,并记录在值班日志上	不汇报扣5分,不记录扣2分			
		恶劣天气或距离工区较远时首先选择轨道车出动巡视,或通过供电调度向列车调度申请本线或邻线列车在工区邻近车站临时停车,人员携带抢修工器具登乘前往故障点	未口述联系供电调度扣2分			

续上表

项目	配分	考核内容及评分标准	减分标准	存在问题	减分	得分
抢修作业过程	30	到达现场后，抢修负责人安排人员对故标指示区段从中间向两侧进行步行巡视，查找故障点	未执行扣2分			
		巡视人员查找到故障点以后，及时通知抢修负责人，并汇报故障性质及损坏程度，抢修负责人接到故障性质及损坏程度后，技术员和抢修负责人要及时制定抢修方案，并将确定好的抢修方案汇报生产调度审核	未做到扣2分			
		根据抢修作业分工，作业组成员运送工料具到故障地点10 m以外	未做到扣2分			
		抢修负责人通知驻站联络员向行车调度、供电调度申请封锁、停电命令，命令下达后及时通知抢修负责人，双方记录好命令编号和批准时间	未做到扣2分			
		辅助1、辅助2人员在故障点相邻支柱进行验电、接地，并做好地线杆防风摆措施	未做到扣2分			
		辅助人员1在接触线断头1.5 m处所安装电连接线夹、涂抹导电膏，保证电气连接状态良好。电连接盘圈固定在接触线上	未做到扣2分			
		高空作业1及辅助人员1相互配合将3T手扳葫芦+紧线器安装于接触线断头1 m处所	未做到扣2分			
		高空作业1、2及辅助人员1、2拉动3T葫芦尾绳，快速将手扳葫芦处于受力状态	未做到扣2分			
		辅助人员2利用4.0铁线将下部的葫芦尾绳进行捆扎	未做到扣2分			
		高空作业2负责巡视，查看补偿坠砣、中锚的状态，在后续紧线过程中，做好盯控	未做到扣2分			
		接触线临时抢修完成后，高空作业1将3T葫芦尾绳绑扎于承力索上部，不得低于接触网结构高度。同时辅助人员2做好接触网参数测量准备	未做到扣2分			
		抢修负责人观察故障锚段内的接触网设备及补偿装置各部件状态，确认满足列车通过条件，经批准后方可撤离现场	未做到扣2分			
故障查找及汇报	7	驻站联络员上岗(驻站联络员应携带派遣证、上岗证、驻站联络员袖标)，办理登记及要令手续	证件、袖标少带一样扣1分			

续上表

项目	配分	考核内容及评分标准	减分标准	存在问题	减分	得分
故障查找及汇报	7	根据故标指示，如何查找故障地点，分别提问抢修负责人、技术员	回答错误，每人次扣 2 分			
		抢修负责人立即将故障地点及事故范围和设备破坏情况向驻站联络员汇报	未汇报扣 2 分			
		驻站联络员立即将故障地点及事故范围和设备破坏情况向供电调度汇报	未汇报扣 2 分			
制定抢修方案	8	行车防护员上岗（含事故地点的防护），验电接地人员做准备工作	未在故障地点 10 m 范围内设防护扣 2 分；行车防护员行为不规范扣 2 分			
		勘查现场，确定抢修方案（可提问抢修负责人），抢修组向驻站联络员汇报	抢修方案有误，酌情扣 2 ~ 5 分；未及时向驻站联络员汇报扣 2 分			
		抢修负责人进行简略分工，布置安全措施	未分工、未布置安全措施扣 2 分			
		驻站联络员向供电调度汇报	未汇报扣 2 分			
抢修实施	20	驻站联络员向供电调度要令	不规范扣 2 分			
		驻站联络员向抢修负责人传达停电作业命令	未做到扣 2 分			
		抢修负责人向地线监护人下达验电接地命令	未做到扣 2 分			
		验电接地不侵限，采取防风摆措施（用尼龙绳捆绑）	未做到扣 2 分			
		开始投入抢修，使用工具、材料正确；操作方法简便；零部件安装正确	未做到扣 2 分			
		作业中出现其他严重安全隐患或危及人身安全隐患时	立即停止作业，判定为不达标			
		抢修过程配合熟练，听从抢修队长指挥，抢修有序	根据情况给予扣分			
		故障信息员在整个抢修过程中每 10 min 向驻站联络员汇报 1 次	未做到每次扣 2 分			
		检查抢修质量，清理抢修现场	有遗留工具、材料每件扣 2 分			
抢修结束	13	抢修负责人下令拆除地线，并通知驻站联络员向电调消除作业命令及向车站消除封锁命令	缺一项扣 1 分；程序错扣 2 分；用语不规范酌情扣 1 ~ 2 分			
		抢修负责人通知驻站联络员向电调消除作业命令及向车站消除封锁命令	程序错扣 2 分；用语不规范酌情扣 1 ~ 2 分			
		撤除行车防护，布置 2 名及以上抢修人员留守现场观察	未派人留守扣 2 分			
		抢修负责人向调度汇报抢修作业结束	未及时向调度汇报扣 2 分			
		提问抢修负责人，紧线前、过程中、送电前应注意的地方，以及接触线如何处理	回答错误一处扣 1 分			

续上表

项目	配分	考核内容及评分标准	减分标准	存在问题	减分	得分
抢修结束	13	提问现场抢修负责人现场应具备什么条件,抢修组方可撤离。(现场应观察 1~2 趟电力机车,确认设备运行正常后方可撤离)	回答错误一处扣 1 分			
抢修实施时间	5	50 min(以实际设备开展时) 20 min(以叙述方式进行时)	提前不加分,每超时 1 min 扣 2 分,不足整分钟按整分计算(从总分中扣)			
总分						

12.3　项目拓展

12.3.1　事故原因分析

铁路交通事故或牵引供电事故发生后,其原因分析是事故调查的重要内容,也是事故责任界定和做出处理决定的前提和依据。

12.3.1.1　事故原因的类别

1. 直接原因

直接原因是在时间上最接近事故发生的原因,亦即直接导致事故发生的原因。直接原因通常是一种或多种不安全行为、不安全状态或者环境因素,或者多种组合共同作用的结果,也称为一次原因。直接原因又可分为三类:

(1)物的原因,指直接形成或能导致事故发生的物质条件。一般为由于设备不良所引起的,也称为物的不安全状态。所谓物的不安全状态是使事故能发生的不安全的物体条件或物质条件。包括设备、设施、机械、工具等潜在的危险因素。

(2)人的原因,是指造成事故的人为错误,即事故是由于人的不安全行为而引起的。所谓人的不安全行为是指违反安全规则和安全操作原则,使事故有可能或有机会发生的行为,包括违章、违纪行为。它是事故的激发条件。

(3)环境原因,指由于环境不良所引起的。

2. 间接原因

导致事故发生的间接原因主要有技术的原因、教育的原因、身体的原因、精神的原因,具体如下:

(1)技术的原因,包括:主要装备、机械、建筑的设计,建筑物竣工后的检查保养等技术方面不完善,机械装备的布置,工厂地面、室内照明以及通风、机械工具的设计和保养,危险场所的防护设备及警报设备,防护用具的维护和配备等所存在的技术缺陷。

(2)教育的原因,包括:与安全有关的知识和经验不足,对作业过程中的危险性及其安全运行方法无知、轻视不理解、训练不足,坏习惯及没有经验等。

(3)身体的原因,包括:身体有缺陷或由于睡眠不足而疲劳、酩酊大醉等。

(4)精神的原因,包括怠慢、反抗、不满等不良态度,焦躁、紧张、恐怖、不和等精神状况,偏狭、固执等性格缺陷。

(5)管理原因,包括:企业主要领导人对安全的责任心不强,作业标准不明确,缺乏检查保养制度,劳动组织不合理等。

3. 主要原因

在造成某次事故的直接原因和间接原因中,对事故发生起了主要作用的原因即为主要原因。但值得注意的是,主要原因既可以是直接原因,也可以是间接原因。

直接原因和间接原因主要是从事故发生时间上接近事故发生的原因,时间上最接近事故发生的原因即为直接原因。主要原因则是从对事故发生所起作用大小来衡量。

12.3.1.2 事故原因分析表

阅读

事故原因分析表

铁路交通事故或牵引供电事故发生后,如何进行有效的分析,找到事故最真实的最根本的原因,才能采取有效的措施,从而防止再发生,事故原因分析应从人的因素、物的因素、环境因素、管理因素等进行分析,具体可查看二维码内容。

12.3.2 事故调查处理的基本原则

铁路交通事故或牵引供电事故的调查处理是一项政策性、法规性、技术性和专业性很强的工作。其总体要求是应坚持以事实为依据,以法律、法规、规章为准绳,认真调查分析,查明原因,认定损失,定性定责,追究责任,总结教训,提出整改措施。

开展事故的调查处理,必须遵循的基本原则包括:依法调查的原则,实事求是、尊重科学的原则,及时、全面、公正的原则,注重证据的原则,协调配合的原则,“四不放过”的原则等。

12.3.2.1 依法调查的原则

必须按照《中华人民共和国安全生产法》《中华人民共和国铁路法》《铁路运输安全保护条例》《生产安全事故报告和调查处理条例》《铁路交通事故应急救援和调查处理条例》《铁路交通事故调查处理规则》等法律、法规及规章的有关要求进行事故的调查处理。

12.3.2.2 实事求是、尊重科学的原则

在事故调查中要以事实为依据,如实调查;事故调查中所采信的事实,要反复论证,认真确认,并应经得起事实和时间的考验。对事故原因的分析要以科学的理论为基础,借助于必要的、可靠的技术手段开展事故调查。

12.3.2.3 及时、全面、公正的原则

接到事故通报后,要迅速出动尽快赶到,争取查看第一事故现场;对事故的调查是对事故产生的全过程调查,必须全面调查、缺一不可;事故调查要客观公正不能带有倾向,但是要有侧重点;要立足在查明事故原因的基础上调查事故,不能站在业务部门的立场上调查事故。

12.3.2.4 注重证据的原则

证据是确定事故原因的基本依据,对事故有关证据的采集必须以原始证据为主,收集的证据要和证言、证物形成证据链。在事故调查处理工作的整个过程中,应注意证据的使用和保管。

12.3.2.5 协调配合的原则

事故现场的调查工作是在特定的条件下,政策性、技术性比较强的综合性的特殊的复杂的任务。因此在事故调查中,所有人员要服从分工、听从指挥,严格执行事故调查中的纪律,不能隐瞒事故的实际情况,尽快按要求完成调查任务。各调查小组要相互配合,发现相互间的难点、疑点要及时沟通,消除遗漏和失误,保证事故调查的统一和完整。

12.3.2.6 "四不放过"的原则

"四不放过"原则指事故原因未查清不放过、责任人员未处理不放过、整改措施未落实不放过、有关人员未受到教育不放过。

12.3.3 事故原因分析基本程序

在分析事故原因时,应从直接原因(指直接导致事故发生的原因)入手,即从机械、物质或环境的不安全状态和人的不安全行为入手。确定导致事故的直接原因后,逐步深入到间接原因方面(指直接原因得以产生和存在的原因,一般可以理解为管理上的原因)进行分析,找出事故的主要原因,从而掌握事故的全部原因,分清主次,进行事故责任分析。

事故原因分析基本程序:

勘查现场→听取汇报→查证资料→调查事故关系人→临场讨论→完成事故分析报告。

12.3.4 事故分析报告格式

××事故报告

一、事故简要经过

……(主要内容包括:事故发生的时间、地点,事故涉及的人及其性别、所属部门和工种,事件发生经过及伤情结果)。

二、事故原因分析

1. 直接原因(导致事故发生的直观原因)

(1)……;

(2)……;

……

2. 间接原因(剔除直观原因以外的因素)

(1)……;

(2)……;

……

3. 主要原因

(1)……;

(2)……;

……

三、整改防范措施(针对以上各个要因提出对策措施)

(1)……;

(2)……;

……

四、事故处理结果

(1)……;

(2)……;

……

12.3.5 牵引供电、电力故障速报和故障分析报告

12.3.5.1 牵引供电、电力故障速报提报部门与提报时间

供电调度是铁路运输调度系统的重要组成部分,是铁路供电设备安全运行、改善供电质量、快速抢修供电故障的指挥中心。按照国铁集团的规定,当发生牵引供电设备、电力设备故障时,铁路局集团公司供电调度应在故障抢修结束后立即向国铁集团供电调度进行汇报,并于抢修结束后1 h内提报“故障速报”。

阅读

牵引供电、电力故障速报样表

《普速铁路供电调度规则》中要求,对影响行车的较大故障(断线、断杆、弓网故障等)报告应分三阶段进行:

(1)故障发生后立即报告并保持联系,以便随时补充报告故障抢修、处理情况,并填写故障速报,样表见二维码内容。

(2)配合追踪调查、了解故障原因,12 h内上报初步分析情况。

(3)配合供电处落实故障责任。

12.3.5.2 牵引供电、电力故障分析报告

牵引供电、电力故障抢修结束后,铁路局集团公司供电部(处)应于当日或次日8时前上报初步分析报告。

对原因简单、情况直观的一般性故障,及时组织进行技术分析,形成正式分析报告,两日内报总公司供电调度;对需进一步调查取证、进行产品质量检验、召开专题分析会等的故障,铁路局集团公司供电部(处)应在相关工作完成后,及时形成分析报告报国铁集团供电调度,一般不超过一周。

初步分析报告可根据初步信息掌握情况,进行内容简化上报。故障正式分析报告应包含且不仅限于以下内容:

(1)故障概况(故障发生的时间、地点、天气情况、行车影响等)。

(2)跳闸数据(包括电压、电流、电抗、电阻、阻抗角、故标及故标误差等)、保护动作情况分析。

(3)故障处置过程(包括人员集结、抢修出动、应急处置、登销记、临时措施、现场抢修情况等内容)。

(4)现场调查情况(包括现场设备情况,检修维护、监测检测信息,零部件检验报告、故障现场照片或录像、断线和零部件故障特写照片等)。

(5)故障原因分析(包括技术原因和管理原因两方面内容,根据需要注明供电系统图、故障示意图等)。

(6)应急处置情况评价。

(7)存在的问题(包括环境适应性、设备质量、设计方案、管理制度、应急处置存在的问题)。

(8)经验教训(设备接管介入、技术管理、日常运营维护、故障抢修等方面)。

(9)改进措施(包括技术措施和管理措施两方面内容)。

视野拓展

关于安全生产，习近平总书记这样说

安全生产是民生大事,事关人民福祉,事关经济社会发展大局,一丝一毫不能放松。习近平总书记高度重视安全生产工作,作出一系列关于安全生产的重要论述。

要坚持底线思维,加强对极端恶劣天气的监测和预警,深入开展安全隐患排查治理,坚决遏制重特大安全事故发生。

——2023 年 1 月,春节前夕视频连线看望慰问基层干部群众时指出

坚持安全第一、预防为主,建立大安全大应急框架,完善公共安全体系,推动公共安全治理模式向事前预防转型。推进安全生产风险专项整治,加强重点行业、重点领域安全监管。

——2022 年 10 月,在中国共产党第二十次全国代表大会上的报告

生命重于泰山。各级党委和政府务必把安全生产摆到重要位置,树牢安全发展理念,绝不能只重发展不顾安全,更不能将其视作无关痛痒的事,搞形式主义、官僚主义。

——2020 年 4 月,对安全生产作出重要指示强调

要健全风险防范化解机制,坚持从源头上防范化解重大安全风险,真正把问题解决在萌芽之时、成灾之前。

——2019 年 11 月,在中央政治局第十九次集体学习时指出

要加强交通运输、消防、危险化学品等重点领域安全生产治理,遏制重特大事故的发生。

——2017 年 2 月,主持召开国家安全工作座谈会时强调

安全生产是民生大事,一丝一毫不能放松,要以对人民极端负责的精神抓好安全生产工作,站在人民群众的角度想问题,把重大风险隐患当成事故来对待,守土有责,敢于担当,完善体制,严格监管,让人民群众安心放心。

——2016 年 7 月,对加强安全生产和汛期安全防范工作作出重要指示强调

各级党委和政府特别是领导干部要牢固树立安全生产的观念,正确处理安全和发展的关系,坚持发展决不能以牺牲安全为代价这条红线。经济社会发展的每一个项目、每一个环节都要以安全为前提,不能有丝毫疏漏。

——2016 年 7 月,对加强安全生产和汛期安全防范工作作出重要指示指出

确保安全生产、维护社会安定、保障人民群众安居乐业是各级党委和政府必须承担好的重要责任。

——2015 年 8 月,就切实做好安全生产工作作出重要指示指出

人命关天,发展决不能以牺牲人的生命为代价。这必须作为一条不可逾越的红线。

——2013 年 6 月,就做好安全生产工作作出重要指示指出

1. 提问思考

运用我们所学专业知识,从人防、物防、技防三个角度分析如何保障铁路供电运维人员安全?

2. 分享讨论

要牢固树立安全发展理念,始终坚持人民至上、生命至上,时刻绷紧安全生产这根弦,切实把安全贯穿经济社会发展各方面全过程,以高水平安全保障高质量发展。没有安全,其他一切都无从谈起,铁路部门也总是把安全摆在第一位。铁道供电技术专业的学生作为未来铁路人,应在如何在平时的学习、生活中牢固树立安全责任意识,培养良好的职业素养?

综合练习

练习

项目12 综合练习

答案

项目12 综合练习答案

参考文献

[1] 张道俊,王汉兵.牵引供电规程与规则[M].北京:中国铁道出版社,1999.

[2] 张振波.接触网与电力安全警示案例分析[M].北京:中国铁道出版社,2011.

[3] 韩保全,韩红强.牵引供电规程与规则[M].北京:化学工业出版社,2013.

[4] 中国铁路总公司.普速铁路接触网安全工作规则:TG/GD 115—2017[S]. 北京:中国铁道出版社,2017.

[5] 中国铁路总公司.普速铁路接触网运行维修规则:TG/GD 116—2017[S]. 北京:中国铁道出版社,2017.

[6] 中国铁路总公司.高速铁路接触网安全工作规则:TG/GD 108—2014[S]. 北京:中国铁道出版社,2016.

[7] 中国铁路总公司.高速铁路接触网运行维修规则:TG/GD 124—2015[S]. 北京:中国铁道出版社,2016.

[8] 中国铁路总公司.铁路电力安全工作规程:TG/JW 111—1999[S].北京:中国铁道出版社,1999.

[9] 中国铁路总公司.铁路电力安全工作规程补充规定:TG/GD 111A—2015[S].北京:中国铁道出版社,2015.

[10] 北京华电万通科技有限公司.读案例 学安规 反违章:《电力安全工作规程》案例警示教材(线路、配电部分)[M].北京:中国电力出版社,2017.

[11]《铁路接触网安全工作规则学习与案例分析》编委会.铁路接触网安全工作规则学习与案例分析[M].北京:中国铁道出版社有限公司,2020.

[12] 中国国家铁路集团有限公司供电部.铁路接触网[M].北京:中国铁道出版社有限公司,2022.

[13] 中国国家铁路集团有限公司.高速铁路牵引变电所安全工作规则:TG/GD 121—2023[S]. 北京:中国铁道出版社有限公司,2023.

[14] 中国国家铁路集团有限公司.高速铁路牵引变电所运行检修规则:TG/GD 122—2023[S]. 北京:中国铁道出版社有限公司,2023.